U0292903

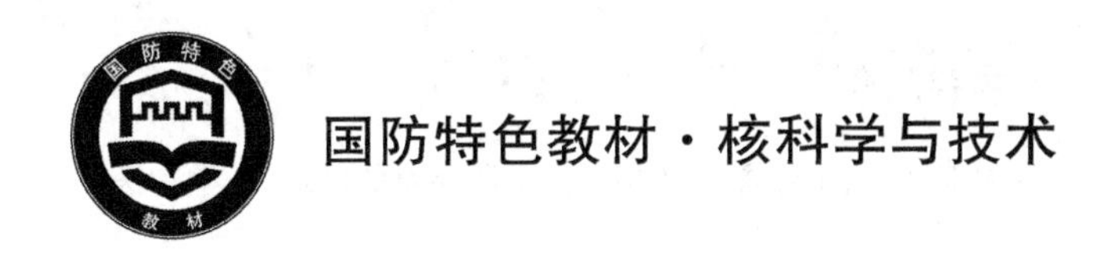

核医学仪器与方法

金永杰　主　编
马天予　副主编

哈尔滨工程大学出版社

北京航空航天大学出版社　北京理工大学出版社
哈尔滨工业大学出版社　西北工业大学出版社

内容简介

本教材系统地讲解了各种核医学仪器设备的内部结构、工作原理及相关技术所涉及的物理、数学和医学方法，及其临床应用和发展趋势。

书的前两章介绍核医学的工作内容、原理，以及有关的核物理和核技术基础知识；第3,4章讲解两种简单的非显像仪器——放免分析测定仪和脏器功能测量仪；第5章到第13章是本书的重点，篇幅占全书的90%，内容主要是现代核医学广泛使用的成像设备。其中第5章讲述各种核医学二维成像设备的工作原理、性能指标及其测量方法；第6章介绍数字化技术在核医学图像的采集、显示、处理、分析和校正方面的应用；第7章内容偏重数学，系统地讲解发射型计算机断层成像理论和图像重建算法；第8章详细讨论单光子发射断层成像(SPECT)技术、它的临床应用及改善成像质量的方法；第9章全面讲解正电子发射断层成像(PET)所涉及的湮灭符合探测、数据获取与图像重建、各种影响成像质量和图像定量化的因素、质量控制方法，以及发展中的新技术；第10章介绍目前临床核医学十分关注的图像融合技术及多模式复合成像系统；第11章探讨了小动物核素成像的技术问题及发展动向；第12章汇集了新的辐射探测和成像技术，以及医学图像存档和传输系统(PACS)；考虑到参与核医学影像设备研发的研究生和专业人员的需要，第13章介绍了图像质量评估的常用方法。为了帮助读者掌握本书的关键知识，每一章后面都有习题。

本书可供核技术及应用、医学物理、生物医学工程、临床医学及相关专业的高等院校本科生、研究生教学使用，也可作为核医学临床医生、物理师、工程师及从事核医学仪器研发、生产、应用工作的技术人员的参考书。

图书在版编目(CIP)数据

核医学仪器与方法/金永杰主编. —哈尔滨：哈尔滨工程大学出版社，2010.1(2021.8 重印)

ISBN 978-7-81133-612-2

Ⅰ.核…　Ⅱ.金…　Ⅲ.原子医学-医疗器械　Ⅳ.R810.8

中国版本图书馆 CIP 数据核字(2009)第190305号

核医学仪器与方法

主编　金永杰

责任编辑　刘凯元

*

哈尔滨工程大学出版社

哈尔滨市南岗区南通大街145号(150001)　发行部电话：0451-82519328　传真：0451-82519699

http://www.hrbeupress.com　E-mail：heupress@hrbeu.edu.cn

北京中石油彩色印刷有限责任公司印刷　各地书店经销

*

开本：787 mm×960 mm　1/16　印张：19.25　彩插：1　字数：408千字

2010年1月第1版　2021年8月第6次印刷

ISBN978-7-81133-612-2　　定价：41.00元

前　言

核医学是核科学技术和生物医学之间的交叉学科，已经成为临床医学的重要组成部分。仪器是核医学不可缺少的技术手段，近年来发展十分迅速，我国许多大学纷纷建立核医学仪器专业方向，开始成批培养学科交叉型人才。为了满足高等院校核技术及应用、医学物理和生物医学工程专业的教学需要，本书被列入教育部"十一五"国家级教材和国防科工委"十一五"国防特色学科专业教材规划。

我们参考美国大学相关的专业教材，收集了大量的学术文献，并结合自己的科研和教学经验，进行了资料组织和编写。本书以核医学的发展历程为线索，全面、系统、深入地介绍了各种核医学仪器设备的内部结构、工作原理、相关技术、所涉及的物理、数学和医学方法，及其临床应用和发展趋势。重点是现代核医学广泛使用的γ照相机、单光子发射断层显像仪(SPECT)、正电子发射断层显像仪(PET)等大型成像设备。这些数字化成像设备的构造和技术十分复杂，临床诊断结果往往取决于能否正确地使用和维护它们，是否了解影响成像质量的各种因素。书中着重讨论了核医学仪器所涉及的核物理、探测器、电子学、计算机、软件算法等方面的问题，并将国际上最新的研究成果进行了系统化的归纳总结，以适应研究生和专业人员的需要。

在我国的医疗机构中，有一支数千人的核医学临床医生、物理师和工程师队伍。本书的编写也考虑到他们的需要，在内容上兼顾知识的广度和深度，力求做到不同学科背景、不同专业水平的本科生、研究生和专业人员都能读懂，都能有所收益，使之既可用于学习和进修，又对临床和科研工作有指导和参考价值。

本书的编写得到了教育部、国防科工委和清华大学的支持。刘亚强、吴朝霞、王石老师参与了写作，孙熙杉、周荣、夏彦、康晓文、方晟等博士作了大量的调研工作。全书经由中国医学科学院肿瘤医院的陈盛祖教授和北京大学的包尚联教授主审，提出了许多宝贵的修改意见。在此，谨向他们致以诚挚的感谢。

限于我们的水平和经验，本书可能有不少错误和不足，欢迎读者批评指正。

编　者

2009年6月

于清华园

前言

目　录

第1章　核医学及其技术基础

一个世纪前,人类发现了X射线和核辐射,开始了原子物理和核物理研究。至今,核科学技术已广泛地应用于工业、农业、环保、医学和军事等领域,为人类的进步、社会的发展和人类的健康作出了巨大的贡献。正如国际原子能机构(IAEA)指出的:“从对技术影响的广度而论,可能只有现代化的电子学和数据处理才能与同位素相比”。

作为核科学技术与生命科学相结合的产物——核医学,就是核技术造福人类的最好例证。目前全世界生产的放射性同位素中90%以上用于核医学,而且使用量以平均每年20%左右的速度递增。

核医学(Nuclear Medicine,NM)采用放射性同位素来进行疾病的诊断、治疗及研究,它是核技术与医学之间的交叉学科。放射医学也以核辐射为手段,但是它使用封闭型辐射源(如X光管、加速器),从人体外进行照射;核医学则将开放型放射性同位素,以放射性药物的形式引入人体或被检物,因此医院里的核医学科早期曾被称为同位素室。

1.1　核医学的工作内容

核医学可划分为基础核医学和临床核医学两部分。临床核医学又包括疾病的诊断与治疗两个方面,如图1.1。

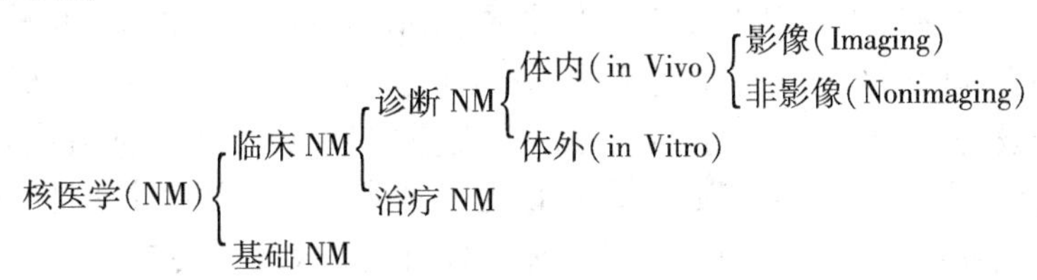

图1.1　核医学的内容

诊断核医学还可细分成两类:①体外诊断,将放射性核素放在试管中(in Vitro)进行放射性免疫测量、活化分析、核磁共振谱分析或质谱分析;②体内诊断,把放射性核素引入活体内(in Vivo),进行脏器功能测量或显像。体内诊断为临床核医学最主要的工作内容,其中又以影像诊断为重点。

治疗核医学是将开放型放射性核素引入人体,利用核辐射的生物效应杀死或抑制致病细胞。

基础核医学为临床核医学提供理论依据和技术支持(新的原理、方法、药物和仪器),是临床核医学的发展动力。基础核医学也是医学研究的重要组成部分，以研究正常的和病态的生命现象为主要内容，在免疫学、分子生物学、遗传工程等新兴学科的发展中发挥着重要的作用。例如，我国曾经应用^{131}I－碘油观察正常人及病人胃肠道的吸收功能；用^{124}Sb标记抗血吸虫药，开展了药物作用机制的研究；在人工合成结晶牛胰岛素的工作中，曾用^{14}C标记的甘氨酸证明它与天然牛胰岛素相同，从而为这一重大的科学成就提供了有力的证据；应用放射免疫分析、放射受体分析及放射自显影等核医学技术，我国针刺镇痛原理研究获得重大成果，证明了5－羟色胺、去甲肾上腺素、内啡素等都参与了针刺镇痛，观察到了吗啡受体在脑中的分布及其在刺激后的变化，针刺的中枢神经传入途径等。

此外，研究核爆中放射性辐射对人体损伤的机理及治疗方法，研究放射线的生物效应及其在辐射灭菌和卫生等方面的应用也属于核医学范畴。

1.2 核医学的基本原理及特点

(1)同位素示踪原理

放射性同位素(Radioactive Isotopes)及其标记化合物(Labeled Compounds，即分子中某一原子或某些原子被放射性同位素取代的化合物)构成了放射性药物(Radiopharmaceuticals)，它们保持着对应稳定核素和被标记化合物的化学及生物学特性，能够正常参与机体的物质代谢。

将放射性药物引入人体以后，它所产生的γ射线能穿出机体，被置于体外的探测器测量到，使医生能够观察药物分子在活体中被摄取、循环、聚集和排出的情况，看到它们在常态或病态情况下的去向和发生的变化，获得病人的生理学和脏器功能方面的信息，揭示细胞中新陈代谢变化的内幕，使人类有可能洞悉生命现象的本质、疾病的发病原因和药物的作用机制。同位素示踪方法的创立和应用是自从显微镜发明以来生物医学历史上的最重大的成就。

核医学成像设备除了能探知γ射线的强度和能量之外，还能获得γ射线源的位置信息，通过图像重建算法，推演出人体内部放射性药物的三维分布。如果对放射性药物分布随时间的变化情况进行连续观测，还可以获得反映人体生理过程的时间相关信息。

核医学正是依据组织和脏器的代谢、血流和功能特征进行疾病诊断的。例如，让病人吸入混有放射性气体^{113}Xe的空气，利用它发射的γ射线对肺部成像，可以观察空气在气道和肺内的分布、流动及清除的情况，测量各部位单位容量肺泡一次吸入的气量，了解气道的通畅性。

^{201}Tl的生物学特性与$^{43}K^{+}$相似，静脉注射后会被心肌摄取，10～20分钟后心肌内^{201}Tl的浓度高于血液中浓度数十倍，其摄取量与心肌血流灌注量正相关，对^{201}Tl成像可以观察心肌缺血情况(放射性减低)，由此判断哪一条冠状动脉发生狭窄及其程度。

快速静脉注射$^{99m}TcO_4^-$，同时对心肺区进行连续地动态显像，可以看到药物“弹丸”从上腔静脉通过右心房、右心室进入两肺，再回到左心房、左心室，最后经主动脉打入全身的过程，对图像进行分析可以知道肺循环时间、心输出量等指标。$^{99m}TcO_4^-$可进入红细胞，稳定地与血红蛋白中的珠蛋白结合。注射 10～20 分钟后，^{99m}Tc 标记的红细胞与全身血液均匀混合，采用“门控”成像方式，可摄取 16～64 帧表现心血池在一个心动周期中变化的图像，观察心室壁的运动情况，从中获得心室容积－时间曲线，计算出射血分数等重要心功能参数。

恶性肿瘤细胞对氟脱氧葡萄糖（FDG）摄取的增加是其代谢活性增加的一种表达，^{18}F－FDG显像可以发现原发的和转移的肿瘤，判断肿瘤的性质，评价肿瘤的代谢情况和病人的存活度，在疾病诊断、分期和疗效监测方面的作用已经得到充分肯定，在现代临床肿瘤学诊断中得到广泛应用。

核素脑血流灌注负荷显像能了解脑血流和代谢的反应性变化，对于评价脑循环的储备功能非常灵敏，可以提高对潜在的缺血性病变的阳性检出率。^{18}F－FDG 代谢显像能够评价脑损伤的程度，对病人进行预后评估，选择适当的治疗方法和评估治疗效果。

在疾病的发生、发展过程中，往往是相关组织与器官先发生生化、代谢、血流与功能性改变，在经过一定的功能代偿期或潜伏期后，才发展成器质性病变，出现组织与器官形态学变化（如出现异常结节、肿块，密度改变，器官体积增大或缩小）和其他临床症状。如能在疾病的潜伏期或功能代偿期及时检测和确认该组织与器官的功能性变化，对于相关疾病的普查、预防和早期诊断与治疗将是非常有利的。与疾病发生时的情况相对应，当疾病治愈、康复时，相关组织与器官的功能恢复也往往滞后于疾病的治愈。在疾病的康复期，监测和确认病愈组织与器官的功能恢复情况，对于疾病的康复指导和愈后评价是十分有效和重要的。

核医学在心血管疾病、神经精神疾病和肿瘤等严重威胁人类健康的疾病的早期诊断、治疗决策、疗效判断和预后估价中起着十分重要的作用，它在疾病尚不严重或患者尚无感觉时，就能观察到病人细微的、局部的生理和脏器功能的变化。例如，核素骨显像对骨转移的诊断比 X 射线提前 2～4 个月；PET 发现恶性肿瘤的能力比 X 光 CT 和 MRI 早半年左右，对乳腺癌检查准确率高达 85%～100%；核素脑显像的阳性率可达到 77%～93%；对于动静脉瘘血管畸形和硬膜下血肿等一些病变，核素显像的阳性率可高于 X 光 CT；心肌灌注显像负荷试验和 ^{18}F－FDG心肌显像被认为是估测预后和心肌存活的最可靠方法，在美国比心电图运动试验、超声心动图更常用于诊断冠心病。

应用同位素示踪原理，从分子水平研究心脑血管疾病的发生机制和早期诊断是目前的热点，也是研究大脑功能的最有力的武器，所以近来备受生物医学界的推崇。美国的亨利·瓦格纳博士最近说：“通过核医学技术对局部化学物质的探测所形成的功能图像将会在 2020 年以前成为占主导地位的影像方式。”

同位素示踪检查只需测定射线，即可确定放射性药物的量，无需分离、提纯等化学分析方法，临床操作非常简单。放射性核素仅按照自身的衰变规律发射射线，不受其他的物理、化学条件影响，因此核医学检查不要求特殊的条件，测量结果有较高的准确性。目前的核探测技术能够测量每秒钟几十次的 γ 衰变，相当于检出 10^{-19}～10^{-18} 克的放射性核素，因此同位素示踪技术的灵敏度非常高，这对于研究人体内极微量的生物物质含量有特殊价值。测量灵敏度高，所需的示踪剂的化学剂量小，就不会干扰和破坏人体生理过程的平衡，能够反映正常生理条件下的代谢情况。核素成像技术更将空间定位能力、动态观测能力和定量分析能力集合于一身，以药物分子的（Molecular）、生化代谢的（Metabolic）、生理功能的（Functional）成像为特点，成为影像医学不可缺少的组成部分。同位素示踪检查使用的放射性核素是短半衰期的，一般产生γ射线，施用量又少，病人的辐射吸收剂量相当于 X 光透视，约为 X 光 CT 检查的百分之一。核医学体内检查是微量、安全、无创的，所以可以对病人进行连续、多次的检查，观察病程，监视疗效。

（2）放射性配体结合分析

这是以标记配体和结合物之间的结合反应为基础的微量物质检测技术，最经典的是放射免疫分析。免疫反应即抗原（配体）和抗体（结合物）的结合反应，具有很强的特异性，一种抗原只与一种特定的抗体结合。核测量具有很高的灵敏度，甚至可以测到单个原子。综合了这两种技术的放射免疫分析，能够在 $<10^{-10}$ mol/l 的浓度水平上检测被标记生物分子，这是其他方法无法达到的。

放免分析仅需从病人取少量血样或尿样，即可测量其中某种物质的含量。它可测定血液成分（如肌红蛋白、心肌球蛋白、铁蛋白）、激素（如甲状腺激素、前列腺素、生长激素、促性腺激素、胰岛素、胃泌素、胰泌素）、病原体（如肝炎病毒）、肿瘤相关抗原（如癌胚胎性抗原、血清铁蛋白、单克隆抗体）等多种重要的生物活性物质。

（3）活化分析

活化分析也是一种灵敏度高、特异性强的微量元素测量方法，能够探测 10^{-12} 克水平的微量元素。活化分析采用中子、带电粒子、光子照射样品，使其中的稳定性核素活化成放射性核素，如 ${}^{75}_{33}As$（稳定）$+ n \longrightarrow {}^{76}_{33}As$（放射性），或使稳定性核素吸收能量处于不稳定激发态，在由激发态退激返回基态的过程中释放出特征 X 射线，通过放射性测量，即可测出人体中有毒物质（如砷、汞、铅）的含量。目前，${}^{2}H$，${}^{13}C$，${}^{18}O$，${}^{26}Mg$，${}^{36}S$，${}^{41}K$，${}^{46}Ca$，${}^{58}Fe$，${}^{74}Se$，${}^{84}Sr$，${}^{129}I$，${}^{196}Hg$，${}^{204}Pb$ 等稳定性核素，均可用活化分析法进行测定。

活化分析是非破坏性的检查方法，只需要很少的样品，或仅对不到 0.5 mm^2 的表面进行照射即可完成检查。活化分析除了能够用于职业病、肿瘤、冠心病、地方病的诊断外，还可以为环境污染监测、食品检查、法医学、考古学提供有价值的资料。

（4）电离辐射的生物效应和内照射治疗

核素的 α，β^-，γ 辐射能导致物质电离，损伤细胞分子（特别是 DNA 和遗传物质），破坏或抑制细胞的功能（包括分裂或增生）。核素治疗是将放射性核素或其标记物引入病灶，进行内照射，达到抑制或破坏病变组织的目的。作为非手术治疗方法，核素治疗可以减少病人的痛苦。

选择合适的放射性核素或其标记物，使其有选择性地浓聚于病变组织，令病变部位的局部受到大剂量的照射，而周围正常组织所受辐射量很低，损伤较小，这种方法称为靶向内照射治疗。例如,甲状腺是碘代谢器官,具有摄取碘的功能,通过让病人服用适量的^{131}I,可以使^{131}I主要在甲状腺聚集。^{131}I发射的β^-粒子能够杀死癌细胞或部分“割除”亢进的甲状腺组织,达到治疗功能自主性甲状腺腺瘤、分化型甲状腺癌转移灶和甲亢等疾病的目的。^{131}I发射的β^-粒子射程只有2~3 mm,对周围组织影响很小。又如,$^{89}Sr^+$是一种类似钙离子的放射性核素,能够发射1.46 MeV的纯β^-粒子,可以选择性地被骨细胞活性增高的骨组织摄取。据上海瑞金医院报道,用$^{89}SrCl$治疗225例骨转移癌,有效率达82.1%。此外,用^{135}Sm - EDTMP,^{188}Re - HEDP等治疗前列腺癌、肺癌、乳腺癌等肿瘤骨转移,不会产生严重的骨髓抑制,使大部分病人缓解了骨痛,提高了生活质量。

放射免疫治疗(Radioimmunotherapy)则利用特异性抗体作载体,利用免疫反应,将发射β^-粒子或α粒子的放射性核素导向肿瘤抗原部位,实现对瘤体的内照射治疗。例如,用^{90}Y - Zevalin单克隆抗体治疗淋巴瘤,用^{131}I抗肿瘤坏死单克隆抗体(TNT)治疗肝癌、肺癌和淋巴瘤均有较好的疗效。受体介导的靶向放射性核素治疗和基因介导的靶向放射性核素治疗是当今核素治疗的发展方向,用^{90}Y - Octrotide治疗神经内分泌肿瘤,^{131}I - MIBG治疗嗜铬细胞癌均已在临床上取得很好的效果。

由于治疗的效果取决于所选择的放射性核素是否具有适合内照射治疗的生物物理学特性以及在病变处特异性聚集的程度,因此寻找和研制适用于靶向内照射治疗的放射性药物,研究施予的放射性核素活度与细胞水平上的辐射吸收剂量的关系,估量辐射的生物学效果,对核素靶向内照射治疗的安全性和有效性是非常重要的。

除靶向内照射治疗外,放射性胶体腔内治疗将放射性胶体注入病人体腔(如胸腔、腹腔、膀胱、关节腔等),使胶体颗粒附着在体腔内壁和肿瘤组织表面,所发射的β^-粒子对渗出液内的游离癌细胞和散播在浆膜表面的肿瘤结节进行照射,达到预防手术后肿瘤细胞的扩散,控制恶性肿瘤引起的腹水之目的。此法还用于卵巢癌和滑膜增生疾病的辅助治疗。放射性胶体主要使用$^{32}P^-$胶体磷酸铬、$^{198}Au^-$胶体金等,它们仅发射β^-粒子,适于局部照射。

核素种子治疗则将^{125}I,^{103}Pa等种子颗粒种植在肿瘤内,进行局部照射。通过导管将核素送入冠状动脉内进行照射,可以防止PTCA支架等介入治疗导致的血管再狭窄。前列腺增生放射性核素尿道内置入治疗是近年发展起来的新技术。最近美国有人证实^{18}F - FDG(氟脱氧葡萄糖)在肿瘤中滞留明显,认为肿瘤局部注射^{18}F - FDG是抑制肿瘤生长的有效方法。

1.3　核医学的发展历程及其在现代医学中的地位

1934年,Frederic Joliot Curie和Irene Curie第一次获得了N、P和Si的放射性同位素,人类开始应用放射性核素。第二年,Chiewetz和Hevesy就观察了^{32}P在小白鼠体内的分布与排泄,开始了放射性示踪研究。1936年Hamilton用^{24}Na作为示踪剂观察了Na在人体中的吸收与排泄,成为临床应用的开端。1942年Hertz和Hamilton开始用^{131}I治疗甲亢。由于当时人工放射性核素种类有限，所使用的核仪器只是一般的 GM 管和率表，它们的探测效率和计数率都比较低，且缺乏能量分析功能，因此放射性同位素的临床诊断和治疗的发展受到限制。

1950 年闪烁探测器问世，核辐射的测量灵敏度从 mCi 级进入 μCi 级，并能进行幅度分析。定标器、单道、多道脉冲幅度分析等核分析技术的应用导致了功能测量仪和扫描机的诞生，使得测定肝、胆、肺、肾、甲状腺、心脏的功能成为可能。肝、肾、脾、骨扫描相继成功，产生了影像核医学，脏器的位置、形态，大小和组织结构的变化都可以显示出来，大大提高了诊断的准确性。1953 年美国首先成立了核医学学会（Society of Nuclear Medicine），从而确立了核医学这门学科。大量的物理、化学工作者进入核医学领域，与医生们共同研究开发核医学的诊断、治疗方法和设备。这是核医学迅速发展的阶段。

1958 年 Hal Anger 发明的单晶体 γ 相机是核医学发展史上的里程碑。它具有灵敏度高，分辨率好（达 10 mm，而扫描机只有 15 mm），成像速度快等优点。由于是一次成像，所以可以拍摄动态影像，从而把形态和功能结合起来，进行更全面、更细致、更综合的观察。这个特点对于快速运动的器官（如心血管系统）疾病的诊断有很大意义。γ 相机的广泛应用标志着核医学进入了现代阶段。直到今天，许多现代核医学成像设备仍在沿用 Anger 发明的探测器事件位置定位方法。这个时代还诞生了性能极好的核素^{99m}Tc，这一核素至今仍然是核医学最广泛应用的核素之一。

自 20 世纪 60 年代末以来，计算机技术引入核医学，使得测量、分析自动化。配有计算机的功能测定仪不但能迅速、准确地处理和分析数据，给出定量的结果，还实现了多门控数据采集等方法。扫描机、γ 相机使用了图像处理系统以后可以减小统计涨落，提高图像质量，核医学的特点——功能性显像得到更充分发挥。有人评价说，和一台不带计算机的 γ 相机相比，配有计算机的 γ 相机性能可以增强 10 倍。

1985 年出现了放射性核素的发射型计算机断层技术（Emission Computed Tomography，ECT）。在不到十年的时间里，ECT 从实验室中的技术演变成广泛使用的临床常规检查手段。单光子发射断层显像仪（Single Photon Emission Computed Tomography，SPECT）使人们可以观察某一体层（Slice）内的放射性分布，器官显像从二维进入三维，清除了前后组织的重叠，病变显示更清楚，定位更准确，分辨率更高（6 ~ 10 mm），不仅有利于发现深部小病灶，还使局部定量分析更精确。正电子发射断层显像仪（Positron Emission Tomography，PET）的空间分辨率达 2 ~ 4 mm，探测效率也大大提高。它所用的 C，N，O，F 等轻核素正是生命分子的成分，其标记物直接反映生命过程，为人体组织器官的功能测定提供广泛的可能性。PET 已被确认为诊断疾病的重要工具，对检测肿瘤的代谢特性，研究心肌活性，观察活体人脑的代谢活动，认识人的思维本质，进行分子生物学和分子核医学研究具有重大价值。在这个时代，新型放射药物层出不穷，迅速改变了核医学的面貌，各种^{99m}Tc 标记的显像剂、受体、抗体、多肽广泛应用，^{201}Tl，^{123}I，^{113}In 等单光子放射性核素和^{11}C，^{13}N，^{15}O，^{18}F 等正电子放射性核素进入临床。这是核医学的现代化发展时期。

现代医学早已不是听诊器、显微镜的时代。随着尖端技术向医学渗透，产生了影像医学这一强有力的手段。在影像医学的四大分支中（X 光、超声、核医学、核磁共振），核医学占据着其他方法不可替代的位置，它使人们能得到体内分子水平的早期病变的图像。在发达国家，γ 相机、SPECT、PET 已成为医院的常规设备。

当前，核医学已经成为医学现代化的重要标志之一，发达国家住院病人中 10% ~20% 使用核医学诊断技术。在美国，立法规定每年举行一次核医学周；病床在 250 张以上的医院，如果没有核医学人员和设备就不准开业；据统计，到医院就诊的病人中 1/3 以上接受了核医学检查。日本每年接受同位素技术诊治的人次是人口的 25%。

1.4　我国核医学的概况

我国核医学起步不算晚，1956 ~1957 年，军委卫生部委托丁德泮、王世真等在西安举办了三期核仪器及同位素应用训练班，次年便首次合成了标记化合物，并进行了人体示踪实验和放射性自显影。1959 年中国医学科学院成立了放射医学研究所，重点发展标记化合物的研制和应用，全国各主要省、市、自治区级医院及一些部队医院也先后建立了同位素室或核医学室。1967 年后，随着国产放射性药物的生产供应改善，核医学也较快地发展起来。1973 年，卫生部举办了全国同位素新经验交流学习班，为全国各地培养了大批技术骨干及学科带头人。

文革后，我国的核医学发展迅猛。1980 年中华核医学会成立，次年又创办了《中华核医学杂志》。1984 年，卫生部批准在中国医学科学院成立首都核医学中心。中心和放射所共同创制了 200 多种同位素标记物；还与核工业部、清华大学等单位合作，在国内率先研制成功扫描机、肾图仪、甲功仪、井型计数器、核听诊器等几乎所有常用的核医学设备；首先建立并向全国推广放免分析、液闪分析、稳定同位素医学应用、放射免疫显像、医用活化分析、放射受体分析、微生物放射测定等技术。1983 年航天工业部研制出 γ 相机，并批量生产。1989 年清华大学和核仪器设备总公司分别开发出 γ 相机图像处理与分析系统，在国内推广应用。1991 年协和医大核医学科成为国家教委第一个核医学重点学科点，并引进国内第一台 SPECT。1996 年，在王世真等 19 位院士的建议下，国家专项拨款在北京协和医院建立了配置医用回旋加速器及自动化放射药物合成实验室的 PET 中心。此后，卫生部所属三级甲等医院和军队所属医院陆续配备了 SPECT，各省、市、自治区纷纷建立起 PET 中心，现代影像核医学在全国迅速普及。

目前，核医学已经成为我国医学的一个重要分支。全国有 850 多家医院和科研单位有核医学科或核医学实验室，上千家医疗机构使用同位素技术。全国现有核医学工作者 5 000 多人，还有一支从事核医药研究和应用的队伍。我国核医学已经成为临床医学下的一个独立二级学科，核医学的整体水平有了很大提高。据卫生部 2005 年统计，我国有 510 台 SPECT、65 台 PET 和 PET/CT、50 台医用回旋加速器，预计到 2010 年底，我国 PET/CT 将达 130 台，加速器将达 75 台。我国的大型核医学设备拥有量在亚太地区仅次于日本，远远超过居第三、四位的澳大利亚和韩国。

遗憾的是,我国至今不能批量生产三维核医学显像设备,每年都需要进口数十台 SPECT,每套花费 20 多万美元;PET 是最尖端、最昂贵的医学显像设备,我国每年都有几台至十几台投入使用,每套花费数百万美元;目前我国常用的放射性药物几乎都是仿制的,缺乏自主知识产权;特别是我国核医学的基础研究远远地落后于国际先进水平;这些因素严重地制约了我国核医学的发展。我国的核医学仪器和药物市场需求巨大,开发具有自主知识产权的产品,满足国内需求,并争取进入国际市场是我们的责任。

1.5 核医学的技术基础

核医学在技术上以放射性药物和核医学仪器为基础,核医学的各个发展阶段以新药物和新仪器的出现作为里程碑,它们的发展是推动核医学进步的动力。

现代核医学综合了核物理、核技术、放射化学、药学、计算机、信息学等学科,它与工程技术的关系比其他医学专业都密切。从核素的生产、标记化合物的研制到新型放射性药物的寻找与推广应用,没有化学人员与药理学家参与是不可能的。从放射免疫分析仪、功能仪、扫描机、γ 照相机,到单光子发射断层显像仪、正电子发射断层显像仪的设计制造和使用维护,没有物理人员和工程技术人员参与也是不可能的。自从引进计算机技术,核医学才提高到定量与动态研究阶段。

核医学研究人员的构成,也清楚地反映出核医学多学科交叉的特点。1953 年美国成立核医学会的主要目的就是:让医生、科学家和技术人员有机会在这一崭新的、独特的领域中交流经验,共同工作。学会中非医生科学家和技术人员大约占 1/4,每四年选出一位来自于化学或物理学科的学者担任会长,这个传统一直保持到现在。我国核医学会也活跃着大批科学家和工程技术人员,在中华核医学会中设有核医学电子学分会,每两年举行一次全国性年会。各国都有一些具有物理、化学背景的人担任医院核医学科的主任。

美国核医学界的学术活动非常活跃。每年六月都要召开核医学年会(Society of Nuclear Medicine Annual Meeting),来自全球的与会者达数千人。在北美放射学年会(Radiological Society of North America Annual Meeting)、IEEE 核科学和医学成像年会(IEEE Nuclear Science Symposium and Medical Imaging Conference)等著名学术年会也有许多核医学工作者和研究人员参加。美国卫生部、能源部和下属的著名国家实验室都有核医学研究课题,例如目前临床上最常用的同位素锝(^{99m}Tc)和氟(^{18}F)等,就是布鲁海文国家实验室研制出来的。许多大学在放射学系(Radiology)、卫生科学和技术系(Health Sciences and Technology)、分子和医药学系(Molecular & Medical Pharmacology)、生物医学工程系(Biomedical Engineering)、核工系(Nuclear Engineering)等有核医学教研计划(Division/Program),每年为医院培养大量临床医生、工程师、物理师和研究人员。医科院校所讲授的核医学课中,相当部分是核物理、核技术、放射化学、计算机等内容。

除各国的核医学会之外，还有很多国际性学术组织，如世界核医学及生物学联盟（Wold Federation of Nuclear Medicine and Biology，WFNMB）、亚大核医学及生物学联盟（Asia & Oceania Federation of Nuclear Medicine and Biology）、欧洲核医学协会（European Association of Nuclear Medicine）等。国际原子能机构（IAEA）的核科学及应用部（Department of Nuclear Sciences and Applications）下设人类健康局（Division of Human Health），每年都资助核医学方面的研究，开办核医学培训班和讲座。

工程技术人员与医生紧密配合，把工程领域的新技术引入核医学，是这门新兴学科的特点和要求。由于现代核医学仪器已大型化、复杂化、智能化，核医学医生已离不开工程技术人员的支持。除了保证这些设备的正常运行之外，不断出现的新放射性药物、新诊断原理和方法需要开发新的仪器和软件。

习　　题

1－1　什么是核医学，它包括哪些内容？

1－2　核医学体内诊断依据的原理是什么？

1－3　为什么核素显像具有分子的、生化代谢的、生理功能的特点？

1－4　什么是核素靶向内照射治疗？

1－5　核医学的技术基础包括哪两方面？

第2章　放射性核素及相关的核物理知识

2.1　原子、原子核与放射性衰变

一切物质都是由原子组成的。原子是物质在化学反应中可分解的最小单位。多个原子结合起来构成分子和化合物,进而组成丰富多彩的宏观物质世界。原子是由原子核以及围绕原子核运动的带负电的电子组成的。

原子核由两种称为核子的粒子组成:带正电的质子和不带电的中子。与原子的尺度(10^{-8} cm)相比,原子核的大小只有10^{-13} cm,但由于核子的质量大约为电子的2 000倍,因此原子核具有极大的密度,几乎集中了原子的全部质量。我们通常用符号$^{A}_{Z}X$来表示某种核素,其中X为核素名,A是其质量数(质子数+中子数),Z是质子数。原子核中的质子数量决定了原子的种类,质子数相同、中子数不同的核素在元素周期表中处于同一位置,故称为同位素(Isotopes),它们具有相同的化学性质。

核子在原子核内部的运动受两种力作用:质子之间的库仑斥力和任意核子之间的吸引核力。后者的作用距离极短,因此只存在于原子核内部,核子之间依靠核力抵消库仑斥力的影响,从而形成原子核。

核子在上述两种力作用下的运动规律非常复杂。与原子的壳层模型类似,核子之间的相对运动也可以用类似的壳层模型轨道来描述。根据类似于原子壳层模型的量子理论,核子的轨道同样是量子化的,由相应的核量子数表示。在量子力学允许的各种量子态中,能量最低的状态称为基态,其他状态称为激发态(Excited State)或亚稳态(Metastable State)。这两种状态都是不稳定的,处于该状态的原子核在很短的时间内退激($<10^{-12}$秒称为激发态,否则称为亚稳态),放出γ光子,最终回到基态。核内质子数和中子数都相同,但处在不同能量状态的核素互称同质异能素(Isomer),其原子核能态的改变称为同质异能跃迁(Isomeric Transition,IT)。通常激发态核素由$^{A}_{Z}X^{*}$表示,而亚稳态核素由$^{Am}_{Z}X$或X-Am表示。例如,$^{99m}_{43}Tc$和$^{99}_{43}Tc$互为同质异能素,$^{99}_{43}Tc$的能态比高,处于亚稳态。在跃迁时伴随γ辐射,主要产生140 keV的低能γ光子。

并非所有的核素都是在自然界中稳定存在的,即使处于基态,有的核素也会通过α,β,γ辐射蜕变成另一种稳定的核素,这一过程称为放射性衰变(Radioactive Decay)。通过研究自然界中稳定存在的同位素,人们发现如下规律:对轻质量数的核素,当中子数N近似等于质子数Z时,通常为稳定核素;而重质量数的稳定核素近似满足$N\approx1.5Z$。偏离这一关系的核素(拥有过多质子或者中子)通常为不稳定核素,将通过放射性衰变蜕变为稳定核素。由于衰变中

释放的粒子种类不同,放射性衰变可分为如下几类:

1. β^-衰变和(β^-,γ)衰变

在 β^-衰变中,原子核中的一个中子转变为一个质子和一个电子,同时释放出一个中微子和能量

$$n \rightarrow p + e + \nu + \text{energy} \tag{2.1}$$

其中,释放出的电子也称为 β^-粒子,释放出的能量转化为出射粒子的动能。发生 β^-衰变的核反应式可表示为

$${}_{Z}^{A}X \xrightarrow{\beta^-} {}_{Z+1}^{A}Y \tag{2.2}$$

可见,β^-衰变后,核素种类发生了变化。

有的时候,β^-衰变后的核素处于激发态或亚稳态,还要经过一次退激过程回到基态。这一系列衰变 - 退激的过程称为衰变。可表示为

$${}_{Z}^{A}X \xrightarrow{\beta^-} {}_{Z+1}^{A}Y^* \xrightarrow{\gamma} {}_{Z+1}^{A}Y \tag{2.3}$$

一个发生(β^-,γ)衰变的例子是^{133}Xe。^{133}Xe 在发生 β^-衰变后蜕变为^{133}Cs,其能态可处于三种能量分别为 0.384 MeV,0.161 MeV 和 0.081 MeV 的激发态之一。由于在退激过程中可回到能量较低的任一激发态或直接回到基态,故其 γ 衰变总共可放出 6 种不同能量的 γ 射线。各种 γ 射线的产生份额是不同的,其中以 0.081 MeV 激发态能级退激回到基态能级的份额为主,为 98.3% 。其他常见的衰变还包括^{131}I 和^{137}Cs。

2. 同质异能跃迁和内转换

如 2.1 节所述,处于亚稳态的原子核可通过同质异能跃迁释放出 γ 射线并回到基态。除了同质异能跃迁外,亚稳态原子核还可通过内转换(Internal Conversion,IC)的过程释放能量。在这一过程中,原子核把能量转交给一个轨道电子,使其脱离原轨道的结合能束缚从而被发射出来。该电子(称为内转换电子)通常为原子内壳层(K 层或 L 层)的电子,其出射动能为亚稳态能级能量与电子轨道结合能之差。原子轨道上的空位将通过外层电子向内层跃迁的方式填补,同时释放出特征 X 射线或者俄歇(Auger)电子。

处于激发态的原子核也会发生跃迁,但原子核处于激发态的时间都很短暂($<10^{-12}$ sec),而处于亚稳态的原子核寿命就长得多,一般为几小时到几天。

处于亚稳态的原子核既可以通过同质异能跃迁释放出 γ 射线,也可以通过内转换释放电子。需要注意的是,核素通过内转换发射 γ 射线和电子的过程与(β^-,γ)衰变有如下不同。

(1) 内转换发射的电子原为原子的壳层电子,而 β^-衰变发射的电子来自原子核。

(2) β^-衰变发射的电子具有连续能谱,而内转换电子的动能为亚稳态能级能量与轨道电子结合能之差,因而只能取某些分立值。

(3) 无论是利用发生(β^-,γ)衰变的同位素还是利用亚稳态同质异能素都无法获得纯粹的 γ 射线,其中必然伴随一定份额的电子。同质异能素与(β^-,γ)衰变同位素相比,通常 γ 射

线相对份额更高，而电子份额较少。由于在核医学实践中，释放出的电子将在很短的射程内被人体组织全部吸收而造成额外的辐射剂量，因而同质异能素在核医学中具有重要的应用价值。例如，目前在核医学中应用最广泛的^{99m}Tc 就是一种亚稳态核素。

3. 电子俘获和(EC，γ)衰变

电子俘获(Electron Capture，EC)可以看作是 β^- 衰变的"逆过程"。在电子俘获中，一个轨道电子被原子核俘获并与一个质子结合，放出一个中子和一个中微子

$$p + e \rightarrow n + \nu + \text{energy} \tag{2.4}$$

通常被俘获的是 K 或 L 壳层电子。电子俘获的核反应式为

$$^{A}_{Z}X \xrightarrow{EC} {}^{A}_{Z-1}Y \tag{2.5}$$

与 β^- 衰变类似，在电子俘获衰变中也伴随着核素种类的变化。生成的新核素经常处于激发态或亚稳态并发生 γ 衰变，这一级联过程称为(EC，γ)衰变。例如，^{125}I 发生(EC，γ)衰变蜕变为^{125}Te，并释放出能量为0.035 MeV 的 γ 射线。其他核医学常用的发生(EC，γ)衰变的核素包括^{57}Co，^{67}Ga，^{111}In，^{123}I 和^{201}Tl 等。

4. 正电子(β^+)和(β^+，γ)衰变

缺中子核素在 β^+ 衰变中，原子核中的一个质子转变成一个中子、一个正电子(positron)和一个中微子

$$p^+ \rightarrow n + e^+ + \nu + \text{energy} \tag{2.6}$$

正电子是电子的反粒子。在从原子核中被发射出来后，正电子在与周围物质的原子碰撞过程中逐渐损失能量直至接近静止，其射程在生物体内一般为几个 mm。正电子在减速的过程中与一个负电子结合形成一个类似于原子的正电子偶素(Positronium)，其寿命约为 10^{-10}秒。在绝大多数情况下，正电子偶素发生湮灭(Annihilation)反应转变为两个 γ 光子，其质量(即正电子和负电子质量之和)转化为两个光子的能量，转化遵守爱因斯坦给出的公式

$$E = MC^2 \tag{2.7}$$

其中，E 是两个 γ 光子的能量；M 是正电子偶素的质量；C 是光速。

根据质能守恒和动量守恒可知，如果发生湮灭时电子-正电子对处于静止状态，那么两个 γ 光子的能量分别为0.511 MeV，运动方向相反；如果发生湮灭时电子-正电子对具有动量，两个 γ 光子运动方向的夹角与180°理想值有微小偏差(一般小于1°)。

β^+ 衰变的核反应式为

$$^{A}_{Z}X \xrightarrow{\beta^+} {}^{A}_{Z-1}Y \tag{2.8}$$

可见在衰变中同样伴随着元素种类的变换。注意反应式前后的原子核质量数并无变化，但新原子核需要释放一个电子以回到基态，故在 β^+ 衰变中需要释放两个粒子(一个正电子和一个负电子)。因此，在 β^+ 衰变中要求能量转移值不小于两个粒子质量之和1.022 MeV，能量转移值与1.022 MeV 之差作为动能在出射的正电子和中微子之间分配，其中，正电子的平均能量

约为 $1/3E_{\beta^+}^{max}$，$E_{\beta^+}^{max}$ 为正电子最大能量，即反应中的总能量转移值与 1.022 MeV 之差。例如，^{15}O 发生衰变蜕变成 ^{15}N，反应中的能量总转移值为 2.722 MeV，出射的正电子 $E_{\beta^+}^{max}$ = 1.7 MeV。

某些核素在发生 β^+ 衰变后其子核素处于激发态，同样需要一次额外的 γ 衰变以回到基态，其整个衰变过程称为(β^+,γ)衰变。在核医学常见的核素中，发生 β^+ 衰变的核素主要有 ^{13}N 和 ^{15}O。

比较式(2.5)和式(2.8)可以发现，衰变和电子俘获具有类似的核反应式。事实上，这两种衰变可以同时发生在同一种核素身上，并且生成的子核素也相同，称为竞争衰变。通常重核素由于轨道电子距离原子核更近，容易发生电子俘获效应，而对轻核素而言 β^+ 衰变更常见。例如 ^{11}C 和 ^{18}F 均发生竞争衰变，对 ^{18}F，发生 EC 和 β^+ 衰变的比率分别为 3% 和 97%。

其他放射性衰变的方式还包括 α 衰变和核裂变，在此不再详述。

衰变产生的 α 粒子是氦原子核(Helium，$Z=2$，$A=4$)；β^- 辐射就是电子流(Electrons)；γ 射线的本质是与无线电波和可见光一样的电磁波，由于它的波长比可见光更短，有更强烈的粒子性表现，所以我们也常称之为 γ 光子(Photon)。这些粒子所具有的能量用电子·伏特(Electron Volt，eV)来量度，1 eV 就是电子经过 1 伏特的电场加速所获得的能量。更大的单位是千电子·伏特(Kilo Electron Volt，keV)和兆电子·伏特(Mega Electron Volt，MeV)，1 keV = 1 000 eV，1 MeV = 1 000 keV。

2.2　放射性衰变的指数规律

放射性衰变是自发的、随机的，我们无法确切地得知某时刻内发生放射性衰变的精确数目。在统计意义上，可以用单位时间内平均发生衰变的次数来衡量样品的放射性衰变能力，称为放射性活度(Activity)

$$A = dN/dt \tag{2.9}$$

它的单位是贝克勒尔(Bq)或居里(Ci)，1 Bq = 1 次核衰变/秒，1 Ci = 3.7×10^{10} 次核衰变/秒。不难得出，1mCi(10^{-3}Ci) = 37 MBq(37×10^6 Bq)。

衰变的速度与核素存在的物理化学状态和所处环境无关，仅取决于自身的特质。在很小的一段时间 dt 内，衰变的原子数 dN 与此刻放射性核素的原子数 N 成正比

$$dN = -\lambda N dt \tag{2.10}$$

其中 λ 为核素的衰变常数(Decay Constant)，即在单位时间内每一个原子核的衰变几率。λ 的单位是秒$^{-1}$，例如 $\lambda = 0.01$ 秒$^{-1}$ 意味着平均每秒钟有 1% 的原子核发生衰变。

有些核素可同时发生多种放射性衰变，例如 ^{18}F(97% β^+，3% EC)。对应每一种衰变模式，可以定义相应的衰变常数 λ_1，λ_2，λ_3，…，而该核素的总衰变常数是各分支衰变常数之和

$$\lambda = \lambda_1 + \lambda_2 + \lambda_3 + \cdots \tag{2.11}$$

每次发生衰变的时候，某种特定衰变所占的比率称为分支比(Branching Ratio，BR)。显然，对

第 i 种衰变,相应的分支比为

$$BR_i = \lambda_i/\lambda \tag{2.12}$$

随着衰变进行,样品中放射性核素逐渐减少。不难从式(2.10)得出,样品的放射性活度呈负指数规律下降

$$A(t) = A(0)e^{-\lambda t} \tag{2.13}$$

核素的放射性衰变能力也可以用其活度减弱一半所需的时间来衡量,称为半衰期(half - life),用 $T_{1/2}$ 表示。从式可得 $T_{1/2}$ 与 λ 的关系

$$T_{1/2} = \ln 2/\lambda \approx 0.693/\lambda$$

$$\lambda = \ln 2/T_{1/2} \approx 0.693/T_{1/2} \tag{2.14}$$

除了物理半衰期以外,核医学还有一个生物半衰期的概念,它是指药物由于生物代谢从体内排出一半所需的时间,用 T_b 表示。假定生物代谢造成的放射性药物的活度减少也符合指数规律 $A(t)=A(0)e^{-\lambda_b t}$,则生物体内放射性药物的活度由于放射性衰变和生物代谢共同作用造成的衰减 $A(t)=A(0)\ e^{-\lambda t}.\ e^{-\lambda_b t}=A(0)e^{-(\lambda+\lambda_b)t}$,有效衰变常数 $\lambda_{\text{eff}}=\lambda_{1/2}+\lambda_b$。如果定义生物体内的放射性药物的活度减少到原来的一半所需的时间为有效半衰期 T_{eff},可以推导出

$$T_{\text{eff}} = T_{1/2} \times T_b/(T_{1/2} + T_b) \tag{2.15}$$

总衰减速度大于任何单一因素所造成的衰减速度。

有些时候,放射性核素在衰变后生成的子核素同样是放射性核素。此时,父核素(parent)的放射性活度变化仍然可以用式(2.13)描述,而子核素(daughter)的活度需要用更复杂的 Bateman 方程描述

$$A_d(t) = \left\{\left[A_p(0)\frac{\lambda_d}{(\lambda_d - \lambda_p)} \times (e^{-\lambda_p t} - e^{-\lambda_d t})\right] \times BR\right\} \times A_d(0)e^{-\lambda_d t} \tag{2.16}$$

其中,λ_p 和 λ_d 分别为父核素和子核素的衰变常数,BR 是从父核素衰变到子核素的衰变分支的分支比。我们分三种情况讨论。

(1)长期平衡态(Secular Equilibrium)

如果子核素的初始活度 $A_d(0)=0$,父核素的半衰期远远大于子核素,那么,父核素的活度近似为常数。描述子核素活度随时间变化的式变为

$$A_d(t) \approx A_p(0)(1 - e^{-\lambda_d t}) \times BR \tag{2.17}$$

当经过足够长的时间(子核素的 5 个半衰期以上),$e^{-\lambda_d t}\approx 0$,此时子核素的活度近似等于父核素的活度乘以分支比。此时称为长期平衡。

(2)过渡平衡态(Transient Equilibrium)

如果父核素的半衰期大于子核素但不能近似认为是无穷大,那么在足够长时间内可以观察到父核素的活度也在下降,式(2.17)的假设不再成立。此时,子核素的活度从 $t=0$ 时刻开始先是上升,至超过父核素的活度并达到最大值,然后随父核素的活度下降而一同下降,且父核素与子核素的活度比值保持恒定。此时称为过渡平衡。在达到过渡平衡后,父核素与子核

素的活度比值为

$$A_d/A_p = T_p/(T_p - T_d) \times BR \tag{2.18}$$

子核素活度达到最大值的时刻为

$$t_{max} = [1.44T_pT_d/(T_p - T_d)]\ln(T_p/T_d) \tag{2.19}$$

其中,T_p 和 T_d 分别为父核素与子核素的半衰期。例如,核医学中最常用的核素^{99m}Tc是由^{99}Mo制备的。^{99}Mo和^{99m}Tc的半衰期分别为66小时和6小时,由^{99}Mo生成^{99m}Tc的分支比为0.876,从式可计算得到 t_{max} =22.8小时,而达到过渡平衡后,^{99m}Tc与^{99}Mo的活度比为0.963 6。

(3)非平衡态

当子核素的半衰期长于父核素时,衰变过程不存在平衡态。例如^{131m}Te($T_{1/2}$ =30 hr)→^{131}I ($T_{1/2}$ = 8 d),^{131}I先是上升而后下降,当^{131m}Te的活度基本为零后,^{131}I的活度变化仅由自身的半衰期决定。

2.3　放射性药物的构成

放射性药物(Radiopharmaceuticals)是指分子中含有放射性核素的生物化学制剂,它们可分为两类:

(1) 放射性核素就是药物的主要组分,利用该核素本身的生理、生化作用或理化特性实现诊断和治疗。例如^{133}Xe和^{85}Kr本身就是气体,可以用于呼吸系统检查;$Na^{131}I$中的^{131}I可参与甲状腺的碘代谢;胶体^{198}Au中的^{198}Au可被肝阻留,常用于肝病的检查。

(2) 放射性核素标记的化合物、络合物或生物分子。它们的示踪作用通过被标记物的代谢或免疫性质来体现,放射性核素仅表现其放射性,而不影响(或不明显影响)被标记物的主要生化特性。例如^{18}F-脱氧葡萄糖(FDG)能够进入心、脑细胞,可以用来测量它们的葡萄糖代谢率;^{99m}Tc-甲氧基异丁基异腈(MIBI)能被心肌细胞摄取,是优良的心肌显像剂;^{125}I-抗肿瘤的单克隆抗体(McAb)能定向地与肿瘤细胞相应的抗原结合,可进行肿瘤定位和手术导向。

用于医学临床的放射性药物应符合以下要求:

(1) 半衰期合适。使用较大活度的放射性核素可以缩短数据采集时间,减小统计误差,提高诊断准确性,为了减少病人的辐照剂量,半衰期要尽可能短。短半衰期核素还便于在短时间内重复施用,而不增加残留本底。但是半衰期太短则使用和探测困难,考虑到操作方便,常选用半衰期为几小时到几天的核素。现在半衰期为几分钟的放射性核素也开始在临床上使用;

(2) 射线的种类和能量恰当。用于诊断的核素所产生的射线应该能穿透机体被探测到,所以常用 γ 射线。其能量如果过低,射线在体内吸收过多,穿透人体到达探测器的部分太少;能量过高,则屏蔽、准直困难,影响空间分辨率,探测效率也下降。临床使用的 γ 射线能量大多在 80~500 keV 之间。α 粒子和电子很少被使用,因为它们只能穿过几毫米厚的组织而不能达到体外被探测;

(3) 产生的射线种类及能量单一,以便采用技术手段(如脉冲幅度分析)来减少散射和其他效应形成的测量本底。核素的衰变产物应该是稳定核素,不再产生次级射线;

(4) 放射性药物的比放射性(或放射性比度,即单位质量药物所具有的放射性强度,Ci/g,mCi/g,μCi/g)要恰当。比放射性高,强度相当的放射性药物的化学量就小,不致引起药理或毒性反应,而且容易满足某些检测方法的要求;但因药物作用方式的需要,有些药物也要求有一定的化学量,可加入载体使用;

(5) 放射性药物应具有尽可能高的核纯度(很少混有其他放射性核素)、放化纯度(指处于特定化学状态中的放射性核素占总放射性的比例)和化学纯度(无其他化学物质,包括辐射分解产物的存在)。为了保证病人的安全,放射性核素及其衰变产物的生理、生化作用应该对机体无害,毒理效应小,作为药物还应符合药典或国家的有关标准;

(6) 放射性药物的生化特性应适合被测器官或组织显像:在聚集在靶器官以前,在体内不发生代谢;药物引入体内后,应给出较高的靶对非靶的活度比值。

2.4 临床常用的放射性核素

1. 几种常用的诊断用放射性核素

(1)$^{99m}_{43}$Tc(Technetium,锝)。经 IT 衰变产生能量为 140 keV 的 γ 射线(90%),不伴生 β^- 辐射,适合用闪烁探测器探测,半衰期为 6.02 小时。^{99m}Tc 标记的化合物、络合物几乎可以用于所有器官的显像和血流动力学研究。如:脑血流灌注显像剂^{99m}Tc-HMPAO,异腈类心肌灌注显像剂^{99m}Tc-MIBI。最近还出现了^{99m}Tc 标记的抗体和其他导向药物,例如:浓集于心内膜炎的病损部位的^{99m}Tc-抗葡萄球抗体,检测血栓的^{99m}Tc-抗血小板的单克隆抗体等。^{99m}Tc 是理想的体外显影用核素,它的用量占放射性核素总用量的 90% 左右。

(2)$^{131}_{53}$I(Iodine,碘)。经 β^- 衰变产生 605 keV 的 β^-(90.4%)、364 keV 的 γ(82%)和 637 keV 的 γ(6.8%),物理半衰期为 8.04 天。适于作甲状腺、肾、肝、脑、肺、胆的显像、功能测量和治疗。但由于 γ 能量偏高,γ 相机探测效率低,图像分辨率差。

(3)$^{113m}_{49}$In(Indium,铟)。经 IT 衰变产生 392 keV 的 γ 射线(64%),半衰期为 1.66 小时。适用于心、脑、肺、肝、肾、脾、胎盘、心血池显像,^{113m}In 获得容易。

(4)$^{198}_{79}$Au(Gold,金)。经 β^- 衰变产生 961 keV 的 β^-(98.6%)、290 keV 的 β^-(1.3)和 412 keV 的 γ(94.7%),半衰期为 2.7 天。胶体^{198}Au 用于肝扫描和腔内治疗。

(5)$^{67}_{31}$Ga(Gallium,镓)。在电子俘获(EC)过程中伴随发生 91 keV(3.3%),93 keV(38%),184 keV(24%)和 300 keV(16%)的 γ,半衰期为 78 小时。^{67}Ga-枸橼酸盐用于肿瘤诊断。

(6)$^{201}_{81}$Tl(Thallium,铊)。生物特性近似于 K^+,静脉注射或能迅速被心肌细胞摄取,常用于心肌显像,衰变产生 208 keV 的 γ,半衰期为 73 小时。

(7)$^{133}_{54}$Xe(Xenon,氙)。经 β⁻ 衰变产生 346 keV 的 β^-(99.3%)和 81 keV 的 γ(98%),半衰期为 5.29 天。^{133}Xe 气和^{133}Xe 生理盐水用于肺通气——灌注显像。

(8)正电子衰变类放射性核素:$^{11}_{6}$C 的半衰期为 20.3 分钟,$^{13}_{7}$N 的半衰期为 9.96 分钟,$^{15}_{8}$O 的半衰期为 123 秒,$^{18}_{9}$F 的半衰期为 110 分钟,$^{62}_{29}$Cu 半衰期为 9.73 分钟,$^{82}_{37}$Rb 的半衰期为 1.25 分钟。它们用于 PET 显像。

2. 目前常用的治疗用放射性核素

(1)$^{32}_{15}$P(Phosphorus,磷)。为纯 β^- 粒子发射体,半衰期为 14.28 天,β^- 粒子能量为 171 keV,在组织中的平均射程为 3 mm。

(2)$^{131}_{53}$I(Iodine,碘)。发射 336 keV 和 605 keV 的 β^-粒子,半衰期为 8.04 天,但同时发射 364 keV的 γ 光子,增加了防护上的困难,所以^{131}I 并不是理想的内照射核素,但目前它还是唯一能够有效治疗甲状腺有关疾病的放射性核素。

内照射治疗用的放射性药物,以半衰期较长的 β^- 粒子为宜。β^- 粒子在组织中的电离密度大,所产生的生物学效应比相同物理当量的 X 线和 γ 光子大得多;同时它在组织内有一定射程,能保证有一定的作用范围,而对稍远的正常组织不造成明显损伤。

2.5　医用放射性核素的制备方法

1. 利用反应堆

(1) 将稳定核素作为靶物质,置于反应堆(Nuclear Reactor)的孔道中受中子流照射,经中子活化反应(Neutron Activation)产生放射性核素。有两类中子活化反应:

一类是靶核$^{A}_{Z}$X 俘获中子变成激发态的$^{A+1}_{Z}X^*$,$^{A+1}_{Z}X^*$ 紧接着放出瞬发 γ 射线退激,变成基态$^{A+1}_{Z}$X,这个过程用$^{A}_{Z}X(n,\gamma)^{A+1}_{Z}X$ 表示,靶与产物是同一元素的同位素。例如以碲为靶发生核反应为$^{130}_{52}Te(n,\gamma)^{131}_{52}Te \xrightarrow{\beta^-} {}^{131}_{53}I$;

另一类是靶核$^{A}_{Z}$X 俘获中子,立刻放出质子变成$^{A}_{Z-1}$Y,这个过程用$^{A}_{Z}X(n,p)^{A}_{Z-1}Y$ 表示,靶与产物不属于同一元素。例如以硫为靶发生核反应为$^{32}_{16}S(n,p)^{32}_{15}P$。

(2) 从使用过的核燃料中分离提取裂变产物,如^{99}Mo(钼),^{131}I,^{133}Xe 等。

2. 利用回旋加速器

许多重要的核素、尤其是“缺中子”核素是反应堆不能生产的,必须用回旋加速器(cyclotron)产生的正离子与稳定核素作用来生成。例如:$^{14}_{7}N(p,\alpha)^{11}_{6}C$,$^{16}_{8}O(p,\alpha)^{13}_{7}N$,$^{15}_{7}N(p,n)^{15}_{8}O$,$^{18}_{8}O(p,n)^{18}_{9}F$,$^{10}_{5}B(d,n)^{11}_{6}C$,$^{12}_{6}C(d,n)^{13}_{7}N$,$^{14}_{7}N(d,n)^{15}_{8}O$,$^{20}_{10}Ne(d,\alpha)^{18}_{9}F$,$^{124}_{52}Te(p,2n)^{123}_{53}I$,$^{202}_{81}Tl(p,2n)^{201}_{82}Pb \xrightarrow{EC} {}^{201}_{81}Tl$。

医用小型回旋加速器(Baby Cyclotron)已成为 PET 的配套设备,国外有十余种规格医用小型回旋加速器生产。

3. 利用放射性核素发生器

放射性核素发生器(Radionuclide Generator)是利用长半衰期的放射性核素为父核素,经过衰变产生适合临床应用的、短半衰期子核素的装置。该装置可以把子核素从父核素中分离出来或提取出来。子核素分离出来以后,随着父核素的放射性衰变,新的子核素不断生长,经一定时间达到过渡平衡。子核素生长到一定量时,又可分离下来,犹如母牛不断生成牛奶,故俗称"母牛"。

在核素发生器中,子核素的放射性活度随时间变化的规律用式(2.16)描述。若子核素的初始活度 $A_d(0)=0$,则式(2.16)简化为

$$A_d(t)=\left[A_p(0)\frac{\lambda_d}{(\lambda_d-\lambda_p)}\times(e^{-\lambda_p t}-e^{\lambda_d t})\right]\times BR \tag{2.20}$$

在 $\lambda_d>\lambda_p$ 时,子核素的初始活度先是上升,到达某最高值后下降。式(2.19)给出了子核素活度达到最大值的时刻:$t_{max}=[1.44T_pT_d/(T_p-T_d)]\ln(T_p/T_d)$。

当前使用最广泛的是钼-锝发生器和锡-铟发生器。其中的衰变过程分别是

$$^{99}Mo\xrightarrow[66.2\ h]{\beta^-,\gamma}{}^{99m}Tc\xrightarrow[6.02\ h]{\gamma}{}^{99}Tc\qquad ^{113}Sn\xrightarrow[115\ d]{EC}{}^{113m}In\xrightarrow[99.8\ min]{\gamma}{}^{113}In$$

图2.1是钼-锝放射性核素发生器的内部结构。^{99}Mo 母体以高钼酸盐($^{99}MoO_4^=$)的形式牢牢地吸附在玻璃柱中的 Al_2O_3 吸附剂上,它的衰变子体 $^{99m}TcO_4^-$ 与母体的化学性质不同,能用洗脱剂(常用0.9%的生理盐水)从柱上淋洗下来,加以使用。^{99}Mo 母体的半衰期为66.2小时,根据式(2.19),淋洗后大约23小时 ^{99m}Tc 的放射性达最高值,达最高值一半的时间约6小时,通常每隔3~6小时可淋洗一次。它的缺点是母体的半衰期不够长,一周后 ^{99m}Tc 的强度即下将到最初的1/8而被废用,所以必须每周供应一次。

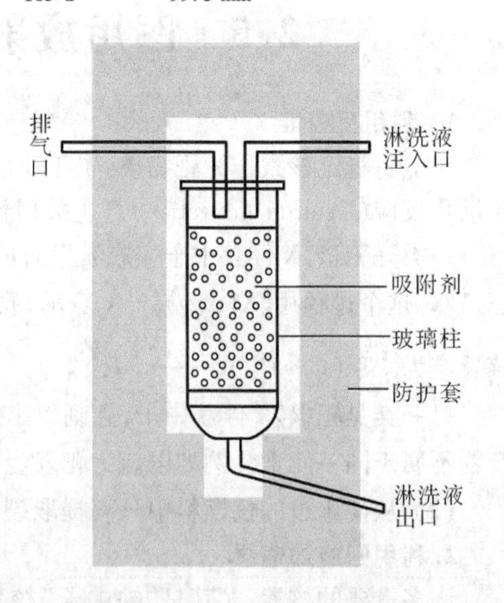

图2.1　钼-锝核素发生器的结构

在锡-铟 In 发生器中,$^{113}SnCl$ 盐酸溶液被水合氯化锆($ZrO(OH)_2$)吸附。衰变子体用浓度为0.05 mol/L 的 HCl 淋洗,以 $^{113m}InCl_3$ 形式洗脱下来。^{113}Sn 母体的半衰期为115.2天,根据式(2.20),洗脱后2小时 ^{113m}In 生成率达55.1%,6小时后达90.9%,故每天可洗脱3~4次。^{113m}In 的物理化学性质远不如 ^{99m}Tc 理想,但母体 ^{113}Sn 半衰期长,一个发生器可用3~6个月,对交通不方便的边远地区比较适用。

放射性药物的制作除了少部直接施用的之外,大部分放射性核素要用物理的方法(如交换法、电解法、熔融法)、化学的方法(如氧化法)或生化的方法(如酶标记法、连接标记法)标记在有生物活性的药物上。标记好的药物在使用前应进行物理化学鉴定(物理性状、pH 值、离子强度、核素纯度、化学纯度、放射性活度)和生物鉴定(灭菌、热源、毒理反应),这些是属放射化学、药物学的领域,本书不作深入介绍。

新的放射性药物研制成出来以后,要经过严格的评价,质量检验和临床实验,经国家审批后才能正式生产和推广使用。

2.6　射线与物质的作用

α、β 是带电粒子,它们在人体组织中会与各种分子、原子发生碰撞,减慢速度,失去能量,最后被吸收掉。而被碰撞的分子、原子则被电离和激发,获得的能量最终转变为热。由于 α 和 β 粒子很快就失去了能量,所以它们很难穿透人体组织。

γ 光子的本质为电磁波,它与物质作用的机理主要有以下三种。

1. 光电效应(Photoelectric Effect)

γ 光子与原子壳层电子相互作用,把能量全部交给电子,使之成为自由电子的过程。γ 光子丧失全部能量后消失,壳层电子逸出造成的空缺会导致荧光辐射,而电子获得的动能在与周围物质的作用中迅速耗散,见图 2.2。

发生光电作用的首要条件是光子能量大于壳层电子的束缚能,逸出电子的动能等于入射光子能量与束缚能之差。不同壳层(K,L,M 等)有不同的束缚能,所以光电吸收截面 - 光子能量曲线有锯齿形的“吸收边”,如图 2.3。原子序数 Z 高的吸收体(如铅、钨)发生光电效应的几率相当大,Z 低的物质(如铝)发生光电效应的几率十分小。光电效应的发生几率与电子能量的 3 次方成反比。

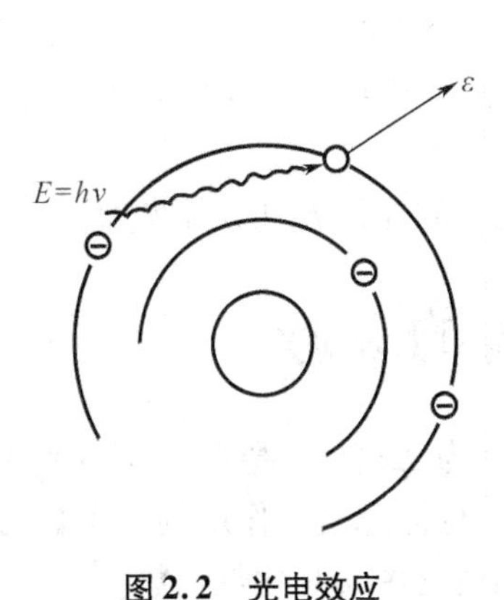

图 2.2　光电效应

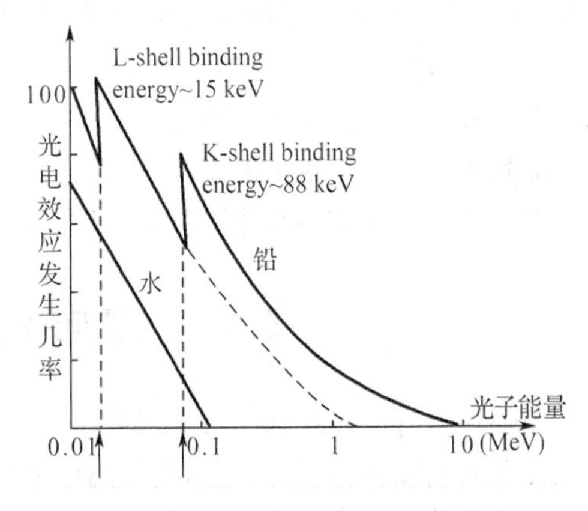

图 2.3　光电吸收截面 - 光子能量曲线

2. 康普顿散射(Compton Scatter)

γ光子与原子最外壳层电子发生弹性碰撞,将部分能量交给电子,使之脱离原子核的束缚从原子中逸出,而光子运动方向改变,能量减少,如图2.4所示。

康普顿散射是入射γ光子与弱束缚电子之间的作用,可按照弹性碰撞处理,用动量守恒和能量守恒定律分析。如果入射光子的能量是 $E_0 = h_0 v_0$,电子的束缚能为0(自由电子),散射光子的能量是 $E = hv$,散射角为 θ,可以得出

$$\frac{1}{E} - \frac{1}{E_0} = \frac{1 - \cos\theta}{m_0 c^2} \tag{2.21}$$

其中,m_0 为电子的静止质量,c 为光速,$m_0 c^2 = 0.511$ MeV。γ射线穿过物质时,因康普顿散射引起的强度减弱正比于单位体积内的电子数,即正比于原子序数 Z 和单位体积内的原子数 N 的乘积 $Z \times N$。

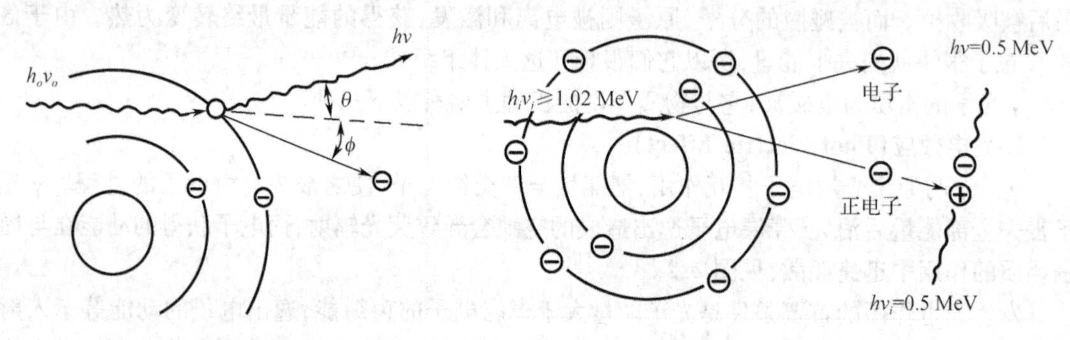

图2.4 康普顿散射　　　　图2.5 电子对生成

3. 电子对生成(Pair Production)

能量 hv 大于1.022 MeV(即两个电子静止质量对应的能量 $2m_0c^2$)的γ光子经过原子核库仑场,转化为一个正电子和一个负电子,光子消失,如图2.5。电子和正电子总动能为(hν - 1.022)MeV,它们沿入射γ光子的方向运动,但各与之成一个角度。电子和正电子的出射角都随入射γ光子的能量加大而变小。正电子在损失能量后,又将与电子发生湮灭反应,转化为两个能量为511 keV的光子。

发生电子对生成的几率随物质的原子序数 Z 和γ光子的能量 E 加大而增加。

2.7 物质对γ射线的衰减

流强为 I_0(photons/cm^2·sec)的γ光子束流穿过厚度为 Δx 的物质时,一部分光子与物质发生作用而被吸收,或者因散射而偏离原来的行进方向。与物质发生作用的光子数与入射光子数及物质的厚度成正比,故光子束流强变化 $\Delta I = -\mu I \Delta x$,其中 μ 是比例常数。

我们可以利用准直器 1 来产生朝单一方向运动的入射光子束流，用准直器 2 挡掉向其他方向运动的光子，只探测没有被吸收和散射的光子，如图 2.6 所示。

解微分方程 $\mathrm{d}I = -\mu I\mathrm{d}x$，可得被衰减后的 γ 光子束流强度

$$I = I_0 e^{-\int \mu \mathrm{d}x} \tag{2.22}$$

其中，μ 称为线性衰减系数（Linear Attenuation Coefficient，单位 cm^{-1}），它与吸收物质的密度 ρ（单位 $\mathrm{g/cm^3}$）有关，定义 μ/ρ 为质量衰减系数（Mass Attenuation Coefficient）μ_m，单位 $\mathrm{cm^2/g}$，它取决于 γ 光子的能量 E 和吸收物质的原子序数 Z。

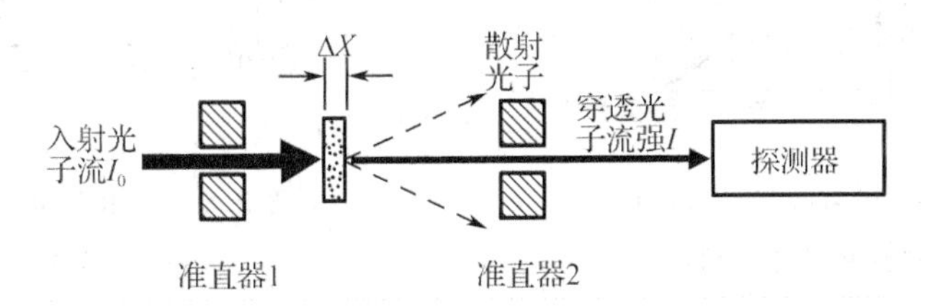

图 2.6　"窄束"γ 光子被厚度为 Δx 的物质衰减的情况

μ_m 主要是上述三种效应的衰减系数之和：$\mu_m = \tau + \sigma + \kappa$。其中，光电效应衰减系数 $\tau \propto Z^\alpha/E^3$，$\alpha$ 在 3 ~4 之间，低能 γ 光子和重元素原子作用时光电效应显著；康普顿散射效应衰减系数 $\sigma \propto Z/E$，随 Z，E 变化不大，中等能量的 γ 光子与中等原子序数的物质作用时，康普顿散射是主要因素。在 $E > 1.02$ MeV 时才发生电子对生成，其衰减系数 $\kappa \propto Z^2 \times \ln E$，高能光子经过重元素核场时才有电子对生成效应。

图 2.7 表示不同能量 E 的 γ 光子在不同原子序数 Z 的吸收物质中主要的作用机制，左边的曲线 $\tau = \sigma$，右边的曲线 $\sigma = \kappa$。可以看出，对于核医学使用的能量范围为 10 ~500 keV 的 γ 光子来说，与 $Z \leqslant 20$ 的人体组织的主要作用机制是康普顿散射，与 $Z = 82$ 的铅主要作用机制是光电效应。图 2.8 是考虑了所有作用机制时，铅和水的质量衰减系数 μ/ρ 与入射光子能量的关系。

与 α，β 相比，γ 射线能够穿透更厚的吸收物质，而且能量越高的 γ 射线穿透物质的能力越强。对于 $^{99m}_{43}\mathrm{Tc}$ 产生的能量为 140 keV 的 γ 射线来说，46 mm 厚的人体组织才使它的强度衰减一半，然而 0.9 mm 的铅便可使它的强度衰减 10 倍；$^{131}_{53}\mathrm{I}$ 产生的能量为 364 keV 的 γ 射线在人体组织中的半衰减厚度为 60 mm，在铅与 NaI(Tl) 中被吸收的数量仅为 140 keV 的 γ 射线的 1/10。γ 光子不像带电粒子那样直接引起物质的电离，但是它引起的原子壳层电子发射和正负电子对会导致电离效应。

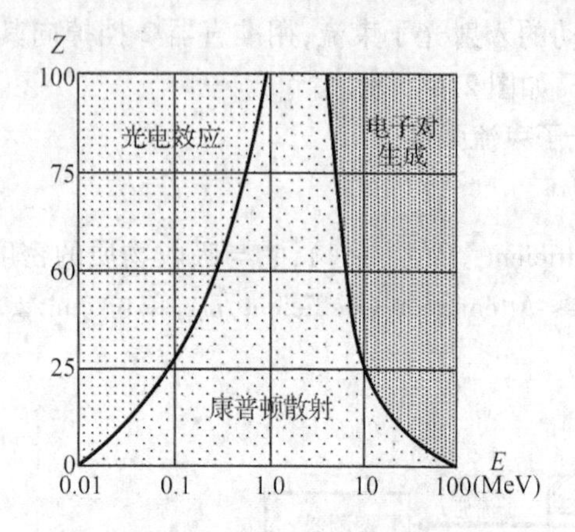

图 2.7 能量为 E 的 γ 光子与原子序数为 Z 的物质作用的主要机制

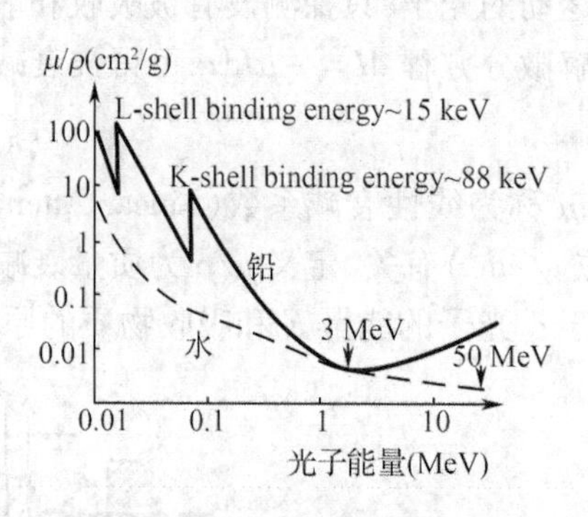

图 2.8 铅和水的质量衰减系数与光子能量的关系

2.8 γ射线探测器

2.8.1 闪烁探测器的构造和工作原理

核医学仪器大多采用闪烁探测器(Scintillation Detector)来测量 γ 射线,它的探测效率高,性能/价格比好。图 2.9 是一种闪烁探头的结构,它主要由闪烁晶体(Scintillation Crystal)和光电倍增管(Photo Multiplier Tube,PMT)组成。入射的 γ 光子在闪烁晶体中发生光电效应和康普顿散射,把能量传给电子,这些电子最终通过电离或激发作用将能量沉积在晶格中。然后晶体发生退激,释放出被沉积的能量,其中一部分能量以可见光的形式释放出来。X 光增感屏和夜光手表盘使用的就是这类闪烁物质。晶体产生的闪烁光非常微弱,为了避免光逃逸,除了与光学窗接触的表面以外,晶体四周都填入白色的 MgO 或 Al_2O_3 反光粉。为了屏蔽外界的光线、防止潮气侵蚀晶体和机械损伤,整个探测器用铝制或薄不锈钢外壳包裹起来,铝和薄不锈钢不透光,但对 γ 射线的衰减很小。

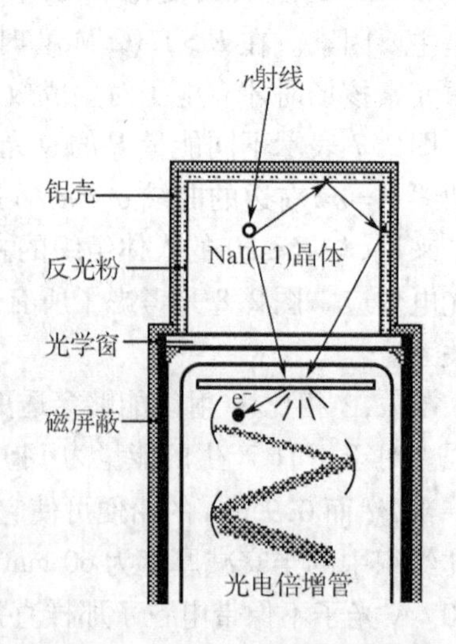

图 2.9 闪烁探测器的构造

NaI(Tl)晶体的密度大(ρ =3.67 g/cm^3),又含有高原子序数的碘(Z =53),是 γ 光子的良好吸收物,只要有一定厚度,就可以将入射的 γ 光子的全部能量沉积在晶体中。它的退激能量大部分转变成可见光(最大发射波长在 420 nm),光产额高(平均每 30 eV 入射能量产生 1 个光学光子),输出的闪光信号强,探测灵敏度高。NaI(Tl)晶体产生的光学光子数与入射 γ 光子的能量成正比,所以可以用来测量 γ 光子的能量。NaI(Tl)晶体对它产生的闪光是透明的,即使很厚的晶体,因自吸收造成的光损失也很小。此外,它的荧光持续时间短(主要成分为 230 ns),时间分辨率可达 1 μs(1 000 ns),能满足高计数率的要求,因此核医学仪器广泛使用 NaI(Tl)晶体制作闪烁探测器。一些核医学仪器中,如 PET,还采用锗酸铋($Bi_4Ge_3O_{12}$,也称 BGO)、正硅酸镥(LSO)等闪烁晶体。

光电倍增管是一种电子管,它能够将微弱的光信号转换成电流脉冲。NaI(Tl)晶体中的闪烁光经光学窗进入光电倍增管,在光阴极上打出光电子。离光阴极不远处的第一打拿极上加有 200 ~400 V 的正电压,光电子被它吸引和加速。高速光电子撞在打拿极上会产生多个二次电子。二次电子又被加有更高电压(+50 ~ +150 V)的第二打拿极吸引和加速,并在它上面撞出更多二次电子。然后第三打拿极使电子进一步倍增……经过 8 ~12 个打拿极的连续倍增,二次电子簇流最后被阳极收集起来,形成电流脉冲。每个打拿极的倍增因子一般为 $\times 3 \sim \times 6$,总倍增因子可以达到 $\times 10^5 \sim \times 10^8$,从阳极上得到的电子簇流与进入光电倍增管的闪光强度成正比,因而也与入射闪烁晶体的 γ 光子的能量成正比,所以闪烁探测器是一种能量灵敏探测器。外界磁场能影响在打拿极之间飞行的二次电子的运动轨迹,从而使倍增因子发生变化。因此,在光电倍增管外面通常包裹着高导磁系数材料制造的磁屏蔽层,以降低外界磁场的影响。

双碱阴极光电倍增管的光谱响应峰位于 420 nm,正好与 NaI(Tl)的发光光谱匹配;脉冲上升时间为 10 ns,电子渡越时间在 90 ns 左右,比 NaI(Tl)的荧光持续时间短。

2.8.2　光电倍增管的高压供电

在光电倍增管工作的时候,必须给各个打拿极 D 和阳极 A 分配相对于光阴极 K 依次递增的电位,通常采用对高压电源 HV(1 000 V 左右)进行电阻分压的方法供电。

图 2.10 是采用正高压供电的情况,$R_1 \sim R_8$ 是分压电阻。因为最后几个打拿极流过的脉冲电流较大,C_1 和 C_2 并联在相应的分压电阻上,可以保持脉冲发生时打拿极电位稳定,减少噪声和信号畸变。阳极负载电阻 R_L 给阳极电流脉冲提供通路,由于它连在正高压上,必须有高耐压的电容 C_a 把直流高压与后续电路隔离开,而让脉冲信号通过。由于 R_L 下端不接地,输出信号容易引入干扰。但是正高压供电时光阴极是接地的,这对光阴极的安全有利,而且暗电流小,输出噪声低。

图 2.11 是负高压供电的电路图,它也能给各个打拿极和阳极提供依次递增的电位。由于 R_L 下端接地,所以不需要高耐压的隔直电容,可以克服干扰问题,因此负高压供电较为常用。但因为紧贴光电倍增管管壁的金属支架或磁屏蔽套通常是接地的,负高压供电会使电子撞击光电倍增管内壁,产生噪声。

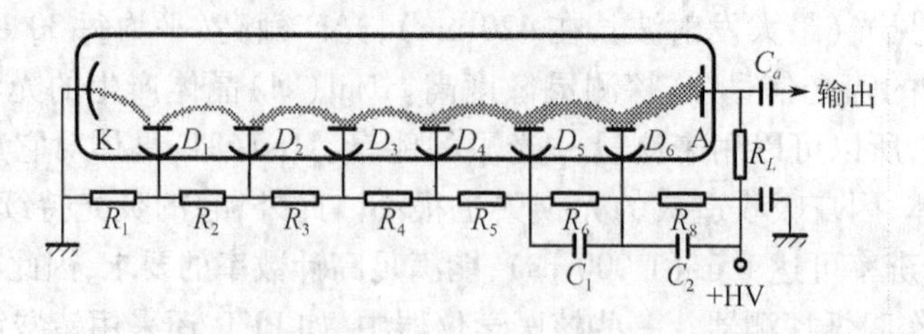

图 2.10 PMT 正高压供电

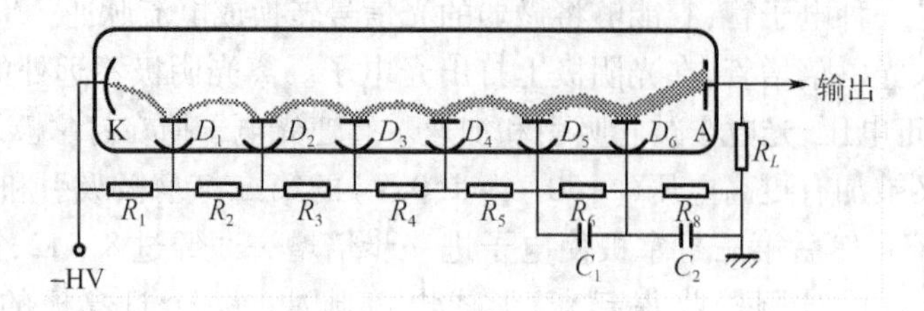

图 2.11 PMT 负高压供电

光电倍增管的放大因子随各打拿极的电压而变化，高压 HV 的 1% 改变会造成输出脉冲幅度 10% 以上的变化，因此要求高压电源的长期稳定性和温度稳定性都非常好，一般应比所要求的增益的稳定度高一个数量级。直流高压输出应该不受电源电压和负载电流变化的影响，交流纹波应该小于 0.1 V。正确选择工作点很重要，让光电倍增管工作在坪区（即灵敏度受高压变化影响最小的区域），不但有利于提高增益的稳定度，而且常常能获得较佳的信噪比（Signal - to - Noise Ratio，SNR）。

2.8.3 闪烁探测器测得的 γ 能量谱

γ 光子与闪烁晶体作用产生闪光，由于作用过程不同，各次闪光的强度不尽相同，有一定的分布。图 2.12（a）是理想情况下单一能量 γ 光子入射 NaI（Tl）晶体所产生的光脉冲，其幅度大小不等。图 2.12（b）是脉冲幅度的统计分布，即 γ 能谱，其中右端的高峰是由光电效应产生的，称为光电峰（Photopeak）。由于在光电效应中，γ 光子把全部能量转换成可见光，所以光电峰的横坐标对应 γ 光子的能量 Er。在康普顿散射中，γ 光子只把部分能量通过反冲电子传递给闪烁晶体，被 γ 光子带走的能量和散射角有关，因此探测器的输出脉冲幅度有很宽的分布，在光电峰左边的低能区形成康普顿坪。如果被散射的 γ 光子接着又被探测器吸收，产生的脉冲也在光电峰里。

由于 γ 射线在 NaI（Tl）晶体中产生可见光光子的数目、可见光光子到达 PMT 光阴极的数目、光阴极释放光电子的数目、打拿极的倍增因子都有随机的统计涨落，此外，PMT 光阴极各处灵敏度的不均匀、加在 PMT 上的高压的波动、PMT 的电子学噪声、都会造成虽然 γ 光子的沉积在 NaI（Tl）晶体中的能量相同，但是闪烁探测器输出的脉冲幅度参差不齐的现象，基本上呈

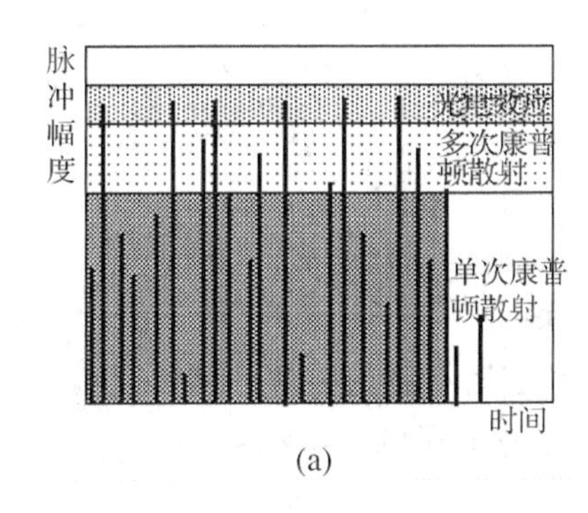

(a)

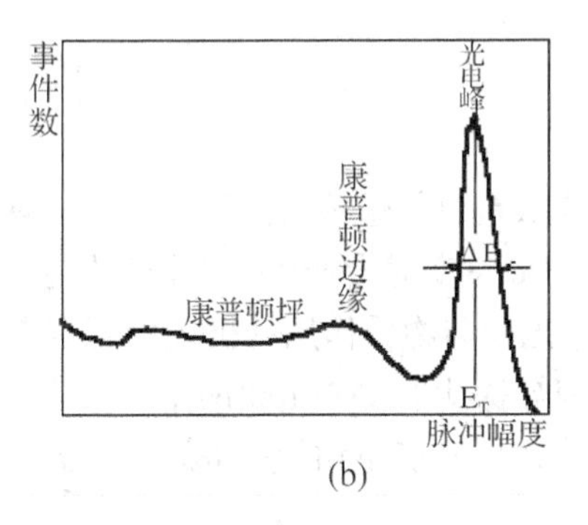

(b)

图 2.12　闪烁探测器的输出脉冲及其能谱

(a)单一能量的 γ 光子在晶体中产生的闪光脉冲;(b)脉冲幅度统计谱

高斯分布。这在图 2.12(b)的脉冲幅度谱上表现为光电峰有一定的宽度,也就是说探测器有一定的能量分辨率。我们可以用光电峰高度一半处的全宽度 ΔE 来描述探测器的能量分辨率,称为半高宽(Full Width at Half Maximum,FWHM),通常 FWHM 表示为 ΔE 与光电峰能量 E_r 的百分比

$$\text{FWHM} = (\Delta E / E_r) \times 100\% \tag{2.23}$$

它反映了对同样能量的 γ 事件,探测器输出脉冲幅度的相对涨落大小。显然,FWHM 小的探测器能更好地区分两个能量接近的 γ 辐射事件。一般地说,能量高的 γ 光子在闪烁晶体中可以产生更多的可见光光子,相对的统计涨落较小,探测器的能量分辨率也较好。对 140 keV的 γ 光子,NaI(Tl)闪烁探测器的 FWHM(%)大约为 11% ~15%。

探测器的线性是指输出脉冲幅度的平均值和入射 γ 光子能量间的线性程度。例如某探测器,对于 50 keV 到 500 keV 的 γ 光子,非线性偏差不大于 0.1 keV,此非线性偏差和所给能区上限 500 keV 相比,约为 0.02%。线性良好的探测器,其输出脉冲的平均幅度能直接反映入射 γ 光子的能量。

探测效率是探测器的一个重要技术指标,它用探测器输出的脉冲数与入射的 γ 光子数之比表示。我们总是希望探测器有比较高的探测效率,这需要通过选择合适的探测器的尺寸及探测器的材料来实现。一般来说,探测器灵敏体积越大探测效率越高,构成探测器灵敏区材料的原子序数越高探测效率也越高。另外,同一探测器在不同的能区的探测效率也会有所不同,探测效率一般随 γ 光子能量的增高而下降。

探测器的稳定性指能量 - 电荷转换系数在环境温度和高压电源变化时的稳定性。对于温度稳定性较差的探测器,要求工作环境温度变化要小。对于电压稳定性较差的探测器,要求电源电压的稳定性要好。

习　题

2-1　什么是放射性核素的活度和半衰期？

2-2　^{99m}Tc 衰变时会产生什么样的辐射，它的半衰期是多少？

2-3　γ光子与物质作用的机理主要有哪三种？

2-4　闪烁探测器主要由哪两个部分构成，它是如何探测γ光子的？

2-5　什么是γ能量谱，它的哪一部分反映了γ光子的能量？

第3章 放射免疫分析及放免分析测定仪

20世纪50年代,美国的Yallow和Berson首先用放射性碘标记胰岛素,与被测胰岛素一起和兔抗血清进行竞争性抑制反应,测出血浆中胰岛素的含量,并因此获得了1977年的诺贝尔奖。由于胰岛素与兔抗血清的结合属于免疫反应,故这种技术被称为放射免疫分析(Radioimmuno assay,RIA)。

免疫反应属于配体(抗原)和结合物(抗体)的结合反应。配体结合放射分析以标记配体和结合物之间的结合反应和放射性测量为基础,是一种体外(in vitro)的超微量物质检测技术。这种技术综合了放射性测量的高灵敏度和配体结合分析的强特异性的特点,可以在$10^{-12} \sim 10^{-9}$ g/ml水平上检测300种以上的生物活性物质。它方法简便,成本低,取样少,准确度高,是核医学最容易开展和普及的检查项目,广泛应用于内分泌学、药理学、肿瘤学以及心血管疾病的医学研究和临床诊断中,故称为医学的“第二显微镜”。

我国的核工业能提供300余种RIA试剂盒,年销售量达20~30万盒,使用范围已扩展到卫生院一级。我国曾用甲胎蛋白放射分析法,在肝癌高发区普查了19万人口,发现了300例原发性肝癌,其中45%属于无症状的早期患者,从而拯救了不少人的生命。该法还有效地用于判断妊娠、胎儿有无畸形、新生儿普查以及早期发现甲状腺功能低下等,在临床诊断和科学研究方面产生了显著的社会效益和经济效益。

3.1 竞争性结合分析原理

3.1.1 配体和结合剂的反应

抗原(Antigen)是一种配体,抗体(Antibody)是一种结合剂,它们之间的免疫反应(即结合反应)有很强的特异性,并且是可逆的,可表示为$Ag + Ab \Leftrightarrow Ag \cdot Ab$。我们用结合常数$K_b$描述正向反应的能力,用解离常数$K_d$描述逆向反应的能力,用亲和常数$K = K_b/K_d$描述反应平衡状态。如果平衡后Ag的浓度为$[P]$,Ab的浓度为$[Q]$,Ag·Ab的浓度为$[PQ]$,根据质量作用定律有

$$K[P][Q] = [PQ] \tag{3.1}$$

若反应前初始抗原浓度为$[Pi]$,初始抗体浓度为$[Qi]$,一部分Ag与Ab结合以后,

$$[P] = [Pi] - [PQ] \tag{3.2}$$

$$[Q] = [Qi] - [PQ] \tag{3.3}$$

结合抗原对游离抗原的含量之比为

$$B/F = [PQ]/[P] \tag{3.4}$$

把式(3.2)代入式(3.4)则有 $B/F = \dfrac{[PQ]}{[Pi]-[PQ]}$,左右同乘$[Pi]-[PQ]$并移项后得

$$[PQ] = \frac{B/F}{1+B/F}[Pi] \tag{3.5}$$

为了得到 B/F 与抗原、抗体的初始浓度的关系,把式(3.2)、(3.3)和(3.5)代入式(3.1)可得

$$(B/F)^2 + (1+K[Pi]-K[Qi])(B/F) - K[Qi] = 0 \tag{3.6}$$

这是结合抗原对游离抗原的含量比 B/F 的一元二次方程,它的解 B/F 是$[Pi]$、$[Qi]$和 K 的函数。

3.1.2 竞争性抑制现象

标记的抗原*Ag 与未标记的抗原 Ag 有相同的生化特性。把它们和特异抗体 Ab 放在一起,会发生如下的竞争性结合

$$\mathrm{Ab} + \begin{matrix}\mathrm{Ag}\Leftrightarrow \mathrm{Ag}\cdot\mathrm{Ab}(\text{非标记的抗原-抗体符合物})\\ {}^*\mathrm{Ag}\Leftrightarrow {}^*\mathrm{Ag}\cdot\mathrm{Ab}(\text{标记的抗原-抗体符合物})\end{matrix}$$

我们通常使*Ag 和 Ag 的总量大于 Ab 的有效结合点。如果保持*Ag + Ag 总量恒定,结合反应生成的*Ag · Ab 的量与 Ag 的量成反比,而剩下的未结合的*Ag 的量与 Ag 的量成正比,这就是竞争性抑制现象。只要我们能把未结合的*Ag(即 F)与结合物*Ag · Ab(即 B)分离开来,测定它们的含量、或者含量比,就可以推算出被测 Ag 的量。

3.2 放免测量和分析方法

3.2.1 测量的步骤

1. 建立标准曲线

用已知的不同浓度的标准抗原 Ag 一定量的标记抗原*Ag 及一定量的特异抗体 Ab 进行反应。分离出结合物(B)和游离抗原(F),测出 B 和 F 的放射性活度。二者的活度比 B/F 就等于*Ag · Ab 和*Ag 的含量比。以标准抗原浓度为横坐标,B/F 为纵坐标,可画出标准曲线,如图 3.1 所示。

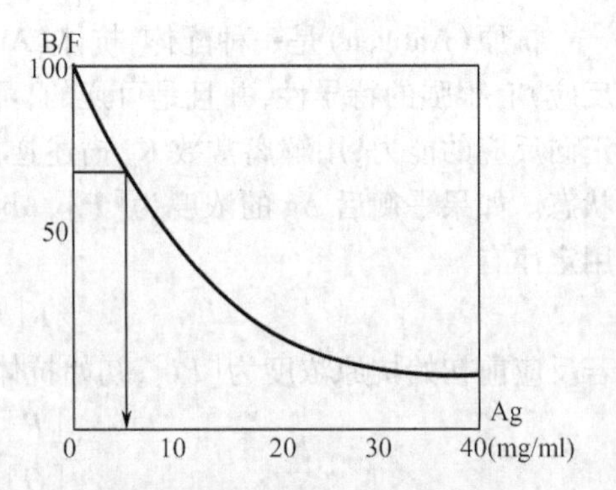

图 3.1 标准曲线的建立和查找

2. 测定样品

在相同条件下以样品取代标准抗原,测出 B/F。

3. 求样品抗原含量

根据样品的结合率，从标准曲线上查出样品抗原浓度。

除结合物与游离物放射性活度比(B/F)之外，标准曲线的纵坐标还可是游离物与结合物放射性活度比(F/B)、结合率(B,%)或(B/T,%)、结合或游离物的计数率(1/s)、结合物放射性活度占最大结合率的百分数(B/B_0,%)等，其中 T = B + F 为总放射量，B_0 为不含抗原 Ag 的对照管(0 管)中结合物的放射性(即最大结合率)。

以 B%,B/F,B/B_0,1/s 为纵坐标的标准曲线是双曲函数，见图 3.2(a)。如果采用对数横坐标，上述曲线呈 S 形，见图 3.2(b)。以 $\text{log}it(B/B_0) = \lg(\frac{B/B_0}{1-B/B_0})$ 等为纵坐标，以标准抗原浓度用对数横坐标，则标准曲线为直线，见图 3.2(c)。

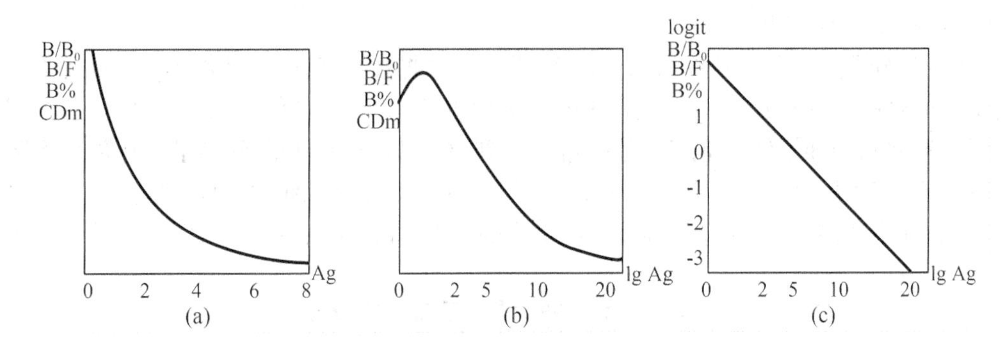

图 3.2　标准曲线的坐标变换

(a)横纵坐标均为线性的；(b)横坐标是对数的；(c)横坐标是对数的纵坐标为 log*it* 的

以 F/B,T/B,B_0/B 等为纵坐标，标准抗原浓度横坐标是算术的或对数的时候，标准曲线是递增双曲线。它在低浓度处变化慢，高浓度处变化快，常用于测量高浓度样品。

γ 计数测量有时采用平行管法。即在相同条件下做两个样品管，分别测量，以两个试管计数的平均值为计算参数，从两个试管计数的差别可判断测量质量。

3.2.2　使用的药物

(1)标记抗原　将抗原(或其他配体)纯化以后用 ^{125}I,^{131}I,^{14}C,^{3}H 等核素标记。其中最常用的是 $^{125}_{53}I$，它经电子俘获(E.C)衰变成 $^{125m}_{52}Te$，半衰期为 60 天，衰变图如图 3.3 所示。生成的激发态 ^{125m}Te 回到基态时释放出能量，它有两种过程：一是以 7% 几率释放 35.5 keV 的 γ；二是以 93% 的几率内转换产生 27.5 keV 的特征 X 射线。

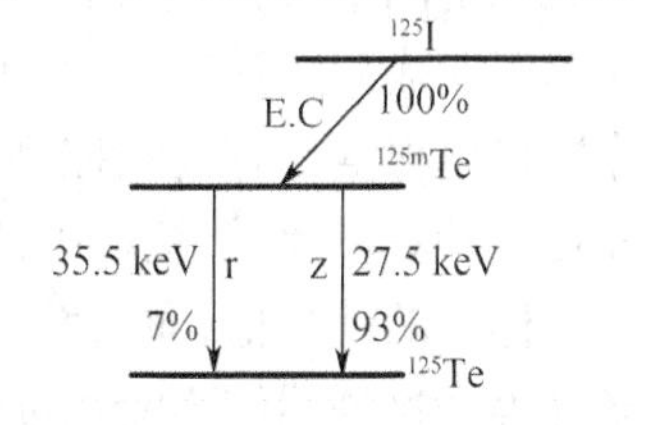

图 3.3　^{125}I 的衰变图

(2)特异抗体(或其他结合物)　来自免疫动物，多克隆或单克隆抗体。

(3)分离剂　用以分离结合抗原(B)和游离抗原(F),如活性炭、饱和硫酸铵、硫酸钠、聚乙二醇、第二抗体等,或塑料球、管、磁性颗粒等固相分离物。

3.2.3　能窗的选择

在放射免疫分析中,*Ag 和*Ag · Ab 的含量用它们的放射性强度来估计,通常使用闪烁计数器来测量。从^{125}I 的衰变图可以看到,存在四组能量相近的辐射:①单独的27.5 keV 的X辐射;②单独的35.5 keV 的 γ 辐射;③同时辐射27.5 keV 的X和35.5 keV 的γ;④同时辐射两个27.5 keV 的X。闪烁探测器可能输出的四种能量脉冲是:27.5 keV,35.5 keV,27.5 + 27.5 = 55 keV,27.5 + 35.5 = 63 keV。NaI(Tl)晶体对低能 γ 和X的分辨率约为20%,上述四组能量峰互相连接。在放射测量中^{125}I 含量极微(0.001 ~ 0.01mCi),所以采用宽窗测量,能量范围可考虑在20 ~ 80 keV。

如果做积分测量可以得到更高的计数率,但是本底将会很高,样品计数率与本底计数率之比很低。如本底计数率为1 000/s,样品积分计数率达10 000/s 才有10∶1 的比值。若采用单道进行微分测量,同样条件下本底计数率可降低到50/s 以下,即使微分测量的计数率下降一半为5 000/s,其比值仍上升为100∶1,提高了测量灵敏度。从满足同样灵敏度考虑,微分测量可减少标志药物的使用量,同样的药盒可测更多的病人,降低了成本。

3.3　放免分析测定仪

3.3.1　硬件构成

放免分析仪的核心是闪烁计数器,其构成包括闪烁探头、主放大器、宽窗单道脉冲幅度分析器和定标器。为了同时对多个样品测量,还有多探头(10 个)、多放大器、多单道、多定标器和单显示器的系统。闪烁计数器只能显示每次测量的计数值,由人工完成换样、结合率计算、标准曲线回归、被测样品浓度求解。

有些系统配备了计算器(如北京核仪器厂生产的 FT - 613 型放射免疫测量仪),定标器输出的计数值通过接口送到计算器,由计算器完成两次计数平均、求百分比结合率、logit 运算和统计。计算器接口根据计算公式控制电子开关,顺序接通计算器的按键,完成自动计算。此外,接口中的控制器还接受定标器的停止信号,锁存定标器的计数值,向它发出复位(清零)信号,把数据传送给计算器等等。这种系统不能直接给出样品浓度值。

图 3.4　FJ - 3003/50A 型全自动 γ 免疫计数器

自动化程度更高的系统配备了单板机或微计算机，除了能自动进行计数、数据处理和质量控制以外，还能控制样品的输送和换样，实现无人管理。二六二厂生产的 FJ－2003/50A 型全自动 γ 免疫计数器由单片机控制换样，样品容量为 50 管（见图 3.4），XH－6010 型 γ 免疫计数器则采用 PC－386 微机，最大样品容量为 800 管。

典型的自动化放免分析仪的框图如图 3.5。

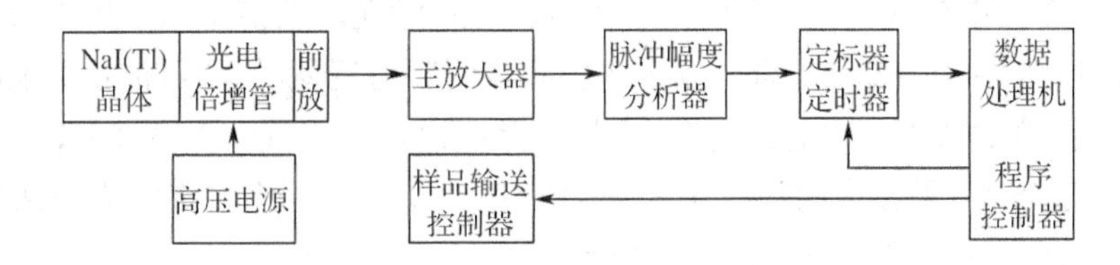

图 3.5　自动化放免分析仪的框图

1. 闪烁晶体（Scintillation Crystal）

样品的放射性活度很低，为了提高探测效率，常采用井形闪烁探头。盛有样品的试管插在晶体井中，样品被晶体包围，几乎全部 γ 光子可进入晶体，有近 4π 的几何条件。对 ^{125}I，井形探头灵敏度约为 0.1μCi（3.7×10^{3} Bq）。在自动 γ 计数器中，为了换样方便，采用侧面孔道晶体，换样机构把待测样品从侧孔送进井形探头。

^{125}I 发射的 X 和 γ 能量很低，2～3 mm 厚的 NaI(Tl) 晶体足以吸收这些射线。为了提高探测效率，降低固有本底，NaI(Tl) 晶体采用低钾原料，并配上低钾玻璃。为减少本底计数，宜采用小尺寸晶体，例如 $\Phi50\times30$ mm 的晶体，侧孔直径 $\Phi20$ mm。

由于 ^{125}I 辐射能量低，必须考虑样品容器和孔壁的吸收。样品容器选择低原子序数的材料，如塑料。孔壁用尽可能薄的铝（<1 mm）。探头用铅室包裹，以尽可能减小环境本底对仪器的影响。

2. 光电倍增管和前置放大器

对于 10～100 keV 的 γ 射线，信号输出幅度大约是 20～200 mV。

3. 主放大器

增益为 10 左右。

4. 单道脉冲幅度分析器

放免分析仪通常采用宽窗微分测量，单道的阈值可调范围为 200 mV～5 V，道宽可调范围 150 mV～3 V。

3.3.2　数据处理算法

放免分析仪的数据处理包括线性或曲线回归、反查曲线解高次方程、计算相关系数和标准差、绘制曲线等。

1. 曲线回归

用标准样品建立标准曲线是 RIA 的关键之一,它的质量将影响分析结果的准确性。对于每一个放射性药盒,在每一天的 RIA 测量之前都要先求标准曲线。临床应用中,标准样品数据一般有 5 ~7 组,以 B% ,B/F,B/B_0,1/s 为纵坐标的标准曲线,常用曲线的左段。

由实测数据点求拟合函数称作曲线回归(Curve Regression)。根据经验,在线性横坐标下这段曲线可用 3/2 次多项式 $Y=a+bX^{1/2}+cX+dX^{3/2}$ 拟合,在对数横坐标下用三次多项式 $Y=a+b(\lg X)+c(\lg X)^2+d(\lg X)^3$ 拟合。以 3/2 次曲线回归为例,我们的目标就是求出多项式的系数 a,b,c,d。拟合曲线不一定通过所有实测点,存在拟合误差 $R_i=Y(X_i)-Y_i$,这里 Y_i 是 $X=X_i$ 处的实测值,$Y(X_i)$ 是拟合函数在 X_i 处的计算值。我们以最小二乘法为判断拟合好坏的准则,即 $Q=\sum(R_i)^2=\sum[Y(X_i)-Y_i]^2$ 应为最小。

用多元函数求极值的方法,各系数应满足 $\begin{cases}\dfrac{\partial Q}{\partial a}=0\\ \dfrac{\partial Q}{\partial b}=0\\ \dfrac{\partial Q}{\partial c}=0\\ \dfrac{\partial Q}{\partial d}=0\end{cases}$

由此得到四元一次方程组

$$\begin{cases}aN+b\sum X_i^{1/2}+c\sum X_i+d\sum X_i^{3/2}=\sum Y_i\\ a\sum X_i^{1/2}+b\sum X_i+c\sum X_i^{3/2}+d\sum X_i^2=\sum Y_iX_i^{1/2}\\ a\sum X_i+b\sum X_i^{3/2}+c\sum X_i^2+d\sum Xi^{5/2}=\sum Y_iX_i\\ a\sum X_i^{3/2}+b\sum X_i^2+c\sum X_i^{5/2}+d\sum X_i^3=\sum Y_iX_i^{3/2}\end{cases} \tag{3.7}$$

解它可得回归曲线的系数 a,b,c,d,式中 N 为标准样品数。

2. 求解未知浓度

根据回归方程从 Y 求 X 是高次方程求解问题。一般采用牛顿迭代法,把非线性方程求解变为线性方程求解问题。为此设:$f(X)=(a+bX^{1/2}+cX+dX^{3/2})-Y$,目标是求得使 $f(X)=0$ 的 X 值。为此先给一初始值 X_n,用迭代方程 $X_{n+1}=X_n-\dfrac{f(X_n)}{f'(X_n)}$ 反复迭代求解,可以证明,当 $n\to\infty$,$\dfrac{f(x_n)}{f'(X_n)}\to 0$。

3. 计算相关系数和标准偏差

为了评价拟合效果,应计算相关系数 R^2 和标准偏差 S_D,

$$R^2 = 1 - \frac{\sum [Y_i - Y(X_i)]^2}{\sum (Y_i - Y)^2}, S_D = \sqrt{\frac{\sum [(Y(X_i)) - Y_i]^2}{N - 4}} \tag{3.8}$$

4. 线性处理

对曲线进行变换,使之成为直线,然后用一元函数拟合。在放免分析中对横坐标取对数,纵坐标进行 log*it* 变换,即 $\text{logit}Y = a + b\lg X$ 这里 $Y = B/B_0$, X 为样品浓度, a, b 分别为直线的截矩和斜率。之所以用 log*it* 变换是因为它有反 S 型补偿特性, a 和 b 可以用最小二乘法求出。

习　　题

3－1　放射免疫分析是一种什么技术,它的特点是什么?

3－2　放免分析仪主要由哪几部分构成?

第4章　脏器功能测量仪

利用放射性药物作示踪剂(Tracer),进行脏器功能的动态检查是核医学普遍开展的诊断项目之一,它属于体内(in Vivo)核医学范畴。其原理是让标记了放射性核素的药物参加被测脏器的代谢,在体外探测该脏器中放射性药物发射的γ射线,从而观察示踪药物在相应器官和组织中的聚集、扩散、排出的过程,获得反应脏器功能的信息,通过分析和计算得到功能曲线和功能参数。

4.1　探针系统和准直器

在分子生物学中,探针(Probe)是指能与特定的靶分子发生特异性相互作用,并可被特殊方法所探知的被标记分子。用于高敏感性地检测分子探针的系统则称作探针系统(Probe System)。一般地说,探针系统仅对人体的某一局部进行测量,而不需展现分子探针在人体中的详细分布,即不具有成像功能。脏器功能仪就是一种探针系统。

脏器功能仪仅需探测某一脏器或局部组织中放射性药物的活度随时间变化的情况,它可用带准直器的闪烁探测器为探头,以连续测量计数率为目标。测量甲状腺吸碘率的甲状腺功能仪(见图4.1)、和测量心输出曲线和放射性心动图的"核听诊器"是使用一个探头的探针系统,作双肾功能测量的肾图仪和作两肺清除检查的肺功能仪为双探头系统,同时测量大脑各部位洗出曲线的脑功能仪则为多探头系统。

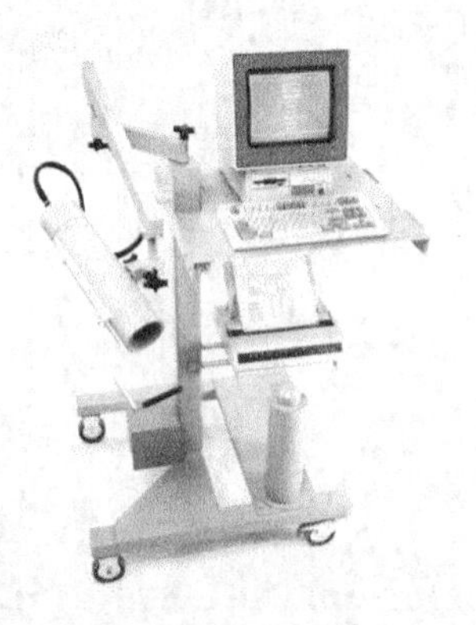

图4.1　甲状腺功能仪

功能检查采用的放射性药物一般辐射能量为10~500 keV的γ射线,NaI(Tl)闪烁探测器对它们有很好的探测效率和优越的性能价格比,典型的探头使用厚50 mm、直径50 mm的圆柱形晶体。

为了限制探测范围,排除邻近组织的放射性干扰,除了对晶体进行屏蔽以外,它的前面要套装准直器。准直器(Collimator)是用对γ射线有很强阻止能力的铅或钨合金做成的,有圆柱形和圆锥形的两种,如图4.2。如果把一个点状放射源置于准直器前不同位置上,在某些区域内,点源发出的射线能够直接入射整个晶体,探测器对它有最高的探测效率,此区称作全灵敏区;在另一些区域内,点源发出的射线只能够入射部分晶体,这个区域称作半影区;点源的射线完全不能进入晶体的区域称作荫蔽区。如果我们让点源沿横向慢慢移过探头,画出探头测得的单位时间内的脉冲个数(称作计数率)随位置变化的曲线,称作点源响应曲线(图4.2下方)。全灵敏区内计数率变化不大,探头的响应均匀;在半影区响应曲线随点源偏离探头轴线而逐渐下降。我们通常用计数率下降到响应曲线最大值一半处的宽度(Full Width at Half Maximum,FWHM)描述准直器的视野,它包括全灵敏区和部分半影区,准直器的视野应该覆盖整个被测脏器。对比圆柱形准直器(a)和圆锥形准直器(b)的响应曲线可以看到,后者的视野更宽,半影区相对更小,曲线平坦部分更大,所以常被用来探测直径在 10 cm 以上的脏器。

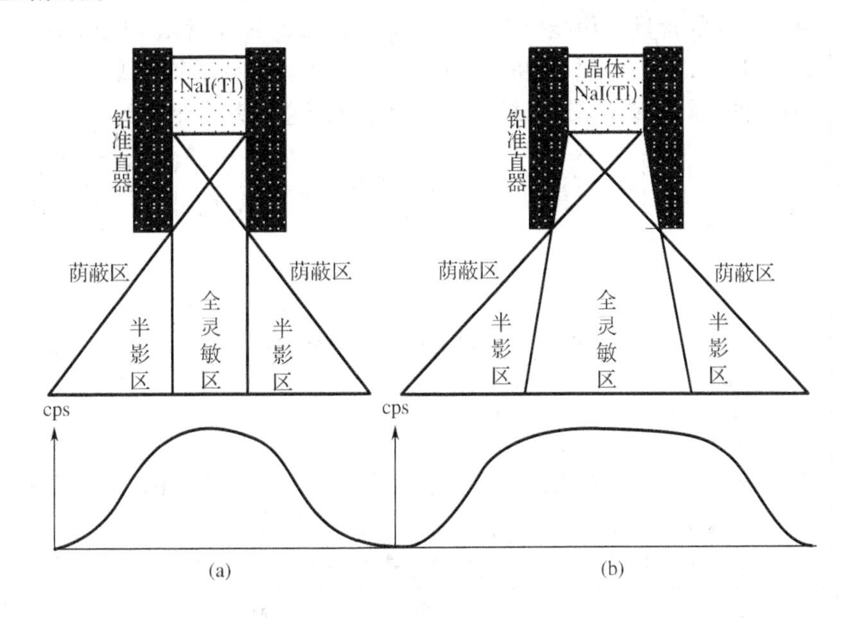

图 4.2　带有圆柱形准直器(a)和圆锥形准直器(b)的探头,及其点源响应曲线

准直器通常是旋转对称的,我们常用强度为 3mCi、Φ1.4 ~ 1.5 mm 的线源(它比点源制作更容易),放在与准直器中心轴垂直的平面内的不同位置,测量线源响应曲线。

随着被探测平面到准直器口的距离增加,探头的视野变大,但是放射源辐射的 γ 射线中能够进入闪烁晶体的比例将减少(或者说晶体对放射源所张的立体角变小),因此探测效率下降。为了表现效率与探测深度(指放射源到准直器口的距离)的关系,我们以中心轴线上的测得的最大计数率为 100%,测量不同深度处的计数率归一化百分比,将百分比相同的点连成曲线,得到等响应曲线(或称等灵敏曲线),如图 4.3。

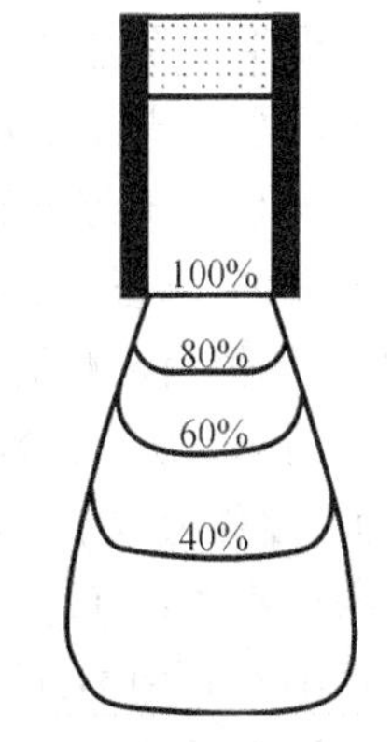

图 4.3　等响应曲线

为了得最好的探测灵敏度,脏器功能仪在设计和使用的时候总是使探头尽量贴近人体。由于脏器的大小、所在位置因人而异,临床上也不可能精确对位,所以设计准直器时通常令其视野略大于靶器官,以保证整个器官都能包括在视野里,探测深度也设计得比该器官的平均深度大一些,以避免肥胖病人使用时探测灵敏度剧烈下降。

4.2 探针系统的基本电路

闪烁探测器输出的信号是随机发生的电荷脉冲或电流脉冲，每个脉冲对应一个被探测到的 γ 事件，其输出总电量 Q 与 γ 光子的能量成正比，计数率与被探测区域的放射性强度成正比，反映了放射性药物的含量。功能仪大多工作在计数方式下，仪器中有复杂的电子电路，对探测器输出的信号进行放大、处理、分析，变成可被医生理解的数据和曲线。

图 4.4 是典型的探针系统的结构框图，下面简单介绍它的各个组成部分。

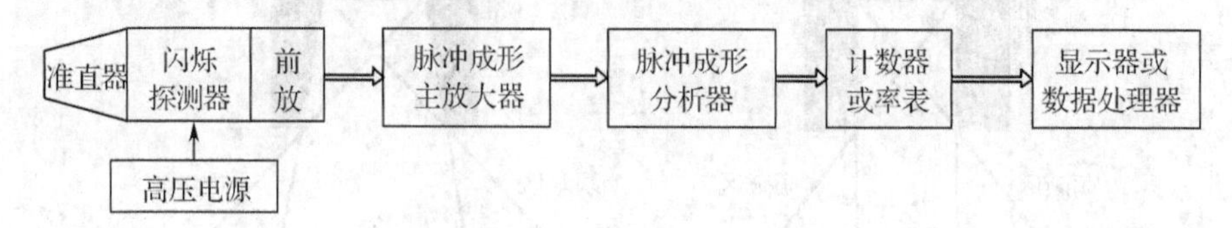

图 4.4 探针系统的电子学框图

4.2.1 前置放大器

核探测器有各种形式，它们输出的信号宽度为 $10^{-3}\sim1\mu s$，输出阻抗一般都比较大。核医学常用的 NaI(Tl) 闪烁探测器输出脉冲宽度约为 0.25 μs，幅度 0.5 ~ 2 V。前置放大器(Preamplifier)的作用是：①把探测器输出的电荷或电流转换成电压脉冲，并将信号放大。②将信号脉冲成形，以优化后继电路对信号的处理。③使探测器的输出阻抗与后继电路的输入阻抗匹配。

图 4.5 为前置放大器的原理图。持续时间很短的电流脉冲 Ii，将电荷 Q 存储在电容 C 上，在其两端形成幅度为 $V_0=Q/C$ 的跳变电压，加在脉冲放大器 A 的输入端上。闪烁探测器输出的电荷 Q 与 γ 光子的能量成正比，所以 V_0 也正比于能量。电容 C 上存储的电荷要经过电阻 R 逐渐放掉，电压随后按指数规律 $V=V_0e^{-t/\tau}$ 下降，其中 $\tau=R\cdot C$ 称为脉冲成形电路的时间常数，其取值由探测器类型决定，在 0.05 μs 到 200 μs 范围。

图 4.5 所示的前置放大器，先由 RC 电路在输入端形成电压脉冲，然后对此电压脉冲加以放大，故称为“电压灵敏放大器”。要得到大的输出电压 V_0，电容 C 应该尽量小。然而，由探测器的极间电容、放大器的输入电容和电路的分布电容所构成的输入端杂散电容 C_i，并联在容量很小的 C 两端，电容量是不确定、不稳定的，对输入电压有很大影响，因此电压灵敏放大器只能用于要求不高的低能量分辨率系统。

利用密勒积分器构成的前置放大器见图 4.6，由于反馈电容 C_f 的作用，输入端有一个大容量的等效电容，使杂散电容 C_i 的影响变小。可以证明，密勒积分器的输出脉冲电压 $V_o\approx Q/C_f$，与探测器输出的电荷 Q 成正比，故称为“电荷灵敏放大器”。因为电荷灵敏放大器输出脉冲有很好的稳定性，所以被核仪器广泛采用。

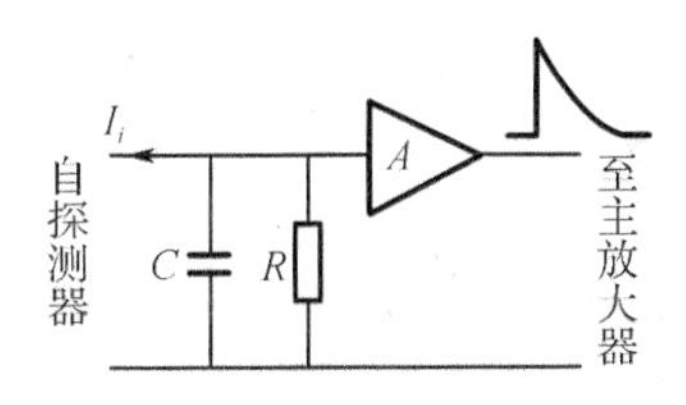

图 4.5　前置放大器简图

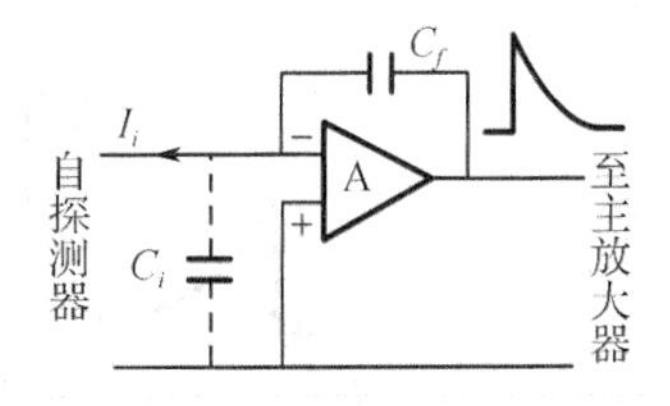

图 4.6　电荷灵敏前置放大器原理图

脉冲放大器 A 的输入级大多采用场效应管，它们具有高输入阻抗、低噪声和高温度稳定性。闪烁探测器输出信号的幅度较大，放大器的增益一般在 1～20 之间。此外，它应该工作在线性方式下，即输出信号幅度与探测器送来的电荷 Q 成正比，保证后面的电路能够对输出信号进行能量分析。探测器通常与其他的信号处理部件距离较远，为了获得尽可能好的信噪比（SNR），前置放大器应该靠近探测器，并保证有足够的驱动能力，使得在经过容易招致噪声和造成畸变的长传输电缆之前，信号有足够的幅度。对于输出阻抗高、信号幅度小、能量分辨率要求高的核探测器，前置放大器经常和探测器做在一起，构成探头。

4.2.2　脉冲成形和主放大器

该单元的主要作用有三个：①将前置放大器送来的相对较小的信号（一般为 mV 级）放大到足够幅度（V 级），以驱动后面的部件。②将前置放大器输出的、缓慢下降的信号变成窄脉冲，以防止高计数率下脉冲堆积。③提高信噪比。主放大器的增益一般是可调的；粗调可使增益在 ×10，×100，×1 000 等等之间跳变，以适应各种探测器和前置放大器的输出幅度；在各档之间再进一步细调增益，以保证其输出信号幅度与辐射能量之间精确的刻度关系。

前置放大器的输出信号以 $\tau = R \cdot C$ 为时间常数按指数规律缓慢下降，大约 10τ 以后才降到基线水平。如果在此期间发生下一个脉冲，它将骑在前一个脉冲上而被抬高，它的幅度就不反映被测粒子的能量了，如图 4.7(a) 中带 * 号的脉冲。由于核事件是随机发生的，只要计数率高于每秒几百个，就可能发生脉冲堆积（Pile up），导致幅度畸变。如果两个事件相距很近，甚至会叠合成为一个信号，分不出两个脉冲，这个叠合信号的幅度不代表任何一个事件的能量，只能抛弃。所以，脉冲堆积不但破坏了能量信息，也造成了计数丢失。

脉冲成形（Pulse Shaping）是主放大器的基本功能，它使脉冲变窄，把前置放大器输出的互相重叠的脉冲分离开，但是又保持各自正确的幅度信息（即事件的能量）和时间信息（即事件发生时刻），如图 4.7(b)。“极－零相消”是常用的脉冲成形技术，此外还有阻－容法、高斯法和延迟线法等脉冲成形技术。闪烁探测器本身的能量分辨率较差，一般选用双微分或双延迟线构成的双极性脉冲成形电路，采用 0.025～0.5 μs 的时间常数，以达到较高的计数率能力。成形脉冲的形状和宽度应该根据测量目的确定，对于需要有高计数率能力和精确定时能力的核医学仪器，如 PET，可采用非常窄的双极性成形脉冲，但是缩短成形脉冲宽度，会降低信噪比和能量分辨率。

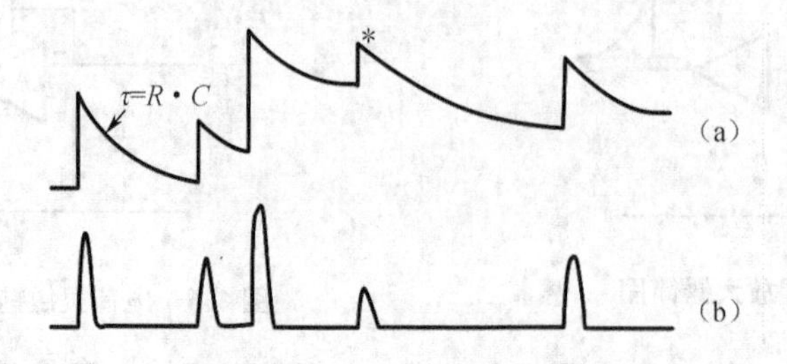

图 4.7 (a)前置放大器输出的信号；(b)成形后的脉冲

核脉冲信号如果叠加在一个不稳定的缓变电平上，也会引起幅度失真，仪器的能量分辨率下降，这就是"基线偏移"现象。基线偏移产生的原因包括探测器漏电流、电子元件特性随温度漂移、交流电源纹波、高计数率下的脉冲尾堆积和不准确的极－零相消。核仪器常采用"基线恢复"技术解决基线偏移问题，它用一个滤波器取得缓变的基线电平，然后反馈回来与原信号相减，抵消偏移的基线。

4.2.3 单道脉冲幅度分析器

NaI(Tl)闪烁探测器输出的信号经前置放大器和主放大器后变成电压脉冲，其幅度反映了 γ 光子沉积在探测器中的能量。测量输出电压脉冲的幅度，就可以确定它的能量；选择幅度在某一范围的脉冲，也就筛选出了能量在相应范围内的 γ 光子。

自然环境中存在着各种放射性辐射，它们的能谱很宽，也会被仪器探测到，构成测量数据中的"环境本底"，这是我们不希望的。核医学仪器中一般都有脉冲幅度分析器，它把幅度落在光电峰内的脉冲筛选出来，禁止其他能量的脉冲信号通过，这样就降低了环境本底的影响。来自靶器官以外的 γ 光子也可能经过散射，改变方向后进入探测器，这类 γ 事件所构成的散射本底也会干扰测量结果。因为 γ 光子运动方向的改变必然伴随着能量损失，所以用脉冲幅度分析器进行能量筛选，也可以排除来自靶器官以外的康普顿散射事件造成的干扰。

我们把用来筛选脉冲那段电压区间(或能量区间)称作"道"或"窗口"，区间的宽度称作"道宽"或"窗宽"H；此区间的下边界，即允许通过的脉冲的最低幅度，称作"下阈"V_L；区间的上边界称作"上阈"V_U，见图 4.8。仅筛选一道的电子学单元称作"单道脉冲幅度分析器"(Single－channel Analyzer，SCA)只有幅度落在"窗口"中的输入信号 u_i 才能产生相应的输出脉冲 u_o。如果把产生不同能量 γ 光子的几种放射性药物同时注入人体，使用数个独立的单道脉冲幅度分析器，就能够

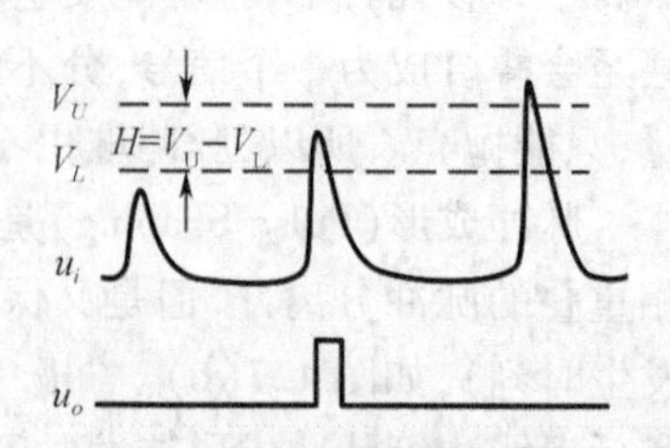

图 4.8 单道脉冲幅度分析器的输入信号 u_i 和输出信号 u_o

根据 γ 光子能量的差异同时对不同药物进行测量,这就是“多核素测量技术”。

可同时作连续的、众多通道的脉道冲幅度分析的部件则称作“多道脉冲幅度分析器”(Multi - channel Analyzer, MCA),它当然比单道脉冲幅度分析器复杂得多。用多道脉冲幅度分析器可以对大量的核衰变事件按能量进行统计分类,第 2 章图 2.12(b)所示的 NaI(Tl)晶体的光脉冲幅度的统计分布图,就是用多道脉冲幅度分析器得到的。

在原理上单道脉冲幅度分析器可以由两个比较器和一个反符合电路组成,如图 4.9。下阈比较器将输入脉冲与下阈电压比较,当输入脉冲幅度高于下阈电压时有脉冲输出。上阈比较器也是如此,当输入脉冲幅度高于上阈电压时有脉冲输出。反符合电路则保证在两个比较器中有一个、并且只有一个有输出时才有信号输出,也就是说,只有当主放大器的输出脉冲幅度在上、下阈之间时,单道脉冲幅度分析器才有信号输出。由于能量信息已经提取出来了,单道脉冲幅度分析器的输出信号通常为固定高度的矩形脉冲,表示探测到一个能量符合要求的 γ 事件,如图 4.8 的 u_o,矩形脉冲一般为 1 μs 宽、TTL 电平(5V)。

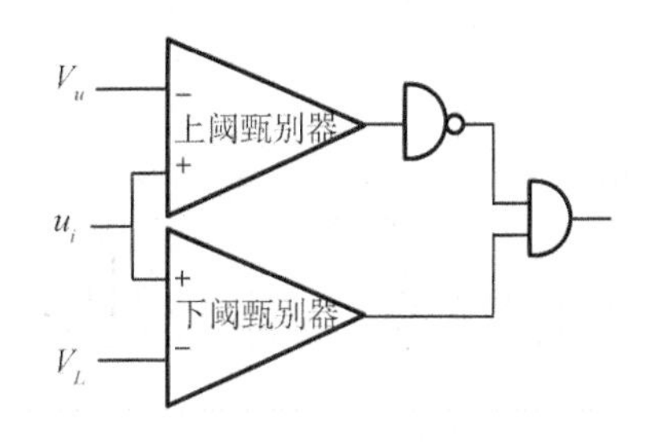

图 4.9　单道脉冲幅度分析器原理图

除了直接用上、下阈表示窗口位置之外,还常用窗口中心电压(或能量)的百分数表示。例如中心在 140 keV、宽 20%(或 ±10%)的能量窗,其上阈为 140 × 110% = 154 keV、下阈为 140 × 90% = 126 keV。一些仪器中的脉冲幅度分析器只设下阈不设上阈,它们称作“甄别器”,作用是除掉低电平的噪声,幅度超过下阈的脉冲都可以通过,进行“积分测量”,而单道脉冲幅度分析器则是作“微分测量”的。

4.2.4　计数率表和计数器

单道脉冲幅度分析器的输出信号然后被送入计数组件,测量单位时间内的脉冲计数,即计数率。计数组件有模拟的和数字的两类。

模拟的计数率表可以连续地输出与平均计数率成正比的模拟电压,此输出电压可以驱动按 CPS(计数/秒)或 CPM(计数/分)刻度的电压表或者描迹仪。计数率表入口处有一个整形电路,把输入信号变成固定形状和幅度的电流脉冲,以保证每个脉冲带有相同的电量 Q,如图 4.10。然后计数脉冲被送到电阻 R 和电容 C 并联电路上,每个计数脉冲都把电量 Q 存储在电容 C 里,又通过电阻 R 逐渐放掉,放电速度取决于率表时间常数 $\tau = R \cdot C$。可以证明,当输入脉冲计数率为 n 时,电流 I_2 的平均值为 $I_2 = nQ$,R,C 两端的平均电压 $V_2 = nQR$,正比于输入脉冲的计数率。时间常数 τ 对于输出电压的统计涨落以及率表对计数率突变的响应速度有很大影响,它们对 τ 要求是互相矛盾的,应该根据仪器应用的实际情况折中选择。

数字计数器由“定时器”和计算脉冲数目的“定标器”组成,见图 4.11。定时器通过“门电路”控制定标器启动、停止、清零。被记录到的γ光子数以及记录的持续时间,可以用数码显示器(数码管、发光二极管、液晶显示器等)显示,也可以打印出来。在智能化功能仪中,计算机先给定时器设定每次测量的持续时间,然后把每次测到的计数值读入计算机,画出计数率随时间变化的曲线(即放射性-时间曲线)。

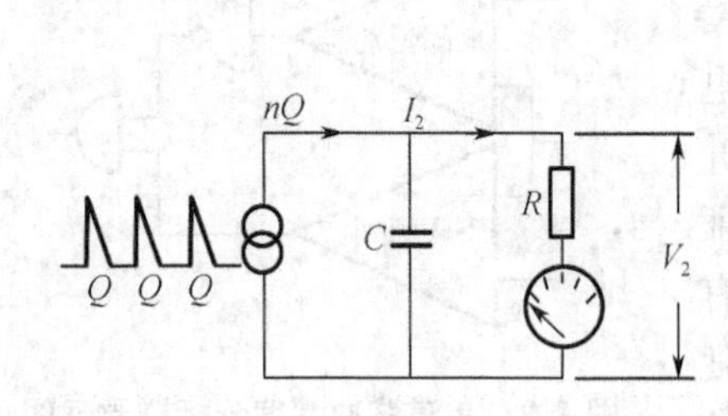

图 4.10 计数率表原理图

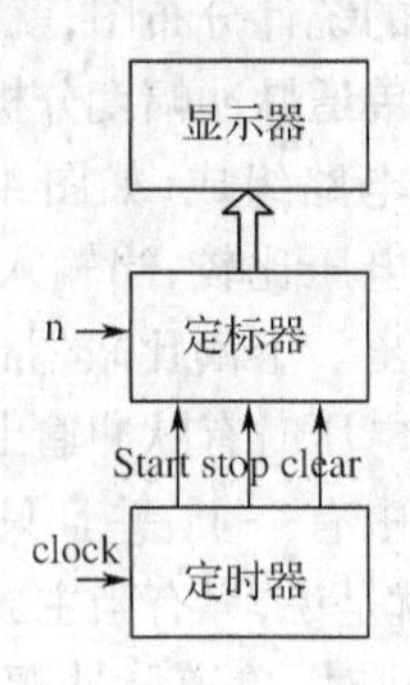

图 4.11 数字计数器

上述测量方式称作“预定时间模式”,此外还有“预定计数模式”,就是预先设定计数值,把达到此计数值的时间记录下来,然后算出计数率。当要求一系列的测量数据有相同的统计误差时,可采用预定计数模式。在这种模式下定标器处于倒计数状态,计数回零时停止定时器计时,显示器显示定时器的值。

4.3 脏器功能仪

根据靶器官个体的数量配置上述探头,就构成了功能仪。测量两肾功能的肾图仪是双探头系统,测量心脏功能的核听诊器则是单探头系统。

4.3.1 肾图仪

人体的很多无用物质要经过泌尿系统排出体外,如马尿酸是肝脏解毒过程中合成的无用物质,它会随血液进入肾脏,由肾小管上皮细胞吸收并分泌到肾小管管腔内,然后随尿液汇集到肾盂,经输尿管流入膀胱,再经尿道排除体外。

1. 测量原理

如果将两个探头分别对准左右肾,给病人静脉注射^{131}I 标记的邻碘马尿酸(^{131}I - OIH)0.37 ~ 0.74 MBq,立即启动仪器,同时记录两肾的时间 - 放射性曲线(Time - activity Curve, TAC)15 ~ 30 分钟,就得到左、右肾的肾图,如图 4.12 所示。

当血液输送^{131}I - OIH 进入探头视野(肾脏)时,曲线陡然上升,产生 *a* 段。^{131}I - OIH 被肾小管吸收并随尿液汇集到肾盂,形成 *b* 段;这是血液中的^{131}I - OIH 在肾脏中聚集的过程,正常肾图在注射后 2 ~3 分钟达到最高点。然后肾盂中的尿液经输尿管流出，肾脏中的^{131}I – OIH 逐渐减少，肾图近似呈指数规律下降，这就是排出段 c，正常肾图在 15 分钟时的高度低于峰值的一半。

a,b,c 段分别反映了每个肾脏的有效血流量、肾小管的功能和尿路的畅通程度。图 4. 12 中的细实线肾图 a 段偏低，说明该肾的血运不畅；b 上升缓慢，说明该肾的分泌功能差，这是肾血管性高血压和肾实质性病变的典型表现；c 段下降变缓，表明排泄功能不正常，可能是尿路梗阻。如果双侧肾图不对称，说明其中一侧的肾功能受损。当然肾图的形态多种多样，需要有丰富的临床经验才能判断肾病的类型和受损程度。

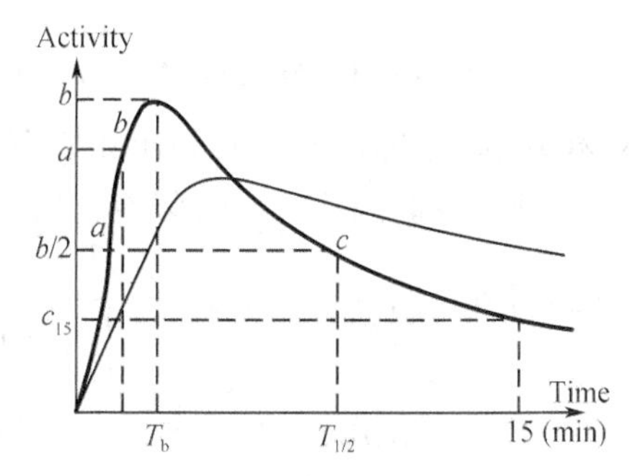

图 4. 12　正常和异常的肾图

2. 代谢动力学分析及定量指标

由于静脉注射以后，^{131}I – OIH 不经肝脏吸收也不进入其他组织，绝大部分(98%)直接由肾代谢排出体外。这种代谢模式可用一房模型、一级输入过程描述，如图 4. 13。

X_b —K_b→ [肾脏 X] —K_c→ X_c

图 4. 13　一级输入一房模型

设 X_b 为输送到肾区的^{131}I – OIH 的量，其初始值（即进入肾区的^{131}I – OIH 总量）为 X_0；X 为肾脏中的^{131}I – OIH 的量，其初始值为 0；K_b 为^{131}I – OIH 的肾脏的吸收率，单位是 1/min；K_c 为^{131}I – OIH 排出肾脏的清除率，单位也是 1/min，K_b 比 K_c 大一个量级；肾脏中的^{131}I – OIH 变化可用微分方程描述

$$\begin{cases} \mathrm{d}X/\mathrm{d}t = K_bX_b - K_cX \\ \mathrm{d}X_b/\mathrm{d}t = K_bX_b \end{cases}$$

此方程的解为

$$X = A(\mathrm{e}^{-K_ct} - \mathrm{e}^{-K_bt}) \tag{4.1}$$

其中

$$A = K_bX_0/(K_b - K_c) \tag{4.2}$$

可见肾代谢动力学过程由两条指数曲线的差构成，表示^{131}I – OIH 的进入和排出肾脏是同时进行的，如图 4. 14。由于 $K_b \gg K_c$，所以开始阶段（b 段）^{131}I – OIH 进入肾脏的速度比排出速度快，肾图是上升的。达峰时进入与排出速度相等。峰值以后由于 X 大 X_b 小，^{131}I – OIH 的进入量小于排出量，所以肾图下降。

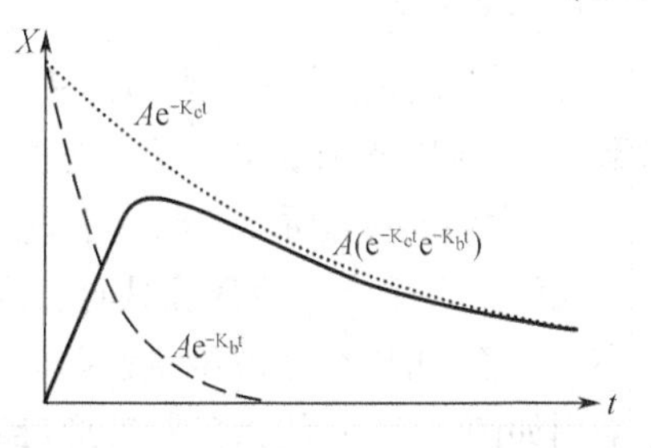

图 4. 14　肾代谢的动力学过程

实测知，峰值后约 1 分钟 $\mathrm{e}^{-k_bt} \to 0$，肾图完全由 K_c 决定，$X_c = A\mathrm{e}^{-K_ct}$。在峰值后 1 分钟选 $N = 8 \sim 10$ 个数

据，做 $X_c = Ae^{-K_c t}$ 的线性回归(拟合)，可求得

$$A = e^{\frac{N\sum \ln X - K_c \sum t}{N}}, \quad K_c = \frac{N\sum \ln X - \sum t \sum \ln X}{N\sum t^2 - (\sum t)^2}$$

式(4.1)移项后得：$Ae^{-K_b t} = Ae^{-K_c t} - X$。对 b 段(达峰前)进行线性回归计算，可求出 K_b。有了 A, K_c 和 K_b 我们可以由式(4.2)求出 X_0，于是能得到如下定量的肾功能指标：

(1)半清除时间 $T_{1/2} = 0.693/K_c$，反映尿路的畅通程度。

(2)肾脏代谢清除率 $MCR = \dfrac{X_0}{\int X(t)\,dt} = \dfrac{1 - K_c/K_b}{\int (e^{-K_c t} - e^{-K_b t})\,dt}$，单位：1/min。

后一步等式是用式(4.1)和式(4.2)替换 $X(t)$ 和 X_0 得到的。MCR 反映了 $^{131}I-OIH$ 通过肾脏的平均速度。如果知道 X_0 的体积 V(ml)，$MCR \times V$ 的单位为 ml/min。肾脏功能受损时，肾图的 c 段下降缓慢或不下降，$\int X(t)\,dt$ 变大，MCR 变小，肾脏功能受损越严重 MCR 越小。

(3)表观分布容量 avd，表示一定时间内 $^{131}I-OIH$ 进入肾的体积，单位为 ml。

avd = $^{131}I-OIH$ 通过肾脏的平均速度(ml/min)/$^{131}I-OIH$ 排出肾脏的速度(1/min) = MCR/K_c。

此外，从肾图的特征点(b 段起始点、峰点等，参见图 4.12)也可得出一批定量指标：

①达峰时间 T_b；

②c 段下降一半的时间 $T_{1/2}$；

③15 分钟残存率 $\dfrac{c_{15}}{b} \times 100\%$；

④分浓缩率 $\dfrac{b-a}{a \times T_b} \times 100\%$；

⑤肾脏指数 $RI = \dfrac{(b-a)^2 + (b-c_{15})^2}{b^2}$，及左右肾 RI 差 $\dfrac{RI_L - RI_R}{\overline{RI}} \times 100\%$。

3. 肾图仪的设计

肾图仪硬件包含两套类似图 4.1 的探头，由于要同时做双肾数据采集、复杂的曲线回归和参数计算，所以肾图仪中通常含有微处理机。

^{131}I 发射的 γ 能量为 364 keV，故采用探测效率高的 NaI(Tl)闪烁探头。

我国正常成年人的肾脏纵向长度为 10 ~ 12 cm，横向宽度为 6 ~ 6.5 cm，准直器的视野不应小于此值，否则会造成测量误差。设计准直器还应考虑到尽量减小两肾之间的相互干扰，一般采用如图 4.2(b)的张口圆锥形准直器，其全灵敏区大，本底区小、深度响应好，灵敏度高，可以提高信噪比。

4.3.2　核听诊器

核听诊器是内嵌计算机的、功能比较复杂的单探头系统,它代表了脏器功能仪的最高水平,下面以它为例介绍脏器功能仪的原理和工作方式。

1. 核听诊器的构造和工作模式

核听诊器又称"γ心功能仪",主要用来获取心输出曲线和放射性心动图,测量心输出比、射血分数等几十个重要的心功能参数。

核听诊器采用带缩口圆锥形准直器的单个 NaI(Tl)闪烁探头、和典型的探针系统电路,其数字计数器部件中的定时器和定标器通过接口与计算机相联,计算机给定时器设定采样间隔时间,读出定标器每次测到的计数值。

图4.15是一种便携式核听诊器。为了缩小体积,它的探测器采用 CsI(Tl)闪烁晶体和光电二极管,前置放大器也置于探头内。准直器的制造材料是钨。

核听诊器有四种工作模式:首次通过(First Pass);最佳位置(Optimal Position);心室功能(Ventricular Function);R - R 统计(R - R Statistics)。

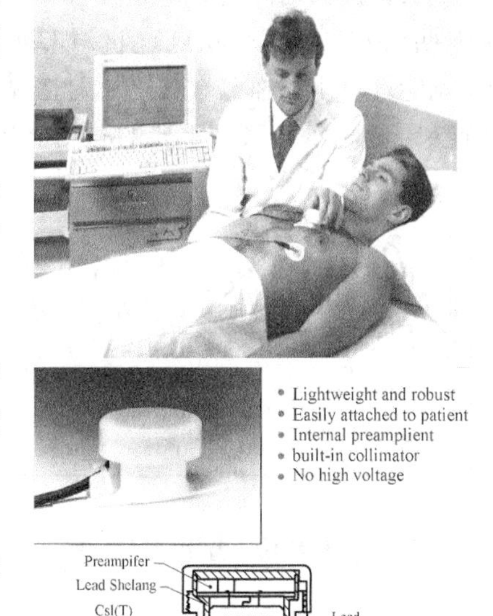

图4.15　便携式核听诊器

2. 数据采集方式

(1) 连续计数的数据采集方式

把探头中心对准主动脉和肺动脉出口的交叉处,其视野覆盖整个心区。向病人静脉"弹丸式"注射^{99m}Tc 标记的红细胞,立即以 100 ms 为间隔 τ 连续测量计数率,共采集 250 个数据(25 秒),把心区的时间 - 放射性曲线画在 CRT 屏幕上,如图4.16所示。这条曲线表现了示踪剂团随血液从上腔静脉进入心脏后,经右心房→右心室→肺→左心房→左心室→主动脉→全身的过程,称作"首次通过"(First Pass)曲线或"心输出(Cardiac Output)曲线"。

曲线的第一个峰(R)是放射性弹丸进入右心时产生的,称作右心峰;然后血液被泵入肺,放射性弹丸离开心脏,曲线出现 T 谷;经肺循环,示踪剂随血液返回左心,曲线进入第二个峰(L),即左心峰;然后血液从主动脉流向全身,曲线再次下降。

不难理解,右心峰至左心峰的时间差就是平均肺循环时间。此外,根据一房模型动力学分析还能求得与肾图类似的 MCR 参数 - 心输出比(Cardiac Output Rate, RCO),对先天性心脏病患者还可以计算出左心→右心分流比,估计室间隔缺损面积。

(2) 心电门控数据采集方式

核听诊器在"心室功能"工作模式下能获得左心室的容积变化曲线,即放射性心动图(Active Cardiogram)。注射 3 分钟后,放射性示踪剂已经均匀地分布在全身血液中,在探头视野内的血液越多,则示踪剂的含量越多,探头测得的计数率越高,计数率与血容量成正比。心脏是容积泵,将探头对准左心室,就能测得左心室的容积—时间曲线,如图 4.17。在曲线上找到舒张末期点 ED(最大容积点)、收缩末期点 ES(最小容积点)、充盈率达峰点(曲线最大斜率点)等,就能计算出射血分数(EF)、射血率(ER)、每搏量(SV)、峰值充盈率(PFR)、收缩/舒张时间比(Ration)等一系列重要的心功能指标。

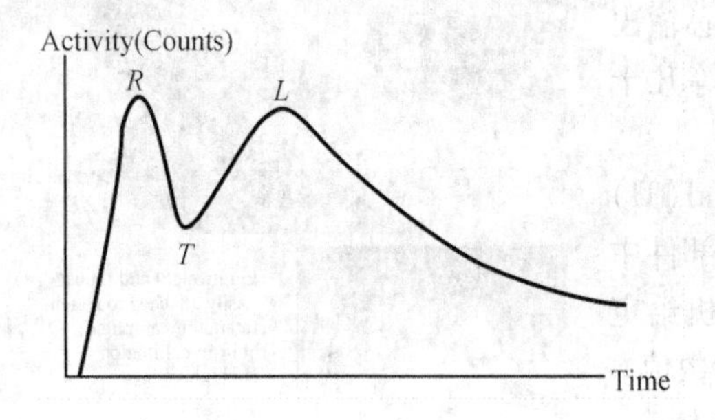

图 4.16 首次通过曲线

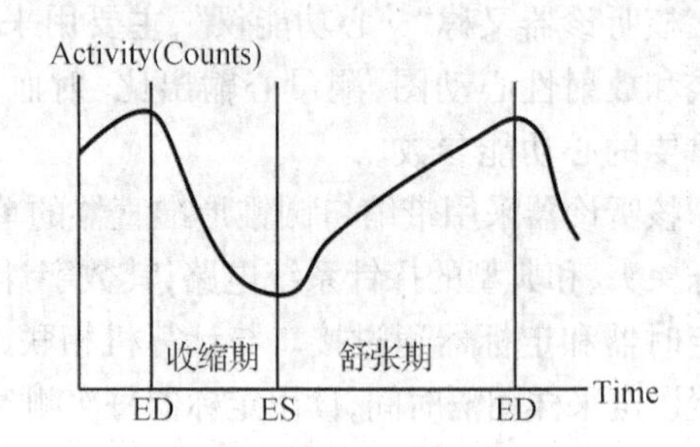

图 4.17 放射性心动图

为细致地描绘出左心室的容积曲线,数据采样间隔 τ 定为 10 ms。由于注射剂量的限制,在这样短的时间内只能测到几十个 γ 光子,计数的统计误差超过 10%。为提高曲线的精度,核听诊器采用心电门控采集(ECG Gated Acquisition)获取放射性心动图。这是心脏核医学特有的数据采集方式,它基于心脏运动的周期性,利用心电图中的 R 波作门控信号,把上百个心动周期的对应数据叠加起来,达到增加计数,减少统计误差的目的,见图 4.18。叠加过程是实时的:只要(a)中 R 波出现,此刻获取的计数(b)就加到(c)的第一个数据点上,然后顺次将每隔 10 ms 采集的计数值加到第二个、第三个、……数据点上。心电门控法采集的曲线(c)反映多个心周期的平均运动情况,称作"综合心动图",它有很好的时间分辨率和精度,可以得到高置信度的心功能指标。

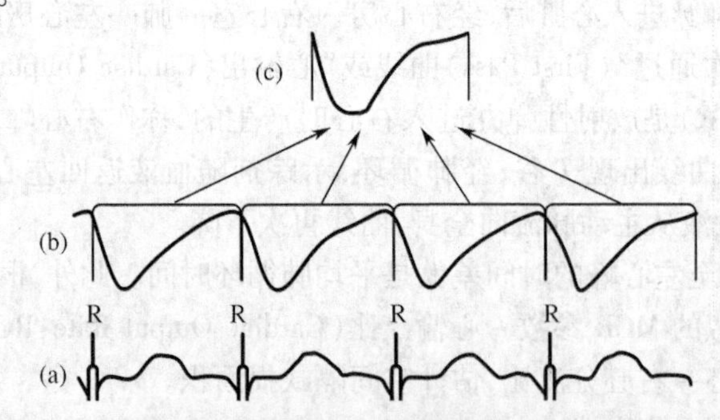

图 4.18 (a)心电图,R 波标志心脏收缩开始;(b)左心室的 TAC;
(c)根据 R 波划分心周期,同步数据叠加过程,形成综合心动图

(3)缓存数据的门控采集方式

在数据采集过程中,计算机可以对每两个R波之间的间隔时间,进行统计分类,这就是"R-R统计"。从心周期统计直方图可以知道病人的平均心律,观察心律的分布情况。如果心律整齐,说明综合心动图质量良好;如果心律很不平稳或有大量的早搏和停跳,虽然各心动周期的前段仍能同步,但是综合心动图的舒张段会发生畸变,见图4.19,求出的心脏充盈参数的可信度下降。然而,病人的心律很少能保持稳定不变,实时门控采集却以心脏严格遵循周期运动为前提,其结果经常不令人满意。

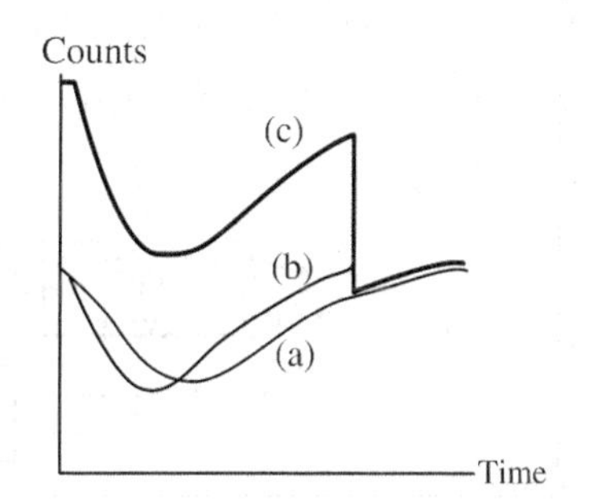

图4.19　心律不齐时的门控采集结果

(a)为长心动周期;(b)为短心动周期;
(c)是它们的叠加结果,后段有严重的畸变

一种改进的办法是在计算机内存中开辟缓存区,将每个心动周期中的数据(γ光子的入射时间)先保存起来,在后一个R波到来,该心周期结束的时候检查它的长度,如果与平均心周期相差不多,将缓存的数据依采样顺序叠加到综合心动图中去,如果与平均心律相差太大,就丢掉这组数据,这就是"缓存数据的门控采集方式"。这种采集方式可以剔除异常心动周期,克服心律不齐的影响。除了从前向后依次进行数据叠加以外,缓存数据的门控采集方式还可以实现从最后的数据点向前依次叠加,使综合心动图的舒张段有最好的同步质量。

(4) 探头辅助对位

作心室功能测量必须使探头对准左心室,否则得不到正确的综合心动图。但是核听诊器不能显示图像,医生仅凭经验很难保证准确对位,测量的重复性差,不同医生测得的结果更难以保持一致。"最佳位置"工作模式就是帮助进行探头对位的。

在这种模式下,计数率—时间曲线被实时地显示在CRT屏幕上,当探头处于心区附近的时候就能看到曲线波动。左心室是血液体循环的动力源,它是心脏运动最剧烈的部分,探头视野覆盖左心室的时候曲线振幅最大。计算机实时地计算曲线的振幅,并根据振幅的大小画一条光带。移动探头,找到曲线振幅最大、光带最长的位置,这就完成了左心室的对位。

核事件的统计涨落现象会造成光带的抖动,减小统计涨落的办法是增加事件计数。最佳位置工作模式的采样时间间隔τ为50 ms,既保证了每个数据点有较高的计数,又兼顾了时间分辨率的要求,一个心动周期有大约20个采样点,能够较准确地找到曲线的舒张末期和收缩末期。

3. 核听诊器的硬件结构

核听诊器应该具有这样一些功能:①以不同的时间间隔自动地采集并记录数据;②实现心电门控的数据叠加和R-R统计;③处理和显示有关曲线,找出曲线的特征点,求出各临床参数;④输出分析结果,给出诊断报告。没有计算机这些功能是难以实现的。

核听诊器的硬件框图如图4.20。它有两路信号:①闪烁探头产生的电脉冲经成形电路、主放大器、单道脉冲幅度甄别器、定时计数器,输出16 bits的计数值(最大65 535);②心电信号经放大、去噪声、A/D变换,输出8 bits的数据,其中的R波检出电路在R波出现时产生TTL脉冲R。

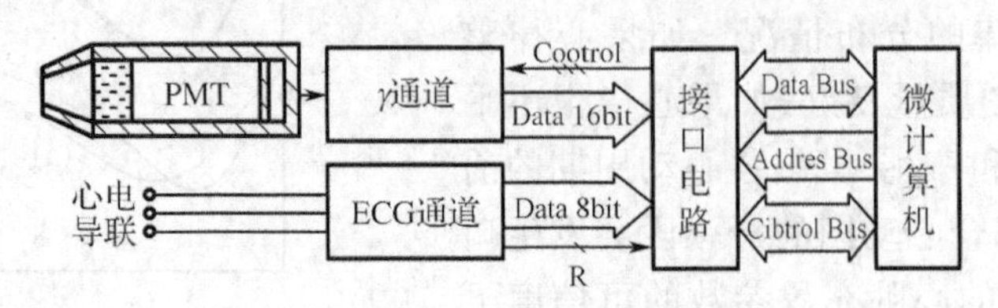

图4.20 核听诊器的硬件框图

计算机接口接收这3 Byts的数据和R脉冲,并向γ通道的计数器发送控制信号(清零、启动、停止)。微计算机根据工作模式要求给接口设置采集间隔时间,定时地从接口获取γ计数和心电数据,实现综合心动图的实时同步累加,并完成数据处理、曲线显示、参数计算、打印输出等工作。由于最高数据获取速度只有3 Byts/10 ms,数据量不大,处理、分析、显示不复杂,所以一般微机和单片机足可胜任。

4. 核听诊器的软件算法

核听诊器的软件按照工作模式来划分模块,每一模块都根据数据采集要求对系统进行设置,实时获取和组织数据,对数据进行处理和分析,计算并输出临床参数。下面介绍一些任务的实现方法。

(1)数据采集

先在内存中开辟一个数据区,设置一个指针,用它指示将获取数据的存放地址。接口每隔100 ms(首次通过)、50 ms(最佳位置)、10 ms(心室功能)准备好2 Byts的γ计数和1 Byts的心电图数据后发出中断请求。

在首次通过和最佳位置工作模式下,中断服务程序读取γ计数,放在指针指示的数据单元中,接着将指针指向下一个数据单元,准备采集新的数据,然后返回到主程序进行数据处理和分析。首次通过的中断服务程序还要监视是否采集满250个数据,最佳位置的中断服务程序还要监视使用者是否发出停止命令,是则停止数据采集,复位接口。

在心室功能工作模式下,中断服务程序读取数据,并检查R波是否出现;如果R波没有到来,γ计数累加到指针指示的数据单元,然后指针增量;如果R波出现了,令指针返回数据区始端,开始新一轮的数据叠加。每一次完成数据累加后,都与预定的计数相比较,发现达到预定的计数值,就停止采集,复位接口,然后转向数据处理程序。

(2)数字滤波

要计算心功能参数,必须找到曲线的峰点、谷点和拐点,这可以通过求曲线及其导数的极值的办法解决。然而核医学曲线往往包含各种原因引起的波动成分和统计涨落,使求导和求极值发生误差。例如实际的首次通过曲线如图 4.21(a)上,并不像图 4.16 那样光滑,上面迭加着因心脏搏动引起的周期性脉动,给寻找右、左心峰和左心峰下降沿上的拐点造成困难。又如编程时常用相邻三点的差分来求曲线的导数,统计涨落会使差分计算产生很大误差。

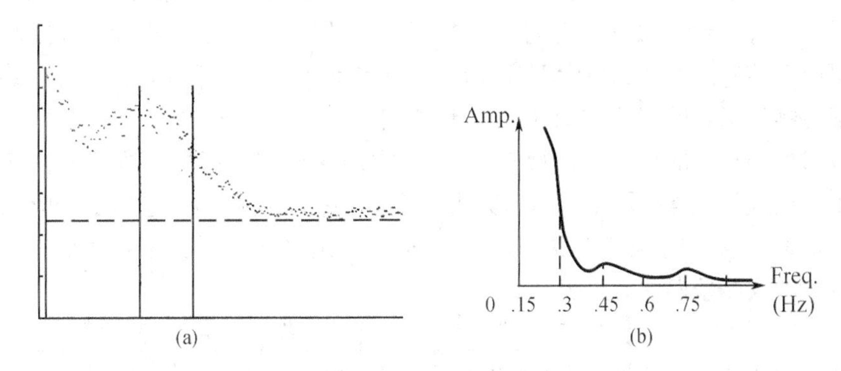

图 4.21　实际的首次通过曲线及其频谱

对首次通过曲线作频谱分析可知它的低频成分很大,频带上限不超过 0.4 Hz,如图 4.21(b)。心脏搏动引起曲线脉动的基频就是心率,一般不低于 40 次/分钟 =0.67 Hz。统计涨落属于白噪声,频带很宽。所以采用上限频率 $fc=0.4$ Hz 的低通滤波器就可以消除干扰。考虑到脉动成分和统计噪声的幅度小于曲线峰值的 20%,令 $fs=0.67$ Hz 处衰减 20 倍(26 dB),那么滤波后的干扰将小于有用信号幅度的 1%,就不会影响曲线的特征点的寻找了。此外,这个滤波器还应是零相移的,否则滤波后曲线发生整体平移或各种频率成分有不同的相移,致使求解出的特征点移动。我们知道,采用有限冲击响应(Finite - duration Impulse Response,FIR)的滤波器可以满足上述要求。

核医学经常采用平滑(Smoothing)的方法消除干扰和噪声,它的算法简单,本质是 FIR 的低通数字滤波器(Digital Filter)。心功能仪采用 Lanczo's smoothing,它是 N 点数据的平均运算,或者说是原始数据 $X(n\tau)$ 与宽为 $N\tau$ 的矩形窗函数 $w(n\tau)$ 卷积,见图 4.22(a)。矩形窗的傅立叶变换是 Sinc 函数,见图 4.22(b),它的确是低通滤波器,而且是纯实函数,相频特性恒为 0。

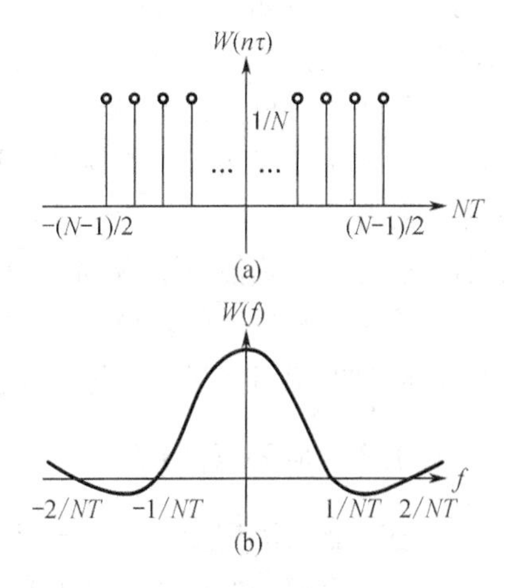

图 4.22　矩形窗函数及其频域特性

如果做两次 Lanczo's smoothing,相当于与宽为 $2N-1$ 的等腰三角函数卷积,其滤波函数是 Sinc^2,旁瓣幅度将更小。只要正确选择窗宽 N,就可以使 2 dB 衰减点位于 $fc=0.4$ Hz 处。心功能仪实际上分别采用 $N=11$ 和 $N=13$ 的矩形窗函数做两次卷积,这时旁瓣最大值仅为 0.014 76,相当于衰减 36.3 dB,比等窗宽的两次卷积滤除高频成分更干净。

平滑运算就是 N 点数据的加权平均,这相当于把每个数据的采样时间 τ 延长了 N 倍,事件计数增加了 N 倍,所以统计涨落减少到原来的 $1/\sqrt{N}$,这就是平滑能显著降低统计噪声的原因。加权平均也有"拉平"数据的变化之功效,尤其对周期等于 $N\tau$ 的成分的抑制非常彻底,过分的平滑可能会使有用信号的幅度下降,影响医学参数的计算结果,所以在设计滤波窗函数时要综合考虑降噪和保真的问题,力求达到最佳的信噪比。

干扰放射性心动图的只有统计噪声,消去其中的快变成分就不会妨碍峰谷点的寻找了。最佳位置工作模式下采样间隔是 50 ms,只需一次 3 点平滑即可。心室功能工作模式下计算参数需要求导数最大点,要求噪声非常小,它的采样间隔是 10 ms,所以使用两次 9 点平滑。

5. 造成功能仪测量误差的原因

放射性药物引入人体后总会有一部分存留在血液中,探头的视野里不可避免有血液,血液中的放射性药物所造成的计数称作"血本底"。人体中血液分布比较均匀,把探头移到靶器官旁边,测量出的计数率大致代表了血本底水平,核医学常作的"扣本底"就是将靶器官的总计数减去血本底计数。有时与靶器官紧邻的非靶器官,如肝脏,也富集着放射性药物,避免这类干扰的办法是寻找一个最佳的探头倾角,尽量使非靶器官完全处于探头准直器的荫蔽区。

用功能仪进行体内测量时应该注意,测到的计数率是经过人体的衰减和散射的结果。对于核医学常用的放射性药物所辐射的 γ 射线,软组织的线衰减常数在 0.1 ~ 0.2 cm^{-1} 范围,源的深度相差 1 ~ 2 cm 可以导致 10% ~ 40% 的计数率差别。而放射性药物在人体中的深度分布是未知的,功能仪无法对人体衰减造成的计数损失进行估计和校正。

康普顿散射可能增加计数、也可能减少计数,取决于散射是使更多的 γ 光子进入探头,还是离开探头。例如,人体内浅层脏器的计数会比它处在空气中来得更大,因为下方组织反散射(180°散射)引起的计数增加,比上方组织散射和吸收引起的计数减少更显著;而深层脏器的情况可能正好相反。此外,分布在准直器视野之外的放射性药物发出的 γ 光子,经周围组织的散射可能进入探头,散射对测量到的计数率有多大贡献也是未知数。为减少散射影响,一般把单道脉冲幅度分析器的能窗设置在光电峰上。由于能窗总有一定的宽度,单道脉冲幅度分析器不能完全排除散射影响,尤其在探测低能 γ 的时候。

因为衰减和散射的影响是不可知的,所以功能仪不能作绝对测量,通常它给不出靶器官中放射性药物的绝对含量,功能仪给出的全是 × ×比、× ×率之类的相对参数。

4.3.3 脑血流测量仪

头盔式脑血流测量仪也属于探针系统,它有 32 个探头,每个探头监测一小片区域,测量结果可按照各个探头的位置拼接成脑血流分布图,当然这种图像非常粗糙,只能观察头部供血的左右不对称性。

习　　题

4－1　功能仪测量的是什么曲线,它有怎样的医学意义?

4－2　功能仪的主要组成部分有哪些,其电子学的设计目标是什么?

4－3　为什么功能仪需要准直器?什么是准直器的视野?

4－4　准直器的口径为 Φ50 mm,准直器口到闪烁晶体的距离为 50 mm,请画出距准直器口 50 mm 处的点源响应曲线,并给出视野的 FWHM 值。(可采用 Monte Carlo 或几何方法)

4－5　为什么功能仪中要有单道脉冲幅度分析器,它的能窗位置应该如何设置?

4－6　测量放射性心动图为什么需要心电门控数据采集方式,其工作原理如何?

第5章　平面成像设备

功能仪获取的放射性 - 时间曲线反映了放射性药物在靶器官中的运动过程,然而它不具有空间分辨能力,看不到被病人摄入的放射性药物的空间分布情况。现代核医学已经进入影像阶段,几乎在每所医院都能找到核素成像室,在一些大型医疗机构每年要完成数以千、万计的成像检查。核素成像是放射性在医学上最重要的应用之一,它与 X 光、磁共振和超声一起构成了互补的医学影像诊断手段。

核医学通过探测病人体内放射性药物的 γ 辐射来获得它的空间分布信息。扫描机是最简单的核医学成像设备,它简单、价廉,但是成像速度慢。一次成像的 γ 照相机擅长快速的动态成像,它可以输出动态的二维平片(Planar)。

5.1　扫 描 机

核医学最早的成像装置是 20 世纪 50 年代发明的扫描机。它测量不同位置辐射强度的办法是:将探针系统装上聚焦型准直器,让它沿“弓”形路线往复扫描人体感兴趣部位,如图 5.1 所示;探头的输出信号送入电子学系统,经放大、成形、幅度分析,转换成频率与 γ 计数率成正比的电脉冲,驱动打印装置在纸上打出色点(因机械运动不可能太快,故打点频率往往低于 γ 计数频率)。由于点的密度与测到的 γ 辐射强度成正比,所以点越密(颜色越深)代表探头所在位置的放射性药物浓度越高。打点装置与探头通过机械传动装置连接在一起,二者同步运动,保证打点装置也按同样的“弓”形路线扫描纸面,将逐点测得的药物浓度描绘在纸上,形成图像。

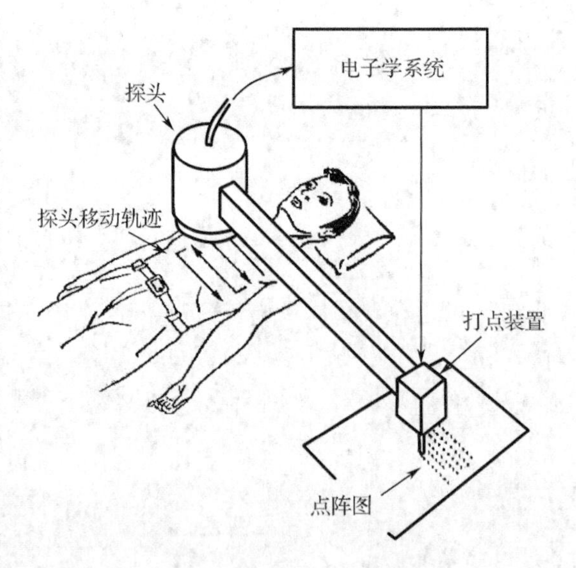

图 5.1　扫描机的工作原理

(摘自 Physics in Nuclear Medicine)

扫描机大多采用 NaI(Tl)闪烁探测器,晶体厚度为 50 mm,直径为 75 ~ 200 mm。电子学部分与一般探针系统相同,单道的能窗置于光电峰处,以剔除散射事件,窗宽 ±10%。

彩色扫描机能将计数率划分成若干区段,用不同颜色打印,同一区段中的不同计数率用色点的密度表达,彩色图像具有更好的药物浓度分辨能力。有些扫描机的记录装置采用光扫描技术,单道脉冲幅度分析器每送来一个电脉冲,它都会产生一束很细(1 ~3 mm)的光脉冲,将其记录在胶片或其他介质上。这种扫描机往往采用电耦合技术(伺服马达)连接探头和记录装置,可以产生缩小的图像(而图 5.1 所示的机械传动装置只能生成与人体等大的 1∶1 图像),例如在 35 cm×43 cm 的胶片上记录两幅全身扫描图像。现代扫描机不再使用机械传动和打点装置,而是根据扫描探头所处的位置,将在各点测量到的计数值存储在计算机中图像矩阵的相应单元里,这样产生的数字图像可以进行处理和分析,并采用灰度编码或伪彩色编码技术在 CRT 上显示扫描过程和最终的图像。

人体是三维的,扫描图像得到的是其二维投影,在纵深方向是叠加在一起的。要想获得空间分辨率好的投影图像,探头的视野必须很小。第 4 章介绍的单孔准直器要得到小视野只能缩小其孔径,然而它的收集效率(即进入探测器的光子比例)必定会降低。为了解决这个矛盾,我们可以将很多小孔径单孔准直器组合在一起,让这些孔的轴线汇集在一点上,构成多孔聚焦准直器(Multi - hole Focused Collimator),如图 5.2(a)。我们称该汇集点为焦点(Focal Point),焦点到准直器下端面的距离为焦距(Focal Length,f)。多孔聚焦准直器的孔洞面积比同样视野的单孔要大得多,收集效率很高。

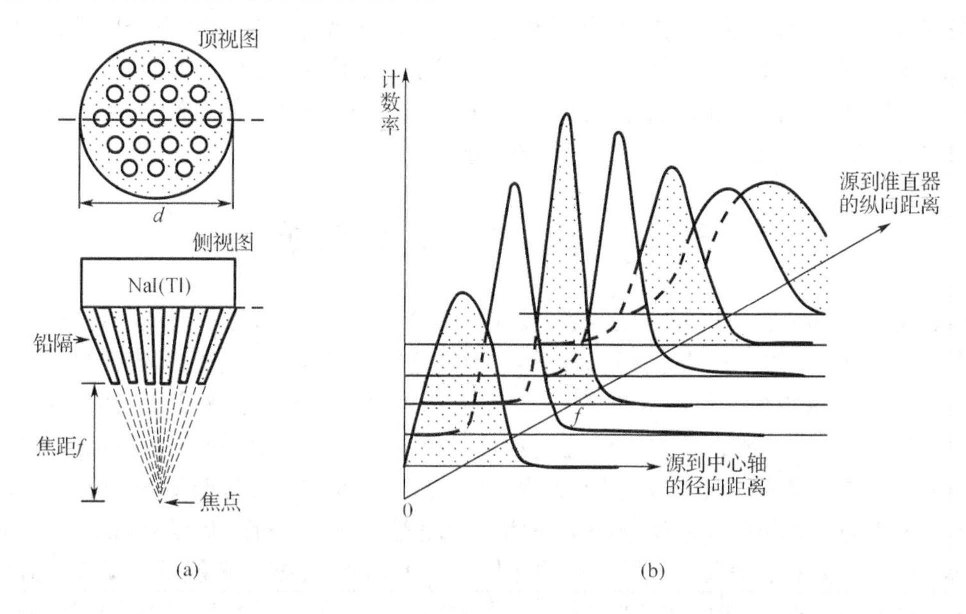

图 5.2　(a)多孔聚焦准直器;(b)点源响应曲线

(摘自 Physics in Nuclear Medicine)

将不同深度处的平面响应曲线画在一个三维坐标系中,就得到如图 5.2(b)的点源响应曲线。可以看到,在焦距 f 处曲线最高、最窄(FWHM≤1 cm),说明此处的探测效率和分辨率都最好。所以,多孔聚焦准直器所成图像在焦平面(Focal Plane)上有最佳的对比度和清晰度,其他深度上的组织是模糊的,具有断层成像(Tomographic Imaging)的效果。这一特性可以应用于焦平面断层成像上,但也有时这并不是我们所希望的。成像分辨率良好的深度范围称作视野深度(Depth of Field,λ),通常用比焦点处的 FWHM 变差不超过 2 倍的深度距离来量度。探头的直径 d 减小,准直器的焦距 f 增加,视野深度 λ 会加大,它们之间的关系为:$\lambda \propto f/d$。

准直器收集效率 E 的定义为:扫描中通过准直孔的 γ 光子数占放射源发射的 γ 光子总数之比,它正比于响应曲线的面积。多孔聚焦准直器的 E 大约在 10^{-4} 量级,与准直器的空间分辨率 Rc(焦距处的 FWHM)的平方成正比:$E \propto Rc^2$。大直径(200 mm)的探头虽然探测效率很高,但是它有很强的断层成像的效果,因此很少被采用。

多孔聚焦准直器上的孔洞通常按照六角形排列;孔间隔(Septa)应该足够厚,以便挡住跨越孔间隔的 γ 光子;孔洞的长度(即准直器的厚度)会影响点源响应曲线,应该按照对图像空间分辨率和深度响应特性的要求来设计。

扫描图是逐点产生的,每点都必须测量一段时间,以累积足够的计数。扫描线的间距为 3 ~ 4 mm,线扫描速度最高为几百 cm/min,形成一幅扫描图要花十几到几十分钟,所以扫描机只能做静态成像。提高成像速度的一个办法是安装一系列并行工作的 γ 探头。多晶体扫描机将探测器摆成一排,覆盖病人的整个宽度,它只要沿人体纵轴作一次直线扫描就能得到图像。Hal Anger 曾经用 64 个直径 3.2 cm 的 NaI(Tl)探测器组成 4 行 16 列的矩阵,宽度为 76 cm,每个探测器有自己的单孔准直器和电子学电路。4 行探测器交错布置,互不重叠,一次直线扫描就可获得 64 条不同的扫描线,形成图像。

5.2 多晶体 γ 照相机

功能仪能测到脏器中的放射性药物浓度随时间变化的曲线,却得不到这些药物分布的空间信息。扫描机用逐点扫描的方法可以绘出放射性药物在脏器中分布的图像,但是由于扫描时间长,失去了反映放射性药物运动、聚集、消散过程的时间信息。核医学需要既具有空间分辨能力又具有时间分辨能力,可拍摄动态过程的成像设备。它必须缩短成像时间,像照相机那样同时记录脏器各部分发出的 γ 光子,这种快速的“一次成像”设备叫做 γ 照相机(Gamma Camera),又因为 γ 照相机普遍使用闪烁晶体作探测器,故此又称作“闪烁照相机”(Scintillation Camera)。γ 照相机兼备了扫描机和功能仪的双重功能,使核医学能进行动态、功能检查的特长得到充分发挥。γ 照相机的出现标志着核医学进入现代化阶段,目前它仍然是临床核医学的常规检查仪器。

γ 照相机的种类繁多,按照探头的结构和位置信号产生的原理划分,γ 照相机可以分成多晶体和单晶体两类。从某种意义上讲,多晶体 γ 照相机是线阵列扫描机的二维拓展,而单晶体 γ 照相机的成像原理则完全不同,本书将分别对它们进行介绍。

加快成像速度的关键是提高探测效率，取消扫描过程。一个容易想到的"一次成像"办法是，用很多位置固定的扫描机探头组成二维矩阵，它们同时探测发自病人体内的γ光子，共同完成成像任务。美国BAIRD－ATOMIC公司生产的多晶体γ照相机（Multi－crystal Gamma Camera）System 77就是基于这样的原理，最快几分之一秒就能拍摄一帧图像，所以很适宜摄取"首次通过"之类高计数率、快速运动的照片。

5.2.1　探头的构造

System 77用294块8 mm×8 mm×38 mm的NaI（Tl）闪烁晶体组成21列×14行的矩阵，放在一个230 mm×150 mm的带方格的铝框中，每块晶体四周都有铅格与其他晶体隔开，如图5.3。晶体方阵下面是准直器，它由自上而下孔径逐渐缩小的多层铅板叠合而成，在每块晶体下都形成一个锥形准直孔，只有沿准直孔入射的γ光子可以进入晶体。每块晶体和相应的准直孔构成一个小探针，对一小片区域进行探测。这种锥孔准直器比扫描机使用的多孔聚焦准直器视野深度大得多，空间分辨率（FWHM）随深度增加而稍微变差。

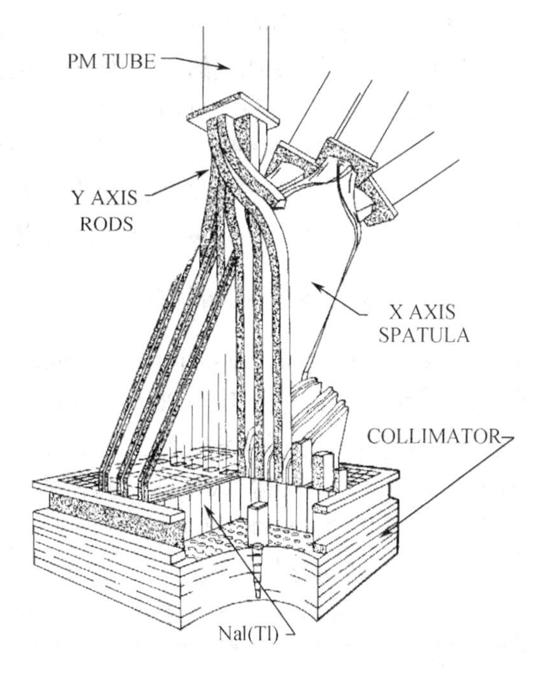

图5.3　System 77的准直器、晶体阵列和光导

（摘自System and Procedure Manual，BAIRD－ATOMIC）

System 77不是让每块晶体与一个光电倍增管（PMT）相耦合，而是通过行、列两组光导（Light Guide）与35只PMT耦合，如图5.3。列光导是刀状的（Spatula），共有21组，压在同一列的14块晶体的半边上。列光导的另一端分别与21个PMT耦合，产生21个X坐标信号$X_1 \sim X_{21}$。行光导是枝状的（Rods），有14组，它的每个分支连在同一行晶体（21块）的另半边上，这些分支汇合在一起与一个PMT耦合。与行光导组耦合的14个PMT分别产生14个Y坐标信号$Y_1 \sim Y_{14}$。

γ光子击中一块晶体，与其耦合的一个行光导和一个列光导把闪光传送到相应的两只PMT上，这样只用35只光电倍增管就能给出这块晶体的坐标位置。如果每块晶体都耦合一只PMT，就需要21×14＝294只PMT，可见这种设计大大节省了PMT和电子线路的数量。

5.2.2　电子学系统

System 77的电子学系统由脉冲放大电路、位置信号通道、能量信号通道和存储器读写电路组成,图像采集和显示都在计算机的控制下完成。

每一个 PMT 输出的脉冲先被放大,经过低阈甄别器消除小幅度的噪声后,分别由行、列寄存器锁存,地址编码器进行 X, Y 二进制编码,向图像存储器提供地址。行地址寄存器的输出相加后送入行比较器,当且仅当一个行寄存器有信号时行比较器才有输出。同样,列地址寄存器的输出也相加后送入比较器,仅当一个列寄存器有信号时才有输出。行、列比较器共同控制与门 1,当它们同时有输出时此门才开启能量信号通道的与门 2。

所有 PMT 放大器的输出相加以后得到 γ 光子的能量信号,送入单道脉冲幅度分析器进行能量选择。如果 γ 光子的能量符合要求,而且与门 1 也打开了,那么与门 2 输出信号,启动存储器读写信号发生器,从相应的 X, Y 地址读出数据,加 1,再写入存储器。

上述电路保证了当仅有一行和一列同时有输出,并且 γ 光子能量在预定的范围内时,才把这个 γ 事件记录到存储器中。存储器的每个单元对应一块晶体,它的内容是射入这块晶体的 γ 光子数,所以存储器记录了放射性药物的活度分布,可进行图像显示。在数据采集过程中,随着不断累积 γ 光子入射事件,显示器上逐渐形成图像。

5.2.3 多晶体 γ 照相机的特点

由于采用了厚达 38 mm 的晶体,System 77 所测的能量范围很宽(≥200 keV),探测灵敏度很高,1mCi 的 ^{99m}Tc 可记录到 10 000 ~ 16 000 cps(Counts Per Second,每秒计数)。因为晶体之间是"光绝缘"的,每块晶体都能独立探测 γ 光子,并行地工作,脉冲堆积引起的失真很小,所以探头的最大计数率可达 400 kcps。高灵敏度、高计数率使得在很短时间就能获得一帧照片,连续摄影时可以有很高的时间分辨率(1/40 s)。所以它特别适合做首次通过(First Pass)之类的高计数率、快速的动态检查。

用行、列光导确定 γ 光子入射的晶体不存在定位失真,但是它的空间分辨率取决于晶体中心距离(晶体尺寸 + 铅格厚度),为 11 mm,与后文中讲到的单晶体 γ 照相机的分辨率(3 mm)比低了不少,图像比较粗糙。有人提出使用分辨率为几 mm 的细长孔准直器,并令计算机控制病床在 11 mm × 11 mm 的范围内微动 16 个位置(横向 4 个,纵向 4 个)进行拍照,最后合成出 294 × 16 = 4 704 个像素的图像。尽管这种办法可以提高空间分辨率,但是延长了成像时间,只能用于静态成像。

多晶体 γ 照相机采用复杂的光导系统,闪烁光子的传导损失较大,所以能量分辨率差(对 ^{99m}Tc FWHM 约为 50%,而单晶体 γ 照相机的 FWHM 在 10% 左右),这就使得脉冲幅度甄别器不能有效地剔除散射事件的干扰,图像的对比度变差。

多晶体 γ 照相机的最新版本是 Scinticor。它将分离的晶体阵列换成 203 mm × 203 mm × 25.4 mm 厚的单块晶体,将其切槽,形成背后相连的 20 × 20 独立单元;115 只 PMT 直接与晶体背面耦合,用以编码 γ 光子入射位置;根据各个 PMT 探测到的闪光强度确定 γ 事件发生的位置。Scinticor 的能量分辨率和最高计数率都比 System 77 有所提高。

5.3　Anger 照相机

1958 年前后，Hal Anger 等人采用整块的 NaI(Tl)单晶体、光电倍增管阵列和重心法定位技术研制出一种高性能的 γ 照相机[21]，此后被迅速推广应用，引起核医学的一场革命，为纪念 Anger 的贡献，便以他的名字来命名这种 γ 照相机(Anger Gamma Camera)。虽然后来也陆续出现过采用其他类型位置灵敏探测器(如半导体探测器、充气多丝室等)的 γ 照相机，但是没有一种在图像质量、探测效率、价格和易于临床使用等综合性能方面能够与 Anger 照相机相抗衡。目前生产的 γ 照相机几乎都属于 Anger 照相机，它不仅用来拍摄核素分布的二维平片，而且被普遍作为探头构成旋转 γ 照相机式单光子发射计算机断层仪，是临床中应用最广泛的核医学设备。

Anger 照相机的探头构造见图 5.4，结构原理图如图 5.5。准直器把放射性药物辐射的 γ 光子投影到大块的 NaI(Tl)薄晶体(直径 250 ~ 500 mm，厚 6 ~ 12.5 mm)上，将 γ 光子转换成可见光。晶体背面的光电倍增管阵列将 NaI(Tl)晶体中的闪烁光转变成电信号，并加以放大。闪烁的发生位置不同，闪烁光在各个光电倍增管之间的分配就不同，各个光电倍增管输出脉冲的幅度也随之改变。定位逻辑电路据此计算出反映 γ 光子入射位置的 X，Y 信号和反映 γ 光子能量的 Z 信号。

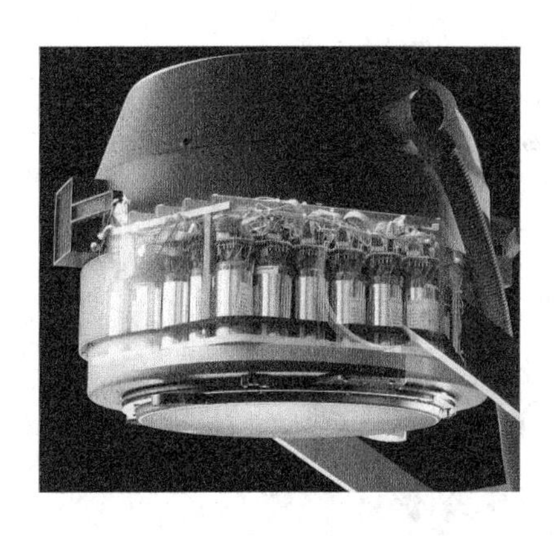

图 5.4　Anger 照相机的探头构造

(摘自 Siemens Gammasonics, Inc.)

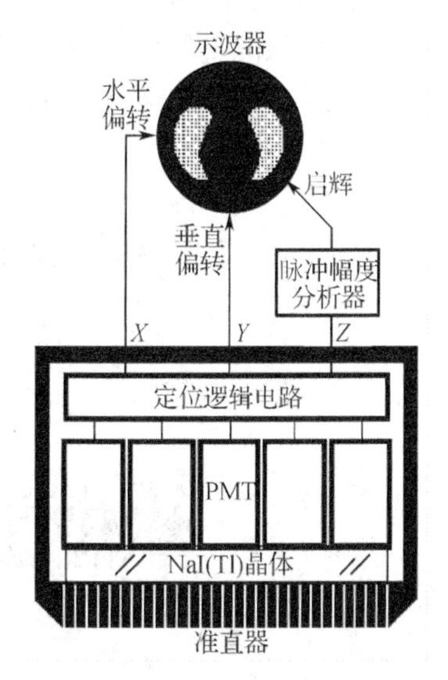

图 5.5　Anger 照相机的结构原理图

我们知道，γ 光子经康普顿散射会改变运动方向同时损失能量。Z 脉冲的幅度代表入射 γ

的能量,让它经过脉冲幅度分析器(Pulse - height Analyzer)的筛选,只有脉冲幅度在规定范围里(一般窗宽采用光电峰的 ±10%)的事件才被接受,这样就排除了经过康普顿散射进入投影线的 γ 光子,保证了图像的质量。

把 X、Y 信号连到示波器 CRT 的水平和垂直偏转板上,把脉冲幅度分析器的输出作为启辉信号,对于每一个入射 γ 光子,在示波器相应位置上都会出现一个亮点。它比 NaI(Tl)晶体中的闪烁光亮得多,很容易记录在胶片上,经过一段时间的积累,就形成了一帧闪烁图像。

5.3.1 成像准直器

由于放射源发射 γ 光子的过程是各向同性的,每个源点放出的 γ 光子可以到达闪烁晶体的任一部分,晶体的每一位置都可以收到来自人体任何部位的 γ 光子,所以单靠闪烁晶体不能成像,γ 照相机需要有类似于光学照相机镜头的部件。光学照相机是利用透镜对可见光的折射、聚焦作用成像的,但是在医用核素辐射的 γ 能量范围内(50 ~ 500 keV),没有能定向偏转 γ 光子的机理和装置,只能设法将其吸收掉或者散射掉,采用吸收准直器(Absorptive Collimator)成像。γ 光子在没有受到阻挡时像可见光一样是直线传播的,成像准直器只让沿特定方向前进的 γ 光子到达 NaI(Tl)晶体,把放射源的三维分布投影成平面图像(Planar)。因为大多数 γ 光子被准直器阻挡住,所以这种技术对 γ 光子利用率很低(只有 1‰ ~ 1%),这是核医学图像比 X 光图像质量差的主要原因之一。

γ 照相机的成像准直器用铅、钨等重金属吸收物质制成,厚度足以吸收核医学所用的 γ 光子(对 140 keV 的 γ 光子,铅制准直器厚度为 20 ~ 25 mm)。成像准直器按照几何结构可分为四种类型,如图 5.6 所示。

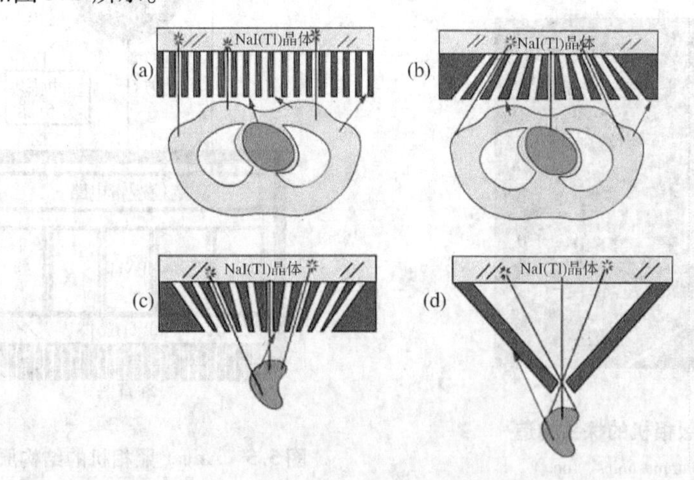

图 5.6 γ 照相机准直器的类型

(a)平行孔准直器;(b)扩散型准直器;(c)汇聚型准直器;(d)针孔型准直器

图5.6(a)为平行孔(Parallel - hole)准直器。铅板上有成千上万个轴线互相平行的细长准直孔,每个孔都像功能仪的单孔准直器那样,限定了一个很窄的方向锥,只让这个方向上的γ光子进入闪烁体,从而把三维的放射性药物分布投影成1:1的二维图像。它的视野等于探头尺寸,在不同深度上的空间分辨率变化不大(实际上随放射源远离准直器逐渐变差)。平行孔准直器是γ照相机最常使用的准直器。

图5.6(b)是扩散型(Diverging)准直器。它的准直孔轴线都指向探头后400~500 mm处某一点,从晶体向物体看去,投影线是发散的。它可形成缩小的图像,其视野大于探头尺寸,并随脏器到准直器距离的增加而加大,常用于小探头对大脏器成像,如拍摄两肺或双肾。所成图像的空间分辨率不如平行孔准直器,探测效率也比平行孔准直器低。

图5.6(c)为汇聚型(Converging)准直器。它的准直孔轴线汇聚在探头前400~500 mm处一点上,可形成放大的图像,改善由于探头分辨率的限制所造成的影像模糊。它的视野小于探头尺寸,用于大探头对小脏器(如心脏)成像。所成图像的空间分辨率好于平行孔准直器,对小脏器的探测效率也比平行孔准直器高。它的灵敏度比针孔型准直器高。

有些准直器设计成可以两面安装的,把扩散型准直器翻转180°放在探头上,就成为汇聚型准直器了。

图5.6(d)为针孔型(Pinhole)准直器,它是一个高200~250 mm的铅制空心圆锥体,顶端有个直径3~5 mm的针孔光阑,允许γ光子通过。与小孔成像照相机一样,它利用光的直线传播原理,在NaI(Tl)晶体上形成倒置的图像。改变像距(圆锥高度)和物距的比例,可以投影成放大的图像,也可投影成缩小的图像。由于针孔准直器在不同深度处的放大率不同,对于厚度较大的脏器,图像是变形的,在脏器贴近准直器的时候更加严重。当然,扩散型和汇聚型准直器对三维物体成像时也有变形的问题。

针孔准直器对γ光子的利用率较低,灵敏度较差,而且随着物距的增加,视野加大,探测效率急速降低,所以它主要用于浅层小脏器(如甲状腺)的成像。针孔准直器的孔径越小空间分辨率越好,但是灵敏度也越差,设计针孔准直器时要在二者之间折中。

1. 准直器的特性参数

γ照相机的准直器起光学照相机镜头的作用,它的性能对整个系统的成像质量和灵敏度有很大影响。准直器的最重要性能指标是空间分辨率(Resolution)和收集效率(或灵敏度,Sensitivity),空间分辨率可以在空域上表示,也可以在频域上表示。

(1)点扩展函数(Point Spread Function,PSF)

假定放射源是单个发射点,它的分布为$\delta(r)$,经准直器成像后,在闪烁晶体得到有一定分布的影像,将光斑的亮度随位置变化的情况画成曲线,就是准直器的点扩展函数,如图5.7。从图可见,点扩展函数随放射源到准直器距离加大而变宽。

从原理上讲,一个点源的影像与它相对准直器的位置有关,它不是移不变的,其响应无法写成卷积形式。但实际上准直器的孔间隔很薄,有一定比率的γ光子能够穿透孔间隔,影像是渐变的亮斑,并没有明显的孔型。我们可以对所有的点源与准直器相对位置取平均,得到具有移不变性质的平均点扩展函数。可以证明,平行孔准直器的平均点扩展函数是圆函数的自卷积。

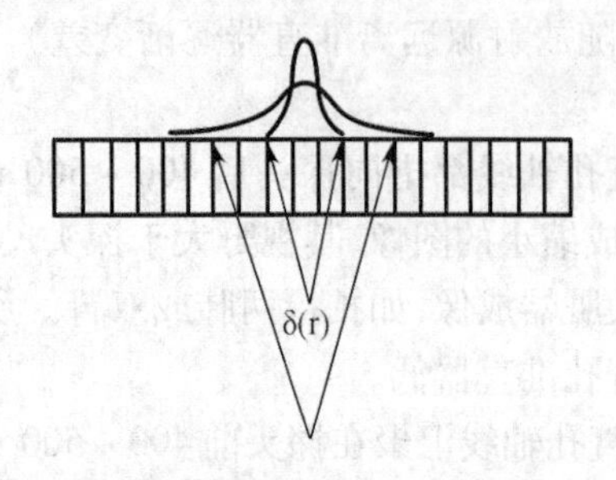

图 5.7 平行孔准直器的点扩展函数

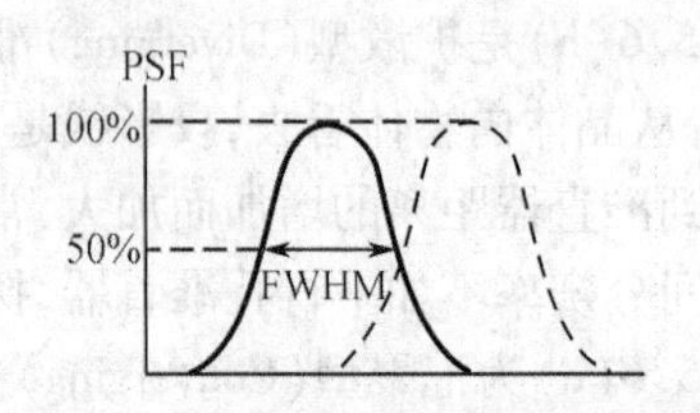

图 5.8 点扩展函数 PSP 和半高宽

要给出空间分辨率,必须先确定什么是最小可分辨的距离。一般认为,只有当两个点源的距离大于点扩展函数在半高处的宽度时,它们的合成亮度曲线才有两个峰,否则无法断定是两个点,如图 5.8,所以常用半高宽(Full Width at Half Maximum, FWHM)作为表示准直器分辨率的参数。有时也将面积重叠一半时两个点扩展函数的距离作为空间分辨率的值。

(2)调制传递函数(Modulation Transfer Function, MTF)

对点扩展函数作傅里叶变换就得到调制传递函数,见图 5.9,MTF 是在空间频域上表示的准直器特性。由于点源难以做到体积很小、放射性强度很大,一些资料中用线扩展函数(Line Spread Function)的傅里叶变换作为 MTF,它实际是点源的线积分结果。

MTF 代表准直器重现正弦分布的放射源的能力。对于某特定空间频率 f 的正弦分布,$\mathrm{MTF}(f)=(C_t-C_0)/(C_t+C_0)$,其中 C_t 和 C_0 分别是对源分布的最大值和零值的响应,如图 5.10。可知 $\mathrm{MTF}(0)=1$,$f=0$ 表示放射源是均匀分布的;对其他分布频率 $\mathrm{MTF}(f)\leqslant 1$;$\mathrm{MTF}(f)=1$ 表示准直器精确再现了频率为 f 的正弦分布的放射源。

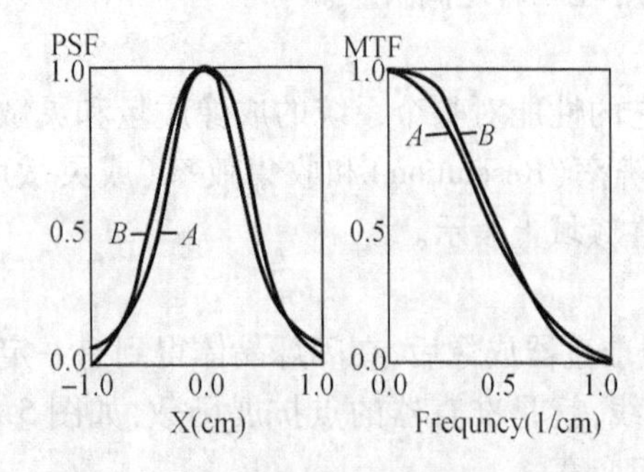

图 5.9 PSF 和 MTF 是傅里叶变换对

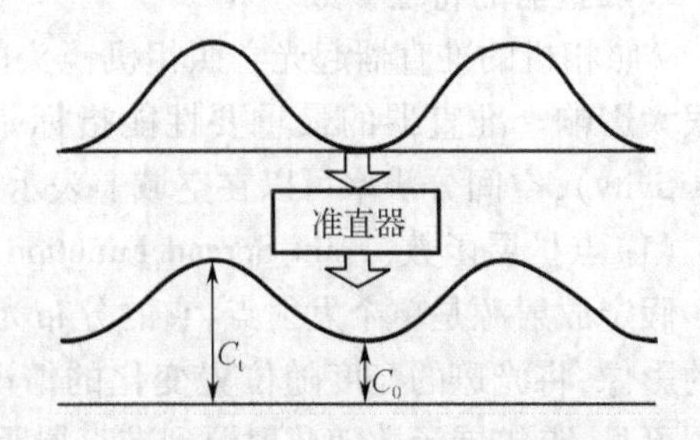

图 5.10 准直器重显正弦分布放射源的能力

MTF 比 FWHM 更清晰地反映出准直器的成像品质。为了说明这点，可以比较两个准直器，其中 A 准直器比 B 准直器孔壁更薄，穿透分数（Penetration Fraction）更大，但 FWHM 更小，它们的 PSF 和 MTF 如图 5.9 所示。从 FWHM 和灵敏度角度上看，A 比 B 的性能好，因为 FWHM 小似乎表明分辨率更高；但 FWHM 无法表现因穿透分数大造成的 PSF 延伸到很宽范围的特点，而这恰恰降低了 A 准直器成像的对比度（Contrast）。从 MTF 看正好相反，A 准直器在主要频率成分上的幅度衰减都比 B 准直器大，人眼的感觉也是 B 准直器成的像比 A 准直器成的像更清晰，这说明 MTF 对点扩展函数的“慧尾”更敏感。

（3）收集效率

准直器的收集效率（或灵敏度）是从单位强度的点源收集到的 γ 光子的平均计数率，它可以用点扩展函数的面积分求出来。收集效率主要由准直器的几何结构决定。

2. 平行孔准直器的分析

图5.11 为 γ 光子从不同方向进入平行孔准直器的情况，A 是垂直入射的，无衰减；B 是只穿过一个孔间隔的，有一定衰减；C 穿过三个孔间隔，衰减更大，入射角越大的 γ 光子穿过孔间隔数越多，衰减越厉害。

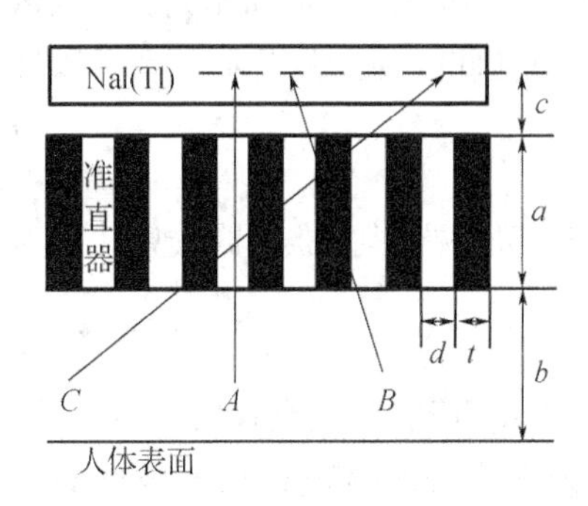

图 5.11　γ 光子进入平行孔准直器的路径

穿透效应扩大了每个孔洞的视场角，形成点扩展函数的“慧尾”，在影像上产生光晕式伪影，造成影像对比度下降，如图 5.12（c）。相反，如果孔间隔很厚，衰减很大，形成的影像会有明显的孔形，而且灵敏度受损失，如图 5.12（a）。所以，设计准直器时要根据 γ 光子的能量和临床条件，折中考虑分辨率和灵敏度的要求，进而确定孔间隔的穿透分数，选定准直器的厚度及孔的数量、大小、间隔和形状。

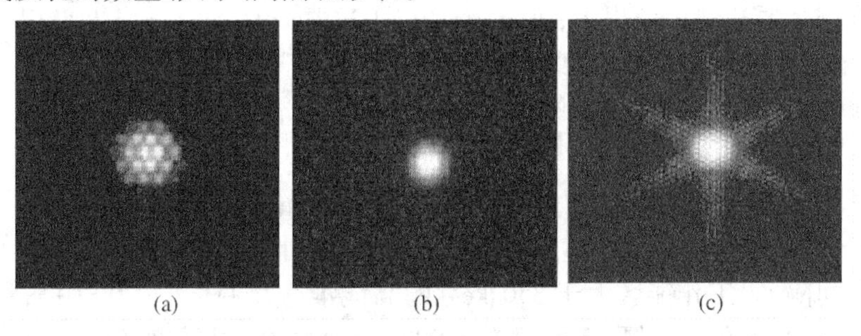

图 5.12　孔间隔对点扩展函数的影响

（a）厚壁；（b）中等壁厚；（c）薄壁

（1）不考虑孔间隔穿透时的平行孔准直器特性参数

设准直器厚度为 a，准直器下端面到人体距离为 b，准直器上端面到 γ 光子在晶体上平均作用深度的距离为 c,准直孔直径为 d,孔间隔为 t,见图 5.11。

既然平行孔准直器的平均点扩展函数 PSF 是圆函数的自卷积,不难推出它的半高宽

$$\mathrm{FWHM} = d(a+b+c)/a \tag{5.1}$$

如果把两个 PSF 的面积重叠一半的距离作为分辨距离,可以得到

$$\delta = 0.808d(a+b+c)/a \tag{5.2}$$

测量结果与此很好相符。从这两个公式可以看到:减小孔径 d 能提高准直器的空间分辨率;准直器到人体的距离 b 越小空间分辨率越好;准直器与晶体之间的间隙会加大 c,对分辨率是有害的,所以应该尽量减小它;增加准直器的厚度 a 对提高分辨率有好处,但这会降低准直器的收集效率,只要考虑一个与准直器下端面接触的点源($b=0$),它收集 γ 光子的立体角为 $d^2/16a^2$,就不难看出厚度 a 对收集效率的影响。

(2)不同孔型、不同排列方式对收集效率的影响

设孔间隔为 t,从几何关系可以推导出,六角形排列的圆孔准直器的收集效率为

$$E = \frac{\pi d^4 \cos 30^{o}}{48a^2(d+t)^2} = \left[\frac{0.238d^2}{a(d+t)}\right]^2 \tag{5.3}$$

方阵排列的方形孔准直器收集效率为

$$E = \frac{d^4}{4\pi a^2(d+t)^2} = \left[\frac{0.282d^2}{a(d+t)}\right]^2 \tag{5.4}$$

可用看到:加大准直器的厚度 a,其收集效率会迅速下降;孔间隔 t 加大也会减小收集效率,因为孔面积占准直器总面积的比(占空比)变小;孔径 d 增加,收集效率提高,但分辨率会下降;只要准直器面积足够大,准直器到人体的距离 b 对收集效率无影响。

(3)孔间隔厚度的确定

图 5.13 是 γ 光子穿过孔间隔路径最短的情况,若希望此时对 γ 光子的衰减也要达到95%以上,可令 $w=3\mu^{-1}$(式中 μ 为准直器材料的线衰减系数,这个厚度的孔间隔能将 γ 光子衰减 $e^{-3}=0.049\ 8$ 倍)。从几何关系可计算出,当 d 和 $t \ll a$ 时,孔间隔 $t \approx 2dw/(a-w)$。

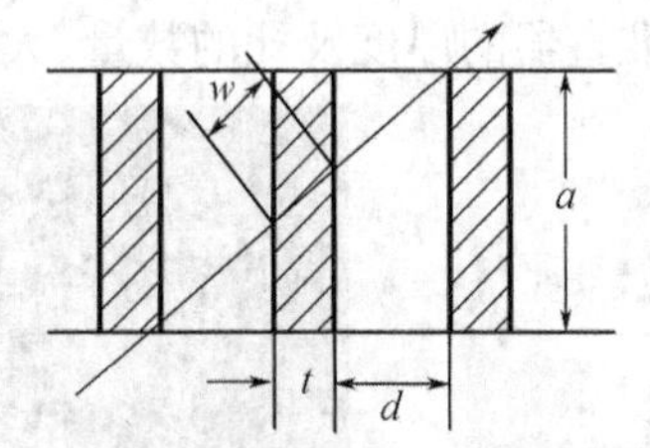

图 5.13 γ 光子穿过孔间隔路径最短的情况

μ 与材料和 γ 光子的能量有关,对于铅,140 keVγ 光子的 $\mu^{-1}=0.38$ mm,390 keVγ 光子的 $\mu^{-1}=4$ mm,所以需要针对工作能区设计孔间隔 t。工作能区大于 350 keV 的高能准直器厚度一般为 80 mm,由于孔壁也厚,孔数只有 1 000 ~ 4 000 个,灵敏度较低。而工作能区小于 150 keV的低能准直器厚度一般为 20 mm,由于孔壁薄,孔数可达 4 000 ~ 30 000 个,分辨率和灵敏度都高。中能准直器的厚度和孔数介于高、低能准直器之间。

低能准直器还有高分辨率(High Resolution,HR)、高灵敏度(High Sensitivity,HS)和通用型(General Purpose,GP)之分。对于骨、脑成像等,可选择高分辨率准直器,但灵敏度较低;对

于肾动态成像等,可选择高灵敏度准直器,但图像分辨率较差;通用型准直器则折中考虑了分辨率和灵敏度两方面的要求,常用于门控心肌、心血池成像,以及对分辨率和灵敏度没有特殊要求的临床检查。典型平行孔准直器空间分辨率为7 mm。

5.3.2 定位入射γ的方法

在Anger照相机中,NaI(Tl)晶体的背面完全被光电倍增管阵列所覆盖。对于圆形的或六边形的光电倍增管,为使间隙最小,按蜂房式排列。PMT一般通过光导与NaI(Tl)晶体实现光耦合,也有些Anger照相机不用光导。为了减少光损失,在各个界面上涂以硅油或硅橡胶。这些PMT除了把微弱的闪光转变成电信号外,还担负着定位的任务。

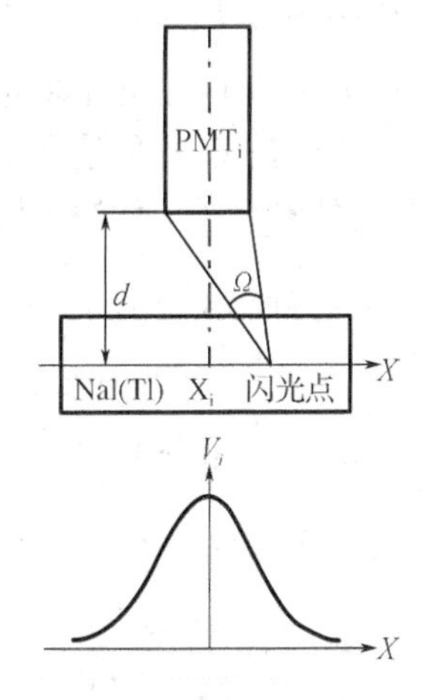

图5.14 PMT输出脉冲幅度对闪烁点位置的响应

图5.14表明了某个光电倍增管PMT_i输出脉冲的幅度V_i与闪烁点位置X的关系。假设闪烁光均匀地向各个方向传播,则进入该PMT_i的光通量与它的光阴极对闪烁点所张的立体角Ω成正比。PMT_i输出脉冲的幅度V_i又与入射光阴极的光通量成正比,从几何上不难推出

$$V_i(x) \propto \Omega(x) = \frac{Ad}{[d^2 + (x - X_i)^2]^{3/2}} \qquad (5.5)$$

其中A为光阴极面积,$x - X_i$是闪烁点到PMT_i轴线的水平距离,d为闪烁点到PMT_i光阴极的垂直距离,它取决于γ光子在晶体中的作用深度、封装玻璃窗的厚度以及光导和PMT_i管壁的厚度。

在NaI(Tl)晶体中发生闪光的时候,每个光电倍增管都会有脉冲输出,其幅度取决于它离闪光点的远近。考虑图5.15所示的一维情况,从PMT_0到PMT_4,各光电倍增管轴线的X坐标值分别为X_0, X_1, X_2, X_3和X_4,其输出的信号分别为V_0, V_1, V_2, V_3和V_4,我们可以用类似求重心的方法(centroid method),从各个光电倍增管的输出估计闪光点的位置

$$x \approx \sum_{i=0}^{4} X_i V_i \Big/ \sum_{i=0}^{4} V_i \qquad (5.6)$$

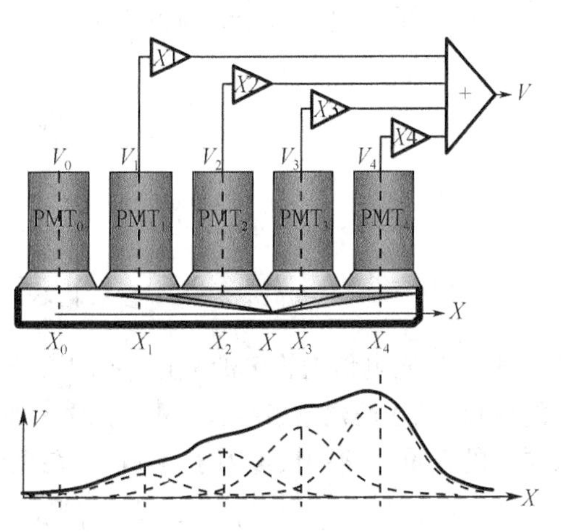

图5.15 重心法定位射入光子的原理
(每个PMT按照它们的位置设定权重)

公式的分子上是各光电倍增管输出信号的位置加权之和,即图5.15右上方的V。从每个光电倍增管的$V_i - X$曲线和权重因子,可以得到如图

5.15 下方的 V—X 响应曲线,在两端的 PMT 中心线范围内,V 基本上随 γ 光子的入射位置 x 成线性变化,或者说 V 值反映了 γ 光子的入射位置坐标 x。作为二维位置灵敏探测器,Anger 照相机当然还应有一套与各 PMT 的 Y 向坐标有关的加权求和电路。重心法可以分辨比多晶体照相机更小的距离,Anger 照相机的空间分辨率一般为 3 ~5 mm。

用图 5.15 所产生的 $V = \sum_{i=0}^{4} X_i V_i$ 作位置信号存在两个问题:

(1)各 PMT_i 输出脉冲的幅度 V_i 与 γ 光子的能量成正比,它们的加权之和 V 也与能量成正比。也就是说,不同能量的 γ 光子打在同一位置会有不同的 V 输出,而我们希望 V 只代表位置,与能量无关。解决办法是将 V 除以入射 γ 光子的能量,即所有光电倍增管输出信号之和,这就是重心法公式(5.6)的分母上有 $\sum_{i=0}^{4} V_i$ 的原因。

(2)从图 5.15 的 $V-X$ 曲线可以看出,采用重心法定位必然导致空间响应的非线性,V 存在定位偏差,使得图像产生畸变。

5.3.3 电子学系统

Anger 照相机探头是二维探测器,PMT 按蜂房式紧密排列在一个圆形晶体上,图 5.16 是 7 个 PMT 的排列情况。实际探头的晶体要大得多,至少再增加 2 圈,构成 37 个 PMT 的阵列,更大的探头中有 61、75 或 91 个 PMT。

Anger 照相机的电子学系统通常有四个坐标系,如图 5.16 所示。$X+$ 以最左端的 PMT_5 的中心为起点,向右增加;$X-$ 以最右端的 PMT_2 的中心为起点,向左增加;$Y+$ 以最上端的 PMT_1、PMT_6 的中心为起点,向下增加;$Y-$ 以最下端的 PMT_3、PMT_4 的中心为起点,向上增加。

各个 PMT 输出的信号经前置放大器后与 4 个运算放大器的权电阻网络相连,生成 V_{X+}、V_{X-}、V_{Y+} 和 V_{Y-} 四个信号

$$\begin{cases} V_{X+} = \sum W_{iX+} V_i \\ V_{X-} = \sum W_{iX-} V_i \\ V_{Y+} = \sum W_{iY+} V_i \\ V_{Y-} = \sum W_{iY-} V_i \end{cases} \tag{5.7}$$

其中 W_{iX+} 是光电倍增管 PMT_i 在 $X+$ 加法器下的权重,W_{iX-} 是光电倍增管 PMT_i 在 $X-$ 加法器下的权重,W_{iY+} 是光电倍增管 PMT_i 在 $Y+$ 加法器下的权重,W_{iY-} 是光电倍增管 PMT_i 在 $Y-$ 加法器下的权重。这些权重因子与 PMT_i 在相应坐标中的位置对应,并满足关系

$$\begin{cases} W_{iX+} + W_{iX-} = C_X \\ W_{iX+} + W_{iX-} = C_Y \end{cases} \tag{5.8}$$

加权求和由运算放大器和权电阻网络完成。PMT_i 的输出 V_i 被放大 $W_i = R_f/R_i$ 倍,其中

R_f 是反馈电阻的阻值。越靠右的 PMT 连接 $X+$ 加法器的电阻越小，连接 $X-$ 加法器的电阻越大；同样，越靠下的 PMT 连接 $Y+$ 加法器的电阻越小，连接 $Y-$ 加法器的电阻越大。

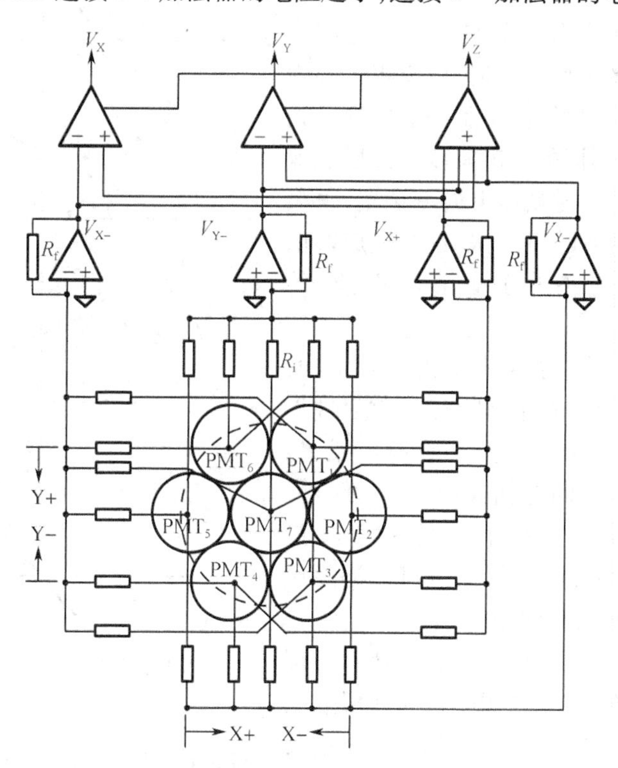

图 5.16　有 7 个 PMT 的 Anger 照相机的电子学原理图

加权求和电路的输出连接到求和器（右上方），完成 $V_Z = V_{X+} + V_{X-} + V_{Y+} + V_{Y-}$ 运算，并在两个比例差分电路上分别完成 $V_X = (V_{X+} - V_{X-})/Z$ 和 $V_Y = (V_{Y+} - V_{Y-})/Z$ 的运算。由公式(5.7)和(5.8)可推出：

$$\begin{cases} V_Z = \sum W_{iX+}V_i + \sum W_{iX-}V_i + \sum W_{iY+}V_i + \sum W_{iY-}V_i = \sum (W_{iX+} + W_{iX-} + W_{iY+} + W_{iY-})V_i \\ \quad = (C_X + C_Y)\sum V_i \\ V_X = (V_{X+} - V_{X-})/Vz = (\sum W_{iX+}V_i - \sum W_{iX-}V_i)/Z = \sum (W_{iX+} - W_{iX-})V_i/V_Z \equiv \sum W_{iX}V_i/V_Z \\ V_Y = (V_{Y+} - V_{Y-})/Vz = (\sum W_{iY+}V_i - \sum W_{iY-}V_i)/Z = \sum (W_{iY+} - W_{iY-})V_i/V_Z \equiv \sum W_{iY}V_i/V_Z \end{cases} \tag{5.9}$$

这里 X 坐标的权重因子 $W_{iX} \equiv W_{iX+} - W_{iX-}$，$Y$ 坐标的权重因子 $W_{iY} \equiv W_{iY+} - W_{iY-}$，它们在视野中心为0，在左边/上边取负值，在右边/下边取正值，就是说 X、Y 坐标系的原点在中心。

图 5.17 是根据公式(5.5)、(5.7)和(5.9)画出的 V_i、V_{X+} 或 V_{Y+}、V_{X-} 或 V_{Y-}、V_Z 和 V_X 或

V_Y 与位置坐标之间的关系。可以看到,V_Z 正比于各个光电倍增管输出之和,即正比于晶体中的全部可见光强度,反映了入射 γ 光子的能量,它与位置无关;V_X,V_Y 与 X,Y 坐标成比例,以视野中心为原点,它与能量无关,这就解决了不同能量的 γ 光子打在同一位置会有不同的输出幅度的问题。即使相同能量的 γ 光子入射晶体上同一位置,每次产生的各 V_i 幅度也会有随机起伏,这会造成影像模糊,比例电路($\div V_Z$)有利于减小对 V_X、V_Y 的扰动。

我们让唯一与入射 γ 能量有关的信号 V_Z 通过单道脉冲幅度分析器,就能排除经过散射进入晶体的 γ 光子,它们的原发位置不在投影线上。当两个 γ 光子同时进入闪烁晶体时,产生的 V_X、V_Y 信号不反应它们的真实入射位置,这时 V_Z 信号会大一倍,单道脉冲幅度分析器也可以剔除这种事件,使图像的质量得到保证。

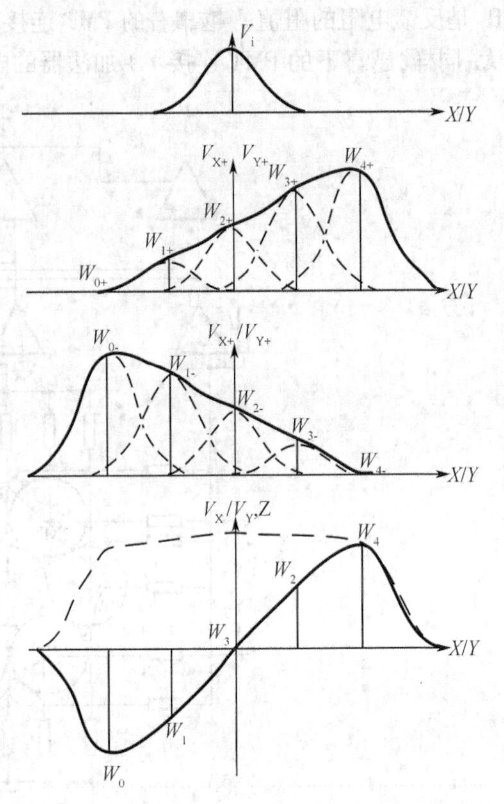

图 5.17 V_X,V_Y,V_Z 与位置坐标之间的关系

在 Anger 照相机里,每个光电倍增管后面都需要有与功能仪一样的电子学电路,如前置放大器、脉冲成型电路等,它们与增益控制电路一起装在光电倍增管的管座上。光电倍增管的输出信号 V_i,以及定位电路处理的 V_{X+},V_{X-},V_{Y+},V_{Y-} 和 V_X,V_Y,V_Z 都是模拟电压脉冲,前面谈及的都是它们的幅度与位置的关系。

有些 Anger 照相机使用电容网络实现重心法计算,它的原理与电阻网络相似,只不过将 R_f 和 R_i 换成 C_f 和 C_i。

5.3.4 固有空间分辨率的分析

固有空间分辨率(Intrinsic Spatial Lesolution)或称内禀空间分辨率、本征空间分辨率,是指从闪烁晶体、光电倍增管到 X,Y,Z 信号电路的位置灵敏探测器的空间分辨率,不包括准直器分辨率的影响。

当一束无限细的 γ 光子入射到闪烁晶体某一点时,显示器上产生的是有一定面积的亮斑。光点扩散一方面是因为 γ 光子在晶体中会发生康普顿散射,然后沉积能量,所产生的闪光偏离 γ 光子的入射位置,而散射光子的运动方向是随机分布的。另一方面,γ 光子产生的闪烁光子数,PMT 产生的光电子数以及倍增过程也有统计涨落(即不确定性),所以当 γ 光子相继打到晶体的同一位置时，探头输出的 X，Y 脉冲幅度并不总是相同。

让我们考虑后者的情况：单能 γ 光子通过光电效应产生闪烁光子的总数服从泊松（Poisson）分布；一个闪烁光子射到 PMT 光阴极的概率主要决定于光阴极对闪烁亮点所张的立体角与全空间 4π 立体角之比，是一个二项式概率；光阴极产生光电子的过程也存在二项式概率，概率值就是光阴极的量子效率。泊松分布输入一个二项式过程，其结果还是泊松分布。如果不考虑 PMT 放大过程中的噪声，我们可以写出：$V_i = G \cdot n_i$，式中 V_i 是第 i 个 PMT 输出电压脉冲的幅度，n_i 是光阴极发出的光电子数，服从泊松分布，G 是 PMT 的增益因子。

考虑一维情况，把 X 方向上的输出电压 Vx 当作随机变量处理，有 $Vx = \sum W_{ix} V_i$，其中 $W_{ix} = W_{ix+} - W_{ix-}$。则 Vx 对期望值的偏差为：$\Delta Vx = \sum W_{ix} \Delta V_i = G \sum W_{ix} \Delta n_i$，$Vx$ 起伏所造成的方差为：$\sigma^2_{\Delta V_x} = <\Delta V_x^2> = G^2 <\sum W_{ix}\Delta n_i, \sum W_{jx}\Delta n_j>$，为互相关函数。

由于不同 PMT 对光子的计数是互相独立的随机变量，$<\Delta n_i, \Delta n_j> = 0, i \neq j$，所以 $\sigma^2_{\Delta V_x} = G^2 <\sum W_{ix}^2 \Delta n_i^2>$。由于 n_i 服从泊松分布，$\Delta n_i^2 = \overline{n}_i$，其中是 $\overline{n}_i$ 的期望值。因此又可写成$\sigma^2_{\Delta V_x} = G^2 \sum W_{ix}^2 \overline{n}_i$。

利用平均电压灵敏梯度 $S = \dfrac{\mathrm{d}\overline{V}x}{\mathrm{d}x} = G \sum\limits_i W_{ix} \dfrac{\mathrm{d}\overline{n}_i}{\mathrm{d}x}$，可以把电压 Vx 的标准差转换成事件位置的空间标准差

$$\sigma_x = \frac{\sigma_{\Delta Vx}}{S} = \frac{\sqrt{\sum\limits_i W_{ix}^2 \overline{n}_i}}{\sum\limits_i W_{ix} \mathrm{d}\overline{n}_i / \mathrm{d}x} \tag{5.10}$$

它给出了单个 PMT 的空间响应和各 PMT 权重对空间分辨率的关系，如果点扩展函数是高斯函数的话，它的半高宽 FWHM $= 2.35\sigma_x$。

我们用式（5.10）来找到使空间分辨率最佳的权重值。令 σ_x 对 W_{ix}的偏导数为零，可以找到 $\mathrm{PMT_j}$ 最优（σ_x 最小）的权重 $W'_{jx}(opt)$

$$\frac{\partial \sigma_x}{\partial W_{jx}} = \frac{\left(\sum\limits_i W_{ix}^2 \overline{n}_i\right)^{-1/2} W_{jx} \overline{n}_j}{\sum\limits_i W_{ix} \mathrm{d}\overline{n}_i / \mathrm{d}x} - \frac{\left(\sum\limits_i W_{ix}^2 \overline{n}_i\right)^{1/2} \mathrm{d}\overline{n}_j / \mathrm{d}x}{\left(\sum\limits_i W_{ix} \mathrm{d}\overline{n}_i / \mathrm{d}x\right)^2} = 0$$

$$W'_{jx}(opt) = \frac{1}{\overline{n}_j} \frac{\mathrm{d}\overline{n}_j}{\mathrm{d}x} \frac{\sum\limits_i W_{ix}^2 \overline{n}_i}{\sum\limits_i W_{ix} \mathrm{d}\overline{n}_i / \mathrm{d}x}$$

这只是不考虑其他 PMT 时第 j 个 PMT 的最优权重，要得出完全优化的 $W_j(opt)$ 其他 W_i 也都要取最优值，即 $W_{jx}(opt) = \dfrac{1}{\overline{n}_j} \dfrac{\mathrm{d}\overline{n}_j}{\mathrm{d}x} \dfrac{\sum\limits_i W^2(opt)_{ix} \overline{n}_i}{\sum\limits_i W(opt)_{ix} \mathrm{d}\overline{n}_i / \mathrm{d}x}$。这是一个非线性联立方程组的通用表达

式，它有一个非平凡解

$$W_{jx}(opt) = k\frac{1}{\overline{n_j}}\frac{d\overline{n_j}}{dx} \tag{5.11}$$

其中 k 是待定常数。把式(5.11)代入式(5.10)，就可得最小分辨距离

$$\sigma_{x,\min} = \left[\sum_i \frac{1}{\overline{n_i}}\left(\frac{d\overline{n_i}}{dx}\right)^2\right]^{-1/2} \tag{5.12}$$

我们以一维光电倍增管的例子看看以上推导的结果。假定由闪烁点发射的闪烁光子是各向同性的，并忽略反射、折射与吸收，每一次闪烁所发射的平均光子数为 $\overline{N}$，第 j 个 PMT 产生的平均光电子数 n_j 为

$$\overline{n_j}/\overline{N} = \eta\Omega_j(x)/4\pi \tag{5.13}$$

其中 η 为光阴极的量子效率。$\Omega_j(x)$ 为光阴极对闪烁点所张立体角，由下式给出

$$\Omega_j(x) = \frac{Ad}{[(x - X_j)^2 + d^2]^{3/2}} \tag{5.14}$$

其中 A 光阴极面积，d 为光阴极相对闪烁点的距离，$(x - X_j)$ 为闪光点到 PMT_j 的距离。将式(5.14)代入式(5.13)再代入式(5.11)，可以得到

$$W_{jx}(opt) = \frac{3k(x - X_j)}{(x - X_j)^2 + d^2} \tag{5.15}$$

用式(5.15)计算出的 $W_{jx}(opt)$ 如图5.18。可见，距离闪烁点越近的 PMT 权重应该越大，而且闪烁点两边的 PMT 权重要相反。从图5.17不难理解其原因：PMT 的位置响应曲线在光阴极附近的斜率最大，容易精确定位闪烁点，应该赋予最大的权重；在远处，PMT 的输出 V 随事件的发生位置 x 变化很小，而且弱信号的统计涨落大，信噪比低，应该赋予较小的权重。有人在 PMT 后面采用门限前置放大器，以摒弃微弱信号，从而在一定程度上满足式(5.11)规定的变权重要求。

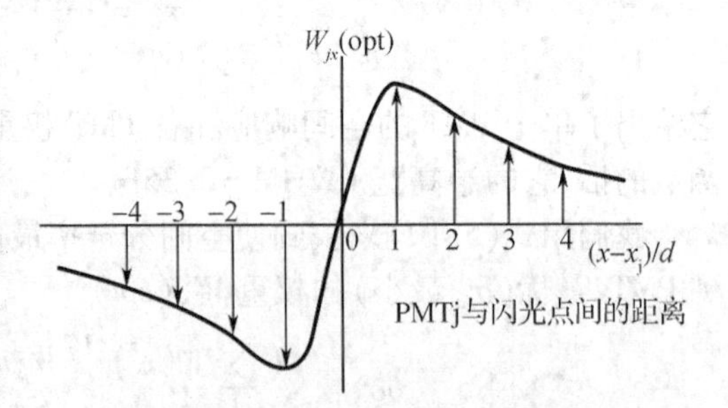

图5.18 当闪烁事件发生在 x 处时，位于 x_j 的 PMTj 的最佳权重因子

从图5.18还可看到，轴线位于闪烁点处的 PMT_0 权重为0，这是因为虽然这只 PMT 有最大的输出，但它在此处的位置响应曲线斜率为0，完全没有提供事件位置的信息。

式(5.15)指出，最优权重只与 $x - X_j$ 有关，为了得到最佳固有空间分辨率，权重须根据每次事件出现的位置调整。然而 Anger 照相机中各 PMT 的权是固定的，如果我们把 $x=0$ 时的权选为这种固定的权，只在视野中心能得到 $\sigma_{x,min}$。而且为得到最佳空间分辨率对权的要求，与前面讲的为得到最佳线性关系对权的要求（见图5.17）是矛盾的，这是固定权重系统遇到的

根本困难。

让我们再看看典型的37个(排列3圈)PMT Anger照相机所能达到的空间分辨率,这时式(5.13)和式(5.14)要作二维扩展

$$\bar{n}_j = \frac{\eta\bar{N}}{4\pi}\frac{Ad}{[(x-X_j)^2+(y-Y_j)^2+d^2]^{3/2}} \tag{5.16}$$

式(5.12)给出的分辨距离$\sigma_{x,\min}$是x,y的缓变函数,我们计算一下照相机中心处(即$x=y=0$处)的值。为此,将式(5.16)代入式(5.12)

$$\sigma_{x,\min}(opt) = \left[\frac{9\bar{N}\eta Ad}{4\pi}\sum_j\frac{x_j^2}{(x_j^2+y_j^2+d^2)^{7/2}}\right]^{-1/2} \tag{5.17}$$

代入典型值$d=3.5$ cm,$A=19.6$ cm^2($\varphi5$ cm的PMT光阴极面积),$\bar{N}=5\ 000$,$\eta=0.2$,并假设PMT之间紧密排列(间距5 cm),得到最小定位标准差$\sigma_{x,\min}$(opt) $=0.257$ cm,此时点扩展函数半高宽FWHM $=2.35\sigma_{x,\min}$(opt) $=0.6$ cm,最小可分辨距离是PMT间距的0.12倍。

我们计算式5.17时如果只对第一圈PMT求和(7个PMT),得到$\sigma_{x,\min}$(opt) $=0.294$ cm;如果对第一、二圈PMT求和(19个PMT),得到$\sigma_{x,\min}$(opt) $=0.263$ cm;与前面的三圈(37个PMT)计算结果$\sigma_{x,\min}$(opt) $=0.257$ cm相差无几。这说明,实际上所有的位置信息可以从位于第一圈的最临近的PMT得到。

从式(5.17)可以看出,改善固有空间分辨率的办法是增加(即晶体的光输出),提高PMT光阴极的量子效率η,减少晶体与PMT的光耦合损失,但这两个参数提高是困难的。分析表明,在PMT直径那样长的距离上所能分辨的点数Q与PMT的大小无关。当Anger照相机直径方向PMT数为N_T,视野直径为D时,在照相机视野直径范围内可分辨的点数$n_{\text{pixel}}=N_T\times Q$,固有直线分辨率为$\delta\approx D/(N_T\times Q)$。可见,使用大量小直径PMT以增加$N_T$,是提高分辨率的可行方法。

5.3.5　重心法定位的非线性及其改进

采用重心法必须满足一个条件,即每个PMT的位置响应曲线必须是以PMT的轴线为中心向两边对称地直线下降,才能保证V_X-X和V_Y-Y响应是一条直线,Z与X、Y坐标无关,视野各处的固有分辨率一致。然而实际上PMT的位置响应曲线不是等腰三角形,而是如图5.19的钟形,而且PMT的响应要受到从晶体到PMT各个界面的反射损失以及光学遮护结构的影响。所以图5.17中V_X-X和V_Y-Y曲线有波动,$Z-X/Y$曲线并不平直。

另外,可见光在晶体的边缘存在反射、折射等复杂的光学效应,光的分布规律与在中心区不同,因此$Z-X/Y$曲线中间高两边低,V_X-X和V_Y-Y曲线两端也有较大降落。我们可以提高最外侧两个PMT的权重,使整个系统有更宽的近似线性范围。

为了改善Anger照相机输出信号的线性度,人们还在光导上设计了复杂的花纹和光学遮

护结构,调整闪烁光在PMT中的分布,使PMT的位置响应曲线接近等腰三角形。但是光导会增加晶体到PMT光阴极的距离 d,使得PMT的位置响应曲线变平缓,这将使Anger照相机的空间分辨能力降低。

Anger照相机对PMT有严格的要求。从前面的分析知道,要提高固有分辨率必须选用高光阴极量子效率和高增益的PMT。为了保证 V_i 的空间响应是对称的,光阴极各处的灵敏度要均匀。几十只PMT的特性必须一致,最好连温漂特性都一致,否则无法保证 Z, V_X 和 V_Y 对位置响应的线性。还有的厂家使用六角形或矩形的PMT,以减少PMT之间的漏光间隙,提高探测效率。用大量小直径PMT可以改善照相机的线性及分辨率,但PMT太多,它们的筛选和调整变得十分困难,电子线路也将变得更加庞大、复杂。

5.4 延迟线定位技术

前面分析过,为了保证重心法定位的线性,各PMT的权重应是固定的,而且越靠照相机边缘的PMT权重越大,呈线性增加;为了保证最好空间分辨率,权重应是变动的,而且靠近闪烁点的PMT权重应该最大;这种互相矛盾的要求可以用延迟线定位技术解决。

图5.19左边是采用延迟线(delay line)定位技术的γ照相机原理图,图中画出5个PMT等距排列的一维情况,各PMT按照其所在位置连在延迟线相应的均布抽头上。对每一次闪烁,所有PMT都有脉冲输出,其幅度随PMT与闪烁点距离不同而不同。它们向延迟线两端传播时,产生不同延迟,延迟时间与该PMT连接的抽头到延迟线两端距离有关。所有PMT的输出在延迟线两端叠加产生 S_D^-, S_D^+,它们的峰值由闪烁点位置决定。

脉冲成形电路PSN把 S_D^-, S_D^+ 转变为双极性脉冲,过零点为 S_D^-, S_D^+ 的峰点。过零检测电路 ZCD 检出过零时刻 t_0^-, t_0^+,二者之差 $\Delta t_0 = t_0^+ - t_0^-$ 与闪烁点的 X 坐标成线性关系(中心点 $\Delta t_0 = 0$,左负右正)。TVC把 Δt_0 转换成电压信号,就可以用作显示器的偏转信号。

我们是否可能选择合适的 S_D^-, S_D^+ 波形同时满足最佳线性和最佳分辨率的要求?两个脉冲成形网络PSN的输出 S^+, S^- 是闪烁点的X坐标和时间的函数

$$S^{\pm}(x,t) = \sum_i G\bar{n}_i(x) f(t - t_i^{\pm}) \tag{5.18}$$

其中 $t_i^{\pm}$ 是第 i 个PMT的输出在延迟线+,-端的延迟量,与 $\mathrm{PMT_i}$ 的坐标 X_i 有关

$$t_i^{\pm} = \pm kX_i \tag{5.19}$$

这里 k 是一个常数。$f(t - t_i^{\pm})$ 是成形网络和第 i 个PMT对 $t=0$ 时刻发生的事件的输出响应。$\bar{n}_i(x)$ 是 $\mathrm{PMT_i}$ 光阴极发出的光电子数的平均值,所以式(5.18)确定的位置是坐标的平均值。

如果把 $S^{\pm}(x,t)$ 的过零时刻计为 $t_0^{\pm}$,即令

$$S^{\pm}(x,t_0^{\pm}) = 0 \tag{5.20}$$

只需要求

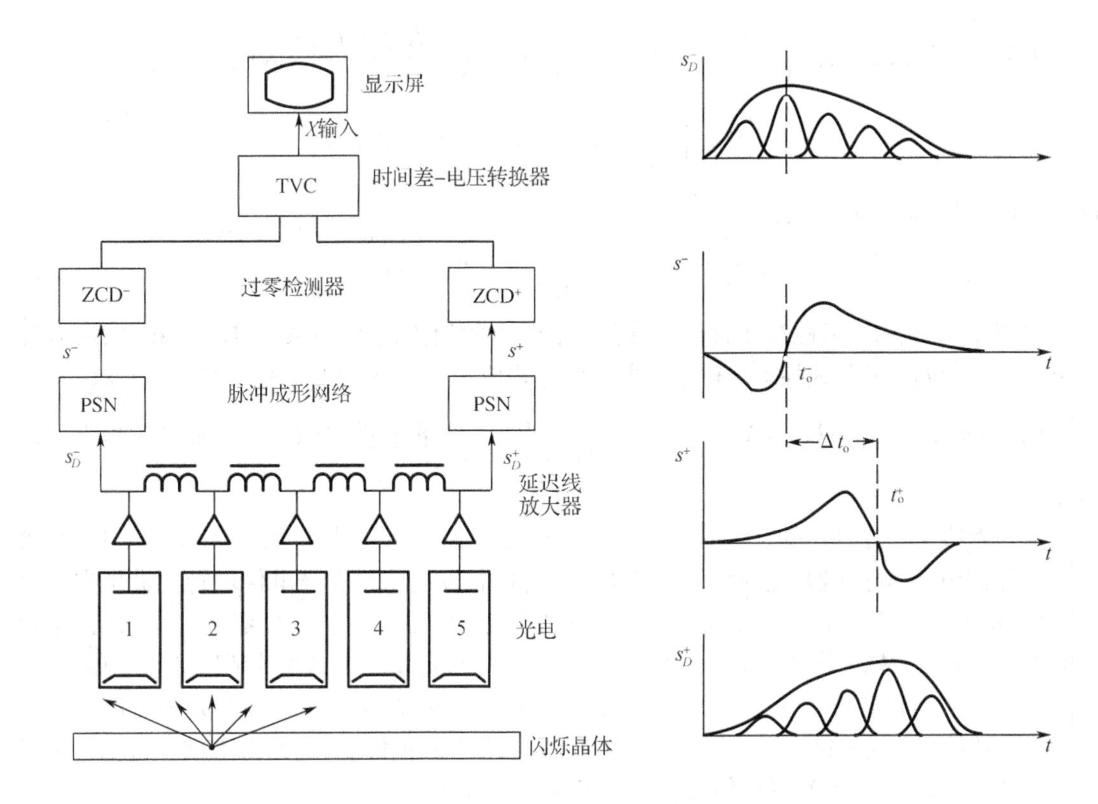

图 5.19　采用延迟线定位的 γ 照相机的电路原理图及其信号波形（摘自 Radiological Imaging）

$$t_0^+ = kx, t_0^- = -kx \tag{5.21}$$

则净时间差 $\Delta t_0 = t_0^+ - t_0^- = 2kx$ 就满足过零点对位置是线性的要求。加上式(5.20)和式(5.21)两个约束条件后,式(5.18)就决定了获得一个线性系统函数 $f(t)$ 所应具有的形式

$$S^{\pm}(\pm t_0^{\pm}/k, t_0^{\pm}) = G\bar{n}_i(\pm t_0^{\pm}/k)f(t_0^{\pm} - t_i^{\pm}) = 0 \tag{5.22}$$

显然,总会有一个 $f(t)$ 函数族满足或近似满足式 5.22 的要求(只要 $f(t)$ 是对称的、双极性的)。

再分析一下各 PMT 的权重因子 $W_i^{\pm}$,它定义为 PMT_i 的输出对位置信号的贡献,即 $t_0^{\pm} = \sum_i W_i^{\pm}\bar{n}_i(x)$,或改写成微分形式

$$W_i^{\pm} = \frac{\partial t_0^{\pm}}{\partial \bar{n}_i(x)} \tag{5.23}$$

为计算偏导数,我们把式 5.22 对 $\bar{n}_j(x)$ 求导

$$\frac{\partial}{\partial \bar{n}_j(x)}\left(\sum_i G\bar{n}_i(x)f(t_0^{\pm} - t_i^{\pm})\right) = Gf(t_0^{\pm} - t_j^{\pm}) + \sum_i G\bar{n}_i(x)\frac{\partial f(t_0^{\pm} - t_i^{\pm})}{\partial t_0^{\pm}}\frac{\partial t_0^{\pm}}{\partial \bar{n}_j} = 0 \tag{5.24}$$

另一方面,由式(5.18)有:$\left[\frac{\partial S^{\pm}(x,t)}{\partial t}\right]_{t=t_0^{\pm}} = \sum_i G\bar{n}_i(x)\frac{\partial f(t_0^{\pm}-t_i^{\pm})}{\partial t_0^{\pm}}$,因此

$$\frac{\partial t_0^{\pm}}{\partial \bar{n}_j} = \left[\frac{-G}{\partial S^{\pm}(x,t)/\partial t}\right]_{t=t_0^{\pm}} f(t_0^{\pm}-t_j^{\pm}) \tag{5.25}$$

联立式(5.23)和式(5.25),得

$$W_i^{\pm} = \left[\frac{-G}{\partial S^{\pm}(x,t)/\partial t}\right]_{t=t_0^{\pm}} f(t_0^{\pm}-t_i^{\pm}) \tag{5.26}$$

类似图5.19的双极性对称的$f(t)$与上一节给出的最优权函数(图5.18)很相似,所以我们可以找到能同时满足线性和分辨率要求的脉冲响应函数$f(t)$。结合式(5.19),(5.21)和式(5.26),可得$W_i^{\pm} = f[\pm k(x-X_i)]\left[\frac{-G}{\partial S^{\pm}(x,t)/\partial t}\right]_{t=t_0^{\pm}}$,权重通过差项$(x-X_j)$而随闪烁点的位置变动。

从延迟线定位原理可知,t_0^{+}、t_0^{-}和Δt_0与闪烁强度无关,所以位置电路中不必像Anger照相机那样使用高速除法器。然而,延迟线技术的定位精度要靠每个光电倍增管的输出在延迟线+、-端的延迟量$t_i^{\pm} = \pm kX_i$的准确性,以及过零检测电路ZCD检出过零时刻t_0^{-},t_0^{+}的准确性来保证。γ照相机工作中的最高计数率达上百kcps,因此每段延迟线的延迟量不应很大,其引线的寄生电容和电感会造成不可忽视的延迟误差。此外,电子学系统需要处理宽度只有几μs的脉冲信号,在这种速度下高精度的过零检测电路的设计和调试上都很困难。这就是延迟线定位原理在理论上十分优越,但在实际上很少应用的原因。

5.5 γ照相机的性能参数及其测量方法

为了满足γ照相机研制和生产的需要,对产品进行全面的评价和比较,给用户提供选择的依据,需要有统一的、反映γ照相机性能的参数和测试标准。目前,国际上关于γ照相机的主要标准有国际电工委员会制订的IEC 60789[5]、美国全国电器制造商协会(NEMA)制订的NU 1-1994和国际原子能机构(IAEA)制订的TECDOC—602。2003年,我国的国家质量监督检验检疫总局主要参照IEC 60789制订了《放射性核素成像设备性能和试验规则 第三部分:伽玛照相机装置》[23],它作为中华人民共和国国家标准发布。

规则中的参数全面反映了γ照相机的定位特性、能量特性和计数特性。定位特性是指γ照相机对成像物体的空间鉴别能力和图像畸变程度,包括空间分辨率,空间非线性和非均匀性;能量特性描述了γ照相机的能量分辨本领以及对不同能量的γ光子产生的定位偏差,包括固有能量分辨率和固有多窗空间重合性;计数特性反映了γ照相机对γ光子的响应能力,包括系统平面灵敏度、计数率损失20%时的观测计数率和最大计数率。

这些参数的标准测试需要双参数高分辨率的多道脉冲幅度分析器、精制的模型和高精度

图像获取及处理系统,这样的测试手段非一般用户能具备。由于 γ 照相机复杂、精密,性能容易变化,而它的性能好坏对诊断的正确性影响很大,所以需要经常对它进行测试,以便及时进行校正和调整。为此,还有一些用于常规检查的比较实用的测试方法,它们在不同程度上符合标准的规定。

首先介绍几个术语。①系统特性(System Characteristic):γ 照相机包括准直器测得的特性。②固有特性(Intrinsic Characteristic):不带准直器测得的特性。③有效视野(Useful Field of View,UFOV):γ 照相机可成像的范围,常以圆形视野的直径或矩形视野的长×宽表示,由生产厂提供。④中心视野(Central Field of View,CFOV):UFOV 向所有方向收缩 75% 的范围。很多参数要在有效视野和中心视野中分别给出。

5.5.1　空间分辨率

γ 照相机对很小的点源成像,会得到一个中心强、四周逐渐变弱的光斑。空间分辨率(Spatial Resolution)是指在点源的图像中计数密度集中到一点的能力,它反映了 γ 照相机对物体中放射性浓度变化细节的鉴别本领或图像模糊的程度。

1. 固有空间分辨率(Intrinsic Spatial Resolution)

一般用点源或线源的扩展函数半高宽(FWHM)来表示,测量方法有:

(1)线源扩展函数半高宽法(标准测试)

使用活度为 20～40 MBq 的 ^{99m}Tc 点源,除出射口的其他方向予以屏蔽,在出口可以用铜片调节射线通量,源在 5×UFOV 距离的照射面上形成直径约 2×UFOV 的照射面,如图 5.20。探头上加屏蔽环(UFOV MASK,铅制,3mm 厚,内径相当于 UFOV,用于屏蔽 UFOV 以外的探测器面),铅制的多缝透射模型(如图 5.21)放在探测器面上,对准中心,覆盖全视野。

令多缝透射模型的缝轴与探头的 X 轴垂直。数据采集系统在 X 方向的道宽不大于 0.1 FWHM,以确保在 FWHM 范围内的数据点不少于 10 个;在平行于缝轴方向(Y 方向)上从 X 轴上下宽度不大于 30 mm 的剖面中获取计数值。应使峰值计数道的计数不少于 1 000。

在以 X 为横坐标,计数值为纵坐标的坐标系中,画出一条通过每条缝的数据点的平滑曲线,得到一组峰,如图 5.22。以缝中的最高计数值为峰值,用内插法计算每个峰的半高宽 W_h 和十分之一高宽 W_t(精确到 0.1 道宽)。计算出所有缝的 W_h 和 W_t 平均值 V_h 和 V_t。

以通过半高宽连线中点的垂线为每个峰的中心,测量相邻峰的中心距(精确到 0.1 道宽),计算 CFOV 内 X 方向上所有峰间距的平均值 S(道数)。根据多缝透射模型的缝间距 D(30.0 mm)计算出以 mm 表示的、X 方向上的半高宽 $FWHMx = V_h D/S$ 和十分之一高宽 $FWTMx = V_t D/S$(精确到 0.1 mm)。

将多缝透射模型旋转 90°,使其缝轴与探头的 Y 轴垂直,用相同的方法测量并计算 Y 方向上的半高宽 FWHMy 和十分之一高宽 FWTMy。将两个方向的值平均,得到 CFOV 内的半高宽 FWHM(单位:mm)和十分之一高宽 FWTM(单位:mm)。

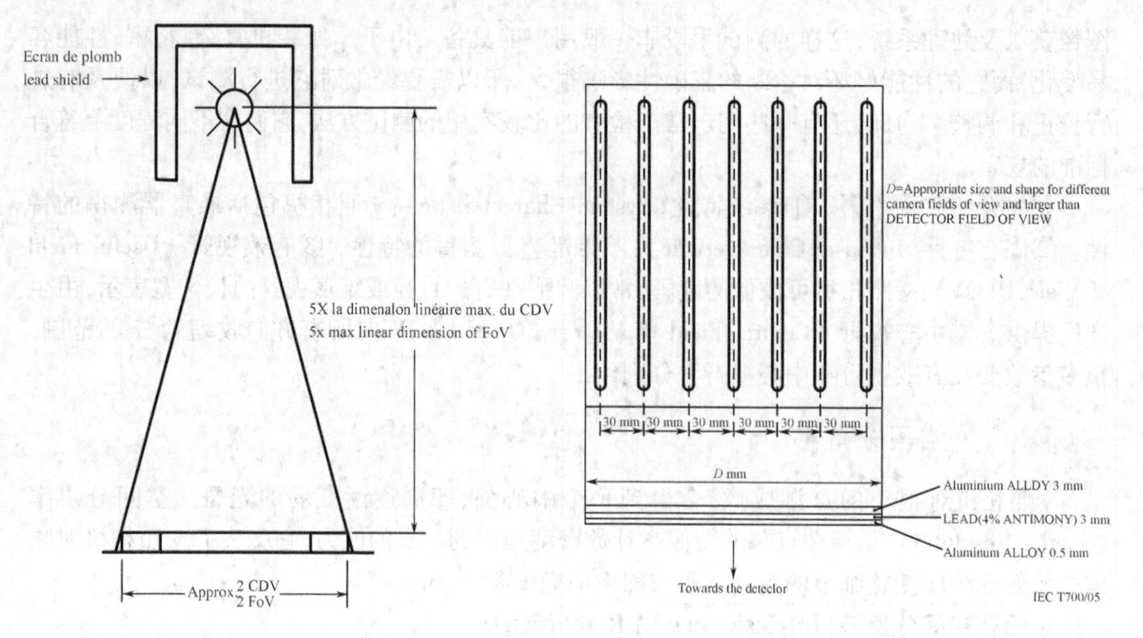

图 5.20 放射源的安装图

图 5.21 IEC 多缝透射模型

由于铅模有厚度,所以从缝中射入的 γ 射线有张角,使 FWHM 和 FWTM 加大,必要时可以对测量结果进行修正。

现代 γ 照相机对^{99m}Tc 的固有空间分辨率 FWHM 小于 5 mm。

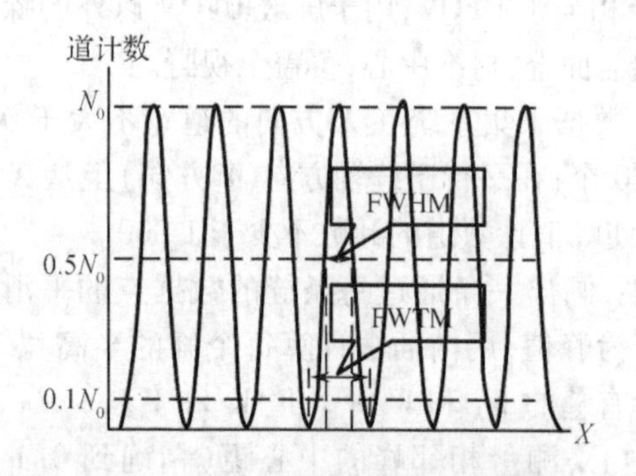

图 5.22 铅模的透射缝对应的计数曲线

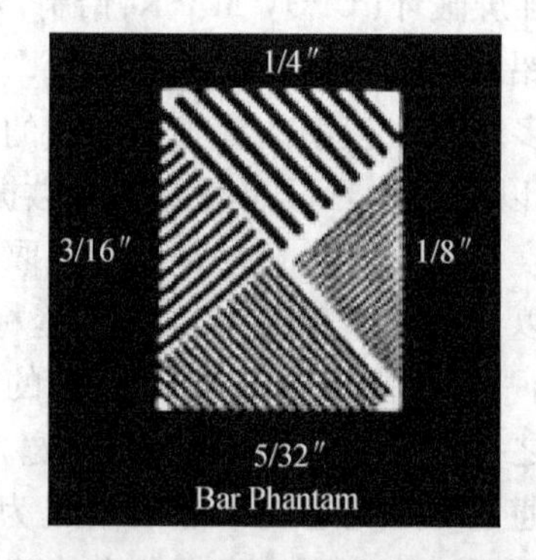

图 5.23 四象限铅栅模型的图像

(2)铅栅模板照相法(常规检查)

将四象限不同间隔密度的铅栅模型放在探头上,使用图 5.20 产生的均匀辐射场,测量总计数 2 000 000 以上。铅栅每次转 90°,拍四张照片(如图 5.23)。用肉眼观察可分辨的最小铅栅间隔 d。如果把模板看成一系列周期排列的线源组合,考虑到这些线源宽度的影响及人眼的分辨特性，可以推出：FWHM =（1.68 ~ 2.24）d。

显然，这种方法受图像的对比度，背景亮度，拍照质量及人的主观因素的影响。观测结果是定性的，但是它简单直观、有效，广泛用于常规检查。

2. 系统空间分辨率（System Spatial Resolution）

使用如图 5.24 的 ^{99m}Tc（或 ^{113m}In）双线源，每根线源的活度约为 200 MBq。准备 4 块组织等效散射模块，每块厚 50 mm，面积能覆盖 UFOV，材料为水或水的等效物（如聚乙烯板）。

探头上加屏蔽环。线源垂直于 X 轴放在轴中心附近，距准直器前表面 0 mm。数据采集系统在 X 方向的道宽不大于 0.1 FWHM，以确保在 FWHM 范围内的数据点不少于 10 个；在平行于源管方向上从宽度不大于 30 mm 的剖面中获取计数值。峰值计数道的计数应不少于10 000。

在以 X 为横坐标，计数值为纵坐标的线性坐标系中，对每个源管画出一条通过数据点的平滑曲线，得到一组峰：每个剖面有两个峰，沿源管方向彼此相邻排列。以峰的最高计数值为最大值，用内插法计算每个峰的半高宽 W_h 和十分之一高宽 W_t（精确到 0.1 道宽）。计算出所有峰的 W_h 和 W_t 平均值 V_h 和 V_t。

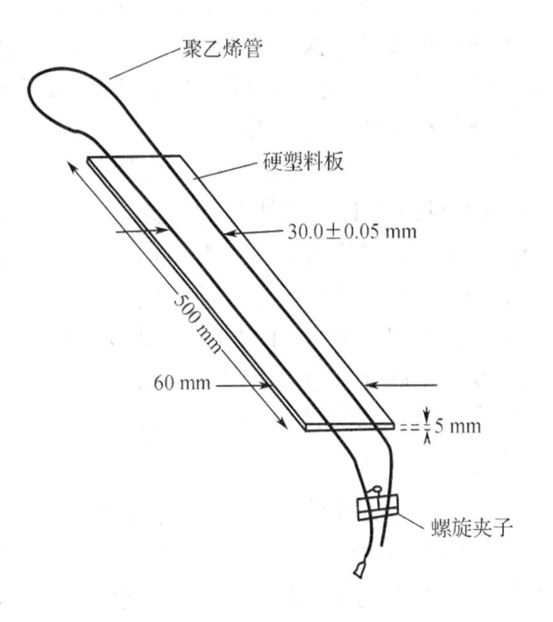

图 5.24　平行射线源

以通过半高宽连线中点的垂线为每个峰的中心，测量两峰的中心距（精确到 0.1 道宽），计算 CFOV 内 X 方向上所有峰间距的平均值 S（道数）。根据两个源管的间距 D（30.0mm），计算出 CFOV 内以 mm 表示的、X 方向上的半高宽 FWHMx = V_hD/S 和十分之一高宽 FWTMx = V_tD/S（精确到 0.1 mm）。

将射线源旋转 90°，使其源管与探头的 Y 轴垂直，用相同的方法测量并计算 Y 方向上的半高宽 FWHMy 和十分之一高宽 FWTMy。将两个方向的值平均，得到 CFOV 内的半高宽 FWHM（单位：mm）和十分之一高宽 FWTM（单位：mm）。

令双线源距准直器前表面 150 mm，以空气为散射介质下进行同样的测试。

在双线源距准直器前表面 50 mm，100 mm，150 mm 几种情况下进行同样的测试，组织等效散射模块的总厚度保持 200 mm（双线源加在 4 块散射模块之间）。

如果令 R_i 表示固有分辨率，R_c 表示准直器的分辨率，则系统分辨率 $R_s = \sqrt{R_i^2 + R_c^2}$。γ 照相机的系统空间分辨率主要由准直器决定，FWHM 在 10 ~ 20 mm 之间。准直器的分辨率与它的结构有关,而且物体离准直器越远,分辨率越低。

5.5.2 固有空间非线性

固有空间非线性(Intrinsic Spatial Non - linearity)描述 γ 照相机对入射 γ 光子的定位准确性。通过对线源成像可以观察探头的空间非线性,如果直线弯曲,表明探头产生的 X,Y 信号不随着放射源的位置偏移而呈线性变化,存在空间定位误差。

采用重心法的 Anger 照相机的空间响应曲线是波动的(见图 5.17),致使图像畸变,图 5.25 就是正交网格模型的成像结果。另外,NaI(Tl)晶体和光导的不均匀,各个 PMT 灵敏度的差别、PMT 和电子学电路失常也都会引起空间非线性,造成图像畸变。

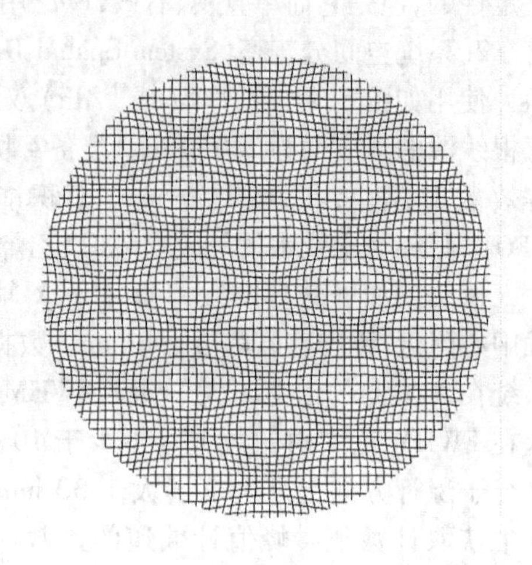

图 5.25 空间响应非线性造成的图像畸变

固有空间非线性常用理想线源的畸变程度标示,其定义是线源图像的最大弯曲距离。它的测量方法有:

(1)点源/线源峰位偏离法(标准测试)

采用与测量固有空间分辨率同样的放射源(如图 5.20)、多缝透射模型(如图 5.21)和测量条件。探头上加屏蔽环。使多缝透射模型的缝轴与探头的 X 轴垂直。数据采集系统在 X 方向的道宽不大于 0.1 FWHM,以确保在 FWHM 范围内的数据点不少于 10 个;在平行于缝轴方向(Y 方向)上从 X 轴上下宽度不大于 30 mm 的剖面中获取计数值,这些剖面沿缝轴方向彼此相邻。应使峰值计数道的计数不少于 1 000。

在以 X 为横坐标,计数值为纵坐标的线性坐标系中,对每个剖面画出一条通过数据点的平滑曲线,得到一行峰。对所有相邻剖面的计数作同样处理,可得到一个二维峰阵列,其中一个方向垂直于缝轴,另一个方向平行于缝轴。

在 CFOV 中,以每个缝的最高计数值为峰值,用内插法找出峰两侧的半高位置,再以通过半高宽连线中点的垂线为每个峰的中心,测量相邻两峰的中心距(精确到 0.1 道宽)。算出 X 方向上所有峰的间距 S_i 及其平均值 S。根据多缝透射模型的缝间距 D(30.0 mm),得到换算因子 D/S,计算出以 mm 表示的峰间距(精确到 0.1 mm)。计算 X 方向所有 S_i(以 mm 为单位)的标准差 $\delta_x = \sqrt{\dfrac{\sum_i (S - S_i)^2}{n - 1}}$,其中 n 是 S_i 的个数。

按照同样的方法计算出 CFOV 中 Y 方向的标准差 δ_y,再计算 δ_x 和 δ_y 的平均值,即 CFOV 中的微分非线性(单位:mm)。

用最小二乘法将 CFOV 中从 X 方向所获得的峰位数据拟合成二维的等间隔的平行线组成的垂直相交网格，找出 CFOV 中 X 方向的峰位观测值和拟合网格交点之间位移的最大值。再用同样的方法找出 CFOV 中 Y 方向的峰位观测值和拟合网格交点之间位移的最大值。X、Y 方向位移最大值中较大者为 CFOV 中的绝对非线性（单位：mm）。

将取数据的范围扩大到 UFOV，按同样的方法可以算出 UFOV 中的微分非线性和绝对非线性（单位：mm）。

现代 γ 照相机的固有微分非线性可小于 0.2 mm，绝对非线性可小于 0.5 mm。

（2）铅栅模板照相法（常规检查）

用等间隔直线排列型铅栅（厚 3″/32，可吸收 99% 的 140 keV 的 γ 光子）沿 X 及 Y 方向放置，累积 500 000 以上计数，各照一张照片，直观评价铅栅影像弯曲视度。

5.5.3 非均匀性

非均匀性（Non - uniformity）描述了 γ 照相机对 γ 事件位置响应的不一致性，按照是否包含准直器有固有非均匀性和系统非均匀性之分。非均匀性通常以对均匀辐射场（又称“泛场”，flood field）的计数密度的差异来表示，有积分非均匀性（U_i）和微分非均匀性（U_d）两种定义。

γ 照相机的均匀性不好，会造成图像浓度的变化和失真，会引起假阳性的临床诊断结果。一般要求固有非均匀性 $Ui < \pm 5\%$，$Ud < \pm 3\%$。

1. 固有非均匀性（Intrinsic Non - uniformity）

（1）点源灵敏度法（标准测试）

测量使用活度为 20 ~ 40 MBq 的 ^{99m}Tc 点源，除出射口的其他方向予以屏蔽，在出口可以用铜片调节射线通量，在 5 × UFOV 距离的照射面上形成直径约 2 × UFOV 的均匀辐射场，如图 5.20。探头上加屏蔽环。

在 UFOV 内以不大于固有空间分辨率 FWHM 两倍的间距逐点进行等时测量，每点计数值应大于 100 000。所有计数小于平均计数 75% 的边缘测量点置于 0，剔除与 0 计数点相邻的四周边缘点，余下的非 0 点纳入 UFOV 的分析中。中心落在 CFOV 内的测量点纳入 CFOV 分析。

对所有非 0 数据点用 $\begin{bmatrix} 1 & 2 & 1 \\ 2 & 4 & 2 \\ 1 & 2 & 1 \end{bmatrix}$ 权重矩阵进行一次 9 点卷积平滑。分析范围以外的点，其 9 点卷积矩阵的权重为 0。用平滑后的值除以权重因子之和进行归一化处理。

在 CFOV 范围内找到最大计数值 C_{max} 和最小计数值 C_{min}，用下式求积分非均匀性

$$Ui = \pm [(C_{max} - C_{min})/(C_{max} + C_{min})] \times 100\% \quad (5.27)$$

以每五个相邻像素为一组，寻找其中的最高计数 C_{high} 和最低计数 C_{low}，计算它们的差值 $|\Delta C| = C_{high} - C_{low}$。逐像素遍历 CFOV 内的所有相邻组，从中选出差值最大者 $|\Delta C|max$，并记录这组的最高计数 Chigh，0 和最低计数 Clow，0，用下式可计算微分非均匀性

$$Ud = \pm [\,|\Delta C|_{max} / (C_{high,0} + C_{low,0})\,] \times 100\% \tag{5.28}$$

同理,在 UFOV 范围内可求得 IU 和 DU。固有非均匀性的计算应精确到 0.1%。

现代 γ 照相机在 UFOV 的固有微分非均匀性可小于 2.5%,积分非均匀性小于 3.8%。

(2) 定性观察法(常规检查)

测试时探头面向上,加 UFOV MASK,单道窗宽定为 20%。把直径小于 UFOV/50,源强为 40 MBq 左右的点源挂在距 γ 照相机 5 × UFOV 以上的高度,造成均匀泛场(Flood Field),使其计数率不超过 30 kcps。测量 200 000 以上总计数,用肉眼观察图像的均匀性。由于人眼不能分辨 10% 以内的不均匀,所以这方法只用于常规的定性评估。

2. 系统非均匀性(System Non - uniformity)

均匀平面源(或称泛模充填源)的有机玻璃源盒如图 5.26,其平面形状待测探头一致,面积大于探头视野(一般 D 比 UFOV 大 5 mm)。先充入活度为 70 ~ 200 MBq 的 ^{99m}Tc,再充满蒸馏水,排尽气泡,混匀,放置 1 小时后使用。对 360 keV 以上的高能准直器,放射性核素使用 ^{113m}In。常规质量控制可使 ^{57}Co 泛源,其均匀性要好于 5%。均匀平面源要对准 UFOV 中心,尽量贴近准直器前表面。

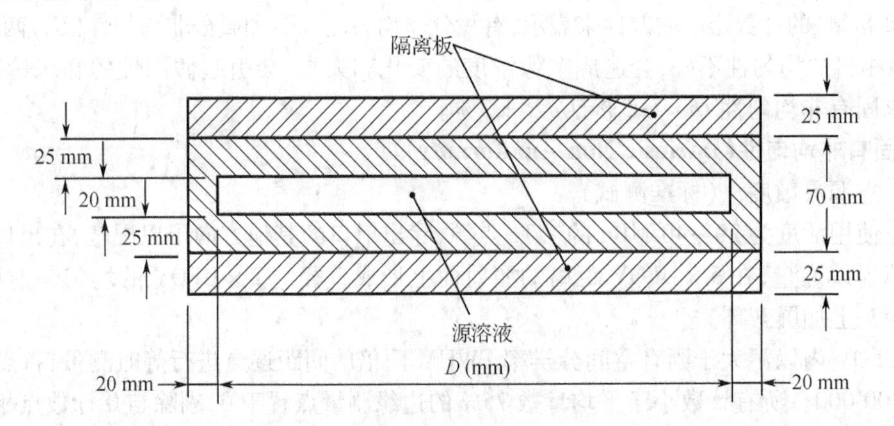

图 5.26 均匀平面源

中心点测量计数值应大于 100 000。数据处理与参数计算方法与固有非均匀性相同,分别给出 CFOV 和 UFOV 中的积分非均匀性 IU 和微分非均匀性 DU。

5.5.4 固有能量分辨率

固有能量分辨率(Intrinsic Energy Resolution)反映了探头对 γ 光子能量的鉴别精度,通常用特定放射性核素的固有能谱中光电峰的半高宽(FWHM)来量度。

测量使用活度为 20 ~ 40 MBq 的 ^{99m}Tc 点源和 ^{57}Co 点源(用于刻度多道脉冲幅度分析器道宽等效能量),除出射口的其他方向予以屏蔽,在出口可以用铜片调节射线通量,在 5 × UFOV

距离的照射面上形成直径约 2 × UFOV 的均匀辐射场，如图 5.20。探头上加屏蔽环，用于屏蔽 UFOV 以外的探测器面。

超过电子学噪声水平的积分计数率应不超过 20 kcps。多道脉冲幅度分析器的道宽不大于光电峰 FWHM 的 5%。分别测出^{99m}Tc 和^{57}Co 的能谱，累计峰道计数大于 10 000。

在以能谱道数为横坐标，道计数为纵坐标的线性坐标系中，绘出^{99m}Tc 和^{57}Co 的能谱曲线。在能谱图上分别确定^{99m}Tc 和^{57}Co 的光电峰中心道址 N_1 和 N_2，两峰间距 $n = N_1 - N_2$，道宽等效能量 $E_{ch} = (E_1 - E_2)/n = (141 - 122)/n = 19/n$(keV/道)。用插值法计算^{99m}Tc 光电峰的半高宽 ΔN(道)。固有能量分辨率 $ER = (\Delta N \times E_{ch} / E_1) \times 100\%$，计算精确到 0.1%。

现代 γ 照相机对^{99m}Tc 的固有能量分辨率 FWHM≤10%。

5.5.5 固有多窗空间重合性

固有多窗空间重合性(Intrinsic Multiple Window Spatial Registration)反映了 γ 照相机对不同能量的 γ 光子产生的定位偏差，它给出测到的源的位置与脉冲幅度分析器窗位的函数关系。

测量使用活度为 40 MBq 的^{67}Ga 液体源，装在图 5.27 所示的源罐里，图中 t 不小于10 mm，$d = 3$ mm。测量时脉冲幅度分析器窗宽为 20%，对 93，184 和 296 keV 三个光电峰中心对称分布；每个窗的总计数率不超过 10 kcps；像素尺寸不大于对^{99m}Tc 固有空间分辨率的 10%；每一帧图像计数不小于10 000。

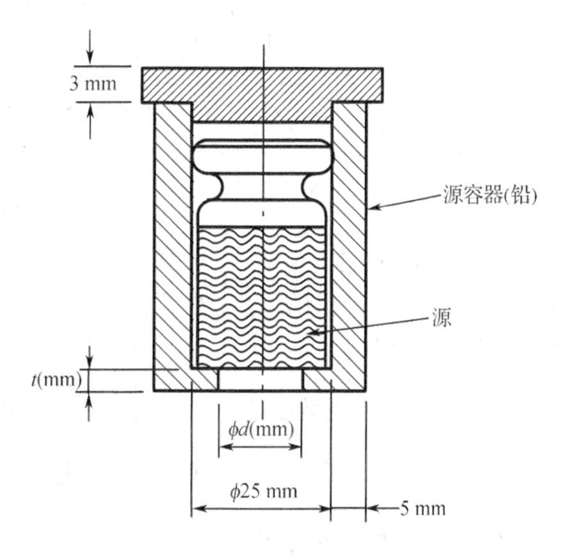

图 5.27　屏蔽液体源

在无准直器的情况下，源罐分别放在 UFOV 中心点、X 和 Y 轴的正负两个方向上各两点(它们离中心的距离为视野中心到 UFOV 边缘距离的 75%)，用上述 3 个能窗得到图像，每个源位、每个能窗获取一帧。

对每帧图像用求重心的方法计算图像的计数分布中心。按相同的方法找出相同源位、不同能窗下的图像计数分布中心，两者相减即得到该两个能窗下的图像计数分布中心的位置偏差(精确到 0.1 个像素)。按照计算固有空间分辨率同样的方法换算成以 mm 为单位的位置偏差(精确到 0.1 mm)。在 X 和 Y 方向上、对 5 个测量位置，分别计算能窗为 296 keV 和 93 keV 的图像计数分布中心的位置偏差，以及能窗为 184 keV 和 93 keV 的图像计数分布中心的位置偏差，它们之中的最大位移即固有多窗空间重合性 MW(精确到 0.1 mm)。

5.5.6 系统平面灵敏度

系统灵敏度(System Planar Sensitivity)是指在限定的准直器和能量窗下,γ 照相机的计数率与平面源的活度之比,它反映系统对 γ 光子的探测效率。

对于适用能量在 140 ~ 360 keV 范围的准直器用^{99m}Tc 测量,对于适用能量大于 360 keV 的准直器用^{113m}In 测量,源的活度约 40 MBq,源盒放在如图 5.28 的有机玻璃的圆柱形模型中,置于 UFOV 中心,距准直器前表面 100 mm。

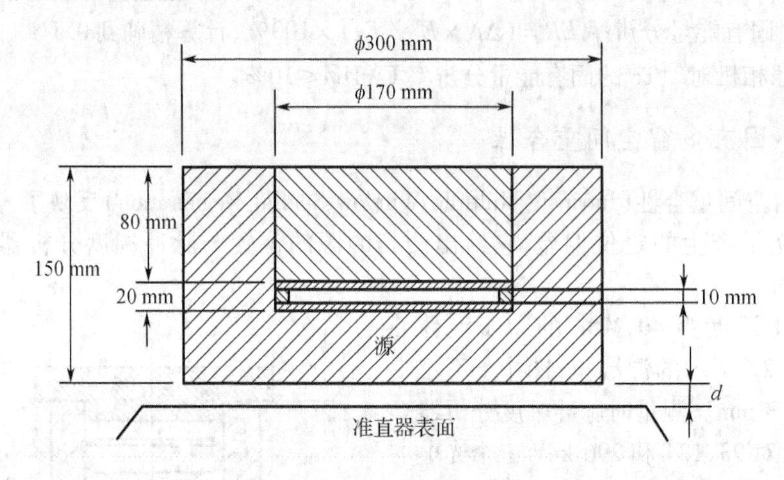

图 5.28 圆柱形放射源模型

测量 300 s 的总计数 N,记录测量中点时刻 T_1。根据标定中点时刻 T_0、标定时源的活度 A_0、放射源的半衰期,计算 T_1 时的活度 A_1。撤掉放射源,测量 300 s 的本底计数 N_b。测量误差要控制在 10% 以内。

计算系统平面灵敏度 $S_s = \dfrac{(N - N_b)/300}{A_1}$,单位 $s^{-1} \cdot Bq^{-1}$,精确到 $1 \times 10^{-6} s^{-1} \cdot Bq^{-1}$。

使用低能通用型平行孔准直器的 γ 照相机的系统平面灵敏度一般大于 100 $s^{-1} \cdot MBq^{-1}$。

5.5.7 计数率特性

计数率特性(Count Rate Characteristic)反映了 γ 照相机对 γ 事件的响应速度。

1. 固有计数率特性(Intrinsic Count Rate Characteristic)

测量使用活度为 20 ~ 40 MBq 的^{99m}Tc 点源,除出射口的其他方向予以屏蔽,在出口可以用铜片调节射线通量,如图 5.20。准备 15 块面积为 6 cm × 6 mm,厚 0.25 mm 的铜片作 γ 射线吸收体,它们对^{99m}Tc 的 γ 射线的减弱因子分别为 f_1 ~ f_{15}(尽可能使减弱因子相等)。

探头加屏蔽环,不带准直器,表面垂直向下。在无放射源的情况下测量预置时间 300 s 的

本底计数 N_b。然后将源罐置于地面上，开口向上，距探头表面的距离约 1.5 m，在探头表面上形成的照射面约等于 UFOV。按顺序将 15 块吸收体放在源罐口上，尽可能减少周围的散射物。调整源距或源强，使计数率在 1 ~ 3 kcps 之间，测量预置时间 100 s 的计数 N_0，记录测量中点的时刻 T_0。移走 1 号吸收片，测量 20 s 的计数 N_1，记录测量中点的时刻 T_1。再移走 2 号吸收片，测量 20 s 的计数 $N_{1\sim2}$，记录测量中点的时刻 T_2。依此类推，再移走 3 至 12 号吸收片，测得 $N_{1\sim3} \sim N_{1\sim13}$，记录每次测量中点的时刻 T_3 至 T_{12}。

由 N_b 计算出本底计数率 $C_b(s^{-1})$。由 N_0 至 $N_{1\sim12}$ 分别计算出减去本底计数率后的观测计数率 $C_0, C_1, C_{1\sim2}, \cdots C_{1\sim12}(s^{-1})$，计算时注意测量时间的不同。

由于测 C_0 时计数率较低，计数损失可以忽略不计，故真实计数率 $R_0 = C_0$；

真实计数率 $R_1 = R_0 \times p_1/f_1(s^{-1})$，其中 $R_0 = C_0$，p_1 是测量 R_1 时的源活度衰变修正因子（衰变时间 $t = T_1 - T_0$，$p = e^{-0.693t/T_{1/2}}$），f_1 是 1 号吸收片的 γ 射线减弱因子；

真实计数率 $R_2 = R_0 \times p_2/(f_1 \times f_2)(s^{-1})$，其中 $R_0 = C_0$，p_2 是测量 R_2 时的源活度衰变修正因子（衰变时间 $t = T_2 - T_0$），f_1、f_2 分别是 1 号、2 号吸收片的 γ 射线减弱因子；

依此类推，算出真实计数率 R_3 至 R_{12}：$R_{12} = R_0 \times p_{12}/(f_1 \times \cdots \times f_{12})(s^{-1})$。

在以真实计数率 R 为横坐标，观测计数率 C 为纵坐标的双对数坐标系中标记数据点，并连成光滑曲线 A，如图 5.29；在同一坐标系上做出真实计数率与观测计数率无损失下的恒等的理想直线 B；找出计数率损失 20% 时的观测计数率（$C_{-20\%}$）和真实计数率（$R_{-20\%}$），$C_{-20\%} = 0.8R_{-20\%}$，计算精确到 1 kcps。在曲线 A 上找出观测到的最大计数率 C_{max} 以及对应的真实的最大计数率 R_{max}。

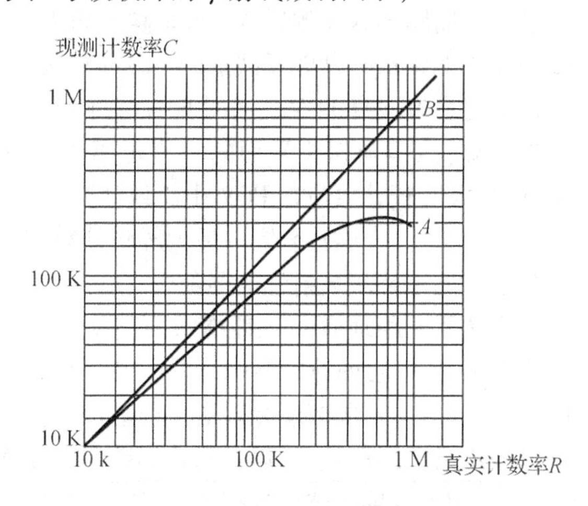

图 5.29 计数率特性曲线

γ 照相机的计数率损失 20% 时的观测计数率一般应大于 100 kcps。

2. 系统计数率特性（System Count Rate Characteristic）

使用 ^{99m}Tc 放射源，活度约 140 ~ 520 MBq（真实计数率高于观测计数率 2 倍所需活度），源盒放在如图 5.28 的有机玻璃的圆柱形模型中，置于 UFOV 中心，距准直器前表面不超过 20 mm。γ 照相机加装低能高灵敏度平行孔准直器。

在无放射源的情况下测量预置时间 300 s 的本底计数，算出 20 s 的本底计数 N_b。装好模型，测量 20 s 的计数 N_0。每隔 1.5 h 测一次计数 $N_1, N_2, \cdots, N_n$，测量时间为 20 s，每次均记录测量中点的时刻 $T_1, T_2, \cdots, T_n$，直至计数率低于 3 kcps。在观测计数率约为 5 kcps，20 kcps 及最大时获取 3 帧 X,Y 图像。

由 N_j 减本底计数 N_b，并分别计算出对应的观测计数率 $C_j=(N_j-N_b)/20(s^{-1})$，其中 j 为测量的序号 1 ~ n。由 Nn 减本底计数 Nb，并计算出对应的观测计数率 C_n，由于测 C_n 时计数率较低，可以认为不存在计数损失，故真实计数率 $R_n=C_n$。

由 $t_j=T_n-T_j$ 计算第 j 次测量与最后一次测量的时间间隔，算出对应的 $t_j/T_{1/2}$，计算对应的剩余活度比 $p_1,p_2,\cdots,p_{n-1}(p=e^{-0.693t/T_{1/2}})$。则真实计数率 $R_j=R_n/p$。

在以真实计数率 R 为横坐标，观测计数率 C 为纵坐标的线性坐标系中画出光滑的 $R-C$ 曲线 A，如图 5.29；在同一坐标系上作出真实计数率与观测计数率无损失下的恒等的理想直线 B；找出计数率损失 20% 时的观测计数率（$C_{-20\%}$）和真实计数率（$R_{-20\%}$），$C_{-20\%}=0.8R_{-20\%}$。在曲线 A 上找出观测到的最大计数率 C_{max} 以及对应的真实的最大计数率 R_{max}。

5.5.8 探头屏蔽泄漏

在临床应用中，患者本身在视野之外的放射性（例如探测心脏时，膀胱的放射性）及可能存在于探头周围的其他放射源（例如候诊病人）会对探测造成影响。探头屏蔽泄漏（Detector Head Shield Leakage）性能反映这两种影响的程度。

（1）对患者本身 FOV 之外放射性的屏蔽

用点源（点源与探头平面的垂直距离为 20 cm）在距探头 FOV 边缘前后 10 cm，20 cm，30 cm的最大屏蔽计数与在 FOV 中心处计数率的百分比表示：

$$屏蔽泄漏=最大屏蔽计数率/FOV 中心计数率\times 100\%$$

（2）对周围环境放射性的屏蔽

将点源置于距地面 1 m，距探头两侧及前后 2 m 处。用探头分别朝上、下、左、右时的最大计数率与 FOV 中心处计数率的百分比表示对周围环境放射性的屏蔽性能：

$$屏蔽泄漏=最大屏蔽计数率/FOV 中心计数率\times 100\%$$

要找出最大泄漏点，可以在探头屏蔽体的侧面和背面距表面 100 mm 处 12 个监测点进行测量，在探测器与屏蔽体的连接处、电缆出口处及其他屏蔽弱点要增加监测点。

5.6 影响 Anger 照相机性能的因素

由于成像原理和制造条件的限制，Anger 照相机在不同程度上存在着失真和畸变，不能对放射性核素的分布产生完美的图像，而且改善成像质量的措施往往与保证系统的灵敏度互相矛盾。下面，将结合主要的性能参数讨论影响 Anger 照相机品质的有关因素。

1. 空间分辨率

Anger 照相机的一个局限是它提供图像细节的能力有限，或者说空间分辨率较差。探头的系统空间分辨率部分由准直器的特性决定，部分由探测器和电子学电路决定。虽然吸收准

直器的 γ 光子收集效率只有 1‰左右，但是目前它仍是核素成像不可少的部件，而且高空间分辨率的准直器往往伴随着低的 γ 光子收集效率，我们寄希望于新的、高效的成像原理的出现。由探测器和电子学电路产生的空间分辨率称为照相机的固有分辨率。限制固有分辨率的因素主要有两个：一个是 γ 光子在晶体中的多次散射；另一个是从闪烁光子产生到 PMT 输出信号过程的随机性。

实际上 γ 光子与闪烁晶体发生光电作用后，闪烁光子不是在一点产生的，而是沿着反冲电子的运动路径产生出来的，反冲电子轨迹长度 <1 mm。此外，γ 光子在闪烁晶体中常常经过一次或多次康普顿散射之后才发生光电效应，这使得一些闪烁光子在离最初作用地点一定距离的地方产生出来。康普顿散射 + 光电效应的关联事件会被探头当作发生在它们之间的一次事件记录下来，它将偏离 γ 光子的入射点。虽然对 140 keV 的 γ 光子这种效应相当小，但是对于 662 keV 的 γ 光子，多次散射可使近 10% 的光子发生 2.5 mm 的错定位。当因 γ 光子能量提高（光电吸收多半不是最初的作用形式）而增大晶体厚度时，康普顿散射光子被吸收的概率增加，固有分辨率会明显下降。

另外，晶体越厚，闪烁光子在传到 PMT 前散布得越广，PMT 的位置响应曲线越平坦，空间分辨率也就越差。对于 140 keV 的 γ 光子，大部分相互作用发生在 NaI(Tl) 晶体前端 2 ~ 5 mm 内，将晶体从 12.5 mm(1/2 英寸)降到 6.4 mm(1/4 英寸)，空间分辨率可提高 70%，而相应的灵敏度仅损失 15%。所以 Anger 照相机一般使用 6.4 ~ 12.5 mm 的 NaI(Tl) 薄晶体；SPECT 探头通常使用厚度为 9.5 mm(3/8 英寸)的晶体。带符合探测功能的 SPECT/PET 系统，为了兼顾对 511 keV 的 γ 光子的探测率，常使用 15.9 ~ 25.4 mm(5/8 ~ 1 英寸)的厚晶体；为了不降低对 140 keV 的 γ 光子的空间分辨率，1 英寸晶体一般要切缝，使闪烁光在切缝形成的空气—晶体界面上反射，以控制其散布范围。当然，光导也会增加闪光点到 PMT 光阴极的距离，从而使得固有分辨率下降。

上一节已对限制固有空间分辨率的第二个因素作过详细分析：γ 产生的闪烁光子数，PMT 产生的光电子数以及倍增过程都是随机的，所以当 γ 光子相继打到晶体的同一位置时，PMT 输出的脉冲幅度具有不确定性（即统计涨落），导致 X，Y 信号幅度并不总是相同，产生的图像呈扩散的亮斑，其面积大小取决于统计涨落的幅度。固有空间分辨率随着探测和收集效率的提高而改善，因此 γ 照相机使用了高光输出的晶体，高灵敏度的 PMT，并努力改善 PMT 同晶体之间的光耦合，现代 γ 照相机对于 140 keV 的 γ 的固有空间分辨率 FWHM 已达到 3 ~ 5 mm，非常接近最佳理论分辨率。如果采用方形或六角形的 PMT，有助于减少 PMT 之间的空隙，捕获更多的闪烁光子，从而得到更好的固有空间分辨率。上一节还分析过，用大量的小尺寸 PMT 代替大尺寸的 PMT 可以提供更准确的事件位置。

提高固有空间分辨率最有效的办法是将 PMT 输出的信号全部数字化，通过准确测量每一只 PMT 的空间响应特性，使用最佳的动态权重，采用统计算法定位每个事件。全数字化 γ 照相机的固有分辨率只受到统计涨落的限制。

2. 空间非线性

在探测器和电子学线路中产生的另一个基本问题是图像的非线性,即直线放射源产生曲线图像。一种向外弯曲的直线图像称作桶形畸变,见图 5.30(a);另一种向内弯曲的称为枕形畸变,见图 5.30(b)。当探头产生的 X 和 Y 信号没有随着放射源的位置偏移而线性变化,就会产生图像的非线性。例如,当放射源贴着探测器表面从光电倍增管的边缘向中心移动时,光收集效率的增加一般快于放射源的移动速度,这使得跨越光电倍增管的线源图像向内弯曲,发生枕形畸变,而在光电倍增管之间的线源图像则向外弯曲,产生桶形畸变,整幅图像就成为图 5.25 的样子。

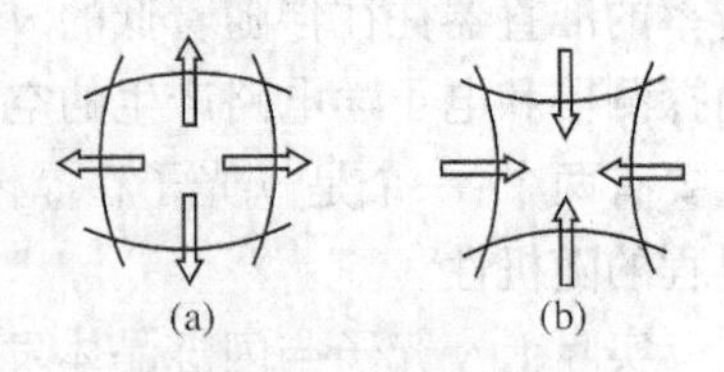

图 5.30 空间响应非线性造成的图像畸变

NaI(Tl)晶体和光导的不均匀,各个光电倍增管灵敏度的差别以及 PMT 和电子学电路失常都会引起非线性。调整各个 PMT 的权重可以改善空间非线性,但这又会影响空间分辨率、能量响应的一致性和图像的非均匀性。精心设计光导和光学遮护结构,调整闪烁光在 PMT 光阴极上的分布,修正 PMT 的位置响应曲,也可以改善空间非线性。

数字化的 γ 照相机可以用微处理器修正定位误差,下一章将介绍其方法。

3. 非均匀性

一个更值得注意的问题是图像的非均匀性。即使是合格的探头,探测器晶体对均匀辐射场形成的图像中也会有少量可见的不均匀,这相当于 ±10% 以上的计数变化。

引起 Anger 照相机非均匀性的主要因素有两个,一个是由于各个光电倍增管的脉冲幅度谱的小差别所造成的探测效率不一致。实际上不可能挑选和调整使得几十只光电倍增管都具有相同的输出响应。如果对所有输出脉冲用一个固定的脉冲幅度窗口进行筛选,就会导致在探头上不同位置上探测效率的差异。

引起非均匀性更主要的原因是空间非线性。在枕形失真区,像点向中心挤,呈现出高计数的“热区(Hot Spot)”,而在桶形失真区,像点向外散,呈现出低计数的“冷区(Cold Spot)”。因为通常在光电倍增管所在位置发生枕形畸变,在光电倍增管之间发生桶形畸变,所以在 Anger 照相机的图像上可以看到光电倍增管的热区图样(Pattern),如图 5.31。

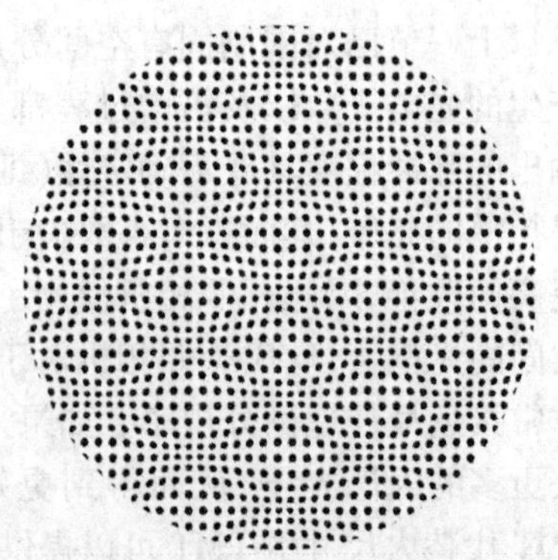

图 5.31 Anger 相机拍摄 Smith Orthogonal Hole Pattern 的结果

(摘自 Siemens Gammasonics, Inc.)

其他产生非均匀性的原因有:晶体不均匀,晶体与 PMT 的光耦合部分区域不良,高压、单道失常,显示器亮度不均匀,设备稳定性差等等。

另一种典型的非均匀性表现在图像边沿有一亮圈,称为“边缘压缩(Edge Packing)”。这是由于发生在晶体边缘的闪烁光被其侧面反射回探头周边的光电倍增管,造成探头边缘的光收集效率高于中心区域;而且发生在探头中心区的闪烁事件四周都有 PMT,而在晶体边缘的闪烁事件只有一边有 PMT,于是在 CRT 上,发生在晶体边缘的闪烁事件不是均匀散布开,而是被“拉向”中心,形成边缘压缩伪像。发生边缘压缩的区域不在 UFOV 以内。使用矩形晶体和方形的 PMT 构成矩形的视野,可以减小图像边缘压缩区。

有许多种方法可用来校正或补偿图像的非均匀性。一种在许多 γ 照相机中使用的局部校正图像非均匀性的方法是调整个别 PMT 的增益,使得探头某一区域的光电峰更多或更少地落入脉冲幅度分析的窗口中,从而改变探头在该区域的探测效率,补偿非均匀性。然而由于 PMT 的增益被调偏,在 γ 照相机使用另一种不同的能窗时,各个区域的光电峰落入该窗口中的部分多少会改变,这时明显的非均匀性又将会出现。因此,在采用偏调或其他非标准的能窗设置之前应该检查图像的非均匀性。

另一种校正非均匀性的方法是使用带微处理机的电子线路。为此,γ 照相机输出的 X、Y 信号必须数字化,在做病人成像之前先对均匀辐射场成像,以像素矩阵的形式存储在微处理器中,并根据每个像素的计数与平均值的差别计算出校正因子矩阵,以此来对采集到的图像数据进行实时校正,而不是通过对图像进行后处理,其方法将在下一章介绍。

4. 能量分辨率和灵敏度

照相机要做能量分析,必须将 γ 光子的全部能量沉积在 NaI(Tl) 晶体中。能量越高的 γ 光子穿透物质的能力越强,经过散射后逃逸出晶体的 γ 光子不能输出光电峰脉冲,所以光电峰探测效率(Photopeak Detection Efficiency,即入射光子产生光电峰脉冲的比例)决定于 γ 光子能量和 NaI(Tl) 晶体的厚度,见图 5.32。

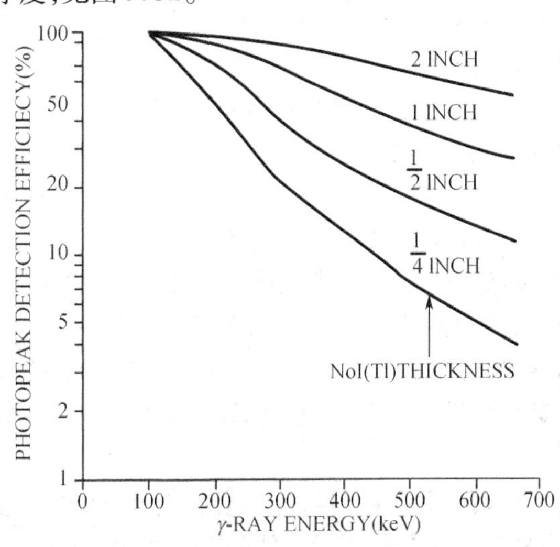

图 5.32　不同厚度 NaI(Tl) 晶体的光电峰探测效率与 γ 光子能量的关系

为了保证固有空间分辨率,Anger 照相机使用 6 ~ 12 mm(1/4″ ~ 1/2″)的薄晶体,它对 100 keV 以下的 γ 光子光电峰探测效率接近 100%,然而对高能 γ 的光电峰探测效率会迅速降低(500 keV 左右的 γ 光电转换的效率只有 10 ~ 20%)。探测效率下降是 Anger 照相机高能特性的限制因素,而固有空间分辨率恶化是其低能特性的限制因素,因此从空间分辨率和探测效率这两个互相制约的方面考虑,Anger 照相机最适合的 γ 光子能量范围是 100 ~ 200 keV。

5. 计数率特性

γ 照相机像其他 NaI(Tl)探测系统一样,在高计数率下会发生计数丢失。这是因为闪烁探测器的输出脉冲有一定的宽度,两个紧跟的脉冲会堆积在一起,被电子线路当作一个脉冲处理。如果这两个或其中一个事件原本可以通过能窗的筛选,堆积生成的叠合脉冲幅度会超出能窗范围,从而都被禁止掉。

探测器和电子学系统处理每个事件都需要一定的时间,此间出现的下一个事件将被丢掉,这个时间称为死时间(Dead Time)或脉冲分辨时间(Pulse Resolving Time),死时间越长,计数丢失越严重。气体正比计数器和液体闪烁计数器的死时间为 0.1 ~ 1 μs,NaI(Tl)和半导体探测系统的典型死时间在 0.5 ~ 5 μs,单道脉冲幅度分析器、定标器的死时间都远小于 1 μs,而多道脉冲幅度分析器、计算机接口的死时间一般在 10 μs 量级,系统死时间由最慢的部件决定。对于 10 μs 的死时间,计数率为 10 kcps 时将丢失 10% 的计数;计数率再提高,丢失率将迅速增大,图 5.29 表现的就是计数率和计数丢失的关系。

各种幅度的两个脉冲都可能发生信号堆积,全能谱的计数率决定了计数丢失。一个选定能窗的视在死时间依赖于窗口分数(Window Fraction,即发生在能窗内的计数占全谱计数的比例),窗口分数越小,视在死时间越大。因此,使用光电峰能窗的死时间比使用全谱能窗的死时间要长,当放射源的周围有散射物质时比没有散射物质的死时间要长,因为散射材料产生了低能 γ 光子,减小了窗口分数,如图 5.33。

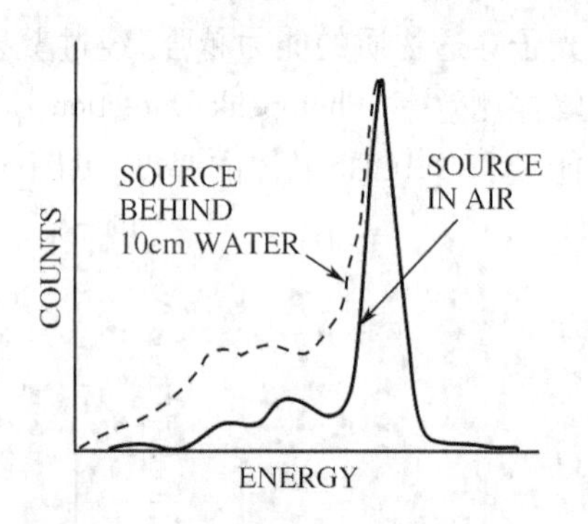

图 5.33 散射对能谱的影响

要给出 γ 照相机的死时间必须说明其测量条件。当采用全谱能窗而且周围没有散射物质时,γ 照相机的死时间一般为 1 ~ 2 μs;而临床的实际条件下(有散射物质的 ^{99m}Tc 源,±10% 能窗),死时间的典型值为 5 ~ 10 μs。在静态成像应用中,死时间的计数丢失不是很严重,但在高计数率的动态应用中(如计数率达到 50 kcps 的心脏首次通过研究),这一点就很重要了。

高计数率下,同时发生的两个独立散射事件也会发生堆积,其叠加脉冲幅度若在能窗范围内,也会被系统接受,认为是发生在它们之间某处的有效事件。这类假事件将产生伪像,造成图像对比度和细节的损失。所以,屏蔽感兴趣区以外的高计数区能改善图像质量。

堆积判弃电路能够减小堆积伪像。但需指出的是，它在改善图像质量的同时也加大了死时间，降低了最大计数率。这是因为没有堆积判弃电路的 γ 照相机记录并显示了实际上不该记录的错位堆积事件，比较不同 γ 照相机的死时间时必须考虑这种因素。使用模拟缓冲器（Buffer）或去随机器件（Derandomizer）能减小 γ 照相机的死时间，它们能保持前面电路来的电平或脉冲，直到后面的电路处理完上一个信号，可以接收它的时候。减小 PMT 输出信号的有效电荷积分时间也能缩短死时间，这可以通过对 PMT 的输出电压脉冲微分来实现，但这相当于减少了被 PMT 收集的光通量和用于定位的信息量，使得固有分辨率降低。一些 γ 照相机提供了"高计数率"模式，通过控制面板上的选择开关，旁路掉堆积判弃电路、非均匀性校正等电路来缩短死时间。这种模式专用于高计数率的应用（如心脏首次通过），对于常规的成像应用，则采用"普通模式"以获得高质量的图像。

习　题

5－1　为什么扫描机具有断层成像的效果？

5－2　仔细观察图 5.3 中行、列光导与各个晶体的耦合关系，试分析如此设计的原因。（System 77 每一行有多少块晶体？确定 Y 坐标的行光导每一组有几条 RODS？）

5－3　System 77 的电子学系统是如何排除环境本底和康普敦散射事件的？怎样保证只对真正的单光子入射事件在相应的存储单元进行寻址加 1 操作？

5－4　γ 相机准直器的功用是什么，有哪些类型，它们的成像特点和用途如何？

5－5　γ 照相机拍摄的平片表现了什么？

5－6　Anger 照相机主要由哪四部分组成，它利用什么方法确定 γ 光子的入射位置？

5－7　请为图 5.16 中的 7 个 PMT 设计一套位置权重 $WiX+$，$WiX-$，$WiY+$ 和 $WiY-$。

5－8　为什么不能使用测量系统空间分辨率的放射源和模型来测量固有空间分辨率？

5－9　请分析一下在测量固有非均匀性时规定每点的计数值要大于 100 000 的理由。

第6章　核医学图像的数字化

数字化是医学影像的发展方向。核医学成像设备数字化以后，能够实现特殊的数据采集方法，校正各种系统误差，改善图像质量，从图像中提取有用信息，进行定量分析。例如，经过平滑或滤波处理，可以减少原始图像的统计噪声，提高其信噪比；特殊的显示技术和图像增强算法，能够更清晰地表现发生病变的组织；利用图像分割和识别技术可以自动找出靶器官的边界，统计其中的放射性药物含量；分析软件能够生成静态图像的剖面曲线(Profile)和动态图像的时间－放射性曲线(Time－activity Curve，TAC)，计算出各种医学参数，还能绘出反映脏器各部分功能的功能图。图像数字化使得核医学能进行动态的、功能性的检查的特长得到充分的发挥，将核医学提高到定量分析与动态研究的阶段。此外，数字图像还便于复制、存储和传送，为多种影像手段的融合创造条件，所以现代的 γ 照相机几乎全与计算机相连接。

6.1　模拟图像和数字图像

Anger 照相机产生的模拟图像(Image)可以用连续变化的二维函数 $f(x,y)$ 表示，其中 (x,y) 是像点的坐标，函数值代表该处的计数密度。所谓闪烁图像数字化，是将 x 和 y 离散化，也就是说把图像分割成若干大小为 $\tau\times\tau$ 的像素(Pixel)，它们按行、列排列成一个矩阵。图 6.1 就是一个 64 个像素的数字图像矩阵，每个像素的值是落入该像素的 γ 光子数，它反映了病人相应部位的放射性药物聚集度。如果我们用不同的灰度代表像素的计数值，就能看到如图 6.1 的图像。

3	5	17	19	21	14	11	5
2	6	24	85	83	66	26	7
8	33	86	55	61	78	34	9
6	24	74	43	80	48	13	2
5	36	84	48	78	53	15	5
2	26	80	51	62	89	29	9
4	13	32	73	71	68	32	8
1	8	25	17	26	11	7	3

图 6.1　8×8 的数字化图像矩阵

这个 8×8 的图像很粗糙，有明显的“马赛克”现象，所以核医学一般采用 32×32，64×64，128×128 和 256×256 的图像矩阵，矩阵越大图像越清晰，分辨率越好。由于给病人施用的放射性药物剂量不能太大，数据采集的时间不能太长，所以一帧图像包含的 γ 光子总计数有限。如果使用过大的矩阵，每个像素的 γ 光子计数很少，统计涨落将很严重，图像的信噪比变差，图像反而显得模糊不清。一帧质量较好的图像，各个像素的平均计数应在 40～50 以上，这限制了闪烁图像的矩阵尺寸。

6.2　γ 照相机的数据采集方法

在第 5 章已经介绍过，Anger 照相机采用重心法定位，内部的位置加权矩阵及求和运算放大器是模拟电路，它输出的位置及能量信号也都是模拟电压。另一方面，数字图像在计算机里通常存放在一段连续的存储器空间内，一个像素对应一个存储单元。数据采集系统的任务是将γ照相机输出的X、Y、Z信号记录下来，最终在计算机的内存中生成数字图像。γ照相机的数据采集模式很多，下面介绍其中主要的五种。

6.2.1 静态帧模式

静态帧模式（Static Frame Mode）主要用于采集静止的放射性药物分布图像，临床上希望它具有高空间分辨率和高计数密度，以便进行观察和做定量分析。

首先摆好病人的体位，将γ照相机对准被成像部位。计算机根据预定的图像矩阵尺寸（64×64、128×128或256×256）在内存中建立一个二维整型数组$f(x,y)$（每个单元最多可记录65 535个光子），并将数组置0。

启动采集程序后，每当有γ光子进入γ照相机，它就输出一对表示其入射位置的X，Y模拟电压信号。如果γ光子的能量符合要求，γ照相机同时送出的Z脉冲启动模拟－数字变换器（Analog－to－digital Converter，ADC），将X，Y信号转换成数字量，送入计算机。计算机根据此X，Y数值对存储器寻址，将对应存储单元的内容加1，表明该像素又增加了一个γ光子，如图6.2。如此不断积累计数，就形成了一帧数字图像，所以帧模式又称增量模式（Incremental Mode）或直方图模式（Histogram Mode）。计算机可以根据预定的时间或总计数自动停止数据采集。

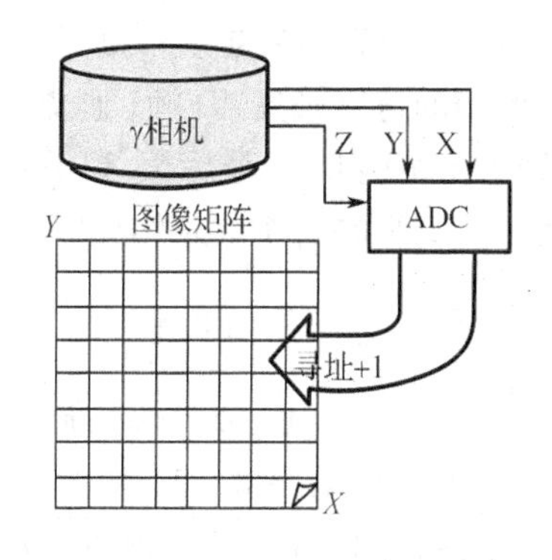

图6.2 静态帧模式图像采集示意

在图像矩阵比较小时，可能发生像素溢出（即存储单元的计数超过65 535），致使像素值变0，此时程序应该丢掉这个事件，维持像素值不变。如果某种临床检查的药物分布非常集中，个别像素很容易发生溢出，可以考虑采用4字节的长整形数组。

6.2.2 动态帧模式

临床上经常需要观察药物在人体内的运动情况，动态帧模式（Dynamic Frame Mode）采集可以像拍电影那样，快速、连续地拍摄一系列数字图像。这时，时间分辨率和生理过程持续时间是我们首先要考虑的问题。例如泌尿系统显像需要以15秒/帧的速度连续采集64帧图像（共16分钟）；甲状腺血流灌注显像需要以1秒/帧的速度连续采集32帧；心脏首次通过检查的每帧采集时间为0.5秒，总采帧数一般是60至80。由于每帧的采集时间较短，计数较少，矩阵尺寸一般选择32×32和64×64；当帧采集时间较长、注射剂量较大时，可以选择128×128的矩阵。

动态帧模式采集需要在内存中开辟三维整形数组$f(x,y,t)$，一个t值确定一帧二维平片，例如存放甲状腺血流灌注图像的数组可以是 64×64×32 的。此外，还要建立定时器和时间指针，每当一帧的采集时间到了，定时器会发出信号，将时间指针调整到下一帧的起始位置。采集前将数组和定时器清 0，时间指针置于第一帧的起始位置。

每帧图像的积累过程与静态帧模式采集相同，也是根据 ADC 输出的 X，Y 数值对存储器寻址，不断将对应存储单元的内容加 1。一旦定时器发出信号，时间指针切换到下一帧，开始在新的一帧中进行寻址加 1 操作，如图 6.3。这样，计算机在定时器的控制下，按照预定的时间间隔连续获取图像，直到预定的总帧数完成为止。

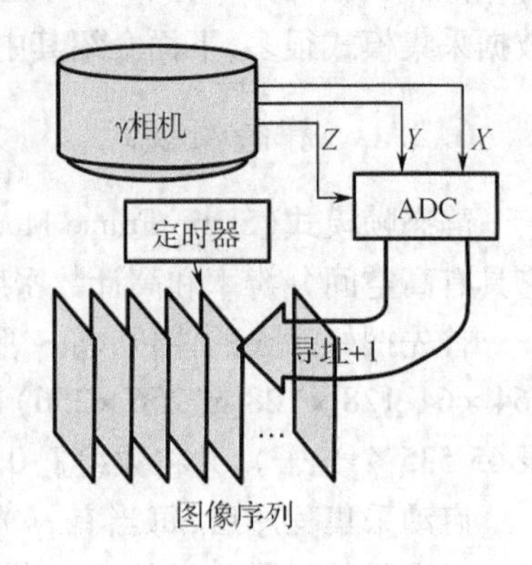

图 6.3 动态帧模式图像采集示意

很多生理过程不是匀速进行的，例如 ^{131}I－OIH（邻碘马尿酸）随血液输送到肾脏的过程很快，肾小管滤过作用较慢，药物随尿液清除更慢。要详细观察全部过程，需要先以 3 秒/帧的速度采集 40 帧（血流相），再 15 秒/帧的速度采集 32 帧（功能相），最后以 30 秒/帧的速度采集 30 帧（排泄相）。只要在每个时相结束时改变定时器的定时间隔，就可实现不等间隔的动态帧模式采集。

6.2.3 多门控模式

要观察心脏、肺等快速周期性运动的器官，必须在某个运动周期内采集 8～32 帧图像。由于每帧图像的采集时间非常短，捕获的 γ 光子很少，所以图像的质量极差。多门控模式利用心电图机、呼吸传感器等产生的生理信号同步采集过程，把多个运动周期中相同时相的图像叠加在一起，以增加每帧图像的 γ 光子计数，提高图像的信噪比。

图 6.4 是心电多门控模式（Multi－gated Mode）采集的示意图，它的原理与 4.3.2 节介绍的核听诊器心电门控数据采集一样。心脏的搏动伴随着电生理活动，心电图（ECG）中的 R 波标志心脏收缩的开始，我们可以根据 R 波划分心周期。

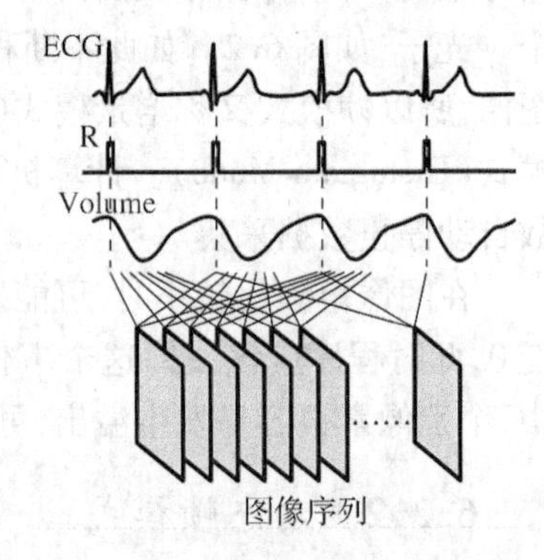

图 6.4 多门控模式数据采集示意

采集图像前先建立三维数组、定时器和时间指针，并将数组和定时器清 0。然后测量病人的心率，得到平均心周期时间，根据预定的图像帧数算出帧间隔时间，将其赋值给定时器。图像采集过程与动态帧模式类似，只是采集从心电图中出现 R 波开始，然后按照等时间间隔进行，一旦下一个 R 波出现，时间指针立即返回第一帧，从头开始寻址加 1，累积计数。

人的心率是不平稳的，对于较短的心周期，最后几帧可能没有采集到计数就返回第一帧了；对于长的心周期，最后一帧结束后只能暂停采集，等待下一个 R 波出现时开始下一个循环，所以多门控模式采集后几帧图像的同步不好。为了解决这个问题，我们可以先将心周期内

全部入射 γ 光子的信息(位置、时间、R 波)记录下来,到 R 波出现时,检查该心周期的长度是否在平均心周期附近,是则将诸事件按照发生时间分别叠加到动态图像组中,不是就抛弃所缓存的事件。这种模式称作缓冲多门控(Buffered Multi - gated Mode),可以剔除早搏和停跳事件,消除心率不齐对同步的影响。

6.2.4　表模式

缓冲多门控模式需要将每个事件的信息记录下来。在新药实验和新方法研究中,我们往往不知道药物在人体中的分布情况和聚集、排出速度,无法预先确定图像矩阵的尺寸和帧间隔。如果能把每个 γ 光子的入射位置 (x,y),连同它发生的时间(t)、伴随的生理信号(心电、呼吸等)一同记录下来,就能重组出不同空间分辨率和时间分辨率的图像。

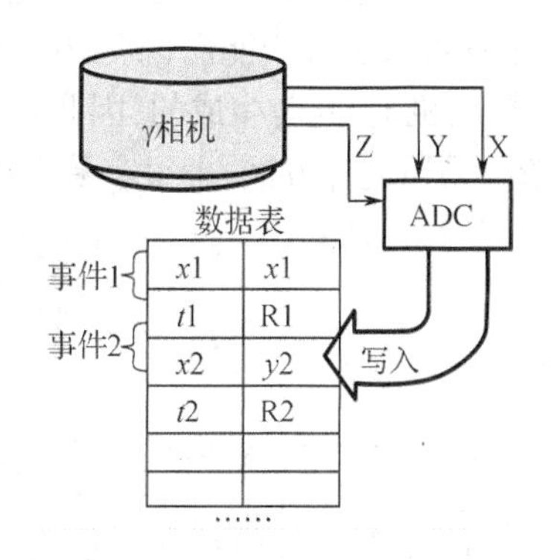

图 6.5　表模式数据采集示意

表模式(List Mode)采集就是将每个 γ 光子及其伴随信息存储在数据表里,其工作原理如图 6.5。首先,在内存中建立一维数组,其数据结构保证每个事件的位置、时间、R 波或能量信息都有自己的位置。采集开始后,每当有 γ 光子入射,就依次记录在数组中,直到采集结束。

由于记录是实时的,系统的响应速度必须足够快(最高可达每秒几十万个),又由于是逐事件记录,数据量很大,这给计算机提出了很高的要求,内存的读写速度快,但容量有限,硬盘容量大,但逐字节写入的速度慢。我们可以在内存中开辟两个缓冲区,一个缓冲区满了,就将数据成块地写入硬盘,新的事件记录到另一个缓冲区里,两个缓冲区的读写状态反复切换,采集就不会因写盘而中断,γ 光子事件不会丢失。当然,硬盘的写入速度应该高于事件的平均计数率和每个事件占用字节数的积。

因为记录了全部信息,表模式数据有很好的灵活性,然而计算机不能直接将其显示成图像,要想得到数字图像,必须重组(Rebinning)再成帧(Re - frame)。表模式数据的另一缺点是占据存储空间大,一次 10 M 事件的采集通常要占用 80 M 字节,而帧模式图像即使采用 256 × 256 的矩阵存储,最多需要 256 K 字节,只是表模式数据的 1/320。

6.2.5　双核素模式

核医学检查有时需要同时对两种药物成像。例如,心肌缺血和心肌梗塞(或瘢痕)都会引起心室功能异常,前者是可逆性心肌损害,后者是不可逆性的心肌损害,二者的治疗方法和预后都不同,临床诊断需要准确判断病人的心肌存活情况。^{99m}Tc 标记的亚锡甲氧异腈(^{99m}Tc - MIBI)心肌灌注显像通过观察心肌各部位聚集药物的多少估计相应冠状动脉灌注血流量,^{18}F 标记的氟代脱氧葡萄糖(^{18}F - FDG)心肌葡萄糖代谢显像则可检查心肌代谢程度。对比心肌灌注和代谢图像可以对病情进行判断:正常血流灌注和正常葡萄糖代谢,表示正常心肌;血流灌注降低,心肌代谢正常或相对于血流增加,提示心肌存活;血流灌注和代谢均降低,提示不可逆性心肌梗死;血流灌注降低,心肌代谢降低,但是不完全匹配,提示心肌存活,部分梗死。

这两种放射性药物发射的 γ 光子能量不同(^{99m}Tc:140 keV,^{18}F:511 keV),我们可以在一次检查中对它们分别成像,这就是双核素模式(Dual Isotope Mode)采集。为此,需要在内存中建立两个二维数组,各存储一种核素的图像。采集开始后,对每一个入射 γ 光子,先检查其能量,它落入了哪个能窗,就在相应的图像矩阵中根据 x,y 值寻址加1。双核素图像是在同一台 γ 照相机上、同时生成的,因此它们在空间位置上是严格配准的,非常有利于对比观察,做出诊断。采用这种方法,也很容易实现三核素或多核素同时显像。

6.3 数字图像的显示

6.3.1 灰度编码和伪彩色编码

用 X,Y 模拟信号驱动示波器,对应每个入射的 γ 光子都产生一个光点,光点的密度(人的感觉是灰度)反映相应部位的放射性药物总量。数字图像记录的是一系列像素的计数值,要将它显示出来,必须把计数值转换成灰度,通过不同的亮暗来表现各部位药物总量的差别。灰度编码就是将从 0 到 255 的像素计数值线性地映射为从黑到白的 256 个灰阶,如图 6.6 所示。数字图像以像素为基本单位,一个像素被均匀地显示成一种灰度,所以当图像矩阵较小时,有“马赛克”现象。虽然显示方式不同,只要图像矩阵不太小,数字图像和模拟图像给人的感觉差不多。

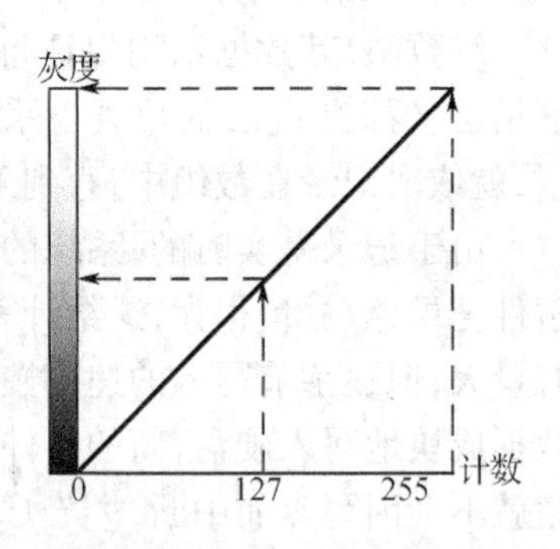

图 6.6 灰度编码关系

人眼对色彩的分辨能力远高于对灰度的分辨能力,因此核医学常用不同的颜色表示像素的不同计数值,这时图像的色彩是人为赋予的,不代表脏器的真实颜色,故称为伪彩色。伪彩色编码图像能更好地表现放射性药物含量的差别,所以被核医学广泛地采用。

像素计数值和颜色的对应关系可以有不同的设计,最常用的是以黑—蓝—青—绿—黄—红—白的连续颜色变化对应从 0 ~ 255 的计数,这就是“彩虹”(Rainbow)编码,它们是由不同饱和度的红、绿、蓝三基色合成的,图 6.7 是其编码关系。还有一种仿照金属逐渐烧热发光时颜色变化(黑—蓝—红—黄—白)的“热金属”(Hot Metal)编码,也经常被核医学采用。

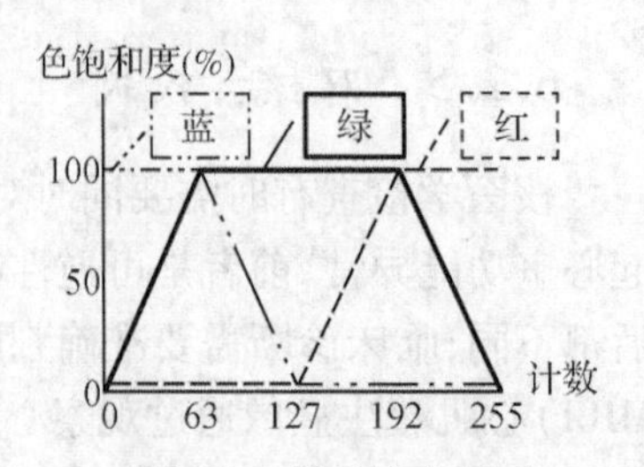

图 6.7 伪彩色编码

6.3.2　编码阈值的调整

临床中有时会因采集时间短或注射剂量不足致使图像黯淡,靶器官像素的计数值分布在很窄的范围内(如30~100,称30为下阈,100为上阈)。在固定的编码关系下,图像呈亮度差不多的灰色,或差别不大的某种颜色,难以分辨组织中药物聚集度的差异。如果按照图6.8调整编码关系,让全部灰度或色彩来表现这一段计数值,像素计数值的差别就能看得很清楚了。

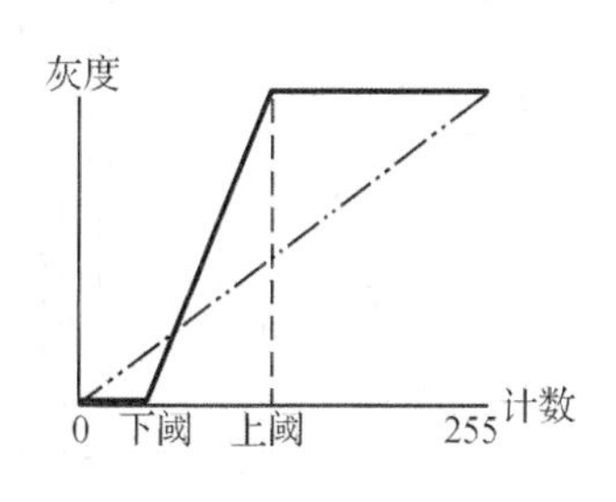

图6.8　上、下阈调整

图6.9(a)是一帧最大计数不超过100的胃部图像,在图6.6灰度编码下的显示情况,它显得黯淡而缺少层次。图像左边有纵向的编码带,用来表示灰度与计数值的对应关系。其顶端标有254的黑色横线,表示编码上阈在254;底端标有1的白色横线,表示编码下阈在1。如果我们将上阈向下推移到100,使计数大于100的像素都显示成白色,则图像变亮,对比度变大,见图6.9(b)。同样,将下阈向上推移到31,使计数小于31的像素都显示成黑色,其效果是使低计数的本底区隐去,突现脏器轮廓,改善显示对比度,见图6.9(c),这时的编码关系如图6.8所示。需要强调的是,图像的这些变化只因修改了显示特性,数字图像本身没有任何改变。

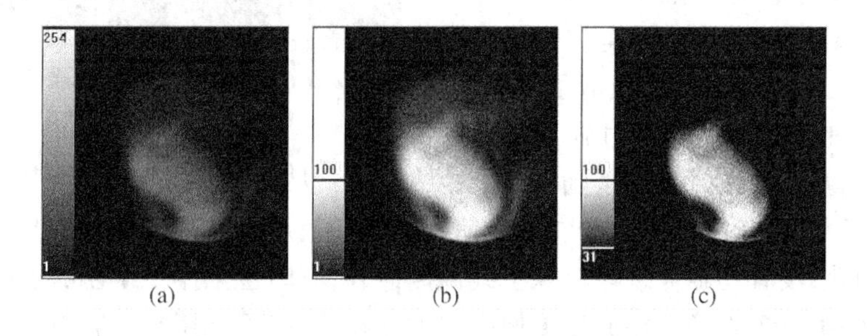

图6.9　上、下阈调整的效果

(a)原始编码;(b)上阈调整到100;(c)下阈调整到31

6.3.3　等计数加亮

有时医生对某段计数值范围特别感兴趣,希望观察具有相同计数值的像素分布情况,以突现脏器边界或病灶。例如,要在图6.10中出现甲状腺的边界,我们可使用上方的编码关系,让30~35的计数值对应最亮的白色(或某种特殊颜色),这时编码带中也出现白色的亮带,图像中相应计数范围的像素变亮,出现明亮的等计数带(Isocount Band),或称等高线(Contours)。增减被加亮像素的计数值范围,可以改变加亮带的宽度;改变被加亮像素的计数值(即等高线的高度)，则可以移动加亮带的位置。若加亮带从低计数向高计数连续移动，就能看到等高线从“山底”(放射性药物低聚集区)向“山顶”(放射性药物高聚集区)移动的过程。

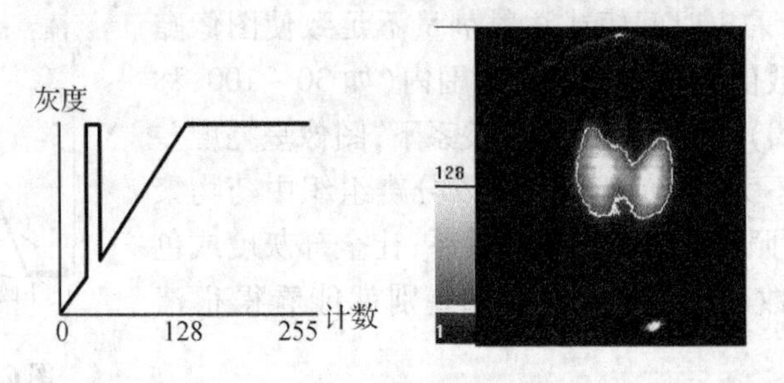

图 6.10 甲状腺边界加亮显示

6.3.4 图像放大

核医学图像尺寸较小，为便于观察，经常需要放大图像。数字图像放大有两种方法，一种是靠简单重复扩大每个像素的面积，另一种是平滑地插入新的像素，它们各有特点。

图 6.11(a)是一帧 64×64 的胸部左前斜位图像，将图像扩充成 128×128 的矩阵后，把每个像素再重复 3 次，扩大成 4 个像素，得到图 6.11(b)。其效果类似于用放大镜观察图像，马赛克现象更显著了。

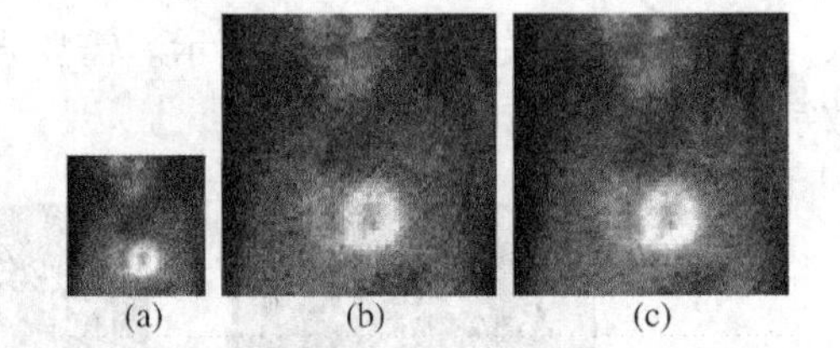

图 6.11 (a)原始图像；(b)重复放大；(c)插值放大

图 6.11(c)也经过扩充，不过在原始数据点之间增加新的像素时采用了插值算法，即用相邻的原始像素的平均值给它们赋值。因为插值放大补入的像素值是渐变的，所以显得更光滑，更细致，没有马赛克现象。除了线性插值外，有时也采用二次函数、样条函数插值。

放大的图像中有 3/4 像素在原始图像中并不存在，所以不能用它计算放射性剂量。

6.3.5 动态图像的电影显示

在同一位置逐帧放映不同时刻拍摄的图像，就能产生动画或电影效果。电影显示(Movie-like Display)能够形象生动地表现放射性药物在人体中的运动过程；循环放映门控心血池图像，可看到不断搏动的心脏；如果图像是在 γ 照相机围绕病人旋转的过程中连续拍摄的，电影显示能让你从各个角度观察病人，并产生立体感。

6.4　频域分析和数字滤波

6.4.1　傅立叶变换

如同 5.3.1 节用调制传递函数 MTF 分析准直器的特性那样,我们经常在频率域上讨论和处理成像中的问题。傅立叶变换(Fourier Transform,FT)和反变换(Inverse Fourier Transform,IFT)就是时空函数和它的频率函数之间的桥梁。让我们重温傅立叶变换和反变换在一维下的定义。

FT
$$F(\omega) \equiv \mathscr{F}_1\{f(t)\} \int_{-\infty}^{\infty} f(t)\,\mathrm{e}^{-\mathrm{j}2\pi\omega t}\,\mathrm{d}t \tag{6.1}$$

IFT
$$f(t) \equiv \mathscr{F}_1^{-1}\{F(\omega)\} = \int_{-\infty}^{\infty} F(\omega)\,\mathrm{e}^{\mathrm{j}2\pi\omega t}\,\mathrm{d}\omega \tag{6.2}$$

式中 $j=\sqrt{-1}$,是虚数单位。实函数 $f(t)$ 的傅立叶变换通常是复数,写成指数形式为 $F(\omega)=|F(\omega)|e^{j\varphi(\omega)}$;其中的幅度函数 $|F(\omega)|$ 是偶函数,通常称为 $f(t)$ 的频谱,$\varphi(\omega)$ 是奇函数,为其相角。$E(\omega)=|F(\omega)|^2$ 反映了 $f(t)$ 的能量在频域的分布情况,称为能量谱。

如果 $f(t)$ 是时间函数,t 的单位是 s,则 ω 是频率,单位为 1/s,即 Hz。傅立叶变换和反变换公式说明,任何时间信号可以表示成不同频率 ω 和初相角 φ 的正弦波之和。

将傅立叶变换和反变换扩展到二维情形:

FT
$$F(u,v) \equiv \mathscr{F}_2\{f(x_1 y)\} = \int_{-\infty}^{\infty}\int_{-\infty}^{\infty} f(x,y)\,\mathrm{e}^{-\mathrm{j}2\pi(ux+vy)}\,\mathrm{d}x\mathrm{d}y \tag{6.3}$$

IFT
$$f(x,y) \equiv \mathscr{F}_2^{-1}\{F(u,v)\} \int_{-\infty}^{\infty}\int_{-\infty}^{\infty} F(u,v)\,\mathrm{e}^{\mathrm{j}2\pi(ux+vy)}\,\mathrm{d}v\mathrm{d}u \tag{6.4}$$

二维函数 $f(x,y)$ 的傅立叶变换也可写成指数形式:$F(u,v)=|F(u,v)|\mathrm{e}^{\mathrm{j}\varphi(u,v)}$。其中的 $|F(u,v)|$ 为 $f(x,y)$ 的振幅频谱(简称频谱),$\varphi(u,v)$ 为其相角。$E(u,v)=|F(u,v)|^2$ 称为 $f(x,y)$ 的能量谱。

对于二维傅立叶变换,如果 $f(x,y)$ 表示图像,(x,y) 是空间坐标,单位是 cm,(u,v) 就是直角坐标系下的空间频率(Spatial Frequency),其单位为 1/cm。二维傅立叶变换和反变换公式说明,任何图像都可以分解为一系列不同空间频率的基本图形。图 6.12 就是这组基本图形,称为正交基。左下角的一幅,横向频率 u、纵向频率 v 均为 0,是均匀分布的

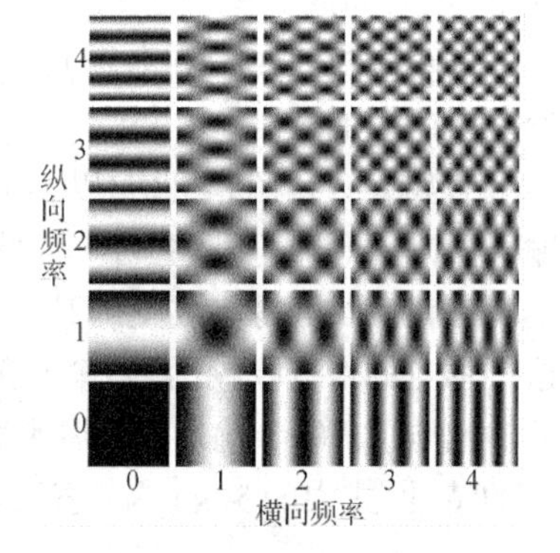

图 6.12　二维傅立叶变换的正交基

基。第0行、第1列是 $u=1,v=0$ 的基,它的灰度在横向上按正弦变化。第1行、第0列是 $u=0,v=1$ 的基,它的灰度在纵向上按正弦变化。第1行、第1列是 $u=1,v=1$ 的基,它的灰度在横向、纵向上都按正弦变化。图中越靠右、靠上的基空间频率越高,灰度变化越剧烈。因此,图像的低频成分表现图像中灰度变化缓慢的大块组织,高频成分则表现图像的细节、边缘和尖锐的灰度突变成分(如噪声)。

在图6.13中,右图就是左边图像的二维傅立叶变换结果(傅立叶谱,即幅度函数 $|F(u,v)|$)。可见,图像的主要信息集中在低频区域(即频率域的原点附近),它的高频成分迅速减低,频率范围有限,图像自身的空间分辨率决定了其频谱上限 W_m。

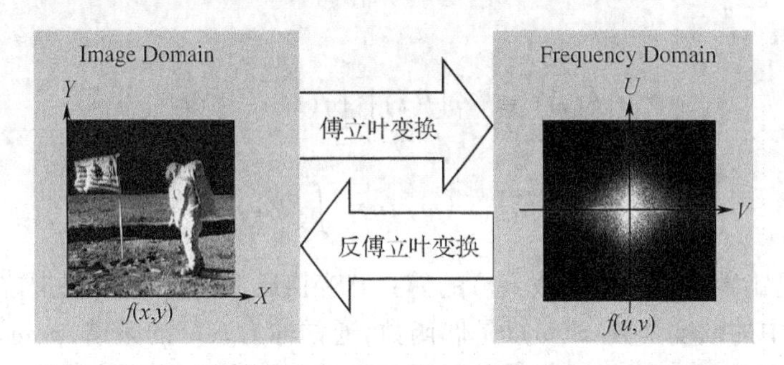

图 6.13 傅立叶变换和反傅立叶变换

6.4.2 频域分析方法和数字滤波

从数学上描写一个物理系统,最重要的简化是把它当作线性系统来处理。一个线性系统(如信号处理系统或图像系统)可以用图6.14中的黑盒子来表示,它接受输入激励 $f_{in}(\kappa)$,产生输出响应 $f_{out}(\kappa)$。这里的 κ 是某个合适的变量(如时间或空间位置),可以是一维的,也可以是多维的。这个响应 $f_{out}(\kappa)$ 和激励 $f_{in}(\kappa)$ 的关系就是线性系统理论所要研究的对象。

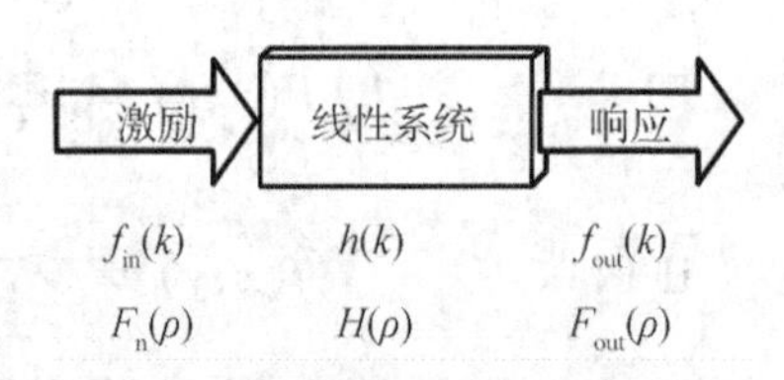

图 6.14 线性系统的数学描述

假如有一台照相机,它以1:1的放大率将一个平面物体成像在平面胶片上,这个物体就是输入激励 $f_{in}(\kappa)$,胶片上的像就是输出响应 $f_{out}(\kappa)$,这里的变量 κ 是物平面或像平面上的二维空间矢量。然而,像平面上的某点的灰度并不由物平面对应点的亮度唯一决定,镜头多少要使这个物点的像变模糊。假如输入激励是一个位于坐标原点的、单位亮度的点光源 $\delta(\kappa)$,胶片上的输出响应 $h(\kappa)$ 就是点扩展函数(Point Spread Function,PSF),我们经常用它来表征成像系统的特性。式中的 $\delta(\kappa)$ 为狄拉克(Dirac)函数或称冲激函数,此函数除了在 $\kappa=0$ 处是无穷大以外,其他位置处处为零,而且 $\int_{-\infty}^{\infty}\delta(\kappa)\,\mathrm{d}\kappa=1$;也就是说 $\delta(\kappa)$ 的体积无穷小,总强度为 1。

大多数成像系统,无论点光源放在什么地方,它所形成的光斑的空间分布都是相同的,只是位置会随点光源移动,这样的系统叫做移不变(Shift - invariant)系统。用数学语言描述就是:一个位于 κ' 的点光源 $\delta(\kappa-\kappa')$,它的点扩展函数是 $h(\kappa-\kappa')$。

我们可以认为,每一个物点对许多像点的响应都有贡献,或者说每一个像点都从许多物点那里接收到激励。既然物体可以分解成一系列亮度为 $f_{\mathrm{in}}(\kappa')$ 的点光源,那么对于一个线性系统(具有均匀性和叠加性),每个物点的输出响应可表达为 $f_{\mathrm{in}}(\kappa')h(\kappa-\kappa')$,输出的图像 $f_{\mathrm{out}}(\kappa)$ 可以写成对所有物点的输出响应的线性叠加,最普遍的线性叠加就是如下的积分

$$f_{\mathrm{out}}(\kappa)=\int_{-\infty}^{\infty}f_{in}(\kappa')h(\kappa-\kappa')\,\mathrm{d}\kappa' \tag{6.5}$$

等号右边的运算叫做线卷积,记作 $f_{\mathrm{in}}(\kappa)*h(\kappa)$。其计算过程是:将点扩展函数 $h(\kappa')$ 先平移 κ,再反褶得到 $h(\kappa-\kappa')$,与 $f_{\mathrm{in}}(\kappa')$ 相乘,然后积分(对于离散函数是求和)。

公式(6.5)给出了一个线性移不变系统的输出响应和输入激励的关系,如果对其两边同作傅立叶变换(一维的或多维的)等式依然成立。等式左边 $f_{\mathrm{out}}(\kappa)$ 的傅立叶变换是 $F_{\mathrm{out}}(\rho)$,等式右边线卷积的傅立叶变换是

$$\begin{aligned}\int_{-\infty}^{\infty}\left[\int_{-\infty}^{\infty}f_{\mathrm{in}}(\kappa')h(\kappa-\kappa')\,\mathrm{d}\kappa'\right]\mathrm{e}^{-\mathrm{j}2\pi\rho\kappa}\mathrm{d}\kappa&=\int_{-\infty}^{\infty}f_{\mathrm{in}}(\kappa')\left[\int_{-\infty}^{\infty}h(\kappa-\kappa')\,\mathrm{e}^{-\mathrm{j}2\pi\rho\kappa}\mathrm{d}\kappa\right]\mathrm{d}\kappa'\\&=\int_{-\infty}^{\infty}f_{\mathrm{in}}(\kappa')H(\rho)\;\mathrm{e}^{-\mathrm{j}2\pi\rho\kappa'}\mathrm{d}\kappa'\\&=H(\rho)\int_{-\infty}^{\infty}f_{\mathrm{in}}(\kappa')\;\mathrm{e}^{-\mathrm{j}2\pi\rho\kappa'}\mathrm{d}\kappa'=F_{\mathrm{in}}(\rho)H(\rho)\end{aligned}$$

所以

$$F_{\mathrm{out}}(\rho)=\mathscr{F}_1\{f_{\mathrm{in}}(\kappa)*h(\kappa)\}=F_{\mathrm{in}}(\rho)\cdot H(\rho) \tag{6.6}$$

如果 κ 是时间 t,ρ 就是频率 ω;如果 κ 是二维空间矢量 r,ρ 就是空间频率 u 和 v。对于成像系统来说,$h(\kappa)$ 是点扩展函数,它的傅立叶变换 $H(\rho)$ 就是 5.3.1 节介绍过的调制传递函数(MTF),$H(\rho)$ 也经常用来表征成像系统的特性。

公式(6.6)实际表达了对输入、输出的另一种分解,即用一组复指数函数(即正弦函数)来表示输入激励和相应的输出响应。该公式说明:在频率域上,输出响应等于输入激励和调制传递函数的乘积;时空域的线卷积可以用频域乘积 $F_{\mathrm{in}}(\rho)\cdot H(\rho)$ 的反傅立叶变换得到。

既然图像的主要信息集中在低频区域,频率范围有限,而噪声的频谱很宽,我们可以设计一个尽量保持低频成分,削减高频成分的滤波器,其滤波函数 $W(\rho)$ 如图 6.15;让它与输入图

像的频谱相乘，以达到提高图像的信噪比之目的；这种滤波器称为低通滤波器。

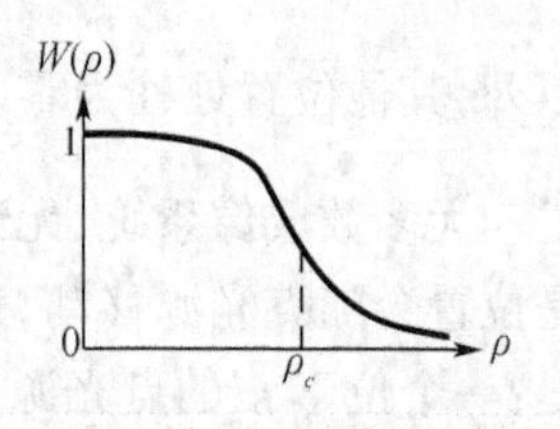

图 6.15 一种低通滤波函数

滤波(Filtering)是一种频域上的处理技术，$W(\rho)$是描述滤波器频域特性的函数，也称作滤波器传递函数。我们经常使用只影响输入信号的幅度函数$|F_{in}(\rho)|$，不改变其相角$\varphi(\rho)$的滤波器，称为零相移的滤波器，它们的滤波函数$W(\rho)$是实函数。$W(\rho)$下降到最大值的$3dB(\frac{1}{\sqrt{2}})$或50%的频率，定义为截止频率(Cut - of Frequncy)ρ_c。低通滤波的截止频率ρ_c越低，高频噪声消减越多，但是图像中高频的细节和边缘也会损失，导致图像模糊。因此，低通滤波函数要根据图像本身的频谱来设计，要在提高信噪比和保持图像的分辨率之间折中选择。

总之，数字滤波的运算过程是：原图像经傅立叶变换，乘以滤波函数$W(\rho)$，再做反傅立叶变换。其数学表达为

$$f_{out}(\kappa) = \mathscr{F}^{-1}\{F_{out}(\rho)\} = \mathscr{F}^{-1}\{F_{in}(\rho)\ W(\rho)\} = \mathscr{F}^{-1}\{\mathscr{F}[f_{in}(\kappa)]\ W(\rho)\}$$

滤波函数$W(\rho)$是频域变量，它的反傅立叶变换是时空域函数$\mathscr{F}^{-1}\{W(\rho)\} = w(\kappa)$。从公式6.6知道：两个频域函数$F_{in}(\rho)$和$W(\rho)$的乘积，等效于它们对应的时空函数$f_{in}(\kappa)$和$w(\kappa)$的线卷积。因此，滤波函数$W(\rho)$的傅立叶变换对$w(\kappa)$又称作卷积核(Convolution Kernel)。

6.4.3 离散傅立叶变换

数字图像的空间坐标x和y通常被离散化为$N \times N$的矩阵，取值为$0,1,2,3,\cdots,N-1$，其像素的大小为$\tau \times \tau$。离散函数应该采用如下的离散傅立叶变换(Discrete Fourier Transform, DFT)和反变换：

DFT
$$F(u,v) = \frac{1}{N}\sum_{x=0}^{N-1}\sum_{y=0}^{N-1} f(x,y)\,\mathrm{e}^{-\mathrm{j}2\pi(ux+vy)/N} \tag{6.7}$$

IDFT
$$f(x,y) = \frac{1}{N}\sum_{u=0}^{N-1}\sum_{v=0}^{N-1} F(u,v)\,e^{\mathrm{j}2\pi(ux+vy)/N} \tag{6.8}$$

式中，频率u和v的取值也是$0,1,2,3,\cdots,N-1$，采样间隔为$1/N\tau$。

离散傅立叶变换公式(6.7)和(6.8)还可以表示成分离的形式

DFT
$$F(u,v) = \frac{1}{N}\sum_{x=0}^{N-1} e^{-\mathrm{j}2\pi ux/N}\sum_{y=0}^{N-1} f(x,y)\,\mathrm{e}^{-\mathrm{j}2\pi vy/N} \tag{6.9}$$

IDFT
$$f(x,y) = \frac{1}{N}\sum_{u=0}^{N-1} \mathrm{e}^{\mathrm{j}2\pi ux/N}\sum_{v=0}^{N-1} F(u,v)\,\mathrm{e}^{\mathrm{j}2\pi vy/N} \tag{6.10}$$

这说明我们可以借助一维傅立叶变换分两步来求得$F(u,v)$或$f(x,y)$。将公式(6.9)写成如下形式，就显而易见了：

$$F(u,v) = \frac{1}{N}\sum_{x=0}^{N-1}F(x,v)e^{-j2\pi ux/N}, \text{其中 } F(x,v) = N\left[\frac{1}{N}\sum_{y=0}^{N-1}f(x,y)e^{-j2\pi vy/N}\right]$$

对于每一个 x 值,括号内的表达式是具有频率值 $v=0,1,2,3,\cdots,N-1$ 的 y 方向的一维离散傅立叶变换。因此,沿着 $f(x,y)$ 的每一列做变换,将其结果乘 N 就得到了二维函数 $F(x,v)$;再沿着 $F(x,v)$ 的每一行作变换,就得到所需的结果 $F(u,v)$。在计算机上,一维离散傅立叶变换和反变换通常采用快速傅立叶变换(Fast Fourier Transform,FFT)来实现,它消除了离散傅立叶变换中的冗余计算,速度很快。

数学上可以证明,傅立叶变换的离散性和周期性在时空域和频率域表现出巧妙的对称关系。采用离散傅立叶变换进行傅立叶分析,实际上是默认时空函数及其频率函数都是周期的。用离散傅立叶变换做数字图像分析时,不论在时空域和频率域都只在主值区进行计算,但其隐含着对相应周期函数进行傅立叶分析的意义。前面说过,时空域的线卷积(平移—反褶—相乘—求和)运算对应傅立叶频率域的乘积运算。然而在离散傅立叶变换中,时空函数和频率函数都是离散的、周期的,因此频率函数的乘积运算对应时空函数的圆卷积(圆移—反褶—相乘—求和)运算。在线卷积过程中,经反褶再向右平移的序列,左端将依次留出空位,而圆卷积过程中,经反褶再圆移的序列,向右移去的样值又从左端循环出现,两种卷积的结果显然是不同的。为避免圆卷积的混叠现象,我们可以把时空函数适当地补一些零值(Zero Padding, ZP),以扩展其长度,使得圆卷积时向右移出的零值从左端出现时仍是零值,这样就与线卷积的情况相同,结果一致了[27]。

6.5 图像平滑

核医学图像的特点之一是数据具有很强的统计性,例如在图 6.16(a)中可以明显看到统计噪声的存在。平滑(Smoothing)和滤波能够抑制统计噪声,提高图像的信噪比。下面简单介绍核医学常用的三种噪声抑制算法。

6.5.1 空间域平滑

空间域平滑是图像和二维权重矩阵之间的卷积运算,所谓卷积就是多个像素的加权平均运算。以一个常用的有九个元素的权重矩阵 $\begin{bmatrix} 1/16 & 1/8 & 1/16 \\ 1/8 & 1/4 & 1/8 \\ 1/16 & 11/8 & 1/16 \end{bmatrix}$ 为例,将原始图像的某个像素的值乘以 1/4,与其相邻的四个像素的值乘以 1/8,在其对角线上的四个像素的值乘以1/16,然后加在一起,作为新图像的对应像素的值,如此遍历所有像素,就得到九点平滑后的图像,见图 6.16(b)。统计噪声的影响不如图 6.16(a)那样严重,图像变得十分光滑,然而骨骼的边缘变模糊了,精微的图像细节也损失了,这是因为图像中的灰度突变点被在平滑卷积运算中扩散成一定空间范围中的灰度渐变。

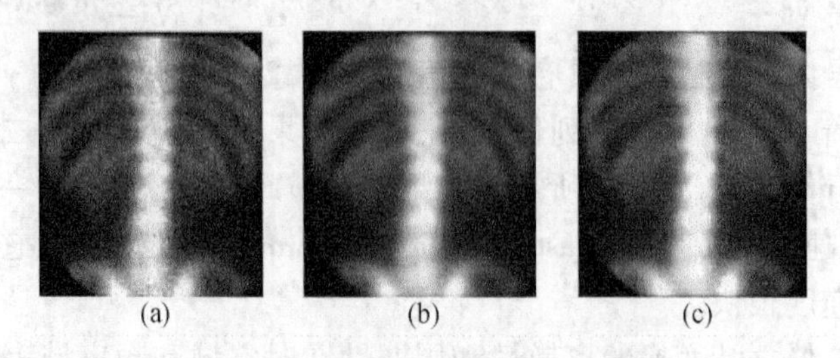

图 6.16 图像的平滑和滤波

(a)原始图像;(b)九点平滑后的图像;(c)中值滤波后的图像

该权重矩阵有两个特点:一是这些权重之和等于1,这是为了使平滑后的图像保持与原始图像相似的总计数,二是距中心像素越远的像素权重越小,也就是使平滑后的像素值主要由原始图像中对应像素的值决定。加大周围像素的权重会增强降噪的效果,当然图像会更加模糊。权重矩阵还可以是 5×5 的或更大,由于核医学图像的尺寸本身较小(通常不超过 256×256),所以一般采用 3×3 的权重矩阵。平滑可重复多次,次数越多,噪声越小,图像越光滑,也就越模糊。所以,选择权重矩阵和平滑次数应该兼顾图像的噪声和细节,对于临床采集的图像,九点平滑一般不超过两次。对噪声较大的图像,如果权重矩阵和平滑次数选择不恰当会导致成块的噪声,临床上容易与小病灶相混淆,造成误诊。

对图像进行空间域平滑就是与移不变的权重矩阵做卷积,该权重矩阵就是滤波系统的冲激响应函数(或称点扩展函数),数学上可以证明,这相当于在频率域做低通滤波。对权重矩阵做二维傅立叶变换可以得到它的滤波函数。低通滤波通过削减高频成分来降低噪声,同时也削减了图像中的高频细节和边缘。不同的权重分布对应频域滤波函数不同的截止频率,多次平滑也会降低截止频率。我们也可以先在频域上确定滤波函数,经反傅立叶变换求得权重矩阵,或者直接在频率域进行滤波。

从概率与统计角度看,一个像素探测到的 γ 光子数服从泊松(Poisson)分布,计数为 N 的像素,其统计涨落的标准差为$\sqrt{N}$,即统计噪声,所以信噪比 $\mathrm{SNR}=N/\sqrt{N}=\sqrt{N}$。加权平均后的像素值实际包含 9 个像素中的 γ 光子入射事件,N 增加时信噪比也相应提高,当然信噪比的改善与各像素之间的相关性及权重矩阵有关。

6.5.2 中值滤波和数值限算法

除了统计涨落以外,γ 照相机中各种电子元件的寄生噪声也会引起图像干扰,这类干扰使一些像素的值突然高于或低于相邻像素的值,在图像中产生尖峰(Spike)。对于自动根据图像中最大和最小像素值确定上、下阈的显示系统,在有尖峰干扰的图像中常常只能看到尖峰像素,而真实的结构由于像素值低而非常黯淡,以至于看不到。

中值滤波是取出每一个像素及其相邻像素，将它们的计数值从小到大排序，取其中间值作为滤波后的图像对应像素的值。中值滤波善于消除像素计数值的突变，压低图像的统计涨落和尖峰干扰，改善图像的质量，与九点平滑相比，它较少导致图像细节和边缘的模糊，是一种能兼顾图像降噪和保持分辨率的算法。图 6.16(c)是对图 6.16(a)作中值滤波的结果。中值滤波一般只做一次，再次滤波图像变化就不大了。中值滤波像九点平滑一样，是在一帧图像内完成的，可以处理静态、动态等各种图像。中值滤波的缺点是它属于一种非线性算法，而且在频域中没有对应的滤波函数，对图像的分辨率的影响和对噪声的抑制作用难以定量估计。

还有一种消除尖峰干扰的算法是基于像素计数服从 Poisson 分布的假设。用一个 3×3 的区域顺序移过整个图像，在每个位置处计算 9 个像素的均值和标准差，检查每个像素的计数值与均值的差是否超过某一置信度，如果超过，就用均值代替，这就是数值限算法(Data Bounding Algorithm)。置信度如果选择较窄，其效果与平滑相似；置信度如果选择较宽，尖峰可能被保留。

6.5.3　时间域平滑

与九点平滑和中值滤波在一帧图像内运算不同，时间平滑(Temporal Smoothing)是在相邻的帧之间作加权平均，所以只有动态图像可以进行时间平滑。图 6.17(a)图说明了时间平滑的原理：平滑后的图像是对应的原始图像及其相邻图像的加权平均，其权重(W_1,W_2,W_3)一般也是中心图像大、两旁图像小，运算是在 X,Y 坐标相同的像素之间进行的。

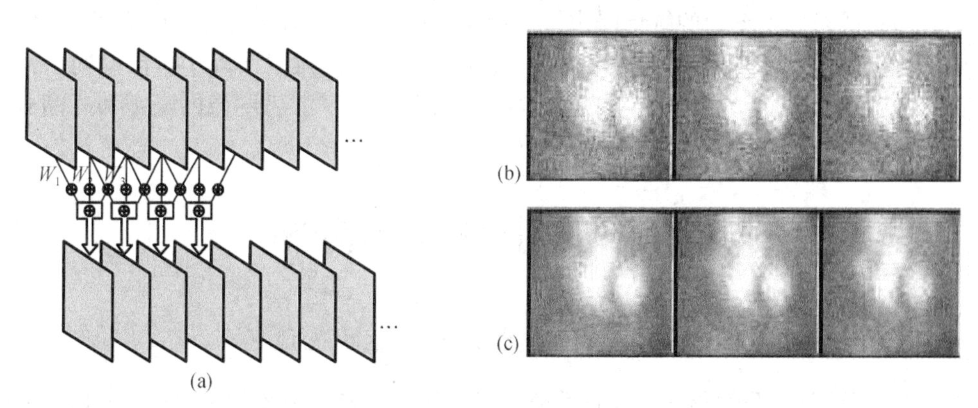

图 6.17　时间平滑

(a)时间平滑的计算原理；(b)原始图像；(c)时间平滑后的图像

可以认为有噪声的图像是由原始图像 $f(x,y)$ 和噪声 $n(x,y)$ 叠加而成的

$$g(x,y) = f(x,y) + n(x,y)$$

假定每个像素的噪声是不相关的，并且其平均值为 0。$M(=3,5,7)$ 帧具有不同噪声的图像加

权平均得到

$$\bar{g} = \sum_{i=1}^{M} W_i \times g_i(x,y)$$

由于相邻动态图像的内容相近 $\bar{g}(x,y)$ 的期望值

$$E\{\bar{g}(x,y)\} \approx f(x,y)$$

可证,$\bar{g}(x,y)$ 所有像素的方差

$$\sigma_{\bar{g}}^2 = \left(\sum_{i=1}^{M} W_i^2\right)\sigma_n^2$$

加权平均图像中任何像素的标准差

$$\sigma_{\bar{g}} = \left(\sum_{i=1}^{M} W_i^2\right)^{1/2}\sigma_n$$

让我们看一个特例,M 帧相邻图像的权都取 $\frac{1}{M}$,那么噪声标准差

$$\sigma_{\bar{g}} = \left(M\frac{1}{M^2}\right)^{1/2}\sigma_n = \sigma_n \Big/ \sqrt{M}$$

信噪比提高了 $\sqrt{M}$ 倍。

图 6.17(b)是门控心血池图像序列中的三帧,它们取自心脏收缩过程的一段,图像上有明显的统计噪声。图 6.17(c)的中间一帧图像是图 6.17(b)的三帧图像之加权平均,它与图 6.17(b)的中间一帧图像相比,质量有所提高。由于这三帧是不同时刻拍摄的,所以称作时间平滑。时间平滑降低了图像的统计噪声,可以明显改善电影显示时的闪烁现象,但是各帧图像之间的变化(例如左心室的容积改变)减少了,或者说时间分辨率下降了。同空间平滑一样,参与计算的图像帧数、各权重的大小和平滑次数,都会影响平滑后图像的噪声和时间分辨率,应该适可而止。

6.6 数字图像的分析

6.6.1 像素位置坐标和计数值查找及感兴趣区统计

对于数字化图像,我们很容易在计算机屏幕上用鼠标指定一个像素,根据该像素在二维数组中的位置给出它的 x,y 坐标和计数值。也可在屏幕上画出一条直线段,根据起止点的坐标和每个像素的实际尺寸(即刻度因子)计算两点之间的直线距离。还可以画出表示像素计数值沿图像上某条直线分布的曲线,即剖面曲线(Profile)。

临床定量分析经常需要对感兴趣区(Region of Interest,ROI)进行统计。ROI 可以由医生用鼠标器在屏幕上勾画,可能是矩形的、圆形的或沿脏器边缘的任意形状封闭图形,计算机能够统计 ROI 中的总像素数、总计数值、平均计数(总计数值/总像素数)、最大计数和最小计数

(计数值最大和最小的像素值)。

6.6.2　边界识别

屏幕的显示特性(亮度、对比度等)和人的主观因素严重影响手工勾画 ROI,不同的医生画出的 ROI 差异很大,同一医生两次勾画的结果也不尽相同,这就给核医学图像的定量分析带来不确定性,根据一定的算法由计算机自动产生 ROI 有利于临床诊断的规范化。

临床检查往往选用靶器官的摄取浓度高于周围组织的放射性药物。因为靶器官内、外的像素存在计数差别,我们可以设定一个阈值,将高于阈值的像素算作 ROI 之内,低于阈值的像素是本底区。也可以依靠求导(差分)或梯度计算识别靶器官的边界线,或采用图像分割算法生成 ROI[28]。

核医学图像严重的统计噪声会给边界识别造成困难,使计算出的边界破碎,ROI 内含有奇点,形不成单一的封闭曲线。所以,一般在计算边界前需要对图像做平滑或滤波处理,边界识别后采用生长算法,得到光滑的 ROI。

6.6.3　时间 - 放射性曲线和功能参数计算

动态帧模式图像和多门控模式图像是按照生理过程的先后排列的,反映了不同时刻放射性药物在人体内的分布情况。如果我们确定了 ROI,统计出每帧图像在 ROI 中的计数值,就能画出时间 - 放射性曲线(TAC)。在泌尿系统动态图像上画出左、右肾边界线,可以生成肾图;在多门控心血池图像上识别出左心室,可以生成心室容积曲线,如图 6.18 右下方(彩图见彩图 1)。对心室容积曲线微分,可以得到心室收缩/舒张速度曲线,找出曲线上的特征点(如最大值点、最小值点、拐点),能够求出一系列有用的医学参数。

放射性药物除了聚集在靶器官中以外,还存在于全身的血液中,构成血本底。γ 照相机拍摄的平片是放射性药物三维分布在某个方向上的二维投影,ROI 中的计数除了来自靶器官外,还有其前后血本底的贡献,必须扣除血本底的影响,才能得到正确的放射性 - 时间曲线。在图 6.18 中左心室的右下方,我们还产生了一个半月形本底区,并计算出每个像素的平均血本底计数。在靶器官周围血本底计数变化不大,从每帧图像 ROI 的总计数中减去平均血本底计数和 ROI 中像素数的乘积,就能扣除血本底的影响。

第 4 章介绍的肾图仪和核听诊器也能够获得肾图和心室容积曲线,但是由于探头视野是圆形的,依靠医生经验对位,不能保证视野准确覆盖靶器官,而且也无法扣除血本底,所以它们所给出的曲线和参数的准确性不如 γ 照相机。

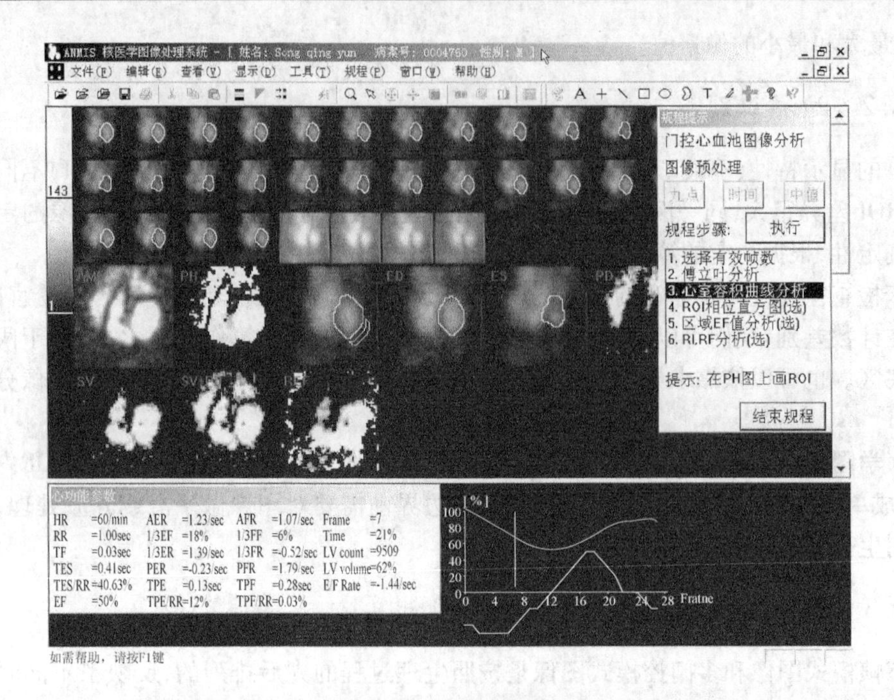

图 6.18 左心室边界识别、心室容积曲线分析及功能图

6.6.4 功能图像生成

既然门控心血池图像的像素计数值代表它覆盖的区域内某一时刻的血容量，我们可以得到每个像素的血容量－时间曲线。对这些曲线作余弦函数拟合，取其振幅为像素的值得到幅度图，取其初相角为像素的值得到相位图。幅度图反映心脏各处的收缩/舒张幅度，相位图反映各处心周期开始的时间早晚，即激动发生的先后次序。用每个像素的任何生理参数作为像素值，都可以构成功能图，它们反映了靶器官各部分生理功能的强弱。

例如在图 6.18 原始图像下有 8 帧功能图。其中，标有 AMP(Amplitude)的是幅度图，标有 PH(Phase)的是相位图，标有 ED(End－diastole)的是舒张末期帧(心室容量最大帧)，标有 ES(End－systole)的是收缩末期帧(心室容量最小帧)。每搏量图标有 SV(Stroke Volume)，它是 ED 帧与 ES 帧的差图像，主要反映心室每搏的输血量；标有 PD(Paradox)的反搏量图是 ES 帧与 ED 帧的差图像，反映了心房每搏的输血量；SV + PD 图是每搏量图与反搏量图的叠合显示结果；REF(Regional Ejection Fraction)图反映了心脏各处的射血分数分布，它是根据扣本底后的(ED－ES)/ED 计算出来的。

6.6.5 图像配准和融合

不同的成像手段只能获取病人某一方面的信息，例如 X 光 CT 反映了各种组织的质量密度，MRI 能表现软组织和神经的解剖结构，核医学擅长于生化、代谢和功能显像，将几种图像有效地组织在一起，就能互相取长补短，同时展示不同方面的信息。另外，在核医学临床中也需要对比正常和异常的图像，或者同一病人先后两次拍摄的图像。图像融合（Fusion）就是将两帧图像叠合显示，既可为核医学图像提供准确的定位信息，也能为精细的解剖结构图像补充生理功能信息，对于影像医学是革命性的进步。

然而，不同成像设备的空间分辨率差别很大（如 CT 和 MRI 的图像尺寸经常是 256 × 256 或 512 × 512，而核医学图像经常是 128 × 128），病人在几种成像设备上的体位也很难保持一致，这些都给像准确融合带来困难。图像配准（Registration）就是使两帧图像的尺寸一致，对应解剖结构对齐。如果在多模式图像中都能找到同一组织结构，或者人体轮廓，如果成像前在病人身体上预先固定标志点，我们可以根据这些参照点或线进行图像拉伸、压缩、旋转、平移。采用弹性变形（等比例变形）进行配准的算法比较简单，目前已有成熟的商业软件。人们正在研究效果更好的非弹性变形算法，这需要考虑人体的解剖结构和各种组织的力学特性，有些配准要在人 - 机交互中完成。

图像融合一般以灰度编码的高分辨率图像（如 CT、MRI 图像）为衬底，用核医学功能图像对其染色。随着计算机虚拟现实技术的发展，图像融合方法也日新月异。

6.7　系统误差的实时校正

我们在第 5 章分析过，闪烁晶体和光导的均匀性，光电倍增管增益的一致性，电子学电路的误差、非线性、稳定性和速度，都会影响 γ 照相机的能量分辨率、空间非线性和非均匀性；而且 γ 相机的各项性能指标总是互相牵连的，再精心的设计，再好的工艺，再严格的元件筛选也不能保证所有的指标都尽善尽美，这是由 Anger 相机的结构和成像原理决定了的。此外，探测器和电子学会随环境的改变和时间发生变化，导致整体性能的劣化，需要实时地进行成像质量控制。

系统误差校正技术要解决两方面的问题：①怎样测量和记录这些误差，或者说如何进行系统刻度（Calibration）；②怎样在图像采集过程中逐个事件地（Event by Event）校正这些误差。目前生产的 γ 相机几乎都用计算机自动完成系统刻度和进行实时的系统误差校正，使图像质量大大提高。下面以 SIEMENS 公司的 ZLCTM 专利（U. S. Patent 4,323,977）为例，介绍能量响应不一致性、空间非线性和非均匀性的校正方法，以及 PMT 增益调整技术 DIGITRACTM。

6.7.1　能量校正

所有的 Anger 相机能量响应（即 Z 响应）都是不均匀的，即使每个 PMT 的增益完全一样，对发生在 NaI（Tl）晶体不同位置上的闪烁光子，各个 PMT 的光收集效率也不一样，这种物理结构因素造成了 Anger 相机能量响应在不同位置上不一致。例如，发生在 PMT 中心附近的 γ 事件，就比发生在 PMT 间隙上的事件产生的 Z 信号大，造成光电峰的位置偏右，如图 6.19(a)中黑色谱线；如果我们按照此谱线的光电峰位置设定固定的能窗，就会造成 PMT 中心处的计数密度高于四周的现象，如图 6.19(b)。

为了解决这个问题，一些厂商采用滑动窗(Sliding Windows)或者局域窗(Local Windows)技术，其要点是使单道脉冲幅度分析器的窗口随 X,Y 坐标不同而变化，以适应光电峰的偏移。这项技术的实现需要把全视野划分成很多小区域(例如 128×128 的矩阵)，参照每个区域光电峰的实测位置记录能窗的上下阈数值；在数据采集时，对每一个入射 γ 光子，按其 X、Y 坐标读出能量窗参数，经高精度 DAC 设定单道脉冲幅度分析器的上下阈。如果我们要求在 140 keV处的能窗精度为 ±0.1%(误差小于 0.3 keV)，那么在能量范围 0～511 keV，DAC 至少是 11 位的。

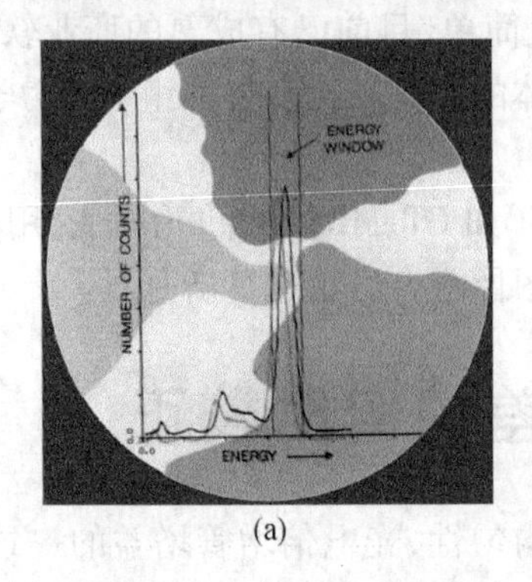

(a)

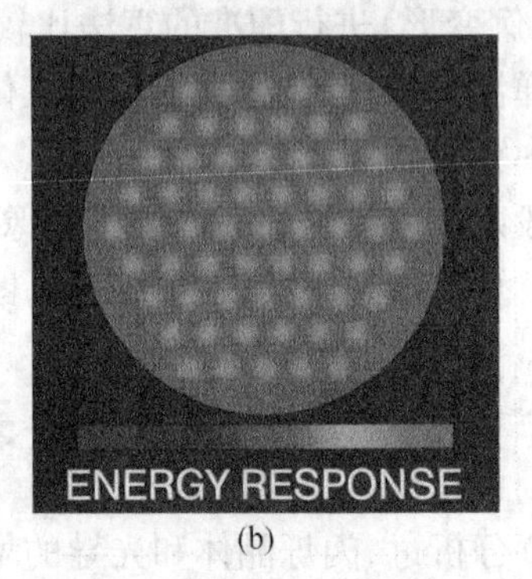

(b)

图 6.19 (a)PMT 对不同位置的闪烁光收集效率不一样，造成光电峰位置的差别；(b)光电峰的不同偏移在固定能窗下就会导致视野中处计数密度的不均匀

(摘自 Siemens Inc.)

滑动窗技术可以校正由于能量响应随位置变化造成的计数不均匀，但能量响应的不一致依然存在，在叠加整个视野的能谱时光电峰将变宽，也就是说系统能量分辨率下降。SIEMENS 提出了直接对 Z 响应进行实时校正的方法，图 6.20 是它的框图。

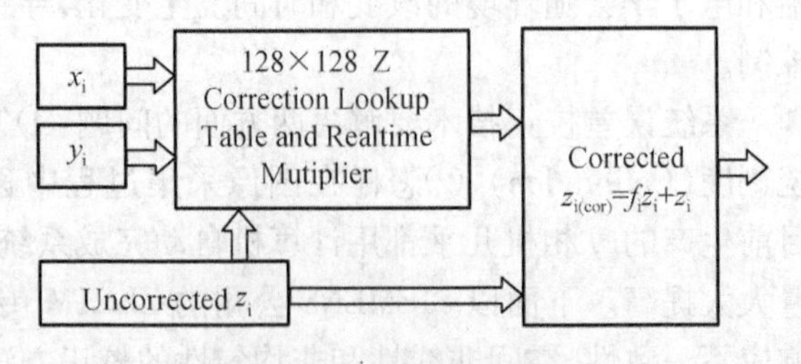

图 6.20 能量校正的原理图

(摘自 Siemens Inc.)

各个区域的光电峰位置相对于平均能峰位置的偏移百分数可以通过系统刻度测得，并以检索表(Lookup Table)的形式存于 Z 校正存储器中。采集图像的时候，对每个 γ 入射事件，根据它的坐标(X_i,Y_i)，查出校正因子(Correction Factors)f_i，并马上与未校正的能量 Z_i 相乘，得到校正项；再加到原始的 Z_i 上，得到 Z 信号的正确值。这里没有用 $Z_{i(cor)}=f_i'\cdot Z_i$ 来定义校正因子，是因为 Z 响应的误差通常不到 ±2%，存储 f_i' 的精度要求比存储 f_i 高，采用 $Z_{i(cor)}=f_i \cdot Z_i + Z_i$ 定义，校正因子的字长可以减小。

图 6.21 是能量校正（Energy Correction）的效果，Z 响应的相对误差减小为原来的十分之一。校正因子矩阵的大小是有限的（SIEMENS 使用 128×128 的矩阵），只能用最接近（X_i，Y_i）的量化值去查表，查出的校正因子只是近似值，因此校正后的 Z 响应曲线（图 6.21 下）在校正点处的误差为零，其他地方还有小于 0.2% 的波动。

能量校正后，由于对任何位置的入射 γ 光子都能得到正确的 Z 信号，所以可以得到很好的全视野叠加能谱，使用统一的能窗，还可使用多窗口（Multiple Windowing）技术同时获得不同核素的图像。

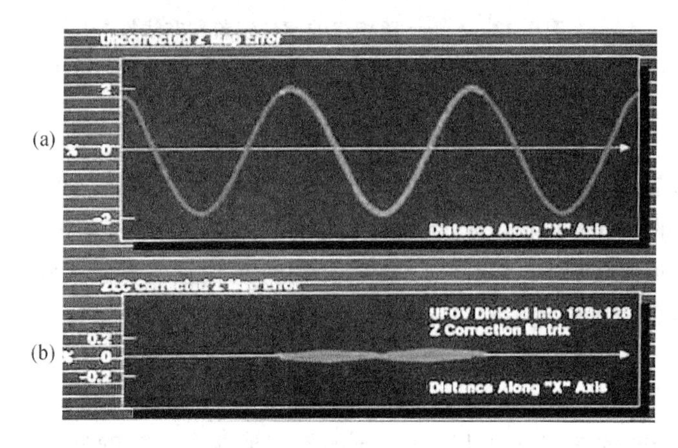

图 6.21　能量校正的效果

（a）*X* 方向的 *Z* 响应原有 ±2% 的差别；（b）能量校正后相对误差减小到 ±0.2% 以下

（摘自 Siemens Inc.）

6.7.2　直线性校正

第 5 章分析过，PMT 的实际位置响应曲线是钟形的，使得采用重心法的 Anger 照相机的位置响应（$Vx-X$ 和 $Vy-Y$）不是直线，存在周期性位置偏移，PMT 中心附近发生枕形畸变，PMT 之间产生桶形畸变。即使在 10 mm 半径范围中只收缩 0.4 mm，也会导致密度增加 8%，均匀泛场的图像中将出现冷点和热点，如图 6.22（a）。

直线性不好是由于 Anger 照相机对入射光子定位偏差引起的，用正交孔阵模型和点源峰位偏离法（参见第 5 章 5.5.2 节）可以测出视野中各处的定位误差矢量 Δr，它是 γ 事件（X，Y）坐标的函数。对于每个入射 γ 光子，如果根据 γ 相机输出的（X，Y）值，即未校正的位置矢量 runcor，查出误差矢量 Δr（或称校正矢量）进行矢量相加运算，就能得到 γ 光子的真实入射位置矢量 rcor = runcor + Δr，这就是直线性校正（Linearity Correction）的原理，见图 6.22（b）。

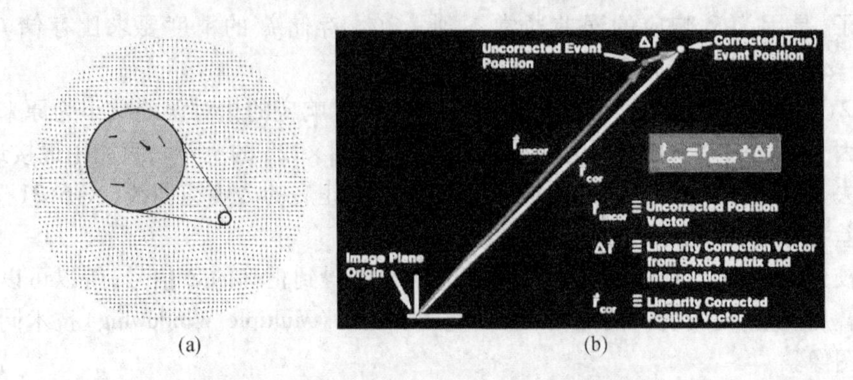

(a) (b)

图 6.22 Anger 照相机的定位误差和非线性

(a)位置响应的非线性造成图像畸变和不均匀;(b)真实入射位置矢量 rcor 等于未校正的位置矢量 runcor 与误差矢量 Δr 之和

(摘自 Siemens Inc.)

校正定位误差需要预先做精确的测量,不光误差矢量 Δr 的精度要高,定标网格也应足够密。γ 照相机通常的位置校正精度定为 0.1 mm 左右,对于 UFOV =400 mm 的 γ 照相机,Δr 的字长需要有 12 bit(400/0.1 =4 000);如果每个可分辨位置的校正矢量都存储起来,需要有一个 4 096 ×4 096 的校正矢量矩阵(Correction Vector Matrix),测量这 16 M 个校正矢量要耗费巨大的工作量。实际上,误差矢量在空间上是平滑变化的,我们可以在 γ 照相机的视野中建立一个 64 ×64 的校正矢量矩阵,每个校正矢量大约覆盖一块 6 mm ×6 mm 的范围。每一个 γ 入射事件产生 12 bit 的 X 坐标和 12 bit 的 γ 坐标。取两个坐标的高 6 位,从 64 ×64 的校正矩阵中找到四个与之最邻近的校正矢量,如图 6.22(a)。两个坐标的低 6 位用于在四个校正矢量之间做双线性插值(Bilinear Interpolation),得到具有 4 096 ×4 096 空间分辨率的校正矢量。把它加在未校正位置矢量上,得到真正的入射位置坐标。这种校正的精度大约相当于 0.05 ~0.1 mm。

我们当然可以在矩阵中直接存放真实的事件坐标,而不存放校正矢量,这样就不需要做矢量相加运算了。但是位置坐标值比校正矢量的值大得多,要达到同样的精度,存放真正的位置坐标需要更多的存储位数,这会增加存储器成本,或者牺牲校正精度以降低成本。

电子学系统做不到长期不变,一般每半年左右要重新测量一次校正因子,重写校正矢量矩阵,校正矩阵的测量、计算、存储一般是由微处理机自动完成的。为了使 γ 照相机保持尽可能好的直线性,SIEMENS 公司研发了两步确定校正矩阵的技术:第一步,在系统刻度时对水平和垂直放置的多缝透射模型成像,得到精度为 0.5 mm 左右的校正矩阵;第二步,对泛场成像,得到精度达 0.1 mm 的最终校正矩阵,这一步骤可随时进行。

考虑到定位偏差与 γ 光子的能量有关,一些没有能量校正的 γ 照相机(如 ELSCINT 的 apex)为不同能量段分别建立校正矩阵,以便根据入射光子的能量进行最佳的直线性校正。

6.7.3　均匀性校正

从图6.19(b)可以看到,PMT中心附近与PMT间隙处的光收集效率不同,会导致γ照相机的探测灵敏度随位置而变化。此外,闪烁晶体的缺陷、各PMT脉冲幅度谱的差别、外界磁的场影响等因素也会造成泛场图像明暗不均,图像的均匀性和定量精度降低。对于平片,10%的不均匀可被人眼感知;对于SPECT,2%的不均匀即可被发现,从而造成诊断错误。

让泛场图像变均匀的最简单方法是调整某些PMT的增益,使某一区域的光电峰更多或更少地落入脉冲幅度分析器的窗口中,改变探测器在该区域的探测效率,从而补偿非均匀性。然而,当使用另一种不同的能窗时,探头各个区域的光电峰落入新窗口中的那部分大小也改变了,明显的非均匀性又将出现。而且,调整PMT的增益还会引起能量响应的变化和空间线性变坏,所以这种方法只能使图像看起来均匀,实则是在掩盖缺陷。正确的做法是:首先使γ相机的能量响应一致性和空间定位精度达到最佳,然后进行均匀性校正,补偿残余误差。

目前普遍采用微处理机进行均匀性校正(Uniformity Correction):首先对均匀泛场(Flood Field)成像,得到视野中计数密度的空间分布图 $F(x,y)$;只要采集了足够多的计数,$F(x,y)$ 的波动就反映了γ照相机视野各处γ光子探测灵敏度的差别,如图6.23;在图像数据采集时,就可以采用"削平补齐"的办法校正非均匀性。

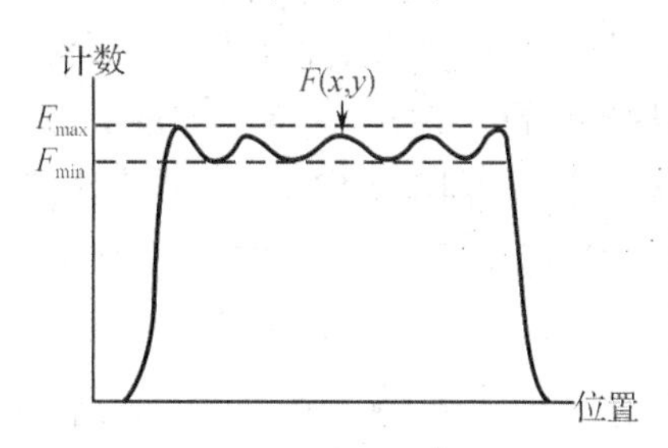

图6.23　均匀泛场图像的一个剖面曲线

(它表明视野中不同位置的计数密度)

我们希望在图像采集过程中实时地进行均匀性校正,也就是说进行逐事件校正(Event by Event Correction),这样在任何时刻停止采集,都能保证图像的均匀性,下面介绍两种实施方案。

一种方案称为事件剔除法(Event Rejection Method),即按照视野中探测灵敏度最低处将高灵敏度区"削平"。为此,首先找出均匀泛场图像 $F(x,y)$ 中最小的计数值 F_{min},如果该泛场图像的计数足够多,$[F(x,y)-F_{min}]/F(x,y)$ 代表了 (x,y) 处的探测灵敏度超过视野中最低灵敏度的概率,我们将其定为事件剔除率 $Rr(x,y)$。在图像采集时,每探测到一个γ光子,微处理机就产生一个0~1之间均匀分布的随机数。将此随机数和γ光子入射位置的事件剔除率 $Rr(x,y)$ 比较,如果此随机数小于 $Rr(x,y)$ 就舍掉这个事件,反之就接受这个事件(寻址加1)。这样做的实质是按照 $Rr(x,y)$ 的概率随机地剔除了一些事件。

在图像采集过程中,如果在位置 (x,y) 入射的γ光子数为 $f(x,y)$,事件剔除法只按 $[1-Rr(x,y)]$ 的概率进行了记录,该位置上实际记录的事件数为 $f'(x,y)$,它的数学期望值 $E[f'(x,y)]=f(x,y)\times\{Rr(x,y)\times 0+[1-Rr(x,y)]\times 1\}=f(x,y)[F_{min}/F(x,y)]$。这说明在事件剔除法形成图像的过程中,各处实际记录的γ光子数 f′(x,y),在统计学意义上按照探测灵敏度的比值 $F_{min}/F(x,y)$ 进行了校正。

另一种方案称为事件补入法(Event Injection Method),其操作过程与事件剔除法类似,但是按照事件补入率 $Ri(x,y)=[F_{max}-F(x,y)]/F(x,y)$ 随机地增加一些事件,将视野各处的灵敏度“填平”到最高灵敏度点。

有些 γ 照相机系统采用均匀性后校正方案,即对采集完成的图像进行校正。这也需要对均匀泛场成像,得到视野中探测灵敏度随位置变化的情况 $F(x,y)$,然后找到其平均值 F_{mean},计算出校正因子 $C(x,y)=F_{mean}/F(x,y)$,并将其存储起来。只要将临床图像的每个像素值与相应的校正因子 $C(x,y)$ 相乘,即可使视野各处的灵敏度统一到平均水平。当然,计算校正因子 $C(x,y)$ 的泛场图像要采用最大的矩阵尺寸,以便用于校正各种尺寸的临床图像。因为校正因子 $C(x,y)$ 中的统计误差会传播给被校正的图像。所以泛场图像应采集足够多计数,使统计涨落造成的误差大大小于 γ 照相机的非均匀性误差,以便尽可能降低这种附加噪声。另外,使用的不同能窗对不同核素成像,甚至探头相对外界电磁场的取向改变,γ 照相机的非均匀性都会变化,都应该有不同的校正因子矩阵。

均匀性校正有很好的视觉效果,但它不考虑 γ 照相机产生非均匀性的原因,只针对不均匀现象进行人为的计数增减,属于“治标不治本”的技术。不仅如此,均匀性校正实际上降低了图像的信噪比。图像中像素的计数值是遵从泊松统计规律的,计数值为 N_0 的像素的标准差(即统计噪声)为 $\sqrt{N}$,其信噪比 $SNR_0=N_0/\sqrt{N_0}=\sqrt{N_0}$。事件剔除法以 $Rr(x,y)$ 的概率丢掉了位于 (x,y) 的像素的计数值,其标准差由二项式统计(Binomial Statistics)和泊松统计共同决定,为 $\sqrt{(1-Rr)N_0}$,由于校正后的像素值为 $N_r=(1-Rr)N_0$,所以信噪比 $SNR_r=\sqrt{(1-Rr)N_0}\leqslant SNR$。同样可证,经事件补入法校正的图像信噪比 $SNR_i=(1+Ri)\sqrt{N_0}/\sqrt{1+3Ri}\leqslant SNR_0$ 也低于原始图像的信噪比。可见,无论何种均匀性校正方法都会使图像的可信度变坏,定量关系变坏,而且 γ 照相机的本身的均匀性越差,校正后的图像品质下降越严重。所以,进行均匀性校正前必须对探测灵敏度的不一致和空间定位的误差做精确的补偿和校正,它只能作为一种消灭残差的补充手段。

6.7.4 PMT 增益控制

PMT 的增益高达 $10^5\sim10^8$,可以探测到一个 γ 光子在 NaI(Tl)晶体中产生的闪光。Anger 照相机中各 PMT 增益完全一致是获得高质量图像的重要条件,1% 的增益误差就可造成计数率 1.4% 的变化。然而,即使在最好的条件下,PMT 的增益也会发生漂移,PMT 数量越多,增益漂移的问题就越严重,这会导致 γ 照相机发生位置畸变,均匀性变坏以及其他一些问题。因此,除了对 PMT 严格挑选和做老化处理之外,需要定期调整 PMT 的增益。手工调整增益很麻烦,要在 γ 照相机表面放一块标识各 PMT 位置的模板,把点源依次放在每个 PMT 中心上,调整相应 PMT 的高压供电,使光电峰正好落在单道窗口中。显然这种方法很难满足随时校正 PMT 增益的要求,需要有一个自动监测和控制 PMT 增益的系统。

图6.24是140KeV的γ光子在NaI(Tl)晶体中产生的光学光子在各PMT的平均分布实例,它表明Anger照相机输出的位置和能量信号是由很多PMT共同产生的,反过来说,一个PMT的增益误差会影响视野中一大片地方的位置和能量信息的准确性。我们可以用卷积矩阵(Convolution Matrix)来描述各个PMT的增益与能量响应的关系。例如一个75个PMT的Anger照相机,可用矢量

图6.24　140KeV的γ在NaI(Tl)晶体中产生的光子在各PMT的平均分布

(圆圈是PMT,其中的数字是进入其中的光学光子数目)

(摘自Siemens Inc.)

$$\Delta Z = \begin{Bmatrix} \Delta Z_1 \\ \Delta Z_2 \\ \vdots \\ \Delta Z_{75} \end{Bmatrix} \tag{6.11}$$

表示在Anger相机75个调测点(Turning Point)测出的相对能量误差,用矢量

$$\Delta G = \begin{Bmatrix} \Delta G1 \\ \Delta G_2 \\ \vdots \\ \Delta G_{75} \end{Bmatrix} \tag{6.12}$$

表示各PMT增益的误差,用贡献矩阵(Contribution Matrix)

$$C = \begin{Bmatrix} C_{1,1} & \cdots & C_{1,37} \\ C_{2,1} & \cdots & C_{2,37} \\ \vdots & \vdots & \vdots \\ C_{75,1} & \cdots & C_{75,37} \end{Bmatrix} \tag{6.13}$$

表示各PMT的增益对各调测点能量信号的影响,其中C_{ij}表示第j个PMT对第i个调测点的贡献;则存在卷积关系

$$\Delta Z = C\Delta G \tag{6.14}$$

它的逆运算为

$$\Delta G = D\Delta Z \tag{6.15}$$

其中$CD = 1$。

贡献矩阵C可以根据γ照相机的几何结构及光学来确定,测出各调测点的相对能量误差后,利用反卷积式$\Delta G = D\Delta Z$求出各PMT增益的误差,就可以按照误差值去调整相应PMT的高压了。当然,调测点能量误差测量、PMT增益误差计算、高压调整一般应构成闭环测控系统,经反复循环,使各PMT增益误差逐渐趋于0。

没有这种自动增益稳定系统的 γ 照相机，通常只在大修时才调整一次各 PMT 的增益，平时只能靠非均匀性校正系统保证成像质量，而且校正因子矩阵需要经常更新，迟早会因 PMT 增益偏移太大而使非均匀性校正系统无能为力。SIEMENS 公司的 DIGITRACTM 专利技术能够在临床应用中不断地监测和校正各 PMT 的增益(Gain Control)，再与能量校正相结合，就能使 γ 照相机总是保持非常一致的能量响应，并具有高可靠性。

6.8 全数字式 γ 照相机

对 Anger 照相机输出的模拟信号进行 A/D 变换的系统，虽然不少厂商也将其称作数字式 γ 照相机，实则为模拟-数字混合(hybrid)系统。近年来，各大厂商都推出"真数字式"或"全数字式"γ 照相机，其结构框图见图 6.25。它的每一只光电倍增管后置电路都有一个 ADC，将输出脉冲转换成数字量，经过先入先出存储器(First in First out, FIFO)缓冲后，送入数字信号处理机(Digital Signal Processor, DSP)。

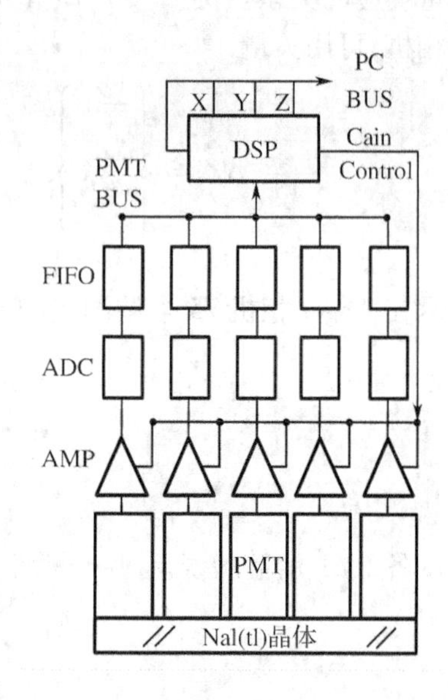

图 6.25 全数字式 γ 照相机的结构

这种 γ 照相机不再用模拟电路按照重心法计算 X、Y 和 Z，而是预先进行 γ 照相机的系统刻度(Calibration)，得到 γ 光子入射位置与各个光电倍增管输出的统计关系，在应用时，根据各个光电倍增管的输出值，按照一定的统计学方法估计每个 γ 光子的坐标和能量的数字值，直接生成所需模式的数字图像。γ 光子入射位置可以基于光电倍增管的响应符合泊松分布，或者符合高斯分布的假设，采用最大似然(Maximum Likelihood)算法来估计[29][30][31]。有些最大似然位置算法配合局域触发技术[30]，采用了局域估计方法，有些甚至是三维的，从而能够考虑到 γ 光子的作用深度的影响[32]。

因为微处理机擅长作复杂的统计和运算，全数字式 γ 照相机可以直接给出完全与能量无关的 X, Y 信号和与位置无关的 Z 信号，NaI(Tl)晶体的缺陷、晶体边缘的反射效应、PMT 光阴极的不均匀等造成的空间和能量响应误差、以及 γ 光子在晶体中作用深度变化的影响等，都能够在软件算法中得到校正，从根本上改善了探头的空间和能量分辨率、非线性与非均匀性。有微处理机进行复杂的校正运算，NaI(Tl)晶体可以加厚、它和光电倍增管之间的光导可以减薄、甚至取消，有可能进一步提高探头的灵敏度和分辨率。

采用模拟定位电路的 Anger 照相机难于采用局域触发和局域求重心技术，而对微处理机控制下的全数字化 γ 照相机却很容易实现，不但提高了 γ 照相机的空间分辨率，也缩短整个系统的死时间,提高最大计数率。

总之,与模拟定位电路的 Anger 照相机相比,全数字式 γ 照相机可获得更强的计数能力(4.0 MPS),更小的非线性(0.15 mm),更高的空间分辨率(3.4 mm FWHM),更好的能量分辨率(9.6%)和多窗空间重合性(0.8 mm)。

“全数字”还意味着用数控取代手工调节模拟器件,自动检测和纠正光电倍增管和前置放大器的增益差别和漂移,提高其精度和稳定性,用软件完成探头的刻度、故障诊断和质量控制。联网以后还能提供完善的远程服务,服务中心的工作站可以实时地遥测从图像质量直到每只光电倍增管的工作状态,诊断重要部件的潜在问题,进行远程调整或维护。全数字式 γ 照相机还具有软件升级能力,只要从磁盘、CD - ROM 或网络下载新的软件,γ 照相机的性能就能得到改进和提升。

习　题

6 - 1　数字化闪烁图像的像素值是什么,它反映了什么信息?

6 - 2　图像矩阵是不是越大越好,为什么?

6 - 3　帧模式数据和表模式数据有何不同?请分别描述它们的采集过程。

6 - 4　什么是灰度编码?下调上阈和上调下阈会产生什么效果?

6 - 5　为什么平滑和滤波能够降低图像的统计噪声,它们对图像本身有何影响?

6 - 6　用覆盖直径为 2τ 圆形区域的权重矩阵$\frac{1}{5}\begin{bmatrix}0 & 1 & 0\\1 & 1 & 1\\0 & 1 & 0\end{bmatrix}$对 64 × 64 的数字图像做平滑,请给出滤波函数的径向表达式和频谱图,如果做两次平滑运算,滤波函数是什么样的?写出此滤波函数对应的权重矩阵。

6 - 7　什么是功能图,它们的医学意义是什么?

6 - 8　试描述事件补入法(Event Injection Method)逐事件均匀性校正的全部处理过程(从 $Ri(x,y)$ 的取得到实时校正方法),并计算实际记录的图像 $f'(x,y)$ 的数学期望值。

6 - 9　模拟 Anger 相机和全数字式 γ 相机的主要不同有哪些?

第7章　断层成像方法

γ照相机能摄取动、静态图像，令探头沿人体长轴作平移运动还能得到全身扫描图像。然而，这些图像都是人体中的三维放射性药物分布在二维平面上的投影，没有纵深分辨能力，由于前后组织互相重叠，常常造成图像混淆，难以发现和辨别病灶。

要想知道纵深方向上的人体结构，就需要从不同角度进行观测。一种解决办法是围绕病人获取不同方向的投影图像，然后根据这些图像判断各组织的层次关系，在头脑中“想象”放射性的三维分布。这种方法对简单的放射性分布是有效的，但应用于具有多层重叠结构的复杂分布就很困难了，而深层的器官经常从各个方向看都具有重叠的特征。

更好的解决办法是断层成像（Tomographic Imaging）。断层图像是二维的，它仅展现三维物体中某一指定的层面或深度的放射性分布。经典的断层成像方法是从放射学发展起来的，然后扩展到核医学领域，包括焦平面断层成像或准直器断层成像，它们依靠特殊的准直器或者让准直器运动，用几何方法使图像聚焦于选定的层面，而让感兴趣层面以外的结构变模糊。这种技术避免不了模糊的背景所引起的干扰和图像朦胧化，以及特殊准直器造成的图像畸变，因此后来被计算机断层成像（Computed Tomography，CT）所取代。

CT用围绕在人体周围的探测系统获取投影数据，通过数学运算，从这些投影数据重建出物体内选定层面的图像，这种断层图像是没有重叠干扰的、“干净”的。从数学上讲，CT的理论基础早在20世纪初就建立了，但是直到20世纪50～60年代才开始应用在射电天文学和化学等领域，20世纪70年代X射线CT进入医学成像领域。与传统的平片图像相比，CT图像在对比度和信噪比上有非常大的改进，更容易辨别细微的异常结构，因此引起了影像医学的一次革命，Godfrey N. Hounsfield和Alan M. Cormack因此获得了1979年诺贝尔生理学或医学奖。

核医学的CT技术包括单光子发射计算机断层成像（Single Photon Emission Computed Tomography，SPECT）和正电子发射断层成像（Positron Emission Tomography，PET）。它们探测的射线发自人体内部的放射性药物，因此统称为发射型计算机断层成像（Emission Computed Tomography，ECT）。而X射线CT使用外部X射线源（如X光管），让射线穿过人体被探测器接收，因而称为透射型计算机断层成像（Transmission Computed Tomography，TCT）。二者的数学理论基础相同，但是在具体技术上仍有显著区别。

与TCT相比，ECT的特点之一是辐射剂量小，探测事件数目少，噪声严重。自20世纪70年代末起，另一类基于统计模型的CT理论开始应用于ECT中，并在近二十年内得到了飞速发展。在本章中，将按照出现时间次序介绍各种CT成像和重建方法。

7.1　焦平面断层成像

焦平面断层成像(Focal-plane Tomography)是最早在医学上广泛使用的获得断层图像的方法。这种断层成像技术诞生于放射诊断学,可以利用原有的X光机,拍摄突显某一感兴趣层面的照片,我们可以参考图7.1来了解它的成像原理。放射源(X射线管)和检测器(胶片)被安装在连杆的两端,进行摄影时连杆摆动,二者朝相反方向移动,机械装置保证了从源到检测器中心的连线始终通过人体中某个固定点(B)。运动中,点(B)所确定的水平面所产生的投影(从B'到B'')相对于检测器是静止的,而别的平面上的点(如A)产生的投影在检测器上是移动的(从A'到A'');结果是B平面的影像保持聚焦,而别的平面则被模糊了。我们称B平面为聚焦平面,这种断层成像方法就称为焦平面断层成像。因为焦平面断层成像的目的是让所有的其他平面的影像都模糊化,以致提供不了任何有用的信息,从而分离出感兴趣的焦平面,所以此法也称作模糊断层成像(Blurring Tomography)。

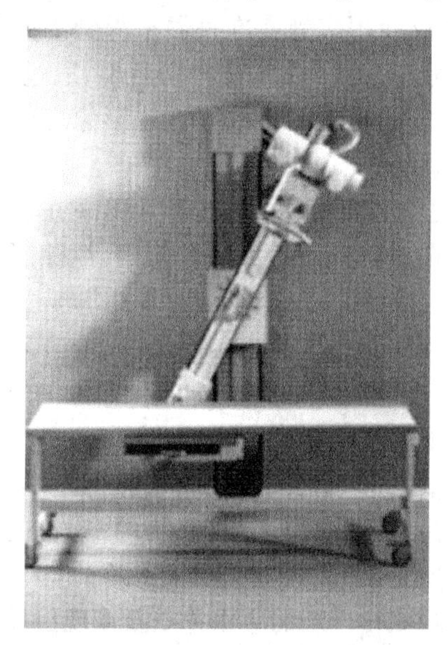

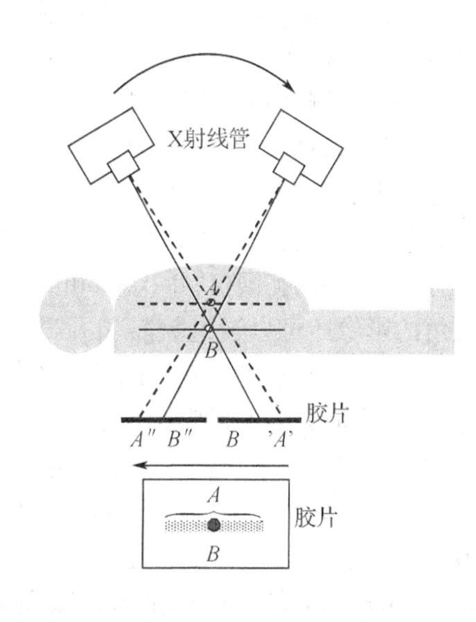

图7.1　焦平面断层成像设备及其工作原理

焦平面断层成像适合于检测轮廓很小并且具有高对比度的结构,例如内耳中的耳骨。在临床中,病人的安放位置应使感兴趣的组织位于焦平面中(即图7.1中连杆轴心所在的水平面),在放射源和检测器沿预定轨道运动期间进行曝光。保持相对清晰的聚焦层厚度取决于成像运动时扫描角的范围,扫描角越大,聚焦层越薄。

实质上,焦平面断层成像是从不同投影角度获取影像,然后根据所需的聚焦平面位置,将这些投影图像做不同幅度的移位,并进行叠加。在上面的例子中,这种移位通过机械运动来完成,叠加则通过胶片的连续曝光来实现。如果我们能够获取不同投影角度的数字图像,当然也可以用计算机来完成移位和叠加操作,选取不同的移位量,就能够得到不同位置的焦平面断层图像。

在第 5.1 节介绍的扫描机实际上就是一种简单的焦平面断层成像设备,它使用聚焦型准直器将一定角度范围的投影相叠加,再通过"弓"形路线扫描,获得病人体内某一深度范围的二维图像。在该节讨论过,准直器的直径 d 越大,焦距 f 越短,视野深度 λ 会越小,这与上面提到的"扫描角越大,清晰的聚焦层越薄"的结论是一致的。不过,我们通常希望扫描机有较大的视野深度,不想强调其断层成像的效果,所以一般不使用强聚焦的准直器。

相当一部分核医学影像设备都属于焦平面断层成像设备,它们一般是通过准直器投影技术获得断层图像的,所以也称为准直断层成像(Collimator Tomography)。我们在这里简单介绍两种核医学上曾经使用过的焦平面断层成像设备。

1. 多针孔阵列断层成像仪和旋转斜孔准直器断层成像仪

多针孔阵列(Multiple-pinhole Array)断层成像仪使用多针孔准直器来得到不同角度的投影。一种典型的多针孔准直器是将 7 个针孔均匀分布在圆周上和中心位置上,通过这些针孔,目标脏器在 γ 相机探测器的不同区域形成不同角度的影像。再根据这些影像之间的几何关系对它们进行移位和叠加,就能得到所需的焦平面图像。

每个针孔产生的影像可以是彼此分离的,也可以是互相重叠的(经常出现在有更多针孔的时候)。对于重叠的情况,在重建焦平面图像之前必须先将投影数据解码,消除影像之间的重叠干扰,因此称作编码孔阑(Coded Aperture)断层成像。

不同视角的影像还可以通过旋转斜孔准直器(Rotating Slant-hole Collimator)来获得。它属于平行孔准直器,只不过各准直孔的轴线不是与准直器表面垂直,而是倾斜的。将准直器进行旋转,就能获取不同方向的投影,其效果与让 γ 照相机围绕病人旋转一样。

上述技术曾经在核医学仪器中占据一定地位,但是随着 CT 断层成像技术的发展,它们很长时间内在临床应用中消失了。技术的进步经常是呈现出螺旋上升趋势的,随着更先进更复杂的 CT 重建算法的出现,多针孔准直器技术、编码孔阑技术以至旋转斜孔准直器与先进的重建算法结合,在小动物成像、心脏核医学成像等场合获得了新的应用并重新体现出其生命力。

2. Anger 断层扫描仪

Anger 断层扫描仪(Anger Tomoscanner)是一种更复杂的焦平面断层成像设备。它有两个小型 Anger 照相机(7 个光电倍增管,直径 21.6 cm),一个位于病床上方,一个位于病床下方;两个探头都安装了焦距为 8.9 cm 的聚焦型准直器,一起沿"弓"形路线作扫描运动;采样模糊断层成像方法来获取焦平面图像。

图 7.2 说明了其工作原理。首先考虑一个位于准直器焦点以内的点源 P,当探头从右向左扫描时,点源的影像将在照相机的晶体上从 A' 到 B' 运动,好象点源是从 A 到 B 横过准直器

视野一样。照相机的输出显示在CRT上，显示的点从A''到B''同步地移动，经透镜系统成像在胶片上。点源越靠近准直器的焦点，它在胶片上的影像移动速度将越快；如果点源在准直器焦点以外，影像将朝反方向移动。根据点源的深度选择适当的透镜系统放大倍数及胶片的移动方向，就可使它的像与胶片相对静止。病人被一行行地往返扫描，保持胶片与探头同步运动，当点源出现在准直器视野中时，在整个曝光过程中它的像将落在胶片的同一点上。由此可知，如果放射源分布与P点等深的平面上，则这个平面上的源将在胶片上清晰地成像；而不在这个平面上的放射源，它在胶片上的影像与胶片的运动不会同步，曝光的结果是被模糊化了。

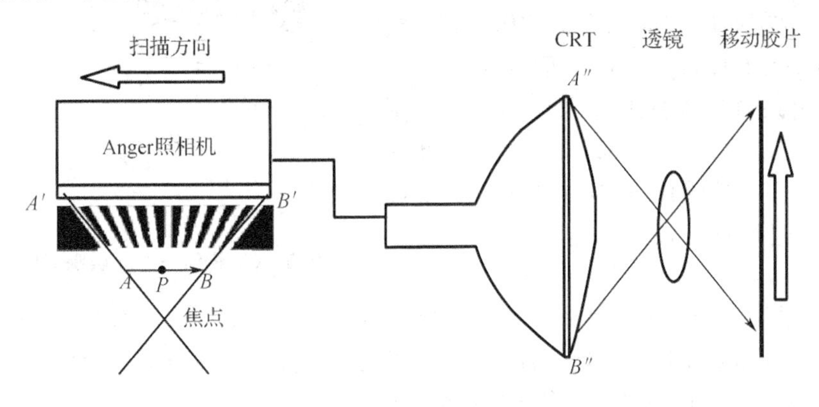

图7.2　Anger断层扫描仪工作原理图

（引自 Radiological Imaging，H. H. Barrett & W. Swindell，1981）

后期生产的Anger断层扫描仪采用数字化技术，图像的缩放、移动、叠加都由计算机完成，每个探头可同时获得6幅断层图像（层间距大约为2.5 cm），两个探头一次扫描可产生12幅图像。它是核医学比较成功的焦平面断层成像设备，与平面成像设备相比，它检测病灶的能力提高了。但是由于来自焦片面外的模糊图像和噪声使得焦平面的图像质量变差，这种成像方法在临床上逐渐被旋转γ相机式单光子发射断层成像所替代。

7.2　计算机断层成像与解析重建算法

焦平面断层成像有两个基本问题。第一是非焦平面上的那些组织的空间信息其实并没有从图像中消除，它们只不过由于位移、叠加发生了模糊，不再显眼罢了。图像中混叠了很大比例的焦平面外的模糊组织，这会掩盖焦平面的细节，并且增加噪声。例如，在一幅γ光子总计数为500 000的焦平面断层图像中，只有25 000个计数是由焦平面产生的，占据主导地位的是来自焦平面外475 000个计数的统计噪声，图像的信噪比如此之差，即使焦平面之外的组织是模糊的，也不易从中分辨出对比度不大的结构。

另一个问题是焦平面断层图像仅从围绕病人的有限投影角度中获取，也就是说它属于有限角度断层成像。下面我们将证明，有限角度断层成像必定有严重的缺陷，除非扫描的角度范围至少达到180°。例如7个针孔断层成像系统产生的图像就存在角度采样不足造成的伪影，而且60°采样比90°采样的伪影更加严重。因此，有限角断层成像不能可靠地用于核医学的定量研究。

与焦平面断层术等几何方法不同，有一种能够产生“干净”断层图像的方法，它仅采集和处理来自感兴趣层面中的数据，并且建立在严格的数学算法之上，它离不开计算机，所以称作计算机断层成像(Computed Tomography)。因为是将每一个层面隔离出来单独进行观测，如图7.3，CT图像中不会包含来自人体其他部分的伪像，因此它能提供更好的固有信噪比，更加精确地表达实际放射性分布，这些对于核医学定量研究是很重要的。

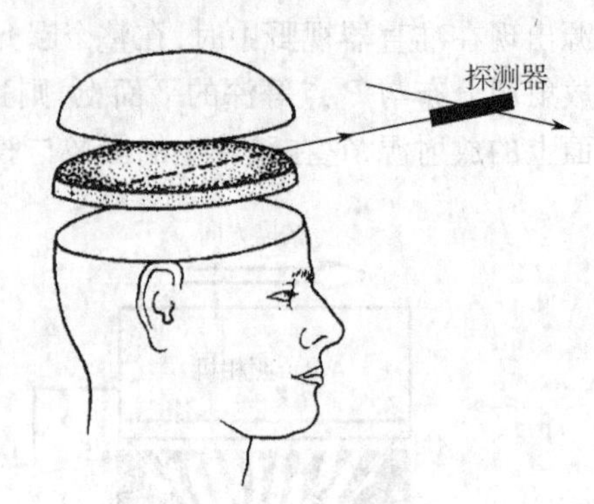

图7.3　CT将每一个断层隔离出来进行扫描

与焦平面断层图像一般是平行于人体纵轴方向(Longitudial)不同，CT断层平面通常与人体的纵轴垂直(Transaxial)。得到了各个断层图像以后，就可以按空间次序将它们组合起来，形成三维的人体图像，或重构沿其他方向的断层图像。

7.2.1　从投影重建图像的原理

断层成像的困难在于，如果不把人体剖开，只能得到沿投影线的一连串点的放射性总和，不可能对断层内的每一点进行单独测量。但这并不等于说不可能从投影数据估计断层内各点的真实放射性分布，可以证明，知道了某个断层在各个视角的投影数据，就能计算出该断层的图像。计算机断层成像就是测量投影数据，然后重建断层图像的技术，它所依赖的数学方法在1917年由Radon首先发表。

1. 投影方程和图像求解

前面介绍过，核医学最基本的γ光子测量装置由安装了准直器的探测器构成，其中准直器的作用是限制探测器的视野。我们可以采用长筒型的准直器，只让沿其轴线方向入射的γ光子进入探测器，如图7.4，探测器所测量到的γ光子计数率反映了入射线上的放射性总强度，我们称之为沿此入射线的投影值。

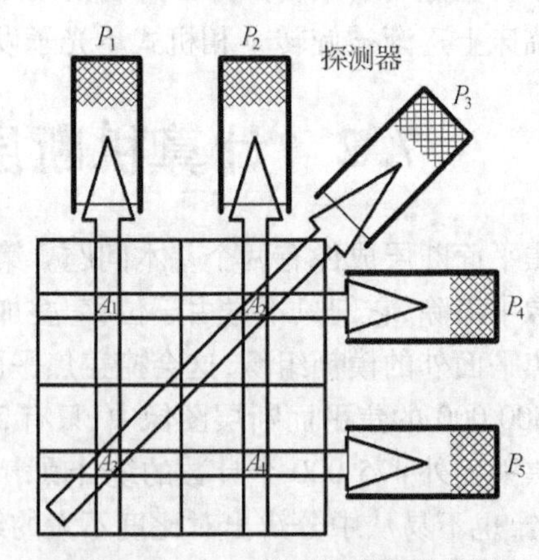

图7.4　2×2的断层图像的投影

设想有一个如图7.4的2×2的数字化断层图像，它所包含4个像素的放射性强度分别为

A_1, A_2, A_3 和 A_4。如果从几个方向上测量该图像的投影值 P_1, P_2, P_3 和 P_4，用方程组表示为

$$\begin{cases} A_1 + A_3 = P_1 \\ A_2 + A_4 = P_2 \\ A_2 + A_3 = P_3 \\ A_1 + A_2 = P_4 \end{cases}$$

这是一个有 4 个未知量的线性方程组，用矩阵求逆的方法可解出各个 A 值，从而重建出该断层的放射性分布。该方程组可解是因为它的 4 个方程互相线性独立（P_5 可以表达为 P_1、P_2、P_4 的线性组合），并与未知量的数目相同。如果像素数更多，必须增加投影测量方向，每个方向要包含更多投影线，以得到足够数量的投影方程。对一幅像素数为 128×128 的断层图像，未知的 A 及方程数应有 16 384 个，解线性方程组的运算量将过于巨大。

另外，矩阵求逆的方法对线性方程组的要求非常苛刻，线性无关的方程数不能少于像素数，方程组必须有解。而实际的投影数据通常含有噪声，其投影方程常常是病态的，不可能用这种办法求解断层图像。我们有必要研究从投影求解图像的算法。

2. 图像、投影及傅立叶变换

深入研究算法之前，必须先对有关问题进行数学抽象。本节将介绍基本的概念、术语和数学定义。

（1）图像

首先，我们建立一个固定于某一断层上的直角坐标系 $X-Y$，如图 7.5，用 $f(x,y)$ 值表示 (x,y) 处的计数率或放射性强度。二维连续函数 $f(x,y)$ 表示该断层上放射性药物的分布，即断层图像（Image），物理图像都是非负的实函数，其取值和空间范围均有限。

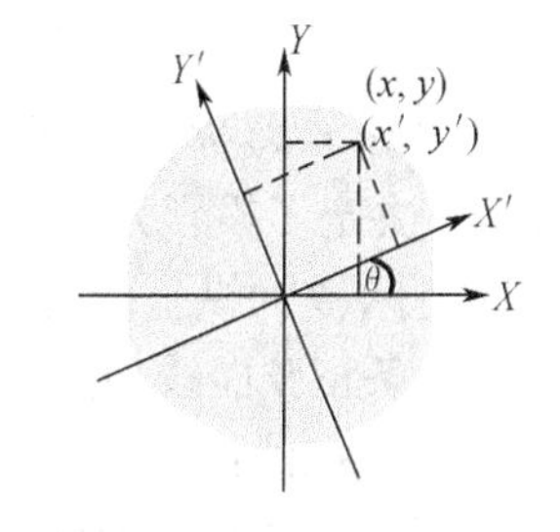

图 7.5　断层图像坐标系和坐标系旋转

我们还可建立一个相对 $X-Y$ 坐标系逆时针旋转了 θ 角的直角坐标系 $X'-Y'$，其中 Y' 轴是入射线的方向，两个坐标系的原点就是断层扫描装置的旋转中心，如图 7.5。图像中的某一点，在 $X'-Y'$ 坐标系中的坐标 (x',y') 与它在原坐标系中的坐标 (x,y) 的关系为

$$\begin{bmatrix} x' \\ y' \end{bmatrix} = \begin{bmatrix} \cos\theta & \sin\theta \\ -\sin\theta & \cos\theta \end{bmatrix} \begin{bmatrix} x \\ y \end{bmatrix} \quad 即 \quad \begin{cases} x' = x\cos\theta + y\sin\theta \\ y = -x\sin\theta + y\cos\theta \end{cases} \tag{7.1}$$

或

$$\begin{bmatrix} x \\ y \end{bmatrix} = \begin{bmatrix} \cos\theta & -\sin\theta \\ \sin\theta & \cos\theta \end{bmatrix} \begin{bmatrix} x' \\ y' \end{bmatrix} \quad 即 \quad \begin{cases} x = x'\cos\theta - y'\sin\theta \\ y = x'\sin\theta + y'\cos\theta \end{cases} \tag{7.2}$$

把式（7.2）代入 $f(x,y)$，可得该断层图像在 $X'-Y'$ 坐标系中的表达式

$$f(x'\cos\theta - y'\sin\theta, x'\sin\theta + y'\cos\theta)$$

(2)投影线

假如有一个成直线排列的探测器阵列,它的每个探测单元相对阵列中心的距离用 r 给出;准直器只允许沿平行于探测器阵列法线方向运动的 γ 光子进入探测器,该法线与 Y 轴的夹角为 θ,称为视角(View Angle),如图 7.6。

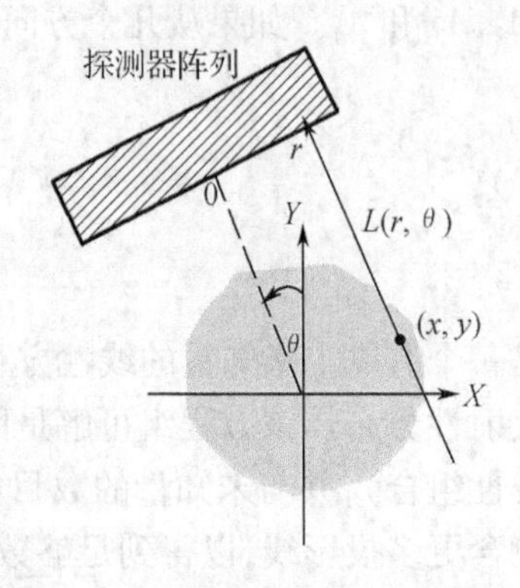

图 7.6　探测器坐标系和入射线

令 $L(r,\theta)$ 代表一条 γ 光子入射线(ray),它沿与 Y 轴成 θ 角方向击中位于 r 处的探测单元。在相对 $X-Y$ 旋转了 θ 角的直角坐标系 $X'-Y'$ 中,Y' 就是探测器阵列的法线方向,这条入射线的方程为 $x'=r$。从公式 7.1 可知,如果图像点 (x,y) 在入射线 $L(r,\theta)$ 上,必定满足:

$$x\cos\theta + y\sin\theta = r \tag{7.3}$$

若 r 可取负值,则 $L(r,\theta)$ 和 $L(-r,\theta+\pi)$ 定义了同一条直线,即

$$L(r,\theta) = L(-r,\theta+\pi) \tag{7.4}$$

(3)投影变换

投影变换(Shadow Transform)又称雷当变换(Radon Transform),它是放射性测量的数学抽象。探测器测量到的计数反映了人体中的放射性沿入射线之和,所以将其定义为二维图像 $(f(x,y))$ 沿直线 $L(r,\theta)$ 的线积分

$$p(r,\theta) \equiv \mathscr{R}\{f(x,y)\} \equiv \int_{L(r,\theta)} f(x,y)\,\mathrm{d}l \tag{7.5}$$

变换结果 $p(r,\theta)$ 称作投影(Projection),也是二维函数,r 确定了投影线相对探测器的位置,θ 是视角,决定了投影方向。图 7.7 左边是一幅胸部模型的断层图像,右边是它的投影,画在以 r 为横坐标、θ 为纵坐标的直角坐标系中。可以证明,如果 $f(x,y)$ 只有一个点,所对应的 $p(r,\theta)$ 就是一条正弦曲线,此点越靠近图像边缘,正弦曲线的幅度就越大。图 7.7 右边的 $p(r,\theta)$ 是由许多正弦曲线组合而成的,因此称之为正弦图(Sinogram)。

既然投影测量是从图像域到投影域(或雷当域)的积分变换,我们就希望知道逆变换的表达式,完成从投影域到图像域的反变换,这个过程就是图像重建(Reconstruction)。

从投影变换的定义可知,投影函数 $p(r,\theta)$ 具有以下性质:

①由于物理图像 $f(x,y)$ 是非负的,其值和范围有限,所以实际的投影值也是非负并有限的;

②由公式(7.4)可知,$p(r,\theta)=p(-r,\theta+\pi)$,我们可以定义 $r\in(-\infty,\infty)$,$\theta\in[0,\pi)$。

需要强调的是,投影 $p(r,\theta)$ 中的自变量 (r,θ) 不是极坐标。极坐标表示的函数,$r=0$ 代表原点,对不同的 θ 都有相同的值。而投影函数 $p(r,\theta)$,$r=0$ 表示沿过原点的入射线的投影值,在不同的视角下 $p(0,\theta)$ 不相同。

在旋转 θ 角的直角坐标系 $X'-Y'$ 下,直线 $L(r,\theta)$ 的方程是 $x'=r$,公式(7.5)变为

$$p(r,\theta) = \int_{-\infty}^{\infty} f(x',y')\,\mathrm{d}y' \tag{7.6}$$

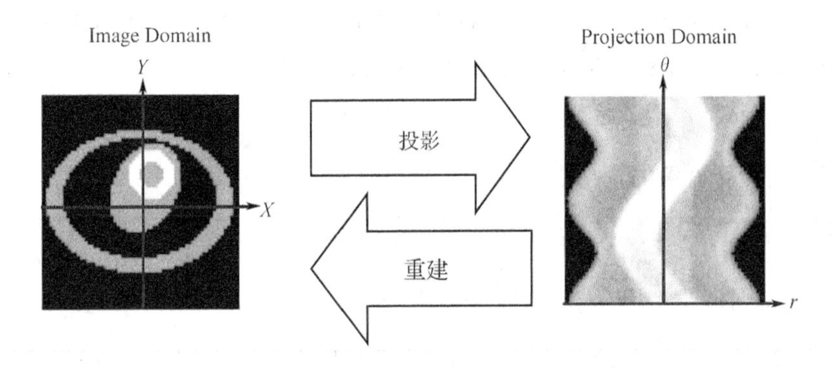

图7.7 胸部模型的断层图像及其投影正弦

在下面的讨论中有时为了方便,我们会把二维函数 $P(r,\theta)$ 写成以 θ 为参变量的一维函数形式 $P_\theta(r)$,表示在视角 θ 下的一维投影。

(4)傅立叶变换

傅立叶变换(Fourier Transform,FT)和反傅立叶变换(Inverse Fourier Transform,IFT)也属于积分变换,让我们重温它们在二维下的定义。

$$F(u,v) \equiv \mathscr{F}_2\{f(x,y)\} \equiv \int_{-\infty}^{\infty}\int_{-\infty}^{\infty} f(x,y)e^{-j2\pi(ux+vy)}\,dxdy$$

$$f(x,y) \equiv \mathscr{F}_2^{-1}\{F(u,v)\} \equiv \int_{-\infty}^{\infty}\int_{-\infty}^{\infty} F(u,v)e^{j2\pi(ux+vy)}\,dudv$$

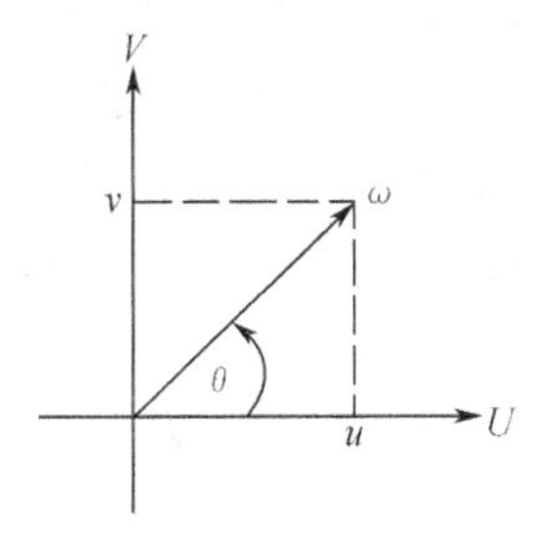

图7.8 直角坐标系和极坐标系下的空间频率

当空间频率域采用极坐标(ω,θ)时,利用它与直角坐标(u,v)的关系$\begin{cases} u=\omega\cos\theta \\ v=\omega\sin\theta \end{cases}$(见图7.8)可得二维傅立叶变换和反变换的表达式

$$F(\omega,\theta) \equiv \mathscr{F}_2\{f(x,y)\} \equiv \int_{-\infty}^{\infty}\int_{-\infty}^{\infty} f(x,y)\mathrm{e}^{-j2\pi\omega(x\cos\theta+y\sin\theta)}\,dxdy \tag{7.7}$$

$$f(x,y) \equiv \mathscr{F}_2^{-1}\{F(\omega,\theta)\} \equiv \int_0^{2\pi}\int_0^{\infty} F(u,v)e^{j2\pi\omega(x\cos\theta+y\sin\theta)}\,\omega d\omega d\theta$$

如果规定 ω,θ 的取值范围为 $\omega\in(-\infty,\infty),\theta\in[0,\pi)$,利用极坐标的性质 $F(\omega,\theta)=F(-\omega,\theta+\pi)$,二维傅立叶反变换也可写成

$$f(x,y) \equiv \mathscr{F}_2^{-1}\{F(\omega,\theta)\} \equiv \int_0^{\pi}\int_{-\infty}^{\infty} F(\omega,\theta)\mathrm{e}^{j2\pi\omega(x\cos\theta+y\sin\theta)}\,|\omega|\,d\omega d\theta \tag{7.8}$$

3. 投影切片定理

要精确重建图像,就必须研究从投影域到图像域的反变换。可惜,我们无法从公式(7.5)

直接推导出逆变换的表达式,只能借助与傅立叶变换,在频率域上建立投影和图像的关系。

公式(7.7)是频率域采用极坐标(ω,θ)时的二维傅立叶变换

$$F(\omega,\theta) \equiv \mathscr{F}_2\{f(x,y)\} \equiv \int_{-\infty}^{\infty}\int_{-\infty}^{\infty} f(x,y)\,\mathrm{e}^{-\mathrm{j}2\pi\omega(x\cos\theta+y\sin\theta)}\,\mathrm{d}x\mathrm{d}y$$

如果图像域采用旋转θ角的直角坐标系$X'-Y'$,从公式(7.2)可得

$$\omega(x\cos\theta + y\sin\theta) = \omega(\cos\theta,\sin\theta)\begin{bmatrix}x\\y\end{bmatrix} = \omega(\cos\theta,\sin\theta)\begin{bmatrix}\cos\theta & -\sin\theta\\ \sin\theta & \cos\theta\end{bmatrix}\begin{bmatrix}x'\\y'\end{bmatrix} = \omega x'$$

此外有:$\mathrm{d}x\mathrm{d}y=\mathrm{d}x'\mathrm{d}y'$,它们代入公式(7.7)

$$F(\omega,\theta) = \int_{-\infty}^{\infty}\int_{-\infty}^{\infty} f(x',y')\,\mathrm{e}^{-\mathrm{j}2\pi\omega x'}\,\mathrm{d}x'\mathrm{d}y' = \int_{-\infty}^{\infty}\left[\int_{-\infty}^{\infty} f(x',y')\,dy'\right]\mathrm{e}^{-\mathrm{j}2\pi\omega x'}\,\mathrm{d}x'$$

图像域中的x'坐标与投影中的r坐标是一致的:$x'=r,\mathrm{d}x'=\mathrm{d}r$,上式可写成

$$F(\omega,\theta) = \int_{-\infty}^{\infty}\left[\int_{-\infty}^{\infty} f(x',y')\,\mathrm{d}y'\right]\mathrm{e}^{-\mathrm{j}2\pi\omega r}\,\mathrm{d}r$$

上式[ ]中的部分就是公式(7.6):$p(r,\theta)=\int_{-\infty}^{\infty}f(x',y')\,\mathrm{d}y'$,所以可改写成

$$F(\omega,\theta) = \int_{-\infty}^{\infty} p(r,\theta)\;e^{-\mathrm{j}2\pi\omega r}dr = \mathscr{F}_v\;\{p_\theta(r)\} \tag{7.9}$$

这里$p(r,\theta)$写成了以θ为参变量的一维函数的形式,表示在视角θ下的投影。

公式(7.9)说明了:对图像$f(x,y)$在视角θ的投影$p_\theta(r)$作r方向的一维傅立叶变换,就等于图像$f(x,y)$的二维傅立叶变换在过原点并与U轴夹角为θ的直线上的值,见图7.9。这就是投影切片定理(Projection Slice Theorem),它给出了投影$p_\theta(r)$的一维傅立叶变换和图像的二维傅立叶变换$F(\omega,\theta)$之间的关系。由于我们在频率域中得到的是过中心的直线上的值,所以又称中心切片定理(Central Slice Theorem)。

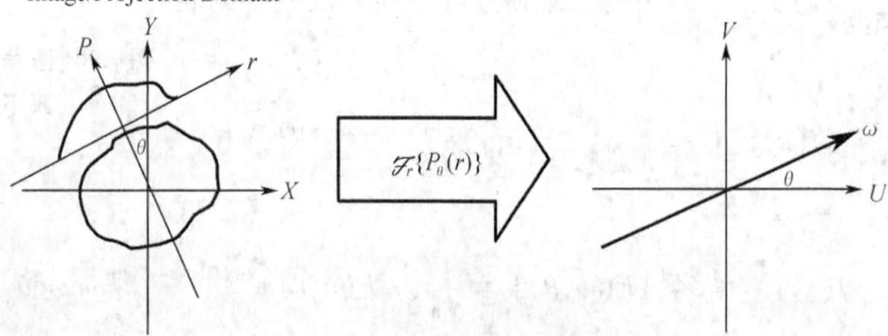

图7.9 投影切片定理图解

4. 反投影算法

1938年Gabriel Frank就提出了如下的从投影重建图像的算法:

$$f_b(x,y) \equiv \int_0^{\pi} p(r,\theta)\big|_{r=x\cos\theta+y\sin\theta}\mathrm{d}\theta = \int_0^{\pi} p(x\cos\theta+y\sin\theta,\theta)\,\mathrm{d}\theta \equiv \mathscr{B}\{p(r,\theta)\} \tag{7.10}$$

从公式(7.3)我们知道,视角为θ时经过图像点(x,y)的投影线满足$r=x\cos\theta+y\sin\theta$。公式

(7.10)表示,重建图像中某一点的值 $f_b(x,y)$ 等于所有视角下、经过该点的投影值之和;或者说,将投影值均匀赋予投影线上的每个点,所有视角的赋予值相加就得到 $f_b(x,y)$。这就是反投影算法(Back-projection Algorithm,BP),公式中的 $\mathscr{B}\{\ \}$ 是反投影算符。

图 7.10 可以说明反投影的过程和结果。如果断层图像 $f(x,y)$ 是位于中心的小圆盘(见图(a)),则它在各个视角的投影都相同(如箭头所指的投影带所示)。将水平、垂直 2 个方向的投影值沿投影的方向"反抹"回图像空间,就得到图(b)。成倍增加反投影的视角数目,我们能得到图(c),(d),(e),(f),它们越来越接近原始图像的样子。可以从数学上证明,当视角无限密集时,点源的反投影图像除了源点处有最大的灰度值外,它四周的灰度值将按照与其距离成反比的规律逐渐减小,也就是说,$f_b(x,y)$ 是 $f(x,y)$ 与 $1/|r|$ 的卷积,与原图像比较,反投影图像存在"$1/r$ 模糊"。

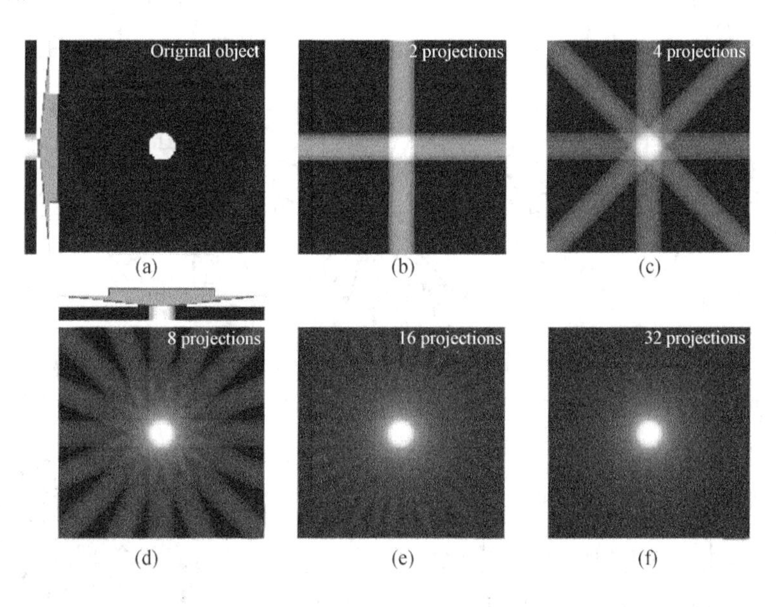

图 7.10　反投影算法实例

(a)原始图像及其在水平、垂直方向的投影;(b)2 个视角的反投影结果;
(c)4 个视角的反投影结果;(d)8 个视角的反投影结果;
(e)16 个视角的反投影结果;(f)32 个视角的反投影结果。

回想 7.1 节介绍的各种焦平面断层成像,都是一边扫描一边在做投影叠加,它们重建图像的数学原理均基于反投影算法。反投影算法非常简单,运算速度快,但 $f_b(x,y)$ 只是 $f(x,y)$ 的近似,是被模糊了的 $f(x,y)$。对一些简单图像,例如在较暗的背景下有一个很亮的小面积物体,反投影算法可以获得不错的结果。当物体形状复杂时,需要更精确的重建算法。

7.2.2 解析重建算法

投影切片定理借助于傅立叶变换,建立了投影与图像的关系,基于这种关系,美国物理学家 Alan M. Cormark 于 1963 年发表了解析算法(Analytic Methods),因此与英国工程师 Godfrey N. Hounsfield 共同获得了 1979 年诺贝尔生理学或医学奖。

1. 傅立叶变换法

既然对投影 $p_\theta(r)$ 作 r 方向的傅立叶变换可以得到图像 $f(x,y)$ 在频率域上一条直线上的值 $F(\omega,\theta)$,如果对各个 θ 角的投影作傅立叶变换,就能覆盖图像 $f(x,y)$ 的整个频率域,再对 $F(\omega,\theta)$ 进行反傅立叶变换即可求出 $f(x,y)$,这就是傅立叶变换法(Fourier Transform)的思路,见图 7.11。

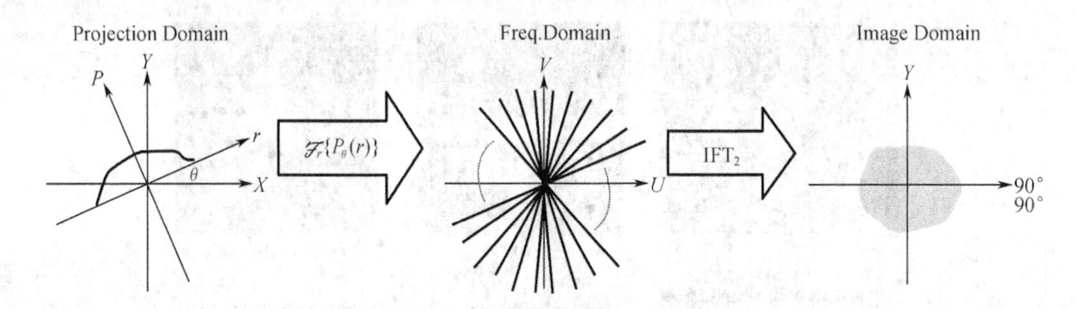

图 7.11 傅立叶变换法

在计算机上,反傅立叶变换通常用 FFT 实现,只能采用直角坐标系公式

$$f(x,y)=\mathscr{F}_2^{-1}\{F(u,v)\}=\int_{-\infty}^{\infty}\int_{-\infty}^{\infty}F(u,v)\mathrm{e}^{\mathrm{j}2\pi(ux+vy)}\mathrm{d}u\mathrm{d}v$$

所以在进行二维反傅立叶变换前,必须将 $F(\omega,\theta)$ 转换成 $F(u,v)$ 的形式。在离散的情况下,在 (u,v) 栅格交点一般找不到相应的 (ω,θ) 值,需要进行插值(Interpolation),见图 7.12。为了保证其精度,对 $F(\omega,\theta)$ 的采样密度有一定的要求,选择插值算法时需要兼顾插值误差和运算量。

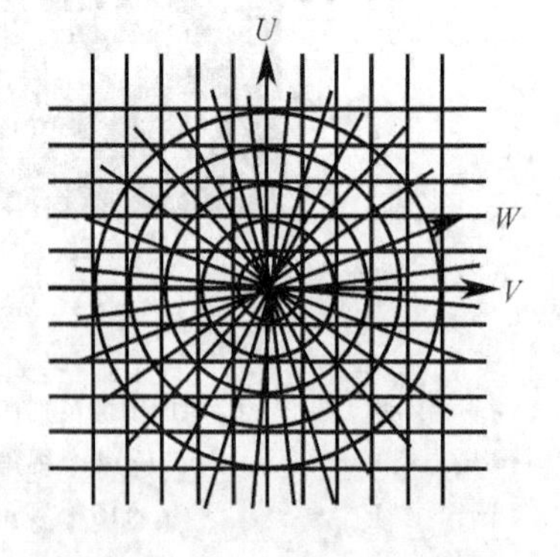

图 7.12 $F(\omega,\theta)$ 和 $F(u,v)$ 的采样

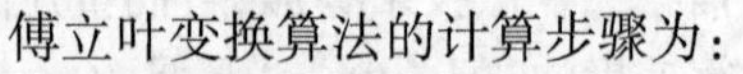
傅立叶变换算法的计算步骤为:

①对所有投影做 r 方向的傅立叶变换得到 $F(\omega,\theta)$;

②用插值的方法由 $F(\omega,\theta)$ 求 $F(u,v)$;

③对 $F(u,v)$ 做二维傅立叶反变换得 $f(x,y)$。

以上过程可写作:$f(x,y)=\mathscr{F}_2^{-1}\{Map[\mathscr{F}_r\{p_\theta(r)\}]\}$,这里 Map 表示 $F(\omega,\theta)$ 从极坐标到

直角坐标的映射。

此法需一次一维傅立叶变换、一次二维插值和一次二维傅立叶变换，运算量很大，所以较少采用。

2.　滤波反投影算法

(1)算法的推导

为减少傅立叶变换次数，在极坐标表示的二维傅立叶反变换公式(7.8)中，

$$f(x,y) \equiv \mathscr{F}_2^{-1}\{F(\omega,\theta)\} \equiv \int_0^{\pi}\int_{-\infty}^{\infty} F(\omega,\theta)\mathrm{e}^{\mathrm{j}2\pi\omega(x\cos\theta+y\sin\theta)} \mid \omega \mid \mathrm{d}\omega\mathrm{d}\theta$$

令内层积分

$$\int_{-\infty}^{\infty} F(\omega,\theta)\mathrm{e}^{\mathrm{j}2\pi\omega(x\cos\theta+y\sin\theta)} \mid \omega \mid \mathrm{d}\omega \equiv \tilde{p}(x\cos\theta + y\sin\theta,\theta) \tag{7.11}$$

并考虑反投影公式(7.10)：$\mathscr{B}\{p(r,\theta)\} \equiv \int_0^{\pi} p(x\cos\theta + y\sin\theta,\theta)\mathrm{d}\theta$

可得

$$f(x,y) = \int_0^{\pi}\tilde{p}(x\cos\theta + y\sin\theta,\theta)\mathrm{d}\theta \equiv \mathscr{B}\{\tilde{p}(r,\theta)\} \tag{7.12}$$

公式(7.11)可写成：

$$\tilde{p}(r,\theta) \equiv \int_{-\infty}^{\infty} \mid \omega \mid F(\omega,\theta)\mathrm{e}^{\mathrm{j}2\pi\omega r}\mathrm{d}\omega = \mathscr{F}_r^{-1}\{\mid \omega \mid \mathscr{F}_r[p_\theta(r)]\} \tag{7.13}$$

可见 $\tilde{p}(r,\theta)$ 是 $p_\theta(r)$ 经过频率特性为 $|\omega|$ 的滤波之结果。

公式(7.12)说明，对 $p_\theta(r)$ 做如公式(7.13)的滤波，然后进行反投影，即可得到断层图像，因此该算法称作滤波反投影(Filtered Back-projection，FBP)，其算符表达式为

$$f(x,y) = \mathscr{B}\{\mathscr{F}_r^{-1}\{\mid \omega \mid \mathscr{F}_r[p_\theta(r)]\}\} \tag{7.14}$$

前面说过，反投影算法会造成图像的“$1/r$ 模糊”，即

$f_b(x,y) = f(x,y) * 1/|r|$，

这相当于对 $f(x,y)$ 做了频域特性为 $1/|\omega|$ 的滤波。公式(7.14)说明，如果我们用特性为 $|\omega|$ 的斜坡函数(Ramp Function)来提升投影的高频成分，正好可消除反投影图像的“$1/r$ 模糊”，见图 7.13。

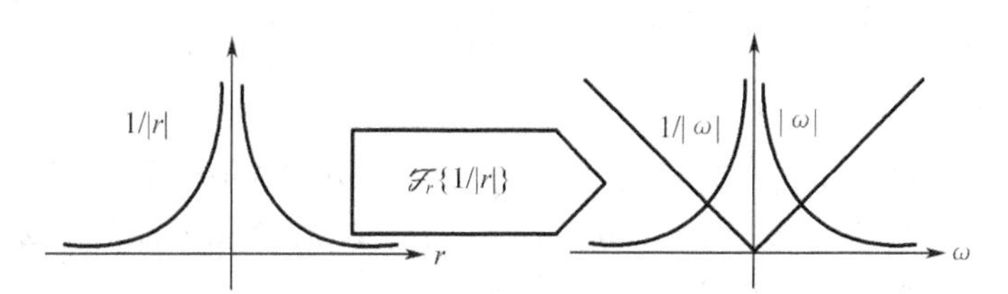

图 7.13　1/r 模糊和斜坡函数

FBP 算法的计算步骤是：

①对所有的投影做 r 方向的一维傅立叶变换；

②其结果乘 $|\omega|$ 然后做一维反傅立叶变换，得到滤波后的投影；

③把滤波后的投影做反投影,得到$f(x,y)$。

此算法只需两次一维傅立叶变换和一次反投影,运算量大大减少。

(2)算法的离散化

公式(7.12)和(7.13)是针对连续函数推导出来的,而计算机只能做离散的数字运算,这就需对图像域、投影域和频率域进行离散化处理,确定它们的采样间隔。实际的图像$f(x,y)$和投影$p_\theta(r)$不但空间范围有限,其频带也有限(Band-limited,即高于某一频率的成分可以忽略)。如果频率范围是$(-\omega_m,\omega_m)$,采样点共$N+1$个(N是偶数),序号m从$-N/2$到$N/2$,频率采样间隔为$\upsilon=2\omega_m/N$。根据Nyquist采样定理,频率上限为ω_m时,无混叠(Aliasing)的空间采样间隔应为$\tau=1/2\omega_m$,序号n也是从$-N/2$到$N/2$。投影域中r的采样间隔一般与图像域相同,也是$\tau=1/2\omega_m$;取值范围为$[0,\pi)$的视角θ也被离散化成间隔为ε的Q个采样点。

①对投影做离散傅立叶变换

$$S_\theta(m\frac{2\omega_m}{N})=\sum_{n=-N/2}^{N/2}p_\theta(\frac{k}{2\omega_m})\mathrm{e}^{-\mathrm{j}2\pi mn/N}$$

我们经常采用快速傅立叶变换(FFT)来加速DFT。

②对投影用斜坡函数进行数字滤波

$$\tilde{p}_\theta\sqrt{\frac{n}{2\omega_m}}=\sum_{m=-N/2}^{N/2}S_\theta(m\frac{2\omega_m}{N})\left|m\frac{2\omega_m}{N}\right|\mathrm{e}^{\mathrm{j}2\pi mn/N}\tag{7.15}$$

这里,$m,n=-N/2,\cdots,-1,0,1\cdots,N/2$

需要提醒的是,在连续函数公式$\tilde{p}(r,\theta)\equiv\int_{-\infty}^{\infty}|\omega|F(\omega,\theta)\mathrm{e}^{\mathrm{j}2\pi\omega r}d\omega$里,对投影的频域滤波对应线卷积运算。而离散傅立叶变换意味着投影和它的傅立叶变换对都是周期性函数,采用DFT的所有运算都受双重周期性的约束,虽然仅在两个域的主值区做乘法和卷积,但却隐含着对周期函数进行运算的意义。数字滤波对应投影域的圆卷积,与线卷积比较,存在着周期之间的混叠(参见6.4.3);为使DFT产生线卷积的结果,要采用补零(Zero Padding,ZP)技术,使相邻周期的投影拉开距离。

总之,$P_\theta(r)$被离散化为$P_{i\varepsilon}(n\tau)$,$|\omega|$被离散化为$m\upsilon$以后,滤波后的投影离散值为

$$\tilde{p}_{i\varepsilon}(n\tau)=IFFT\{FFT[p_{i\varepsilon}(n\tau)withZP]\times m\upsilon\}\tag{7.16}$$

③反投影求图像

$$f(x,y)=\frac{\pi}{Q}\sum_{i=1}^{Q}\tilde{p}_{i\varepsilon}(x\cos i\varepsilon+y\sin i\varepsilon)$$

这里$i\varepsilon$是视角的采样值(共Q个),若满足$x\cos i\varepsilon+y\sin i\varepsilon$的$r$不在$P(r,\theta)$的采样点上,需要插值解决。

为了节省插值的计算量,可以采样预插值(Pre-interpolation)技术,即预先插值出10倍到100倍个采样点的$\tilde{p}_{i\varepsilon}(n\tau)$,在反投影时只需选择最接近$x\cos\theta+y\sin\theta$的那个$\tilde{p}_{i\varepsilon}(n\tau)$。一种预

插值的办法是在做公式(7.16)的IFFT之前给频域函数补上大量的0,傅立叶反变换后就能得到预插值的 $\tilde{p}_{i\varepsilon}(n\tau)$。

由于反投影是沿投影方向“反抹”的操作,所以当视角不连续时,在灰度突变的区域周围将出现放射状伪像。从图7.10中可以看到,视角间隔越大,放射状伪像越明显。

(3)滤波窗函数

核医学图像中包含严重的统计噪声,它的频谱很宽。$|\omega|$ 滤波剧烈地提升高频成分,使图像的信噪比下降,我们可以适当地加入低通滤波窗函数 $G(\omega)$,削减高频噪声,改善信噪比。重建程序一般提供数种窗函数(Window Function),与斜坡函数共同组成滤波器

$$\tilde{p}_\theta\left(\frac{n}{2\omega_m}\right) = \sum_{m=-N/2}^{N/2} S_\theta\left(m\frac{2\omega_m}{N}\right)\left|m\frac{2\omega_m}{N}\right| G(\omega)\,\mathrm{e}^{\mathrm{j}2\pi mn/N}$$

①矩形窗(Rectangular Window)

$$G(\omega) = \begin{cases} 1 & |\omega| \leqslant \omega_m \\ 0 & |\omega| > \omega_m \end{cases}$$

我们在频率域中的数值计算是在 $(-\omega_m, \omega_m)$ 范围内进行的,也就是说,实际上斜坡函数被乘以矩形窗。矩形窗保留了全部频带,图像的空间分辨率最好,但对噪声的抑制最差,陡峭的窗边缘会导致Gibbs现象—在图像灰度突变的地方产生振荡。

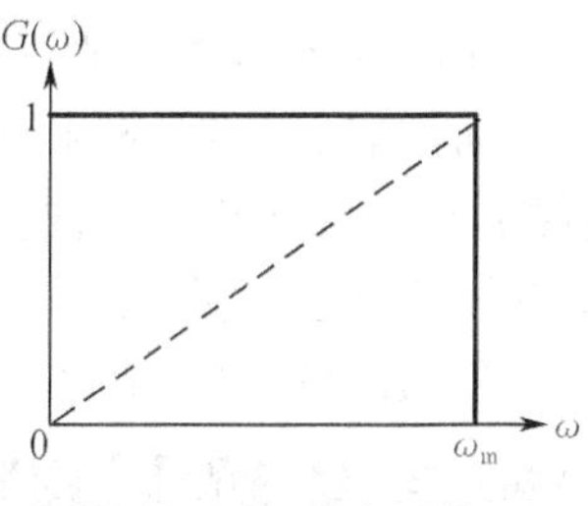

图7.14 矩形窗函数

②Hanning窗(Hanning Window)

$$G(\omega) = \begin{cases} 0.5 + 0.5\cos(\pi\omega/\omega_c) & |\omega| \leqslant \omega_c \\ 0 & |\omega| > \omega_c \end{cases}$$

升余弦形状的Hanning窗的边缘下降缓慢,不会产生Gibbs现象,图像光滑,但分辨率下降。

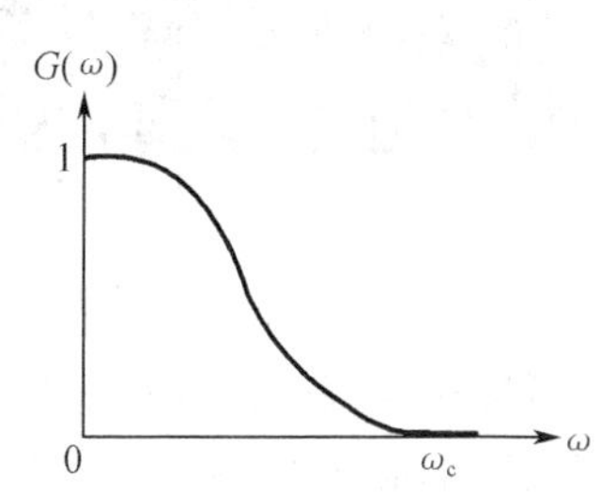

图7.15 Hamming窗函数

③Hamming窗(Hamming Window)

$$G(\omega) = \begin{cases} 0.54 + 0.46\cos(\pi\omega/\omega_c) & |\omega| \leqslant \omega_c \\ 0.08 & \omega_m \geqslant |\omega| > \omega_c \end{cases}$$

Hamming窗的特性与Hanning窗类似,它保留了更多高频成分,分辨率有改善。

④Butterworth窗(Butterworth Window)

$$G(\omega) = 1/\sqrt{1 + \left(\frac{\omega}{\omega_c}\right)^{2N}}$$

截止频率 ω_c(衰减3 dB的频率)决定了Butterworth窗的上限,N(阶数)影响衰减过渡的陡度。调整这两个参数,形

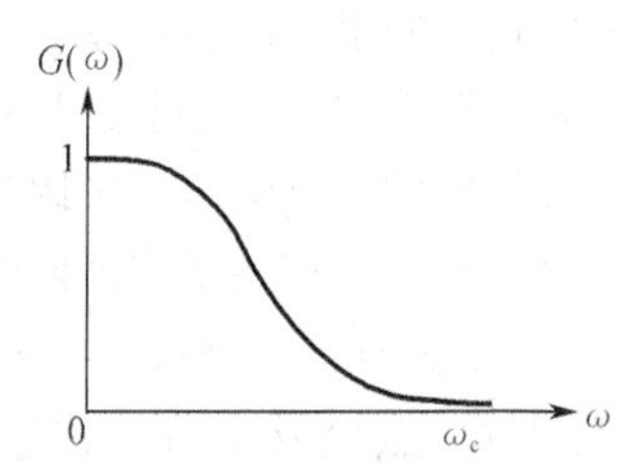

图7.16 Hamming窗函数

状可以根据需要在矩形窗和 Hanning 窗之间改变。

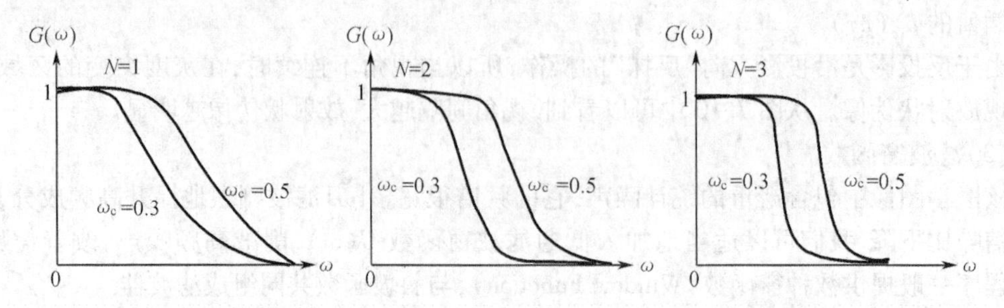

图 7－17 不同阶数 N 和截止频率 ω_c 的 Butterworth Window

Hanning 窗对高频成分的衰减比 Hamming 窗更强,所以重建出的图像更光滑,但是也更模糊。Butterworth 滤波器一般可选 $N=1\sim5$,$\omega_c=0.1\sim1$。低阶滤波器的频谱特性接近 Hanning 窗,高阶滤波器的频谱特性接近矩形窗。降低截止频率 ω_c 可减小图像中的统计噪声;如果希望图像更清晰则应提高 ω_c,这时噪声和反投影伪像将更明显。较大的阶数 N 能使 ω_c 以下的频率成分得到较多的保留,ω_c 以上的频率成分得到较多的抑制;相反,较小的阶数 N 能更好地兼顾高、低频成分,如图 7. 18。

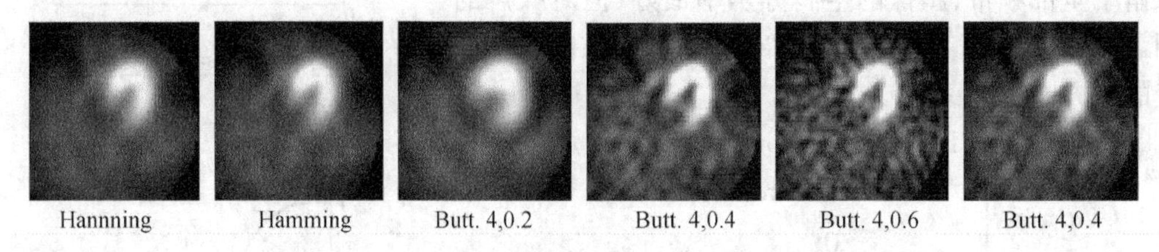

图 7. 18 采用不同滤波窗函数的心肌断层图像重建效果

低噪声和高分辨率对滤波器的要求是矛盾的,需要折中选择。投影数据中不存在高于探测器最高响应频率($\approx1.5/\mathrm{FWHM}$)的成分,将滤波器的截止频率提得更高不但不会改善图像的质量,反而降低它的信噪比(截止频率每提高一倍,噪声就增加到原来的四倍)。临床采集的投影数据计数不可能很高,决定图像质量的往往是信噪比,所以滤波器的截止频率通常定得低于探测器的最高响应频率。医生应该根据投影的计数值确定滤波器的截止频率,如果想尽可能多地显现图像的细节,只有在计数足够大,统计噪声足够小的情况下,才可以将截止频率定在探测器的最高响应频率附近。

滤波反投影算法重建的图像与真实图像相比,平均像素值往往偏低,有碟形畸变和直流偏移(“Dishing”and DC Shift)的现象。这是因为在连续函数公式(7. 13)中斜坡函数$|\omega|$只使$\omega=0$的频率点变成 0,而在离散化公式(7. 15)中,频率域上的一个采样单元都变成了 0,图像的低频成分有所损失。

3.　反投影滤波算法

滤波和反投影来自公式(7.8)的二重积分，Burdinge 和 Gullberg 证明，改变它们的先后次序(即先反投影后滤波)，公式(7.14)$f(x,y)=\mathscr{B}\{\mathscr{F}^{-1}\{|\omega|\mathscr{F}[p_\theta(r)]\}\}$ 还是正确的：

$$f(x,y) = \mathscr{F}_2^{-1}\{|\omega|\mathscr{F}_2\{\mathscr{B}[p(r,\theta)]\}\} \tag{7.17}$$

这就是反投影滤波算法(Filter of the Back-projection)。需要注意，$p(r,\theta)$反投影得到的$f_b(x,y)$是二维函数，对它的滤波应该是做二维傅立叶变换—乘二维斜坡函数—做二维反傅立叶变换。由于需两次二维 FFT 和一次反投影，运算量很大，所以反投影滤波算法一般不被采用。

但是它有理论价值，如果对公式(7.17)中的$f(x,y)$作一次$1/|\omega|$的滤波：

$$\mathscr{F}_2^{-1}\{|\omega|\mathscr{F}_2\{\mathscr{B}[p(r,\theta)]\}/|\omega|\} = \mathscr{F}_2^{-1}\{\mathscr{F}_2\{\mathscr{B}[p(r,\theta)]\}\} = \mathscr{B}[p(r,\theta)] = f_b(x,y)$$

这清楚地说明反投影具有"$1/r$ 模糊" 的原因，$f_b(x,y)$等于对$f(x,y)$作$1/|\omega|$低通滤波，损失了高频成分。而反投影滤波算法用特性为$|\omega|$的高通滤波使$f_b(x,y)$ 去模糊(de-blurring)或清晰化(Sharping)。

4. 卷积反投影算法

频率域中的乘积对应于图像域中的卷积：$\mathscr{F}^{-1}\{|\omega|\mathscr{F}[p_\theta(r)]\} = p_\theta(r)\mathscr{F}*\mathscr{F}^{-1}\{|\omega|\}$，所以公式(7.14)可写成：

$$f(x,y) = \mathscr{B}\{\mathscr{F}^{-1}\{|\omega|\mathscr{F}[p_\theta(r)]\}\} = \mathscr{B}\{p_\theta(r) * \mathscr{F}^{-1}\{|\omega|\}\}$$

这就是卷积反投影算法(Convolution Back-projection, CBP)，其中 $K(r)\equiv\mathscr{F}^{-1}\{|\omega|\}$ 称作卷积核(Convolution Kernel)。$|\omega|$是实偶函数，它的傅立叶变换 $K(r)$ 也是实偶函数。

卷积反投影算法的步骤为：

①所有的投影与 $K(r)$ 做一维线卷积；

②把滤波后的投影作反投影，得到图像。

卷积反投影算法只需做一维卷积和反投影，不需要傅立叶变换，运算量最少，所以经常被采用：

卷积反投影算法的关键是找到卷积核的显函数表达式，不幸的是斜坡函数$|\omega|$不可积，不存在反傅立叶变换。人们提出了各种 $K(r)$ 的近似表达式，努力找出既有高运算速度，又有足够精度的数字化卷积核，它们是重建软件的核心专利，下面介绍其中最经典的两种。

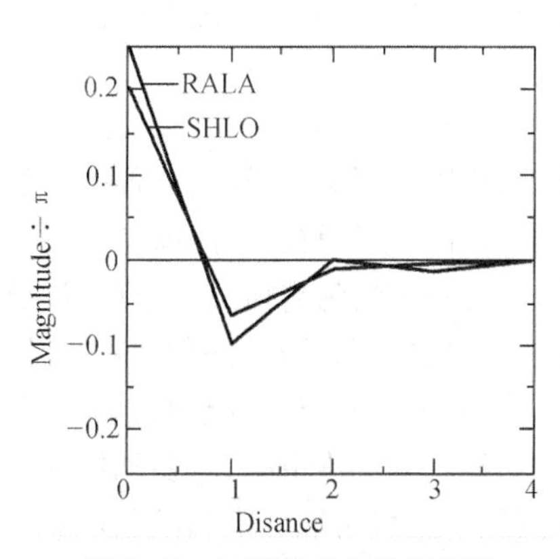

图 7.19　两种数字化的卷积核

①RALA convolver(G. N. Ramachandran and A. V. Lakshminarayanan，印度)

$$K(n) = \begin{cases} \pi/4 & n = 0 \\ 0 & n = even \\ -1/\pi n^2 & n = odd \end{cases}$$

RALA 卷积核是加矩形窗的斜坡函数$|\omega|$(见图 7.14)的傅立叶级数表达式,它的高频响应好,重建图像轮廓清楚,分辨率高,但振动明显。

②SHLO convolver(L. A. Shepp and B. F. Logan)

$$K(n) = \begin{cases} 2/\pi & n = 0 \\ -2/\pi(4n^2-1) & n \neq 0 \end{cases}$$

SHLO 卷积核是频域上等于$2|\sin\omega|(\sin\omega/\omega)^2$的连续函数的离散化结果。它的主瓣与 RALA 差不多,重建分辨率相似,但旁瓣比 RALA 弱(见图 7.19),对统计噪声的抑制强,图像更平滑些。实际上 SHLO 是在 RALA 卷积核的基础上增加了 sinc 函数平滑核。

7.3 迭代重建算法

迭代算法(Iterative Algorithm)属于数值逼近算法,即从断层图像的初始估计值出发,通过对其反复修正,使其逐渐逼近断层图像的真实值。迭代过程如图 7.20 所示:首先给待求的断层图像赋予一个初始估计值f^0,根据此初始值计算出理论投影值q^0,将它和实测投影值p进行比较,根据一定的原则对初始图像进行修正。然后再从修正过的图像估计值f^1计算理论投影值q^1,与实测投影值p比较后,再次修正断层图像估计值……如此反复循环,直到相邻两次估计值之差足够小为止。

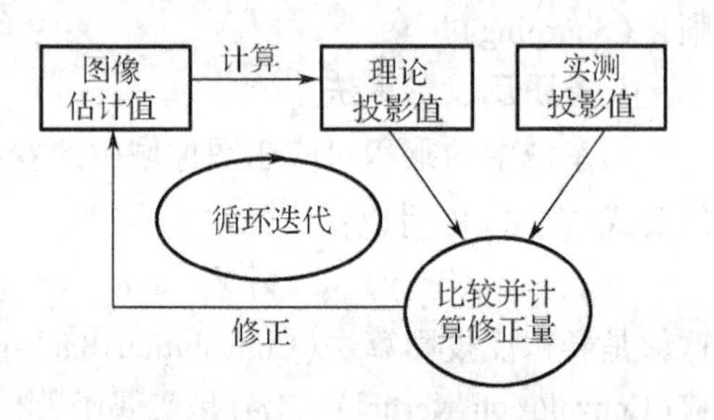

图 7.20 从投影重建断层图像的迭代过程

每一轮迭代计算都可以概括为"投影"和"反投影"两个步骤。在"投影"步骤中,根据上一步迭代得到的图像估计值求出理论投计值,计算中考虑各种因素的影响。在"反投影"步骤中,根据理论投影值和实测投影值的差别计算出修正量,并分配给各个像素,形成新的图像估计值。

与解析算法相比,迭代算法只需从图像到投影的正向计算(像素值沿投影线求和),不需要有从投影到图像的逆向解析表达式,而且理论投影值和像素修正值的计算都是沿着实际投影线进行的,不像解析算法那样对扫描轨道和投影线采样位置有严格要求,因此在投影数据不完备或分布不均匀的情况下也可以求解图像。另外,迭代过程中可以加入各种约束条件和先验知识(如像素值非负、图像的边界位置等),考虑投影测量中的各种物理因素(如准直器的深度响应、人体对γ光子的衰减、散射等),所以重建精度高,图像质量好。迭代算法的计算公式很容易推广到三维情况,只要把像素(Pixel)换成体素(Voxel),投影线从二维平面内扩展到三维空间中,就可实现三维图像重建。

人们提出了各种各样的迭代算法,如基于代数方程理论的代数重建技术、同时迭代重建算法,基于统计理论的极大似然-期望最大化算法、最大后验概率算法,基于误差理论的加权最小二乘算法,基于价值函数优化策略的最速下降算法、共轭梯度算法等等。各种迭代算法之间的区别在于:

①由图像估计值计算理论投影值的模型不同,

②对图像进行修正的目标和准则不同,

③对图像进行修正的策略和次序不同,

④理论投影值和实测投影值之间的误差计算和比较的方法不同。

7.3.1　投影计算模型

解析算法是基于 Radon 积分变换的连续算法,而实际采集的投影和待求的断层图像都是以离散的形式进行存储和运算的,因此,在解析算法实现的过程中包含算法离散化和插值的步骤。迭代重建算法则是从一开始就将图像 $f(x,y)$ 划分为离散的像素矩阵,并以 f_i 表示第 i 个像素的活度值($i=1,2,\cdots N$)。同样,投影 $p(r,\theta)$ 也被划分为离散的投影单元,并以 p_j 表示第 j 个单元的投影计数值($j=1,2,\cdots M$)。像素 i 对投影单元 j 的贡献可以写成

$$p_{ij} = c_{ij}f_i \tag{7.18}$$

而投影单元 j 的投影值 p_j 是所有像素对其贡献之和,因此有

$$p_j = \sum_{i=1}^{N} p_{ij} = \sum_{i=1}^{N} c_{ij}f_i. \tag{7.19}$$

把各个投影单元的方程联立起来,则有

$$\begin{cases} c_{11}f_1 + c_{21}f_2 + \cdots + c_{N1}f_N = p_1 \\ c_{12}f_1 + c_{22}f_2 + \cdots + c_{N2}f_N = p_2 \\ \qquad \vdots \\ c_{1M}f_1 + c_{2M}f_2 + \cdots + c_{NM}f_N = p_M \end{cases} \tag{7.20}$$

写成矩阵向量乘积的形式为

$$\begin{bmatrix} c_{11} & c_{21} & \cdots & c_{N1} \\ c_{12} & c_{22} & \cdots & c_{N2} \\ \cdots & \cdots & \cdots & \cdots \\ c_{1M} & c_{2M} & \cdots & c_{NM} \end{bmatrix} \begin{bmatrix} f_1 \\ f_2 \\ \vdots \\ f_N \end{bmatrix} = \begin{bmatrix} p_1 \\ p_2 \\ \vdots \\ p_M \end{bmatrix} \text{或 } \boldsymbol{Cf} = \boldsymbol{p}, \tag{7.21}$$

其中 $\boldsymbol{C} = \begin{bmatrix} c_{11} & c_{21} & \cdots & c_{N1} \\ c_{12} & c_{22} & \cdots & c_{N2} \\ \cdots & \cdots & \cdots & \cdots \\ c_{1M} & c_{2M} & \cdots & c_{NM} \end{bmatrix}$,称为系统传输矩阵(System Transition Matrix),

$\boldsymbol{f}=\begin{bmatrix} f_1 \\ f_2 \\ \vdots \\ f_N \end{bmatrix}$为待求的图像向量，$\boldsymbol{p}=\begin{bmatrix} p_1 \\ p_2 \\ \vdots \\ p_M \end{bmatrix}$为已知的投影向量。这样，我们就把图像重建问题转化成了由公式(7.20)从已知的投影数据$\{p_j\}$求未知的图像数据$\{f_i\}$的问题。

在公式(7.20)中，c_{ij}是第i个像素的图像值对第j个投影单元的投影值的贡献因子，或者说是从第i个像素区域发射出来的γ光子被第j个投影单元接收到的概率，它是由图像的像素划分方式和成像系统的性质决定的。系统传输矩阵$\{c_{ij}\}$是否全面反映投影形成的物理特质，直接影响迭代重建结果的精度，怎样确定各贡献因子的值是非常重要的。但是，系统传输矩阵的计算量对早期的计算机来讲是相当大的负担，为了降低计算量，人们提出了一些简化的投影模型。

与 Radon 变换认为投影线是无限窄的直线，投影是图像的线积分不同，实测的投影数据是由离散化的探测器单元输出的，每个探测单元都有一定的尺度。如果准直器的响应特性是理想的(即只有平行于准直孔轴线运动的光子才能通过准直器而到达探测器)，那么我们可以从每个探测单元出发作一条投影带，图像上被投影带覆盖的部分所发射的光子才可能被该探测器单元接收到。宽带模型(Fat Tape Model)认为投影线是一些条带，其宽度等于相邻投影线的中心距τ，投影值则为条带所覆盖像素的放射性之和(Ray Sums)。

我们知道，重建图像的每个像素都是宽度为$\Delta x=\Delta y$的矩形。对像素内放射性分布的最简单假设是放射性集中在每个像素的中心点，如果投影带j覆盖某个像素i的中心，则$C_{ij}=1$，否则$C_{ij}=0$，这就是δ函数模型(Delta Function Model)。它给出的C_{ij}非0即1，计算非常简便，但模型十分粗糙，与实际情况相差较大。

凹盘模型(Concave Disk Model)则假设像素的放射性均匀分布在一个圆盘中，圆盘的直径$d=\Delta x=\Delta y$，如图7.21所示。那么贡献因子c_{ij}与投影线方向无关，只是像素i的中心到投影带j中心线的距离l_{ij}的函数。凹盘模型与实际比较接近，它特别适合投影带宽度$\Delta\tau=\Delta x=\Delta y$的情况，这时贡献因子

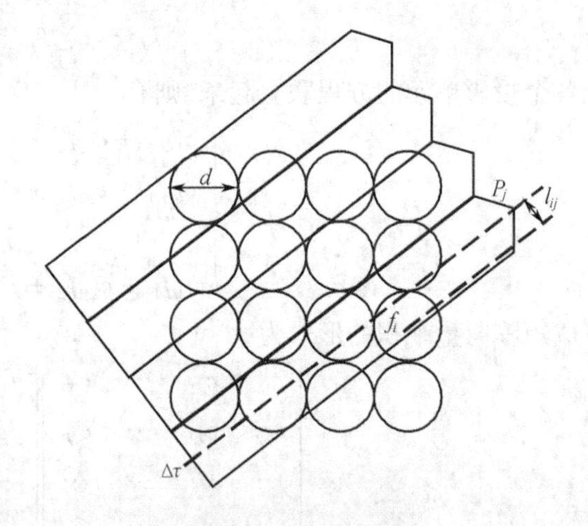

图7.21　凹盘模型

$$c_{ij}=\frac{\left(\frac{d}{2}-l\right)\sqrt{l(d-l)}}{\frac{\pi}{4}d^2}+\frac{\sin^{-1}\frac{d-2l}{d}}{\pi}+\frac{1}{2}。$$

更为合理的假设是放射性在每个像素中均匀分布，均匀密度模型（Uniform Intensity Model）就基于这种假设，见图 7.22。此时贡献因子 c_{ij} 就是第 j 条投影带与第 i 个像素交叠部分的面积 S 与像素的总面积之比，即 $c_{ij}=\dfrac{S}{\Delta x\Delta y}$。交叠面积可能是各种各样的三角形、四边形、五边形或者六边形，S 的计算比较复杂和费时，但随着计算机技术的进步，均匀密度模型越来越多地被采用。

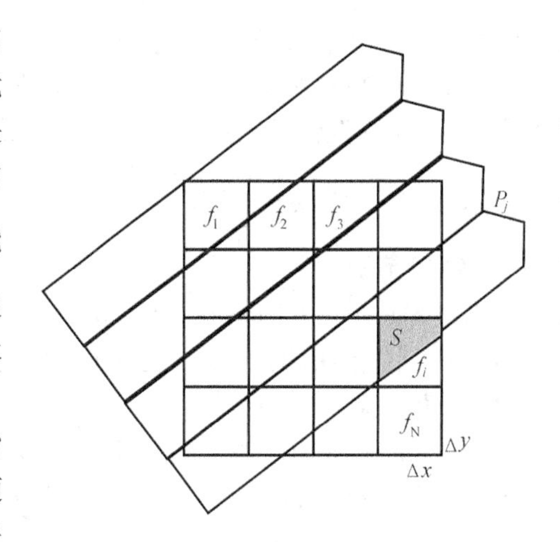

图 7.22　均匀密度模型

近年来，随着成像基本理论的发展，人们开始从更深层次去理解医学图像的内涵。近年来，随着成像基本理论的发展，人们开始从更深层次去理解医学图像的内涵。一幅核医学数字图像可以理解为对一个连续空间域上的放射性分布，用一组处于同一空间域上的基函数的线性组合来表示。如果这组基函数的每一个成员对应一个像素（Pixel，二维情形）或一个体素（Voxel，三维情形），即类似于矩形函数，在相应像素（或体素）内为 1，其他区域为 0，那么在线性组合中各基函数的系数就是传统意义下数字图像的像素值。但进一步的分析表明，这种像素（或体素）基函数并不一定是最佳的。首先，通过像素（或体素）的离散化所得的数字图像与原始的连续放射性分布之间必然存在离散化误差；其次，这组矩形函数在频率域上含有无限的高频成分，受到探测器有限的空间分辨率和采样数目等条件限制，高于一定空间频率的成分无法被恢复出来。因此，近来许多人在研究用更合理但也更复杂的基函数组合表达图像，如 Fourier 基函数、SVD（Singular Value Decomposition）基函数、有限元基函数等。其中一种称为“blob”的基函数已经应用于实际成像过程中。“blob”是一种轴向对称 Kaiser-bessel 窗函数的别称，它具有在图像空间域上数目有限和在频率域上有带宽上限的特性，与传统观念上用像素表示离散图像相比，采用“blob”基函数可以有效地消除图像离散化带来的混迭（Aliasing）效应，但代价是计算量的增加。

需要再次强调的是，上面给出的贡献因子 c_{ij} 是基于理想的准直器响应特性，仅限于投影宽带模型，当然它也取决于上面提到的像素模型。要使它更接近实际情况，还应该进一步考虑真实的、非理想准直器的空间响应，计算出能反映准直器三维响应特性的系统传输矩阵 $\{c_{ij}\}$。只要确定了投影采样密度（包括 θ 采样和 r 采样），就可以根据上述模型预先计算系统传输矩阵 $\{c_{ij}\}$，将其存储起来，在重建的过程中只要调用预存的 $\{c_{ij}\}$ 就可以了。

理论上讲，有了公式（7.20），我们就可以采用解代数方程组的方法来获得断层图像。但是实际上这种做法无法实现。首先，只有当独立的投影方程数目与未知图像的像素数目相等时才可能有唯一解，而实际上常常不满足这一条件。其次，投影数据 $\boldsymbol{P}$ 中通常存在比较严重的统计噪声，当系统传输矩阵$\{c_{ij}\}$的病态性质比较严重时，直接求解的方法会受到噪声的严重干扰，得到的解可能和真实情况有很大偏差，因此通常采用迭代的方法进行求解。下面我们将介绍几种常用的迭代重建算法。

7.3.1 代数迭代重建算法

1. ART 算法

ART(Algebraic Reconstruction Techniques)是一类代数重建算法的统称。ART 算法在迭代修正的过程中，依次计算各条投影线的理论投影值，每次只修正对一个投影值有贡献的那些像素的估计值。

最常用的一种 ART 算法是基于 S Kaczmarz 于 1937 年提出的交替投影法(Method of Projections)进行迭代修正的。为了说明这种方法的原理，我们把公式(7.20)改写成

$$\begin{cases} \boldsymbol{c}_1 \cdot \boldsymbol{f} = p_1 \\ \boldsymbol{c}_2 \cdot \boldsymbol{f} = p_2 \\ \quad\vdots \\ \boldsymbol{c}_M \cdot \boldsymbol{f} = \boldsymbol{p}_M \end{cases} \tag{7.22}$$

式中，$\boldsymbol{c}_j=(\boldsymbol{c}_{1j},\boldsymbol{c}_{2j},\cdots,\boldsymbol{c}_{Nj})$，“·”是向量点积运算。如果我们以图像$\boldsymbol{f}$的$N$个分量构成$N$维空间，那么图像的每一组估计值就是这$N$维空间中的一个点，而线性方程组中的每一个方程$\boldsymbol{c}_j \cdot \boldsymbol{f}=p_j$都是这$N$维空间中的一个$N-1$维超平面，这个超平面与向量$\boldsymbol{c}_j$正交。如果线性方程组有唯一解，那么这$N$个超平面就有唯一的交点，即我们要求的解。

Kaczmarz 交替投影法的求解思想是：从初始图像估计值$\boldsymbol{f}^0$出发，将这一点投影到第一个方程代表的超平面上，以投影点作为第一次图像估计值$\boldsymbol{f}^1$，把该投影点再投影到第二个超平面上获得新的投影点$\boldsymbol{f}^2$，依次类推，直到向所有超平面方程的投影都进行完后再返回第一个方程，继续新的一轮交替投影。可以证明，如果方程组存在唯一解，那么迭代过程将最终收敛到该点上。

下面我们证明，由$\boldsymbol{f}^k$向第$k+1$个超平面方程投影，获得$\boldsymbol{f}^{k+1}$的过程可以表示为

$$\boldsymbol{f}^{k+1} = \boldsymbol{f}^k - \frac{(\boldsymbol{c}_{k+1} \cdot \boldsymbol{f}^k - p_{k+1})}{\boldsymbol{c}_{k+1} \cdot \boldsymbol{c}_{k+1}} \boldsymbol{c}_{k+1} \tag{7.23}$$

如图 7.23 所示，分别用A,B和C表示向量$\boldsymbol{f}^{k+1}$,$\boldsymbol{f}^k$和$\boldsymbol{c}_{k+1}$的端点，AE为第$k+1$个超平面。根据向量的运算法则，有

$$\boldsymbol{OA} = \boldsymbol{OB} - \boldsymbol{AB} \tag{7.24}$$

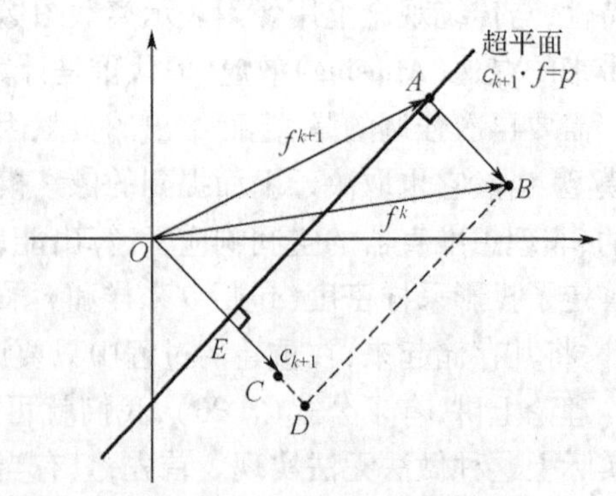

图 7.23 Kaczmarz 算法示意图

由于 $\boldsymbol{AB}$ 和 $\boldsymbol{OC}$ 都与超平面正交,故

$$\boldsymbol{AB}=\boldsymbol{ED}=\boldsymbol{OD}-\boldsymbol{OE} \tag{7.25}$$

$\boldsymbol{OD}$ 和 $\boldsymbol{OE}$ 分别是 $\boldsymbol{f}^{k}$ 和 $\boldsymbol{f}^{k+1}$ 在 $\boldsymbol{c}_{k+1}$ 上的投影向量,因此有

$$\boldsymbol{OD}=\frac{\boldsymbol{c}_{k+1}\cdot\boldsymbol{f}^{k}}{\boldsymbol{c}_{k+1}\cdot\boldsymbol{c}_{k+1}}\boldsymbol{c}_{k+1} \tag{7.26}$$

$$\boldsymbol{OE}=\frac{\boldsymbol{c}_{k+1}\cdot\boldsymbol{f}^{k+1}}{\boldsymbol{c}_{k+1}\cdot\boldsymbol{c}_{k+1}}\boldsymbol{c}_{k+1} \tag{7.27}$$

而 E 是在第 $k+1$ 个超平面 $\boldsymbol{c}_{k+1}\cdot\boldsymbol{f}=p_{k+1}$ 上的点,故

$$\boldsymbol{OE}=\frac{p_{k+1}}{\boldsymbol{c}_{k+1}\cdot\boldsymbol{c}_{k+1}}\boldsymbol{c}_{k+1} \tag{7.28}$$

将公式(7.26)和公式(7.28)代入公式(7.25),再由公式(7.24)可得

$$\boldsymbol{OA}=\boldsymbol{OB}-\left(\frac{\boldsymbol{c}_{k+1}\cdot\boldsymbol{f}^{k}}{\boldsymbol{c}_{k+1}\cdot\boldsymbol{c}_{k+1}}\boldsymbol{c}_{k+1}-\frac{p_{k+1}}{\boldsymbol{c}_{k+1}\cdot\boldsymbol{c}_{k+1}}\boldsymbol{c}_{k+1}\right)$$

,即公式(7.23)。或者写成

$$f_{i}^{k+1}=f_{i}^{k}-\frac{\sum_{i'}(c_{i'k+1}f_{i'}^{k})-p_{k+1}}{\sum_{i'}c_{i'k+1}^{2}}c_{ik+1} \tag{7.29}$$

Kaczmarz 算法是最小均方差下的最佳解,让我们来分析一下公式(7.29)的物理意义。式中 $\sum_{i'}(c_{i'k+1}f_{i'}^{k})$ 是求理论投影 q_{k+1},将它与实测投影值 p_{k+1} 进行比较,获得投影的误差值 $\Delta p_{k+1}\triangleq\sum_{i'}(c_{i'k+1}f_{i'}^{k})-p_{k+1}$。将投影误差值进行 $c_{ik+1}/\sum_{i'}c_{i'k+1}^{2}$ 加权,再反投影到对 p_{k+1} 有贡献的像素上,对其值进行修正;也就是说 Δp_{k+1} 被 $\sum_{i'}c_{i'k+1}^{2}$ 归一化后,按照贡献因子分配给投影线经过的各个像素。不难证明,经过加权因子的作用,在利用像素修正值 $\Delta f_{1}^{k+1}=\frac{\Delta p_{k+1}}{\sum_{i'}c_{i'k+1}^{2}}c_{1,k+1}$,$\Delta f_{2}^{k+1}=\frac{\Delta p_{k+1}}{\sum_{i'}c_{i'k+1}^{2}}c_{2,k+1}$,…求投影时,其值正好等于 Δp_{k+1}。

在实现 ART 算法时,如果采用最简单的 δ 函数模型(认为像素中的计数都集中在像素中心上,如果投影带经过该像素的中心则 $c_{ij}=1$,否则 $c_{ij}=0$),ART 算法的公式可以写作

$$f_{i}^{k+1}=f_{i}^{k}+\frac{p_{k+1}-q_{k+1}}{N_{k+1}} \tag{7.30}$$

式中,N_{k+1} 是 p_{k+1} 的投影带所经过像素中心的个数,q_{k+1} 是根据第 k 次计算得到的图像估计值 f_{i}^{k} 计算出的第 $k+1$ 个投影的理论值,即 $q_{k+1}=\boldsymbol{c}_{k+1}\cdot\boldsymbol{f}^{k}=\sum_{i'=1}^{N}c_{i'k+1}f_{i'}^{k}$。图 7.24 是这种重建算法的一个简单示例(采用 δ 函数投影模型)。

ART 算法重建的结果经常会受到椒盐噪声(Salt and Pepper Noise)的影响。产生这一噪声的原因之一是公式(7.30)对 c_{ij} 的近似过于粗略,使重建图像上产生伪像。如果把公式(7.30)

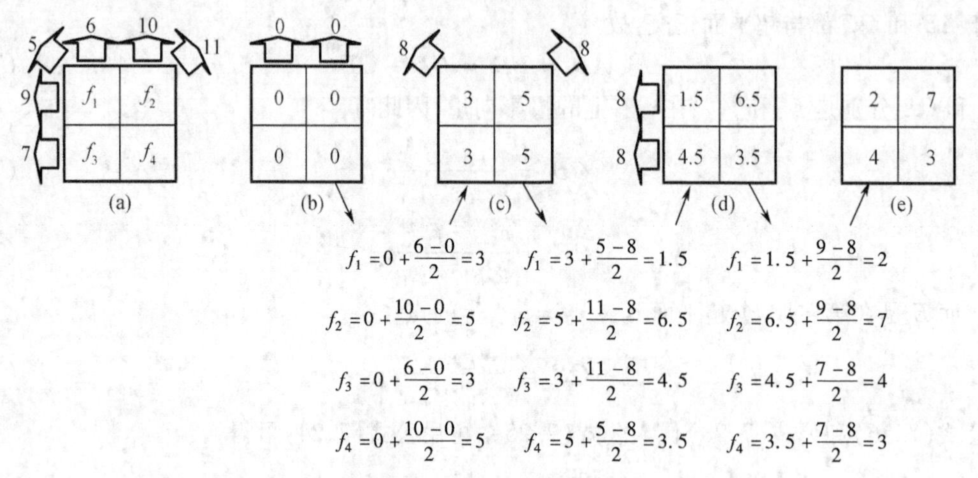

图 7.24 采用 δ 函数模型时 ART 重建算法的迭代过程示例

(a)实测投影；(b)初始值为 0 的图像及理论投影；(c)经竖直方向投影修正得到的图像及理论投影，(d)经两个斜方向投影修正得到的图像及理论投影；(e)经水平方向投影修正得到的图像

改为

$$f_i^{k+1} = f_i^k + \frac{p_{k+1}}{L_{k+1}} - \frac{q_{k+1}}{N_{k+1}} \tag{7.31}$$

则可以在一定程度上减轻伪像，其中 L_i 是投影线在图像区域中的长度被像素尺度 $\Delta x = \Delta y$ 归一化后的值。

在迭代过程中加入松弛因子(Relaxation Parameter) η 可以减轻噪声的影响，这时公式 7.29 改写为

$$f_i^{k+1} = f_i^k - \eta \frac{\sum_{i'} (c_{i'k+1} f_{i'}^{\ k}) - p_{k+1}}{\sum_{i'} c_{i'k+1}^{\ \ 2}} c_{ik+1} \tag{7.32}$$

其中 η 是一个 0 到 2 之间的正数。有时还在迭代过程中逐渐改变 η 的值，可使重建图像质量进一步提高，但这样做的代价是收敛速度变慢。

如果方程 $\boldsymbol{c}_j \cdot \boldsymbol{f} = \boldsymbol{p}_j$ 定义的超平面都互相垂直，一轮迭代即可到达正确的结果；相反，若各超平面之间交角很小，则需要很多轮迭代才接近正确的结果。从理论上说，若先采用线性变换的方法使各投影方程正交化，就能大大加迭代的快收敛速度，但实际的投影数据中含有噪声，而噪声会被正交化的过程放大。Ramakrishnan 提出了成对正交化方案(Pairwise Orthogonalization Scheme)，很容易在计算机上实现，并可观地提高收敛速度。

2. SIRT 算法

ART 每次对像素值进行修正时，只依赖于一条投影带上的数据。在 ART 算法基础上，Gilbert 提出了同时迭代重建技术(Simultaneous Iterative Reconstruction Technique, SIRT)，其基本

思想是在修正某个像素的值之前,计算该像素有贡献的所有投影单元的投影估计值和实测投影值之间的差别,并求其加权平均值,再利用该平均值对图像进行修正。SART 算法的迭代公式如下

$$f_i^{k+1}=f_i^k-\eta\frac{\sum_j\frac{c_{ij}}{\sum_{i'}c_{i'j}}\left[\left(\sum_{i'}c_{i'k+1}f_{i'}^{\ k}\right)-p_{k+1}\right]}{\sum_j c_{ij}}$$

$$=f_i^k-\eta\frac{\sum_j\frac{c_{ij}}{\sum_{i'}c_{i'j}}\Delta p_{k+1}}{\sum_j c_{ij}} \tag{7.33}$$

通过把各条投影带上的贡献平均化,可以避免一条投影带上的误差对重建结果带来过大的影响,从而抑制重建图像中的噪声,但它的收敛速度比 ART 慢。

3. MART 算法

上面介绍的 ART 算法(公式(7.29))是对图像估计值进行加法修正,乘法代数重建技术(Multiplicative Algebraic Reconstruction Techniques,MART)采用的是乘法修正策略

$$f_i^{k+1}=f_i^k\frac{p_{k+1}}{\sum_i c_{i,k+1}f_i^k} \tag{7.34}$$

其乘法修正因子是实测投影值与理论投影值之比。这是应用于世界首台商用 CT(EMI machine)上的第一个重建算法。

代数重建算法还有很多种。我们知道,欠定的(Under-determined)方程组(即独立的投影方程数少于待求的像素数)其解不唯一。从交替投影的求解思想还可以知道,如果投影方程含有噪声,超平面没有共同的交点,迭代不会收敛于同一点,而是在真实解周围振荡。迭代法的长处之一是可以将一些先验知识(Prior Information)加进去,例如因为像素值非负,遇到小于 0 的结果可将其置于 0;又如知道图像的空间范围,就可将边界以外的像素值置于 0,这些先验知识可以部分补偿不完整的投影数据(Iimited Projection Data)。

7.3.3　统计迭代重建算法

1. ML-EM 算法

核素成像的各个环节,从 γ 光子自人体中发射出来到被探测器接收,都是随机过程。和 X 光 CT 相比,核医学的投影数据存在更严重的统计噪声,因而以概率论为基础的统计迭代重建算法更适合发射型计算机断层成像(Emission Computed Tomography,ECT)。

核物理知识告诉我们,核素发射 γ 光子的过程是空间泊松点过程(Spatial Poisson Point Process),每个探测单元接收到的 γ 光子数一般可以认为是服从泊松分布(Poisson Distribution)的随机变量。按照泊松分布,投影计数 p 等于 k 的概率为

$$g(p = k) = \frac{\lambda^k}{k!}e^{-\lambda} \tag{7.35}$$

式中 λ 为 p 的均值。

从统计学看,病人体内的放射性分布 $\boldsymbol{F}$ 是用 N 个像素的活度(即衰变数)的统计均值 f_1, f_2,…,f_N 来表示的;某次扫描测得的投影值集合 $\boldsymbol{P}$ 是一次试验中抽到的 M 个样本 p_1, p_2,…, p_M;图像重建问题可描述为:在已知一次抽样得到的投影样本 $\boldsymbol{P}$ 的条件下,怎样估计像素衰变数期望值 $\boldsymbol{F}$ 的问题。

极大似然估计法(Maximum Likelihood Estimation Method)是依据极大似然准则求解似然函数中的未知参数的一种参数估计法。极大似然准则要求:在一定试验条件下,未知参数的最优估计值应使所得到的抽样结果应该具有最大的出现概率;换句话说,试验条件应使似然函数达到最大值。

假设某个投影测量值 p_j 的条件概率分布 $g(p_j \mid \boldsymbol{F})$ 是知道的,它含有未知条件参数集 $\boldsymbol{F} = \{f_1, f_2, \cdots, f_N\}$)。在一次试验中,$\boldsymbol{P}$ 抽到 M 个样本 p_1, p_2,…, p_M,则得到这一结果的概率 $g(\boldsymbol{P} \mid \boldsymbol{F})$ 为这 M 个样本的联合概率

$$g(\boldsymbol{P} \mid \boldsymbol{F}) = \prod_{j=1}^{M} g(p_j \mid f_1, f_2, \ldots, f_N) \tag{7.36}$$

显然 $g(\boldsymbol{P} \mid \boldsymbol{F})$ 是参数集 $\boldsymbol{F}$ 的函数,记作 $L(\boldsymbol{F})$,称之为似然函数(Likelihood Function)。

在投影试验条件中,除未知参数集 $\boldsymbol{F}$ 外,其他都是确定已知的;于是问题就变成了未知参数集 $\boldsymbol{F}$ 取何值时,似然函数达到最大。解决这类问题的最佳方法是求偏导解方程,在 $L(\boldsymbol{F})$ 关于参数集 $\boldsymbol{F}$ 可微时,要使 $L(\boldsymbol{F})$ 取最大值,$\boldsymbol{F}$ 必须满足:$\dfrac{\partial L(\boldsymbol{F})}{\partial f_i} = 0$。

由上式解得的 $\boldsymbol{F}$ 即为使似然函数达到最大的参数集估计值,称之为极大似然估计值。

下面,让我们具体推导核素成像问题的极大似然估计公式。

我们知道,投影方程(公式(7.19))中的贡献因子 C_{ij} 反映了第 i 个像素衰变数的统计期望值对第 j 条投影线计数的统计期望值的贡献,它取决于成像系统的几何结构和物理性能,以及光子在病人体内的物理传输过程等因素,对每个像素 i 和每条投影线 j,C_{ij} 都有一个已知的确定值。这就是说,投影方程描述了从 γ 光子发射的统计期望值到投影测量的统计期望值的关系。

既然投影计数是服从泊松分布、且均值为 $\bar{p} = \sum_{i=1}^{N} C_{ij} f_i$ 的随机变量,由公式(7.35),在投影线 j 上测得计数值 p_j 的概率为

$$g(p = p_j \mid \boldsymbol{F}) = \frac{\left(\sum_{i=1}^{N} c_{ij} f_i\right)^{p_j}}{p_j!} e^{-\left(\sum_{i=1}^{N} c_{ij} f_i\right)}$$

由公式(7.36),在一次扫描中测得 M 个投影值 $\boldsymbol{P}$(计数值分别为 $p_1, p_2, \cdots, p_M$)的联合概率为

$$L(\boldsymbol{F}) \equiv g(\boldsymbol{P} \mid \boldsymbol{F}) = \prod_{j=1}^{M} \frac{\left(\sum_{i=1}^{N} c_{ij} f_i\right)^{p_j}}{p_j!} e^{-\left(\sum_{i=1}^{N} c_{ij} f_i\right)} \tag{7.37}$$

这就是我们要找的似然函数,它是未知参数 $\boldsymbol{F}$,即 $f_1, f_2, \cdots, f_N$ 的函数。

对数函数 $l(\boldsymbol{F}) = \log L(\boldsymbol{F})$ 是 $L(\boldsymbol{F})$ 的单调函数,因此使 $\log L(\boldsymbol{F})$ 最大的 $\boldsymbol{F}$ 值同样也使 $L(\boldsymbol{F})$ 最大。所以可由对数似然函数 $l(\boldsymbol{F})$ 代替上式的 $L(\boldsymbol{F})$,这样可使连乘运算 $\prod$ 变成累加运算 $\sum$,并且化解指数,使上式简化易解。

$$l(\boldsymbol{F}) = \log L(\boldsymbol{F}) = \sum_{j=1}^{M} \left[p_j \times \log\left(\sum_{i=1}^{N} c_{ij} f_i\right) - \log p_j! - \sum_{i=1}^{N} c_{ij} f_i\right]$$

由于每个像素的活度值必然是非负值,所以在求解时还需加入非负性约束条件 $f_i \geqslant 0$。此时,使 $l(\boldsymbol{F})$ 极大的条件由 Kuhn-Tucker 条件给出

$$f_i \frac{\partial l(F)}{\partial f_i} = 0, \text{以及} \frac{\partial l(F)}{\partial f_i} \leqslant 0。$$

解此方程组,可得到每个参数的极大似然估计值。

ECT 图像重建中,未知参数的个数 N 非常多(例如对 128 × 128 的图像进行二维重建,每个断层的未知参数数目为 16 384 个),求解如此庞大的非线性方程组显然是不现实的。早在 1976 年,A. Rockmore 和 A. Macovski 就提出了这种由极大似然估计法进行图像重建的设想,但没有找到解决这一问题方法[33]。而在 1977 年,A P Dempster 等人为解决由不完整数据进行极大似然估计所建立的期望值最大化法(Expectation Maximization,EM),成为了解决这类统计问题的基本方法[34]。

用期望值最大化法实现极大似然图像重建是由 L A Shepp、Y Vardi(1982)和 K Lange、R Carson(1984)分别独立提出的[35][36]。期望值最大化法是以迭代算法为基础的,它的基本思想是:通过迭代不断更新每一个参数的估计值,每一次更新都会使似然函数增大,且最终使似然函数逼近其全局最大值,由此得到极大似然参数估计值。这样就把一个复杂的极大似然估计问题转化成一系列简单的期望值最大化问题。

期望值最大化法的关键是建立使似然函数 $L(f_i)$ 增大的参数 f_i 更新算法,EM 的名字就来源于参数更新过程中的两个关键步骤:E 步(Expectation,求期望)和 M 步(Maximization,极大化)。具体说,若 f_i^k 为第 k 次迭代结束后 f_i 的估计值,则第 $k+1$ 次迭代的两步为:

E 步:计算似然函数 $l(f_i)$ 的条件期望 $E[l(f_i) \mid \boldsymbol{P}, f_i^k]$。所谓条件期望就是在. $\boldsymbol{P}, f_i$ 取确定值条件下 $l(f_i)$ 的期望值。

M 步:导出使条件期望 $E[l(f_i) \mid \boldsymbol{P}, f_i^k]$ 最大的 f_i^{k+1} 值。令该条件期望对 f_i^{k+1} 的偏导数为 0,就可得到

$$f_i^{k+1} = \frac{f_i^k}{\sum_j c_{ij}} \sum_j \frac{c_{ij} p_j}{\sum_{i'} c_{i'j} f_{i'}^k} \tag{7.38}$$

理论上可以证明(参见文献[34][35][36]),按照迭代式(7.38)每一次更新均使 $L(f_i^{k+1}) \geqslant L(f_i^k)$,并最终收敛到使 $L(f_i)$ 最大的极大似然估计值 f_i。

总之,最大似然—期望值最大化算法(Maximum Likelihood-expectation Maximization, ML-EM)就是通过期望值最大化迭代实现极大似然图像重建的算法。它的每一轮迭代都要用到全部投影数据 p_j,反复迭代,直至 $\| f_i^{k+1} - f_i^k \|$ 充分小时停止。一次图像重建往往需要几十次甚至上百次迭代,计算量非常大。

分析迭代式(7.38)可以看到,它同样包含投影和反投影两个过程:$\sum_{i'} c_{i'j} f_{i'}^k \equiv q_j$ 是根据上一轮的图像估计值和系统传递矩阵计算投影估计值;$f_i^{k+1} = \frac{f_i^k}{\sum_j c_{ij}} \sum_j c_{ij} \frac{p_j}{q_j}$ 是将计算出的投影估计值 q_j 与实测投影值 p_j 相比较,将其比值按照贡献因子 c_{ij} 反投影到相应像素上,对上一次的图像估计值做出乘法修正。式中的修正因子 $\sum_j c_{ij} \frac{p_j}{q_j}$ 是对所有对像素 i 有贡献的投影线的 p_j/q_j 进行加权求和。

在无噪声的理想情况下,随着迭代次数的增加,似然函数趋于最大,图像最终会收敛于极大似然解。但实际投影数据中必然存在噪声,且随着迭代次数的增加,噪声逐步被放大。噪声放大与似然函数逐步增加成为制约图像质量的一对矛盾:在迭代初期,似然函数的增加起主导作用,图像质量趋好;当迭代到某一次数后,噪声的增加开始起主导作用,图像质量由好趋坏。图像质量(重建图像与真实图像对应像素的均方差和)随迭代次数的变化见图 7.25,存在一个最佳迭代次数。子集水平及迭代次数要依据具体噪声情况确定。另外,采用控制相邻像素之间差值的所谓正则化(Regularization)技术或使用重建后滤波技术,会使迭代次数的最佳值增加。

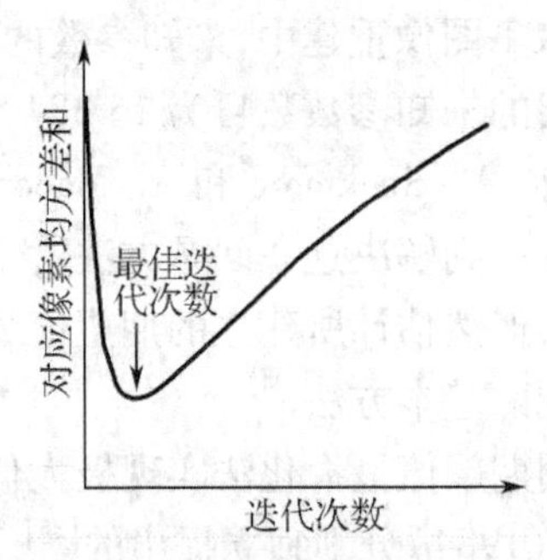

图 7.25 图像质量随迭代次数的变化

在无衰减校正的滤波反投影重建图像中,噪声的分布是均匀的。但在 ML-EM 重建图像中,噪声的强度与放射源的活度相关,在低活度区噪声的强度也低。所以在低计数情况下,ML-EM 比滤波反投影具有更大的优势。

使用 EM 算法的图像重建技术,不会出现像素值小于零的情况,这与实际情况相符合。而在滤波反投影中,像素值会有负值情况,这在物理上是无意义的。

ML-EM 重建图像中很少出现明显的条状伪影(Streaking Artefact),但在从活度区到背景区过渡比较陡峭时可能出现边缘(Edge Artefact)伪影。总的来说,ML-EM 图像中的伪影少于滤波反投影。

ML－EM 是建立在两个符合实际的模型基础上的。一个是处理随机变量的精确统计模型:描述核素衰变及投影计数的泊松分布,并基于自然客观的似然函数检验图像重建的质量。这是核医学图像重建最合适的理论,而滤波反投影技术则完全忽略计数的随机性是不符合实际情况的。另一个是可包含各种约束的物理模型$[c_{ij}]$可描述射线从发射点到探测器的整个过程中的各种情况,包括核素衰变、准直器深度响应导致的空间分辨率不均匀性、探测效率不一致性、人体衰减、散射、随机符合、甚至正电子射程、两光子飞行夹角与 180°的偏差、飞行时间等。而滤波反投影技术是难以直接包含这些约束校正的。

总而言之,从重建图像质量的角度讲,ML-EM 算法比 FBP,ART 更适合于 ECT 图像重建。但是 ML－EM 算法的主要缺点是计算量大,收敛慢,比 FBP 算法需要更长的计算时间。

2. OS-EM 算法

ML－EM 算法提出后,对 ECT 重建算法研究的重点转向 EM 类迭代算法的加速上。1994 年 H. M. Hudson 和 R. S. Larkin 提出的有序子集—期望值最大化算法(Ordered Subset-expectation Maximization,OS-EM)是一种较好的 EM 加速算法[5]。这种算法在 ML-EM 算法基础上,把投影数据按照某种选择规则分成 L 个有序子集$\{S_1,S_2\cdots,S_L\}$;原算法中的一轮计算被分为 L 步,每一步对$\{S_1,S_2\cdots,S_L\}$中的一个子集进行计算,全部像素被更新一次,称为一次子迭代(subiteration);所有子集轮流使用一遍,完成一轮迭代。可见在一轮迭代中,图像被更新了 L 次。

具体地说,令 f_i^k 代表在第 k 轮迭代后得到的像素单元 i 活度的估计值,则 $OS-EM$ 算法的计算过程为:

(1)$k=0$,初始化f^k(例如预置为各像素值均相等的图像);

(2)重复下面的步骤,直到f^k 达到收敛要求:

①$f_s^1=f^k$;

②对每个子集 $S_q,q=1,2,\cdots,L$,重复计算

$$f_{si}^{q+1}=\frac{f_{si}^{q}}{\sum\limits_{j\in S_q}c_{ij}}\sum_{j\in S_q}\frac{c_{ij}p_j}{\sum\limits_{i'}c_{i'j}f_{si'}^{q}}\tag{7.39}$$

注意　式中的$\sum\limits_{j\in S_q}$表示只对属于子集 S_q 的投影值求和;

③$k=k+1,f^k=f_s^L$

实现 OS-EM 算法还有许多具体的技术性问题,下面对其进行简要的介绍。

由于投影数据通常是按 $p(r,\theta)$顺次给出的,一个视角 θ 下不同 r 的投影数据结束后,接着处理另一个视角的投影数据。在 ART 算法中,公式(7.29)的迭代过程一般也顺次进行,可以认为迭代也是分子集进行的,子集数与视角数相等。在 OS-EM 中,通常由多个视角的投影数据构成一个子集。而 ML-EM 则是将所有投影数据划为一个子集的 OS-EM 特例。

Hudson 等建议在选取子集时尽量满足子集平衡性(Subset Balance)的要求,即每个像素对各个子集的贡献因子之和大致相等。经验上讲,在选择选取子集时一般满足如下原则:①各个子集包含的投影数目相等;②使相对位置上(即视角间隔为180°)的投影属于同一个子集;③相邻子集中的投影数据视角方向间隔尽量大。需要注意的是,理论上无法保证 OS-EM 算法的收敛点与 ML-EM 的收敛点一致,甚至在某些极端情形下,如果子集选取不合适,OS-EM 算法可能陷入“震荡”,即每一步子迭代都收敛至不同的收敛点,每一轮迭代都在各子集的收敛点之间循环。因此,一般不建议每个子集内的投影数据数目过少,或者说子集数目过多。如果子集选择恰当,OS-EM 算法可以将 ML-EM 算法的收敛速度提高一到两个数量级。

重建时间等于迭代次数与每次迭代时间的乘积。迭代次数取决于要达到的图像质量。完成 OS-EM 一轮迭代(不是子迭代)所用时间与 ML-EM 一轮迭代所用时间基本相等,但 OS-EM 一轮迭代所达到的图像质量与子集数成正比。试验表明,经子集数为30的一轮 OS-EM 迭代,图像就具有一定的质量,而 ML-EM 达到同样图像质量需30轮迭代。每次迭代所用时间取决于所用物理模型的复杂程度,模型所包含的因素越多(如衰减、散射、随机符合、空间分辨率不均匀性等),时间自然越长。

尽管 OS-EM 的理论基础并不完善,但是通过 OS 加速技术,在基本保持 ML - EM 在图像重建质量的各方面优点的前提下,非常有效地解决了 ML-EM 收敛速度慢的问题。因此,OS-EM 算法在核医学图像重建中得到广泛应用,已经成为 PET 和 SPECT 的标准重建算法之一。

3. RAMLA 算法

OS-EM 算法能较大地改善图像质量,并且计算开销相对较少,是非常成功的,但这个算法实际上不是一个真的 ML 估计,而且当数据存在噪声时,不会收敛到 ML 问题的解。因此各种收敛的 OS-EM 算法也被非常关注,其中主要的一类是松弛的 OS 方法(relaxed OS methods)。这类算法的思想是采用一个和子集无关的松弛因子来控制 OS-EM 每步迭代的修正力度,迭代过程中松弛因子的值逐渐缩减,直到为零。一个例子是 J. Browne 和 A. R. De Pierro 在1996年发表的行处理最大似然算法(Row-action Maximum Likelihood Algorithm, RAMLA)[38],它是从1983年 Censor 提出的行处理 ART 算法(参见公式(7.32))演化而来的,其第 k 轮、第 q 个子集的迭代公式为

$$f_i^{k,q+1} = f_i^{k,q} + \eta_k f_i^{k,q} \sum_{j \in S_q} c_{ij} \left(\frac{p_j}{\sum_{i'} c_{i'j} f_{i'}^{k,q}} - 1 \right) \tag{7.40}$$

其中,像素序号 $i=1,\cdots,N$,投影序号 $j=1,2,\cdots M$,投影子集的序号 $q=1,\cdots,L$。

η_k 是一个正的松弛因子序列,满足以下条件

$$\lim_{k\to\infty}\eta_k = 0,\ \sum_{k=0}^{\infty}\eta_k = +\infty \tag{7.41}$$

公式(7.40)可改写为 $f_i^{k,q+1} = (1-\eta_k \sum_{j\in S_q} c_{ij}) f_i^{k,q} + \eta_k f_i^{k,q} \sum_{j\in S_q} \frac{c_{ij}p_j}{\sum_{i'} c_{i'j} f_{i'}^{k,q}}$,

前一项部分保留了上一轮的估值,后一项是带松弛因子的 OS-EM 迭代公式(见公式(7.39))。公式中的松弛因子 η_k 在一轮迭代的各个子集计算中保持不变,而在各轮迭代间不断收缩。这使得前一项(上一轮的估值)在迭代前期的影响很小,以后逐渐加大;而后一项在迭代前期起主导作用,以后逐渐减小对解的贡献。这样,既保留了在 OS-EM 迭代前期的快速收敛的优点,又消除了迭代后期由于分组造成的解无法收敛。由于有前一项的作用,RAMLA 的收敛速度比 EM 算法更缓慢,因此改进收敛性是以放缓收敛速度为代价的。

4. MAP 算法

1987 年 E Levitan 和 G T Herman 提出了最大后验概率算法(Maximum a Posteriori, MAP)[39]。与 ML－EM 算法的最大似然准则不同,MAP 采用的准则为,在已知一组投影测量值 $\boldsymbol{P}$ 的条件下,使放射性分布 $\boldsymbol{F}$ 的后验概率 $g(\boldsymbol{F}|\boldsymbol{P})$ 最大。

根据概率论中著名的 Bayes 后验概率公式有

$$g(\boldsymbol{F} \mid \boldsymbol{P}) = \frac{g(\boldsymbol{P} \mid \boldsymbol{F})g(\boldsymbol{F})}{g(\boldsymbol{P})} \tag{7.42}$$

由于投影测量值 $\boldsymbol{P}$ 已知,故 $g(\boldsymbol{P}) = 1$。因此 MAP 算法就是寻找使下面的函数极大的 $\boldsymbol{F}$

$$B(\boldsymbol{F} \mid \boldsymbol{P}) \equiv \ln g(\boldsymbol{F} \mid \boldsymbol{P}) = \ln g(\boldsymbol{P} \mid \boldsymbol{F}) + \ln g(\boldsymbol{F}) \tag{7.43}$$

将公式(7.43)与 ML-EM 算法的似然函数公式(7.37)相比较,可以发现,如果先验概率 $g(\boldsymbol{F})$ 为均匀分布函数的话,则公式(7.43)的最大后验概率估计值 $\boldsymbol{F}$ 与公式(7.37)的最大似然估计值 $\boldsymbol{F}$ 是等价的。换句话说,ML 准则只是 MAP 准则的一个特例,而 MAP 准则是在 ML 准则的基础上加入了 $g(\boldsymbol{F})$ 的先验分布知识。因此,我们可以期望 MAP 算法获得比 ML-EM 算法更好的重建结果。

前面说过,当投影数据中存在比较严重的统计噪声时,ML-EM 及 OS-EM 算法重建图像的质量并不完全是随着迭代的进行越来越好,而是在初始的迭代步骤中随着图像中的细节部分越来越多地被恢复出来,图像质量逐渐变好,但随着迭代次数的增加,图像中的噪声会逐渐升高,以至于经过足够多次的迭代后噪声带来的负面影响可能超过图像细节恢复的正面影响,使得此后重建图像的质量会随着迭代的进行再次下降。

为什么 ML-EM 算法会存在这样的问题呢? 分析 ML-EM 算法的迭代公式(7.38)可以看到,ML-EM 的迭代修正准则是使理论投影值 q_j 与实测投影 p_j 越接近越好,而对于重建图像域来说则是"无约束"的,因而出现重建图像中的噪声不断增加,而理论投影值却与实测投影值越来越接近的情况。我们可以把迭代次数限制到一个合理的数目并人工停止迭代来抑制噪声的过度上升,同时对重建图像可以进行一定的平滑滤波以减轻噪声的影响。更为合理的方法则是利用 MAP 算法,在重建的过程中在图像域上施加一定的先验约束来解决这一问题。形象地说,就是在重建过程中加入一项对图像平滑度的估计,利用该估计项对图像中过度严重的噪声成分施加一定的"惩罚"(Penalize),以达到抑制噪声的目的。

根据 Markov 随机场理论的有关知识,可以为图像定义 Gibbs 先验分布函数如下

$$g(\boldsymbol{F}) = \mathrm{e}^{-\beta U(\boldsymbol{F})} \tag{7.44}$$

其中 $U(\boldsymbol{F})$称为能量函数,β 为常数。不同的图像 $\boldsymbol{F}$ 具有不同的能量,局部区域中像素值相差越大能量越高,根据 Gibbs 函数的定义,能量最低的图像具有最高的先验概率。这样公式(7.43)变为

$$B(\boldsymbol{F} \mid \boldsymbol{P}) \equiv \ln g(\boldsymbol{P} \mid \boldsymbol{F}) - \beta U(\boldsymbol{F}) \tag{7.45}$$

能量函数有多种定义方法,例如可定义为

$$U(\boldsymbol{F}) = \sum_{i,j \in \mathbf{N}} (f_j - f_i)^2 \tag{7.46}$$

其中 N 表示由所有相邻像素组成的集合。

类似于公式(7.38),MAP 准则函数也可以通过 EM 迭代算法来实现极大化。我们同样略去推导过程,而给出 MAP-EM(Maximum a Posteriori Expectation Maximization)算法的迭代公式如下

$$f_i^{k+1} = \frac{f_i^k}{\sum_j c_{ij} + \beta \frac{\partial}{\partial f_i} f_i^k} \sum_j \frac{c_{ij} p_j}{\sum_i c_{ij} f_i^k} \tag{7.47}$$

式中

$$\beta \frac{\partial}{\partial f_i} f_i^k = \sum_{j \in \mathbf{N}_i} (f_i^k - f_j^k) \tag{7.48}$$

其中 N_i 表示所有与 i 相邻的像素。

MAP-EM 算法的重建过程可以通过正则化参数(Normalizing Parameter)β 来控制。当$\beta \to 0$时,Gibbs 分布趋近于均匀分布,相应地 MAP-EM 算法接近于 ML-EM 算法。β 由 0 逐渐增大时,由于罚函项 $\beta \frac{\partial}{\partial f_i} f_i^k$ 的存在,重建图像中的噪声会得到一定的抑制而使图像变得更平滑,图像的质量随着先验知识引入而有所改善。但是β 的增大应有一定的上限,否则会由于先验知识的过度作用而产生负面影响。

上述 MAP-EM 算法也有一定的缺点。首先,公式(7.47)的迭代重建过程无法保证 f_i^k 的非负性。通过选择合理的β 值和进一步修正算法可以避免这一问题。另外,MAP-EM 算法在使图像平滑的同时也对图像的边缘信息有一定的破坏作用。因此有许多人研究采用更复杂和更有效的先验分布函数来进一步提高 MAP 重建图像的质量。

和 ML-EM 算法类似,MAP-EM 算法也可以通过选择有序子集(OS)的方法来加速迭代过程。

5. WLS-CG 算法

考虑核素成像的统计特性,我们也可以把代数迭代算法中的投影方程公式(7.21)写成:

$$\boldsymbol{p} = \boldsymbol{C}\boldsymbol{f} + \boldsymbol{n} \tag{7.49}$$

其中 $\boldsymbol{n}$ 是随机噪声向量。这样我们把图像重建问题描述为从一组受到噪声干扰的投影数据 $\boldsymbol{P}$ 中估计原始图像数据 $\boldsymbol{f}$ 的问题。

从前面的讨论我们知道,$\boldsymbol{P}$ 的每个分量 p_j 都是相互独立的泊松随机变量,其数学期望为

$E(p_j)=\sum_i c_{ij}f_i$

泊松随机变量的均方差值与数学期望值相等,因而可知各个探测单元上的投影数据受噪声的影响是不同的。因此有人提出了加权最小二乘(Weight Least Square,WLS)估计方法,并给出了最小均方误差(Minimum Mean Square Error,MMSE)意义下图像重建问题的最优解。该解应使下面的 WLS 准则函数最小化

$$\begin{aligned} W(\boldsymbol{f}) &= \| Cf-P \|_{R^{-1}}^2 \\ &= (Cf-P)^T R^{-1}(Cf-P) \end{aligned} \tag{7.50}$$

其中权重矩阵 $\boldsymbol{R}$ 为噪声 $\boldsymbol{n}$ 的协方差矩阵,它给出了每个分量 p_j 的不确定性(统计方差)。在实际的计算过程中,需要根据实测投影数据对 $\boldsymbol{R}$ 进行估计,例如可取

$$\boldsymbol{R}=\begin{bmatrix} p_1 & & & \\ & p_2 & & \\ & & ? & \\ & & & p_M \end{bmatrix} \tag{7.51}$$

可以证明,使公式(7.50)最小化的 $\boldsymbol{f}^*$ 是下面方程的解

$$Af=b \tag{7.52}$$

其中 $\boldsymbol{A}=\boldsymbol{C}^{\mathrm{T}}\boldsymbol{R}^{-1}\boldsymbol{C}$,$\boldsymbol{b}=\boldsymbol{C}^{T}\boldsymbol{R}^{-1}\boldsymbol{P}$。

在公式(7.52)中,$\boldsymbol{A}$ 是一个对称正定矩阵,而且通常规模很大。对这样的方程采用直接解法是很困难的,通常采用迭代方法求解。我们在此介绍两种最小化 $W(\boldsymbol{f})$ 的算法:最速下降法(Steepest Descent)和共轭梯度法(Conjugate Gradient Method,CG)。

(1)最速下降法

最速下降法的基本思想是这样的:为了找到 $\boldsymbol{f}$ 所在的 n 维空间中,代价函数 $W(\boldsymbol{f})$ 的极小值点 $\boldsymbol{f}^*$,我们从任一点 $\boldsymbol{f}^k$ 出发,沿着 $W(\boldsymbol{f})$ 在 $\boldsymbol{f}^k$ 点下降最快的方向搜索下一个近似点 $\boldsymbol{f}^{k+1}$,使得 $W(\boldsymbol{f}^{k+1})$ 在该方向上达到极小值。然后从 $\boldsymbol{f}^{k+1}$ 出发,重复同样的步骤,直到找到 $W(\boldsymbol{f})$ 的极小值点。

根据微积分的知识可以知道,$W(\boldsymbol{f})$ 在 $\boldsymbol{f}^k$ 点下降最快的方向是在该点的负梯度方向 $-\mathrm{grad}\varphi(\boldsymbol{f})|_{f=f^k}=\boldsymbol{b}-\boldsymbol{A}\boldsymbol{f}^k=\boldsymbol{r}_k$,即公式(7.52)解的残余向量。

取 $\boldsymbol{f}^{k+1}=\boldsymbol{f}^k+\alpha\boldsymbol{r}_k$,求 α 使 $W(\boldsymbol{f}^{k+1})$ 取得最小值,即 $\frac{\mathrm{d}}{\mathrm{d}\alpha}W(\boldsymbol{f}^k+a\boldsymbol{r}_k)=0$。

求得 $\alpha_k=\frac{\boldsymbol{r}_k\cdot\boldsymbol{r}_k}{\boldsymbol{A}\boldsymbol{r}_k\cdot\boldsymbol{r}_k}$,其中 · 代表向量内积运算。

综上所述,我们给出最速下降法如下:

①初始化 给定 $\boldsymbol{f}^0$,计算 $\boldsymbol{r}_0=\boldsymbol{b}-\boldsymbol{A}\boldsymbol{f}^0$;

②迭代 对于 $k=0,1,2,L$ 重复计算

$$
\begin{aligned}
\alpha_{k+1} &= \frac{\boldsymbol{r}_k \cdot \boldsymbol{r}_k}{\boldsymbol{A}\boldsymbol{r}_k \cdot \boldsymbol{r}_k} \\
\boldsymbol{f}^{k+1} &= \boldsymbol{f}^{k} + \alpha_{k+1}\boldsymbol{r}_k \\
\boldsymbol{r}_{k+1} &= b - \boldsymbol{A}\boldsymbol{f}^{k+1}
\end{aligned}
\tag{7.53}
$$

直到 $\|\boldsymbol{r}_k\|$ 收敛。

P Philippe 等分析了最速下降法的迭代过程[8]。可以证明,最速下降法总是收敛的,但是最速下降法的收敛性和数值稳定性差,而且容易陷入局部极小值点(如图 7.26),因此在实际中并不常用。但是最速下降法提出的这种寻找搜索方向,在搜索方向上极小化的思想非常有意义,是发展许多新算法的出发点。下面要讲到的对求解大型对称线性方程组非常有效的方法——共轭梯度法,就是在这种思想的基础上发展起来的。

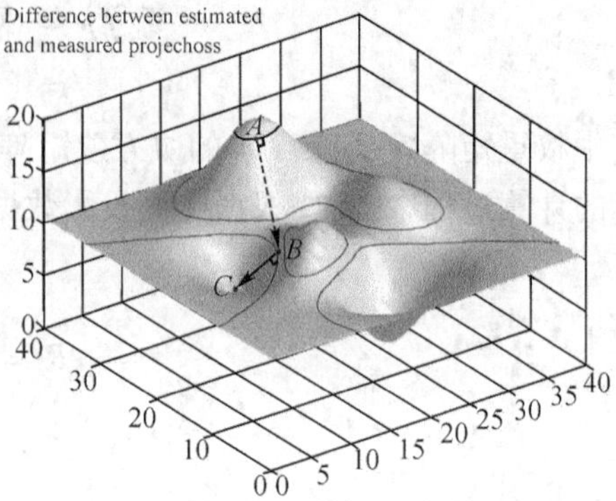

图 7.26 最速下降法的迭代过程示意图

(引自文献[40])

(2)共轭梯度法

最速下降法的迭代过程是沿残余向量 $\boldsymbol{r}_0, \boldsymbol{r}_1, \cdots$ 各方向依次对 $W(\boldsymbol{f})$ 极小化的。为了解决最速下降法无法达到全局收敛的问题,我们可以设想寻找这样一组向量 $\{\boldsymbol{p}_1, \boldsymbol{p}_2, \cdots\}$,满足以下几个条件:

① $\boldsymbol{p}_0, \boldsymbol{p}_1, \cdots$ 之间线性无关;

②在第 k 次迭代中,可以在 $\boldsymbol{p}_1, \cdots \boldsymbol{p}_k$ 张成的子空间 $\mathrm{span}\{\boldsymbol{p}_1, \cdots \boldsymbol{p}_k\}$ 中对 $W(\boldsymbol{f})$ 极小化。即寻找 $\boldsymbol{f}^k$,使 $W(\boldsymbol{f}^k) = \min\limits_{f \in \mathrm{span}\{\boldsymbol{p}_1, \cdots \boldsymbol{p}_k\}} W(\boldsymbol{f})$;

③在第 $k+1$ 次迭代中,可以"方便"地从 $\boldsymbol{f}^k$ 计算 $\boldsymbol{f}^{k+1}$:$\boldsymbol{f}^{k+1} = \boldsymbol{f}^k + \boldsymbol{\alpha}_{k+1}\boldsymbol{p}_{k+1}$

不失一般性,在这里我们取 $\boldsymbol{f}^0 = 0$,可得

$$
\boldsymbol{f}^{k+1} = \boldsymbol{P}_k \boldsymbol{y}_k + \boldsymbol{\alpha}_{k+1}\boldsymbol{p}_{k+1} \tag{7.54}
$$

其中 $\boldsymbol{P}_k = (\boldsymbol{p}_1, \boldsymbol{p}_2, \cdots \boldsymbol{p}_k)$,$\boldsymbol{y}_k = \begin{bmatrix} \alpha_1 \\ \alpha_2 \\ \vdots \\ \alpha_k \end{bmatrix}$

且 $\boldsymbol{f}^{k+1}$ 在 $\mathrm{span}\{\boldsymbol{p}_1, \cdots \boldsymbol{p}_{k+1}\}$ 中极小化 $W(\boldsymbol{f})$。

如果能找到这样一组 $\{\boldsymbol{p}_1, \boldsymbol{p}_2, \cdots\}$,那么把迭代过程重复 n 次,根据 $\{\boldsymbol{p}_1, \boldsymbol{p}_2, \cdots\}$ 之间的线性无关性,我们就实现了在 R^n 中对 $W(\boldsymbol{f})$ 的全局极小化。

由公式(7.54)我们得到

$$W(\boldsymbol{f}^{k+1}) = W(\boldsymbol{f}^k) + \alpha_{k+1}\boldsymbol{p}_{k+1}\cdot\boldsymbol{AP}_k\boldsymbol{y}_k + \frac{\alpha_{k+1}^2}{2}\boldsymbol{p}_{k+1}\cdot\boldsymbol{Ap}_{k+1} - \alpha_{k+1}\boldsymbol{p}_{k+1}\cdot\boldsymbol{b}$$

$$= W(\boldsymbol{P}_k\boldsymbol{y}_k) + \alpha_{k+1}\boldsymbol{p}_{k+1}\cdot\boldsymbol{AP}_k\boldsymbol{y}_k + \frac{\alpha_{k+1}^2}{2}\boldsymbol{p}_{k+1}\cdot\boldsymbol{Ap}_{k+1} - \alpha_{k+1}\boldsymbol{p}_{k+1}\cdot\boldsymbol{b} \tag{7.55}$$

如果我们选择$\boldsymbol{p}_{k+1}$满足

$$\boldsymbol{p}_{k+1}\cdot\boldsymbol{Ap}_i = 0, i = 1,\cdots,k \tag{7.56}$$

那么公式(7.55)中同时含有$\boldsymbol{P}_k$和$\boldsymbol{p}_{k+1}$的第二项为零。这样对$W(f^{k+1})$的极小化就变为分别对$\boldsymbol{y}$和α_{k+1}进行的互不耦合的极小化过程

$$\min_{f^{k+1}\in \text{span}\{p_1,\cdots,p_{k+1}\}} W(\boldsymbol{f}^{k+1}) = \overset{y_k,\alpha}{\min} W(\boldsymbol{P}_k\boldsymbol{y}_k + \boldsymbol{\alpha}_{k+1}\boldsymbol{p}_{k+1})$$

$$= \min_{y_k} W(\boldsymbol{P}_k\boldsymbol{y}_k) + \min_{\alpha_{k+1}}\left(\frac{\alpha_{k+1}^2}{2}\boldsymbol{p}_{k+1}\cdot\boldsymbol{Ap}_{k+1} - \alpha_{k+1}\boldsymbol{p}_{k+1}\cdot\boldsymbol{b}\right) \tag{7.57}$$

由于$\boldsymbol{f}^k$已在$\text{span}\{p_1,\cdots p_k\}$中对$W(\boldsymbol{f})$极小化,所以公式(7.57)中的第一项最小化条件自然满足。所以只要寻找α_{k+1}满足第二项最小化条件即可。根据

$$\frac{\partial}{\partial\alpha_{k+1}}\left(\frac{\alpha_{k+1}^2}{2}\boldsymbol{p}_{k+1}\cdot\boldsymbol{Ap}_{k+1} - \alpha_{k+1}\boldsymbol{p}_{k+1}\cdot\boldsymbol{b}\right) = 0$$

立即解得

$$\alpha_{k+1} = \frac{\boldsymbol{b}\cdot\boldsymbol{p}_{k+1}}{\boldsymbol{Ap}_{k+1}\cdot\boldsymbol{p}_{k+1}} = \frac{\boldsymbol{r}_{k-1}\cdot\boldsymbol{p}_{k+1}}{\boldsymbol{Ap}_{k+1}\cdot\boldsymbol{p}_{k+1}} \tag{7.58}$$

至此,我们已经从理论上建立了共轭梯度法:

①初始化 给定$\boldsymbol{f}^0=0$;

②迭代 $k=0,1,\cdots,n-1$,计算

$$\boldsymbol{r}_k = \boldsymbol{b} - \boldsymbol{Af}^k,$$

若$\boldsymbol{r}_k=0$,则停止。

否则,若$k=0$,则$\boldsymbol{p}_1=\boldsymbol{r}_0$

否则,选择$\boldsymbol{p}_{k+1}$满足

$$\boldsymbol{p}_{k+1}\cdot\boldsymbol{Ap}_i = 0, i = 1,\cdots,k$$

$$\alpha_{k+1} = \frac{\boldsymbol{r}_k\cdot\boldsymbol{p}_{k+1}}{\boldsymbol{Ap}_{k+1}\cdot\boldsymbol{p}_{k+1}} \tag{7.59}$$

$$\boldsymbol{f}^{k+1} = \boldsymbol{f}^k + \boldsymbol{\alpha}_{k+1}\boldsymbol{p}_{k+1}$$

寻找$\boldsymbol{p}_k$的详细推导过程比较复杂,有兴趣的读者可以参考文献[40]和[41]。在此只给出最终的共轭梯度算法如下:

①初始化 给定$f^0=0$

②迭代:$k=0,1,2,\cdots$,计算 $\boldsymbol{r}_k=\boldsymbol{b}-\boldsymbol{A}\boldsymbol{f}^k$,

若 $\boldsymbol{r}_k=0$,则停止。

否则若 $k=0$,则 $\boldsymbol{p}_1=\boldsymbol{r}_0$,

否则,

$$
\begin{aligned}
\beta_{k+1} &= \frac{\boldsymbol{r}_k \cdot \boldsymbol{r}_k}{\boldsymbol{r}_{k-1} \cdot \boldsymbol{r}_{k-1}}. \\
\boldsymbol{p}_{k+1} &= \boldsymbol{r}_k + \beta_{k+1}\boldsymbol{p}_k \\
\alpha_{k+1} &= \frac{\boldsymbol{r}_k \cdot \boldsymbol{r}_k}{\boldsymbol{A}\boldsymbol{p}_{k+1} \cdot \boldsymbol{p}_{k+1}} \\
\boldsymbol{f}^{k+1} &= \boldsymbol{f}^k + \boldsymbol{\alpha}_{k+1}\boldsymbol{p}_{k+1}. \\
\boldsymbol{r}_{k+1} &= \boldsymbol{r}_k - \boldsymbol{\alpha}_{k+1}\boldsymbol{A}\boldsymbol{p}_{k+1}.
\end{aligned}
\tag{7.60}
$$

从迭代公式可以看出,共轭梯度法的每步迭代只需计算一次矩阵与向量的乘法。

理论上讲,共轭梯度法在完成 n 次迭代后应得到方程的准确解。但在实际计算中,随着迭代次数 k 的增加,方程的残余向量 $\boldsymbol{r}_k$ 越来越趋近于零,因而$\{\boldsymbol{p}_j\}_{j=1}^{k}$的线性无关性越来越差,甚至有可能由于计算误差的影响,造成$\{\boldsymbol{p}_j\}_{j=1}^{k}$之间线性相关。因而在实际中往往把共轭梯度法作为迭代算法来使用。

(3)预处理共轭梯度法

从收敛性来讲,共轭梯度法要比最速下降法更好。但是共轭梯度法同样存在数值稳定性的问题,尤其当矩阵的病态性质比较严重时,共轭梯度法同样有可能收敛很慢。

改进共轭梯度法收敛性的一种有效手段是预处理技术。对于需要求解的方程 $\boldsymbol{A}\boldsymbol{f}=\boldsymbol{b}$,预处理技术就是寻找一个"近似于"$\boldsymbol{A}$ 的对称正定矩阵 $\boldsymbol{M}$,且 $\boldsymbol{M}^{-1}$ 比较容易求出。用 $\boldsymbol{M}^{-1}$ 左乘原方程两端,得到:

$$
\boldsymbol{M}^{-1}\boldsymbol{A}\boldsymbol{f}=\boldsymbol{M}^{-1}\boldsymbol{b}.
$$

如果 $\boldsymbol{M}^{-1}$"接近"$\boldsymbol{A}^{-1}$,那么 $\boldsymbol{M}^{-1}\boldsymbol{A}$ 的病态性质可能大大好于 $\boldsymbol{A}$,共轭梯度法的收敛性有可能得到很大的改善。

我们给出预处理共轭梯度算法如下:

①初始化　给定 $\boldsymbol{f}^0=0$;

②迭代　$\boldsymbol{k}=0,1,2,\cdots$,计算 $\boldsymbol{r}_k=\boldsymbol{b}-\boldsymbol{A}\boldsymbol{f}^k$,

若 $\boldsymbol{r}_k=0$,则停止。

否则

若 $k=0$,则 $\boldsymbol{p}_1=\boldsymbol{r}_0,z_0=\boldsymbol{M}^{-1}\boldsymbol{r}_0$,

否则,

$$
z_{k+1} = \boldsymbol{M}^{-1}\boldsymbol{r}_{k+1}
$$

$$\begin{aligned}
\boldsymbol{\beta}_{k+1} &= \frac{\boldsymbol{r}_k \cdot \boldsymbol{z}_k}{\boldsymbol{r}_{k-1} \cdot \boldsymbol{z}_{k-1}} \\
\boldsymbol{p}_{k+1} &= \boldsymbol{z}_k + \boldsymbol{\beta}_{k+1}\boldsymbol{p}_k \\
\alpha_{k+1} &= \frac{\boldsymbol{r}_k \cdot \boldsymbol{z}_k}{\boldsymbol{A}\boldsymbol{p}_{k+1} \cdot \boldsymbol{p}_{k+1}} \\
\boldsymbol{f}^{k+1} &= \boldsymbol{f}^k + \boldsymbol{\alpha}_{k+1}\boldsymbol{p}_{k+1} \\
\boldsymbol{r}_{k+1} &= \boldsymbol{r}_k - \alpha_{k+1}\boldsymbol{A}\boldsymbol{p}_{k+1}
\end{aligned} \tag{7.61}$$

预处理共轭梯度法收敛性能好坏的关键在于预处理矩阵 $\boldsymbol{M}$ 的选取。为了比较容易求 $\boldsymbol{M}^{-1}$,一种常用的方法是选择 $\boldsymbol{M}$ 为对角阵:

$$\begin{aligned}
M &= \mathrm{diag}\{m_i\} \\
m_i &= \sum_j \frac{c_{ij}^2}{p_j}
\end{aligned} \tag{7.62}$$

预处理矩阵 $\boldsymbol{M}$ 的选取是 WLS - CG 算法研究的热点问题之一。关于这方面的资料可以参考文献[43] ~ [47]。

6. 表模式最大似然重建算法

以上所讨论的各种重建算法都是基于投影数据(或正弦图)的,无论是 SPECT 还是 PET,采集到的光子事件都被归入探测器的各个像元或响应线(Line of Resopnse, LOR),重建中面对的测量数据是像元或响应线上的累积的计数值。对 SPECT 来说,投影数据的规模一般等于相机探头的像元数目与角度采样数目的乘积。对 PET 而言,数据规模取决于 PET 系统的响应线数目,在现代的临床 3D PET 系统上,这一数目可达为 75 M 至 200 M(在一些实验 PET 装置上其响应线数目甚至有可能远远超过这一数字)。但通常来讲,在一次常规 PET 检查中采集的符合事件数目一般为 20 M 至 50 M,平均每条响应线上的事件数不到 1 个。在这种情形下,人们考虑从原始的表模式数据(List Mode Data,参见 6.2.4 节)出发,直接重建获得图像。此时,FBP 等解析算法不再实用,但是可以证明 ML-EM 迭代算法可以直接推广到表模式数据情形。表模式最大似然(List Mode Maximum Likelihood)重建算法的似然函数推导过程及 EM 极大化过程均与传统投影数据模式 ML - EM 算法类似[32]。其迭代公式为

$$f_i^{k+1} = f_i^k \sum_{j=1}^{N} \frac{c(i, A_j)}{\sum_{i'} c(i', A_j) f_{i'}^k} \tag{7.63}$$

注意式(7.63)与投影模式数据的 ML-EM 迭代公式(7.38)有如下不同:

(1)测量数据不同　在式(7.38)中,p_j 代表第 j 条 LOR 的事件计数;而式(7.63)中的 A_j 代表一个光子事件,该事件 A_j 除了用它所在的 LOR 序号 j 标示外,还可以包括能量、事件到达探测器的时间、飞行时间、作用深度、心电和呼吸信号等更多的信息。这也是表模式数据的特色之一。

(2)传输矩阵因子不同　式(7.38)中的 c_{ij} 代表第 i 个体素发射的一个光子被第 j 条 LOR 探测到的概率;而式(7.63)中的 $c(i,A_j)$ 代表第 i 个体素发射的一对湮灭光子在第 j 条 LOR 上形成一个探测事件 A_j 的概率。那么,式(7.63)中的 $\sum_{i'} c(i',A_j) f_{i'}^{k}$ 就是各个体素发射的所有光子在第 j 条 LOR 上形成的总探测事件数。

如果表模式事件 A_j 的属性只包括它所在的 LOR 序号 j,那么可以证明,由(7.63)式可以推导出基于投影数据的 ML-EM 重建公式(7.38)。或者说就图像重建结果而言,采用表模式数据重建和用投影数据重建是完全等价的。此时,可以比较测量事件数目与系统 LOR 数目来决定采用哪种重建模式速度更快。但是如前所述,在表模式数据中可以包含更丰富的信息,在某些场合,例如病人运动效应校正、飞行时间(TOF)PET 重建等问题上,采用表模式数据具有明显的优势。但是对如散射校正等问题利用投影数据可能更加方便,因而需要根据实际需求综合考虑选择最合适的方案。

7. 4D 重建与 5D 重建

随着双模式成像系统如 PET/CT、SPECT/CT 等技术的发展及动态成像在临床应用中受到越来越多的关注,传统的 2D 乃至 3D 成像已经不能满足需求,人们提出了 4D 和 5D 重建(4D/5D Reconstruction)的概念。

目前所讲的"4D"重建通常有两层含义。一层含义是指动态成像,所说的"4D"重建是指除了在空间域上重建 3D 图像外,同时还对时间域上的时间—活度曲线或其他药物动力学模型参数进行估计。这一目标可以通过两种不同的途径来实现。一种方法是首先重建多幅序列 3D 图像,在图像上画出感兴趣区(Region of Interest,ROI),也可以直接只重建某个感兴趣区内部的图像,然后根据重建结果求得时间—活度曲线或其他医学参数。另一种途径称为"全 4D"的重建方法,即将时间—活度曲线或其他动态模型参数作为统计迭代重建算法中位置参数的一部分,直接从投影数据中求得需要的动态参数。与空间域上采用统计迭代算法的收益类似,直接求解动态参数的"全 4D"重建方法可以抑制统计噪声对动态参数求解的精度和不确定性的影响。

"4D"重建的另一层含义则与多模式成像相关。在多模式成像如 PET/CT 系统中,由于不同成像模式的时间分辨率和采集时长存在差异,人体器官的运动(例如呼吸运动或者心脏跳动等)给不同模式的图像融合带来困难。为此,除了基于门控方式(如呼吸门控或者心电门控)重建空间域序列图像外,人们还研究采用一定的运动模型来对器官运动过程进行建模,通过"4D"重建算法同时估计运动模型中的未知参数,从而获得任意时间分辨率的 4D 图像,并提高图像融合的精度。

近年来,有学者开始进一步研究对 3D PET 或 SPECT 图像、器官运动参数和核医学药物动力学模型参数同时进行重建,称为"5D"图像重建。"5D"重建将面临更大的挑战,例如需要模拟刚体甚至非刚体器官形变,同时还要估计随时间变化的示踪剂活度。"5D"重建在增加核医学诊断应用范围和在放射物理治疗中有望发挥重要作用。

7.4 图像重建算法的回顾与总结

重建算法对断层图像质量有重要影响,是断层成像技术的核心内容之一。这方面的研究自1970年代以来一直没有中断,并且越来越活跃,各种重建算法层出不穷。图像重建算法所涉及到的数学知识可以参考文献[41],[42],文献[40],[48],[49]等都对各类重建算法的产生原因和发展脉络做了综述性的介绍。下面将主要参考J. Qi和R. M. Leahy发表于2006年的综述文章[49],沿着历史演进过程,对各种重建算法进行总结和比较。

不论使用准直器的SPECT,还是使用符合电路的PET,都可将γ光子的探测和定位过程近似用示踪剂活度分布的线积分来描述。因此,可以使用解析求逆的方法重建示踪剂活度分布。对于有平行束或者扇束准直器的SPECT以及采用2D数据采集模式的PET,以Radon变换和Fourier变换为理论基础的FBP,CBP,及其相关的二维重建算法经常被用于核医学断层成像,文献[50]和[51]是这方面的经典著作。使用锥形束准直器的SPECT和3D数据采集模式的PET,重建从本质上来说是三维问题,不能分解成多断层二维重建问题。近十年来,很多研究尝试了各种锥形投影束和扫描轨迹的几何设计,寻找解析求逆的方法重建。锥束螺旋扫描已经找到了精确的FBP算法[52],解决PET的三维解析重建问题也有一段时间了[53],但是这些方法的实际应用非常繁琐。由于探测器轴向长度有限,一部分倾斜的投影数据缺失,存在"截断"(Truncation)问题,可以通过三维FBP结合一种再投影的计算来补全缺失的数据[54]。三维FBP的一种替代算法是将投影数据地重排(Rebining)成一系列等价的二维正弦图,轴向上的每一断层对应一个正弦图,然后使用二维FBP进行重建。重排算法有近似单断层[55]、更耗费计算量但更精确的频率域傅立叶重排等等。

解析方法的重建速度很快,但是由于计算公式都是基于线积分模型简化得到的显式表达式,这一近似的物理模型制约了重建图像的精确度。在PET探测中,由于在同一条投影线上的衰减因子与事件位置无关,每条投影线上的衰减效应可以简单地使用一个校正因子进行补偿(参见9.2.3节);但是分辨率仍然受到正电子自由程、光子对非共线性、探测器的灵敏度差别、晶体穿透造成的串扰、晶体内闪烁事件作用深度等因素的影响。对于SPECT,即使在同一投影线上,发自不同位置的γ射线都有不同的衰减,线积分模型就更加不精确了。以线积分模型为框架,针对不同的具体问题进行建模和补偿,便衍生出了很多分支算法,例如在PET重建中,有对正电子自由程的校正[56]和探测器响应校正[57][58]的算法。在SPECT解析重建研究中,近期也发展出了对均匀或者非均匀衰减效应及深度效应引起的分辨率下降进行补偿的方法[59][60]。但是这些分支算法都计算量巨大,而且通常不适用于光子数较少的情况。

与解析算法相比,迭代算法不必使用线积分或者其他形式的显式公式,更容易对从源到探测器响应的过程建模。最简单的迭代算法只需实时进行投影和反投影,再加上线性插值就可构成。更多的算法则通过预先计算系统传输矩阵,或称投影矩阵(Projection Matrix),来定义源与探测器的响应关系,对物理探测过程进行更精确的描述。这会导致巨大的计算开销,人们采用稀疏矩阵形式、对影响传输矩阵的各物理因素更有效率的计算、融合等减少计算开支的方法,使迭代算法适于应用。解析的、几何的、蒙特卡罗的方法结合起来可以使得系统传输矩阵达到更高的精度[61]-[66],也可以直接测量得到系统传输矩阵[67]-[68]。能够精确描述探测过程这一特点,使得迭代算法在相同计数的情况下,可以达到更好的图像分辨率。

SPECT 的替代准直器方案,比如编码孔阑[70][71]或康普顿散射电子准直[72],使得成像过程不可用线积分近似描述,这对已有的解析求逆的方法是很大的挑战。然而通过定义不同的投影矩阵,理论上讲,迭代算法可以适应于任意的投影几何结构。解析算法另一个局限是没有将光子数较少时的统计特性考虑进去。FBP 算法通过增加低通滤波窗函数来控制图像中的噪声,却以牺牲图像的分辨率作为代价。因为噪声和信号虽然是互相独立的,滤波器却很难从频谱上对二者区别对待,无法兼顾图像的分辨率和信噪比。更复杂的滤波器,如维纳滤波器,虽然可以更好地在图像的偏差和方差之间折中,但是它基于噪声是广义平稳的假设,而这不符合 ECT 信号的泊松特性。将探测过程更精确的建模与使用统计学手段更好地处理噪声结合起来,使得在高计数(制约图像质量的主要是建模精度)和低计数(制约图像质量的主要是统计噪声)的条件下 ECT 的图像质量都能有所改进成为可能,这是重建算法自然的发展趋势。

迭代类算法的基础是通过系统传输矩阵 $\boldsymbol{C}$,建立使实测的投影 $\boldsymbol{P}$ 和未知的源分布 $\boldsymbol{F}$ 相关联的线性模型。矩阵 $\boldsymbol{C}$ 将每一个体素里示踪剂的衰变被每个投影元素探测到的概率模型化。因为涉及到散射、衰减、随机符合等因素,而且衰变过程和探测过程也具有随机性,问题被复杂化,因此重建算法合理地解出 $\boldsymbol{P}=\boldsymbol{CF}$ 也变得有难度。

最早的重建算法大部分都是代数重建算法[73],产生过很多解大规模稀疏矩阵的数值方法。如果数据是一致的,即每个方程的解集合存在交集,方程组存在精确的解,那么迭代算法最终会收敛到这个解。但是更常见的情况是数据不具有一致性,也就是每个单独方程的解集合的交集是空集,这将导致迭代算法通常会进入一个有限循环。文献[74]-[77]是关于 ART 经典算法的回顾和教程。

ART 算法的问题在于无法直接考虑数据里的噪声,而未校正的 ECT 信号应该以泊松过程来建模。A Rockmore 和 A Macovski 在 1976 年提出的极大似然(ML)方法[33]是最早的将泊松过程引入重建中的尝试。A. P. Dempster 等在 1977 年提出的期望最大化(EM)是解决 ML 问题的基本算法[34]。这个算法通过引入一组由观测数据 $\boldsymbol{P}$ 和现有的图像估计值 $\boldsymbol{f}^k$ 所确定的"完全数据",并在计算"完全数据"的均值和使之在图像空间最大化之间迭代,使得 ML 问题完全可解,奠定了 ML-EM 算法的基础。针对线性泊松问题的"完全数据"的选择,使得 EM 的图像更新公式非常类似于 MART 迭代式。EM 算法有着非常吸引人的优点,如迭代过程中图像值保证非负、总计数保持不变、收敛,其缺点在于收敛非常缓慢。LA Shepp 和 Y Vardi (1982)的 EM 算法[35]以及 K. Lange 和 R. Carson(1984)的工作[36],开启了在 ML 方法下各种实现算法大发展的局面,今天在临床或研究用的小动物 PET、SPECT 上非常广泛使用的,基于统计学的迭代重建算法都在此列。

在过去的二十多年内,基于统计学的算法的研究,主要集中在寻找收敛的更快的EM替代算法。在有序子集EM算法OS-EM中,数据被划分成一系列不相交的子集,EM算法被依次应用到每一个子集[37]。相比EM算法,这个算法在迭代的初期大大提高了收敛速度。这个性质,加上图像更新公式相对简单,使之非常广泛地应用于PET和SPECT上,成为继FBP之后的标准算法。虽然OS-EM算法的理论基础并不严密,但却非常有效地解决了EM算法收敛速度慢的问题。OS-EM算法也有不同的分支,其中很多人在研究收敛的OS算法[38],[80],[81],RAMLA算法是其中的一种较成功的尝试。通过恰当选择松弛因子可以保证收敛。

另外一类ML问题的解决办法是基于梯度的优化过程,比如最速下降法或者共轭梯度法等。L. Kaufman在1987年指出,EM算法本身可以被改写成为一种梯度下降法,在这个形式下,可以通过在每次迭代中引进线性搜索来增强收敛性[82]。此外,他还研究了采用标准的共轭梯度计算来取代EM算法。即便如此,EM算法也在发挥作用,因为参照EM算法推导出来的预处理矩阵会显著提高收敛速度。这种简单的对角化预处理矩阵已经作为一种加速收敛的方法被很多研究者采用,例如文献[83][63]。使用梯度类的优化方法最大的挑战是这类方法对解没有非负限制。最简单的解决办法是限制搜索的步长,保证每一步得到的解是非负的,但是这样减缓了收敛的速度甚至使问题无法收敛[82]。OS-EM等算法也可以归类于梯度类方法:将价值函数分解成多个项目的和,每次迭代仅有一项参与梯度法图像更新。

EM算法和梯度类算法都是同时更新所有的体素的值,然而迭代坐标上升ICA(Iterated coordinate - ascent)等算法依次对每个体素值进行更新[82]。这些算法在每次迭代中,使得价值函数对于单变量最优化,这导致了图像更新步骤相对简单,以及在给定较好的初始估计值的情况下惊人的快速收敛。每次迭代更新一个子集的体素的方法被叫做群组坐标上升法(Grouped Coordinate-ascent Method)[85],其收敛速度介于一次迭代更新全部体素值的方法和一次迭代只更新一个体素值的方法之间。

在更广泛的算法分类中,EM算法属于函数替代(Fuctional Substitution)类中的一个特例。ML问题要解一组高度非线性的方程,不能写成封闭集合的形式,而函数替代方法就是将原来的价值函数在每一步中都找到一个替代函数,当替代函数达到最大值的时候,也保证了原函数的值增加。替代函数必须严格符合一些标准,如

$$\begin{aligned} \Phi(f) - \Phi(\tilde{f}^{(k)}) &\geqslant \varphi(f; f^{(k)}) - \varphi(f^{(k)}; f^{(k)}), \\ \nabla \Phi(f) \mid_{f=f^{(k)}} &= \nabla_f \varphi(f; f^{(k)}) \mid_{f=f^{(k)}} \end{aligned} \tag{7.64}$$

仔细挑选这个函数,可以达到减少计算时间和加速收敛的效果。在函数替代方法中,空间交互广义期望值最大化SAGE(Space-alternating Generalized Expectation-maximization Algorithm)是一大类,它通过为体素子集指定不同种类的“隐藏数据”组来优化问题。EM就是其中的一种,EM中的“隐藏数据”就是前文提到的“完全数据”。还可以将函数替代方法和ICA相结合,每一步迭代都使用替代函数,用一个简单的近似封闭集合形式的公式进行图像更新。函数替代

方法也可以应用到带有处罚项的 ML 算法，这个算法由于引入了先验条件而使价值函数更加的复杂。

ML 估计有很吸引人的性质，它是渐进无偏估计，而且是所有无偏估计中方差最小的。但应用于 PET 和 SPECT 的 ML 算法都存在着一个普遍的问题—病态性，也就是说 ML 解对于观测数据的微小改变很敏感，图像的估计有非常大的方差。这个病态性表现在当 EM 或 OS-EM 迭代次数很多时，ML 图像会有很大的空间方差，产生“棋盘”(Checker-board)效应。这个问题可以通过 Fisher 信息矩阵进行理论研究，计算每个体素无偏估计方差的下限。解决这种不稳定问题的方法包括：采用启发式的或统计学的终止规则提前停止迭代[86][87][88]，在重建中或者重建后对重建图像进行平滑处理[89][90]，或者采用 Grenander 过滤器方法[91][92]。

病态性问题的另一种解决办法是，给似然函数加上一个平滑惩罚项，计算带惩罚的 ML 解[93]。我们可以将这个问题在贝叶斯框架下进行等价改写，并加入反映我们对图像平滑度或其他特征预期的先验分布知识[94]，然后从已知观测数据条件下图像的后验概率密度，计算出图像的最大后验概率(MAP)估计。在 ML 算法中引入惩罚项和 MAP 算法中引入先验条件的目的是，从一组对于观测数据的本质上等价的解里，寻找到最符合预期结构的或者平滑度的图像来。

选择平滑作为先验知识，反映了实际的核医学图像都局部上平滑这一普遍特征。最简单的平滑约束形式是假设体素间是统计独立的，这样图像的概率密度函数(Probability Density Function, PDF)是单变量密度的乘积。这种模型最吸引人的地方是先验条件不引入体素之间的偶联，这样在扩展到带惩罚项的 ML 时，可以找到 EM 算法的闭扩张形式的公式。然而，这些先验条件主要是通过对体素均值的选择来发挥作用，而均值往往根据前一轮迭代的结果不断更新，这使得难于确定最终的优化方法或价值函数的特性。由于局部平滑的图像经常被不同组织边界处示踪剂密度的突变所打破，使得平滑约束复杂化。为寻找更适合核医学图像的先验条件，很多文献都将注意力集中在如何保证图像局部平滑的约束同时还能够允许边界密度突变的存在。人们非常关注从各阶马尔可夫随机场模型导出的图像，它们的 PDF 由一个表明相邻体素之间相互影响的函数确定。这些先验条件以指数函数的形式出现，其中的负指数是一系列由每对相邻体素的差异决定的函数之和。通过使该函数不减少，先验条件对那些相邻体素有大的差异的图像进行有效的惩罚。函数的选择会很大地影响重建图像的外观，这些函数多种多样，从最简单的高斯模型(采用相邻体素的方差)到高度非凸函数(更陡峭地定义边界)都有人在研究。

从标准 ML 问题的优化算法来说，带惩罚项的 ML 或 MAP 估计的优化算法是非常类似的。例如利用广义期望值最大化(General EM, GEM)算法，EM 可以直接扩展到 MAP；而基于广义梯度和坐标上升的方法，也可以直接扩展到 MAP 问题上；很多函数替代方法也是如此。MAP 估计研究的一个热点是，当使用非凸先验条件时，或先验条件带有离散变量时(用于描述相邻体素间有或无组织边界)，存在多个局部极大点的问题。在这种情况下，需要运用如模拟退火等编程方法,来寻找全局的极值点,尽管这并不实用。

总之,以 FBP 为基础的解析算法与 ML,MAP 的基本思路完全不同,解析算法由于建模精度的限制而逐渐退出应用领域,基于统计建模的迭代算法将取而代之。各种统计类迭代算法在两个方面有所不同:一是目标函数或者价值函数的选择(比如 ML 和带惩罚项的 ML 的区别),二是对图像空间进行极值搜索路径的选择(比如 EM 算法和共轭梯度算法的区别)。这两个方面的区别是本质的,再结合不同的数据分组方法(比如 EM 和 OS-EM 的区别)、图像更新方法(比如一般 EM 算法的全部体素同时更新和 ICA 的每个体素交替更新的区别)、算法实现(是否采取稀疏矩阵处理)等,产生出更细的算法分支,这些分支着眼点在于收敛速度和计算消耗上,所以在实用性上可能有很大的区别。我们更看好 MAP 和带惩罚项的 ML 估计的快速算法,认为虽然 OS-EM 的 ML 方法不收敛,且未被广义化,但仍能产生出较好的结果,因而会继续研究发展下去。收敛的、广义化的方法的计算成本正在趋近于 OS-EM。各种算法的不同特质,在实际应用中给了我们更广泛的选择。

7.5 断层图像的显示

7.5.1 基本的三断面图像组

ECT 计算出的图像是一系列垂直于人体长轴的横断面(Transverse Slices or Transaxial Slices),图 7.27 右上方就是脑的三个不同高度上的横断面。常用的图像矩阵是 64×64 和 128×128。

64 帧 64×64 的横断面构成了一个含有 64^3 个体素(voxel)的图像立方体 $f(x,y,z)$,其中 Z 是人体的纵向长轴,X 轴沿左右方向,Y 轴沿前后方向。横断面图像组就是按照从上到下次序排列的 $f_z(x,y)$。将各体素沿着另外两个垂直方向重新组织,就能产生按照从前到后次序排列的冠状断面(Coronal Slices)图像组 $f_y(x,z)$ 和按照从右到左次序排列的矢状断面(Sagittal Slices)图像组 $f_x(y,z)$。

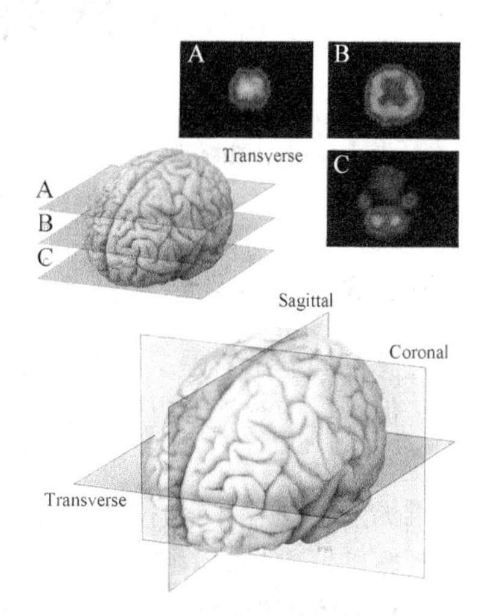

图 7.27　三组基本断面

(摘自 Siemens Inc.)

7.5.2 斜切的三断面图像组

除了上述三组基本断面以外,SPECT 系统还能显示斜切的断层图像(Oblique Slices)。例如心脏图像若以心轴(从心底到心尖)为坐标基准,可生成如图 7.28(a)的与心轴垂直的"短轴横断面(Short-axis Slices)",如图 7.28(b)的平行于心轴和人体长轴的"垂直长轴断面(Vertical Long-axis Slices)",以及如图 7.28(c)的平行于心轴并与垂直长轴断面正交的"水平长轴断面(Horizontal Long-axis Slices)”。左心室短轴断层图像呈圆环状,能完全地显示前壁、侧壁、下壁、后壁和间壁;水平长轴及垂直长轴断层图像分别呈直立及横位马蹄形,它们都能清楚地显示心尖,前者能较好地显示侧壁和间壁,后者能较好地显示前壁及下、后壁。不过斜断面上的一些数据点在重建结果中并不存在,是用插值的方法计算出来的,所以它的空间分辨率稍差。

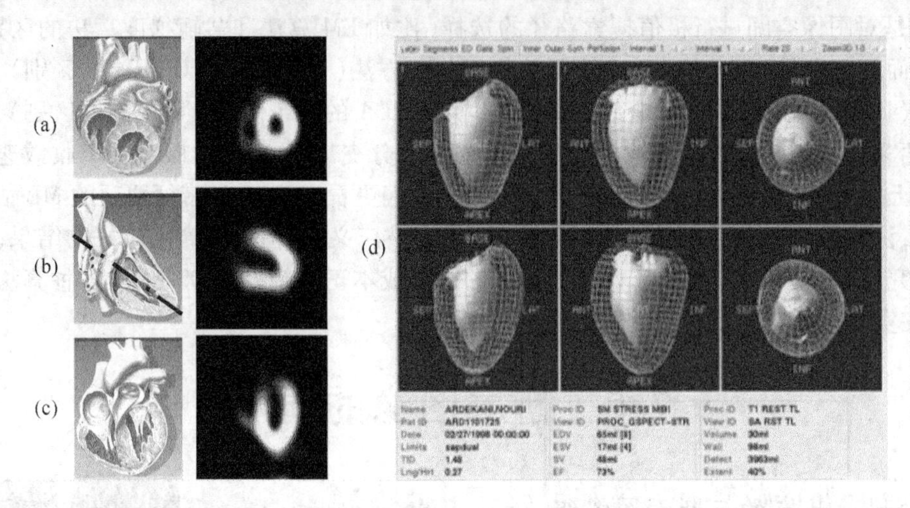

图 7.28 心脏的解剖图和心肌灌注图

(a)短轴横断面;(b)垂直长轴断面和心轴;(c)水平长轴断面(引自 Dr. Frans J. Th. Wackers© Yale University,1992);(d)心脏的三维形体图像(引自 Philips vantage10)

7.5.3 三维显示和最大亮度投影显示

计算机的显示器是二维平面的,所以通常用三组不同方向的断层图像来表现三维的人体数据。但是这毕竟不够直观,对于没有经验的医生来说,根据断层图像组想象病灶的三维形状及大小,估计病灶的解剖位置比较困难。科学计算可视化技术可以将一系列横断面图像重构成三维的形体,以不同颜色显示脏器各部位的放射性浓度,并可进行任意旋转,使医生从各种角度观察脏器中的放射性分布。

生成三维图形的技术分为面绘制和体绘制。面绘制擅长表现物体的外表面,程序比较简单,运行速度快,图 7.28(d)就是心脏的三维面绘图形,心肌表面的病变情况一目了然。体绘制图形是半透明的,可以看到物体内部的结构,但是计算量大,程序运行速度较慢。这两种绘制技术在医学图像显示上都有应用。

将投影图像用电影显示的方法(参见 6.3.4 节)依视角的顺序播放,能让医生看到一个旋转的人体,从而产生强烈的立体感。但是投影图像在纵深方向上是重叠的,目标器官和病灶受到前后组织的干扰,不容易看清楚。PET 和 SPECT 经常使用一种称作最大亮度投影(Maximum Intensity Projection,MIP)的技术,使人体“透明化”。这种技术按照不同的观察方向,将三维体积图像转换成二维投影图像,使其像素值等于投影线所经过的所有体素中的最大值。所以 MIP 图像能消除低计数组织的干扰,凸显放射性药物浓聚的目标脏器,给人以人体透明的感觉。再与电影显示相结合,就是俗称的“透明显示”。

7.5.4　圆周剖面分析和极坐标图

医生对心脏病人进行诊断,需要观察、分析三个方向的数十帧断层图像,并且须逐帧比较运动时获取的最大负荷图像与恢复到静息状态后获取的延迟图像,这不但要花费大量时间,而且诊断的准确性完全依靠医生的经验。

为增加诊断的客观性,核医学有一种心肌断层图像的定量分析方法,称为圆周剖面分析(Circumferential Profile Analysis),它以短轴横断层图像组为基础,为每个断层画出一条圆周剖面曲线(Circumferential Profile)。其分析的过程是:先在每一帧短轴横断层图像中确定左心室的中心和左室壁;然后从0°开始,每隔5°~9°由左心室中心向外作一条辐射线,将圆环状的左心室图像分割成40~72个扇形区,如图7.29(a),找出心肌在每个扇区的最大像素计数值;然后以此最大像素计数值为分子,各短轴横断层图像中最大的像素计数值为分母,计算每个扇区中的最大像素计数值的相对百分数;以此计数值百分数为纵坐标,扇区所在的角度为横坐标,绘制出曲线,这就是圆周剖面曲线,如图7.29(b)。每一个横断层都可按照上述方法得到一条圆周剖面曲线,表示相应断层中心肌各部位的放射性相对浓度,反映了心肌各部位的血流灌注情况。

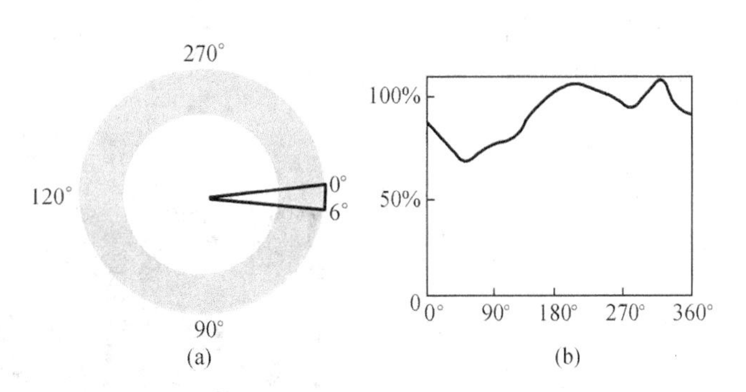

图 7.29　圆周剖面分析

(a)分割扇区;(b)圆周剖面曲线

为了方便对整个左心室心肌的血流灌注情况进行评估,Garcia、Harp 等人分别提出采用极坐标图(Polar Plot)的方式,将所有短轴横断层的圆周剖面分析结果转变成一幅二维图像。极坐标图是一系列层层相套的同心圆,它以左室心尖为中心圆,把从心尖到心底部的各个断层依次套在外圈,如图7.30所示,并以不同的颜色显示各扇区的计数值百分数(原始极坐标图),或计

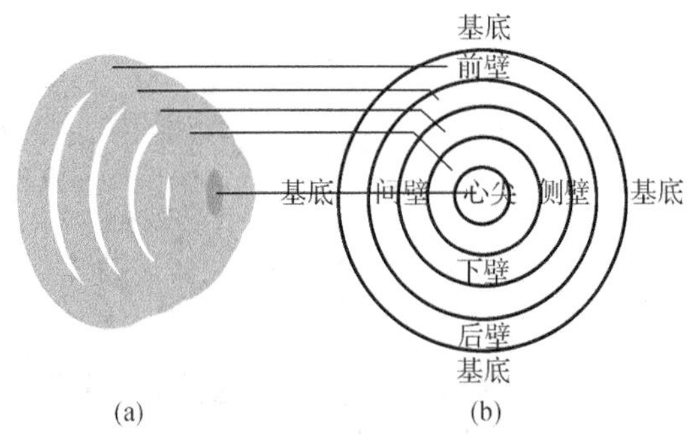

图 7.30　极坐标靶心图的生成

(a)短轴断面组;(b)靶心图

数值百分数与正常值之差的标准差 SD 倍数(标准差极坐标图)。由于看起来象是一个标靶或一个牛眼,所以极坐标图又被称为靶心图(Target Plot)或牛眼图(Bulls-eye Plot)。

如果把三维的左心室比作一把收拢的伞,二维的极坐标靶心图就相当于将这把伞张开看,它的中心为心尖,外圈为心脏基底部,上部为前壁,下部为下壁和后壁,左侧为前、后侧壁,右侧为前、后间壁,如图 7.30(b)所示。在伪彩色编码的极坐标靶心图上,各室壁的放射性分布一目了然,很好地表现出整个心肌的各部位血流灌注情况,见图 7.31(a)。还可以根据正常心肌的计数值百分数取值范围(一般为均值 ±2.5 SD)设定计数值百分数的正常下限,把低于正常下限的扇区变黑(Blackout)显示,如图 7.31(b),就能一目了然地和定量地显示出心肌血流灌注异常区所在部位、范围和严重的程度。比较负荷靶心图和静息靶心图所示病变的范围程度,从而诊断有无心肌缺血和心肌梗塞。

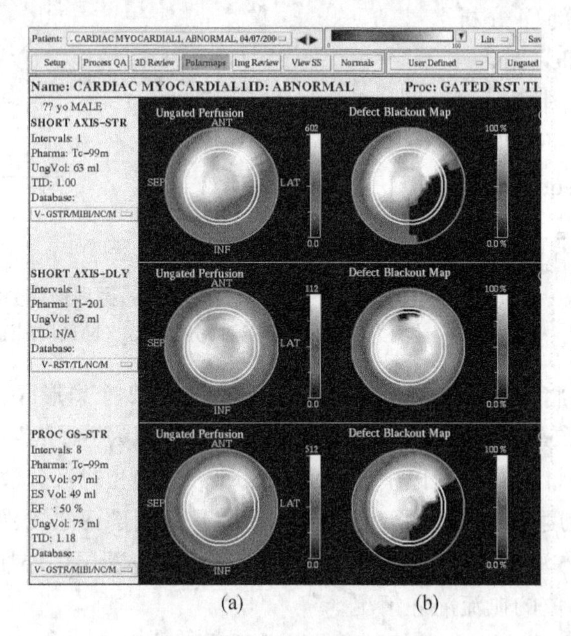

图 7.31 经变黑处理的靶心图

(a)原始极坐标图;(b)blackout map

(引自 Philips)

习 题

7-1 写出投影切片定理的公式,并说明它的含义。

7-2 结合数学表达式说明反投影断层图像重建算法是怎样计算 $f_b(x,y)$ 的,$f_b(x,y)$ 与真正的断层图像 $f(x,y)$ 有何关系?

7－3　写出滤波反投影算法的算符表达式，说明其计算步骤。

7－4　写出四种图像重建的解析算法的算符表达式，并说明计算步骤。

7－5　在滤波反投影法重建断层图像的过程中，为什么要加入滤波窗函数？例举一种滤波窗函数的名称和数学表达式。

7－6　画框图说明迭代法重建图像的过程。各种迭代算法的差别何在哪里？

7－7　对于图 7.24 给出的算例，使用 δ 函数投影模型（列出系统传输矩阵），以 1 作为各像素的初始估计值，①采用 *ML－EM* 算法，通过两轮迭代重建图像；②将投影数据分成三个子集：$s_1=\{6,10\}$，$s_2=\{5,11\}$，$s_3=\{7,9\}$，采用 *OS-EM* 算法，进行两轮迭代求解。

参考答案：

δ 函数投影模型下的系统传输矩阵：
$$\begin{pmatrix} p_1 \\ p_2 \\ p_3 \\ p_4 \\ p_5 \\ p_6 \end{pmatrix} = \begin{pmatrix} 0 & 0 & 1 & 1 \\ 1 & 1 & 0 & 0 \\ 1 & 0 & 0 & 1 \\ 1 & 0 & 1 & 0 \\ 0 & 1 & 0 & 1 \\ 0 & 1 & 1 & 0 \end{pmatrix} \begin{pmatrix} f_1 \\ f_2 \\ f_3 \\ f_4 \end{pmatrix}$$

其中，投影 $p_1 \sim p_5$ 从左下方到右上方顺时针排列：$p_1=7$，$p_2=9$，$p_3=5$，$p_4=6$，$p_5=10$，$p_6=11$。

①ML-EM 算法的迭代公式

$$f_i^{k+1} = \frac{f_i^k}{\sum_j c_{ij}} \sum_j \frac{c_{ij}p_j}{\sum_{i'} c_{i'j} f_{i'}^k} \text{ 其中} \sum_j c_{1j} = \sum_j c_{2j} = \sum_j c_{3j} = \sum_j c_{4j} = 3$$

令 $f_i^0=1, i=1,2,3,4$，有 $\sum_{i'} c_{i'1}f_{i'}^k = \sum_{i'} c_{i'2}f_{i'}^k = \sum_{i'} c_{i'3}f_{i'}^k = \sum_{i'} c_{i'4}f_{i'}^k = \sum_{i'} c_{i'5}f_{i'}^k = \sum_{i'} c_{i'6}f_{i'}^k = 2$

第一轮迭代：

$$f_1^1 = \frac{1}{3}\left(\frac{9}{2}+\frac{5}{2}+\frac{6}{2}\right) = 3.33$$

$$f_2^1 = \frac{1}{3}\left(\frac{9}{2}+\frac{10}{2}+\frac{11}{2}\right) = 5$$

$$f_3^1 = \frac{1}{3}\left(\frac{7}{2}+\frac{6}{2}+\frac{11}{2}\right) = 4$$

$$f_4^1 = \frac{1}{3}\left(\frac{7}{2}+\frac{5}{2}+\frac{10}{2}\right) = 3.67$$

第二轮迭代：

$$f_1^2 = \frac{3.33}{3}\left(\frac{9}{3.33+5}+\frac{5}{3.33+3.67}+\frac{6}{3.33+4}\right) = 2.90$$

$$f_2^2 = \frac{5}{3}\left(\frac{9}{5+3.33} + \frac{10}{5+3.67} + \frac{11}{5+4}\right) = 5.76$$

$$f_3^2 = \frac{4}{3}\left(\frac{7}{4+3.67} + \frac{6}{4+3.33} + \frac{11}{4+5}\right) = 3.94$$

$$f_4^2 = \frac{3.67}{3}\left(\frac{7}{3.67+4} + \frac{5}{3.67+3.33} + \frac{10}{3.67+5}\right) = 3.40$$

②OS-EM 算法的迭代公式

$$f_{si}^{q+1} = \frac{f_{si}^{q}}{\sum\limits_{j \in S_q} c_{ij}} \sum_{j \in S_q} \frac{c_{ij} p_j}{\sum\limits_{i'} c_{i'j} f_{si'}^{q}},\text{其中} \sum_{j \in S_q} c_{1j} = \sum_{j \in S_q} c_{2j} = \sum_{j \in S_q} c_{3j} = \sum_{j \in S_q} c_{4j} = 1$$

令 $f_1^0 = f_2^0 = f_3^0 = f_4^0 = 1$,有 $\sum\limits_{i'} c_{i'1} f_{si'}^{k} = \sum\limits_{i'} c_{i'2} f_{si'}^{k} = \sum\limits_{i'} c_{i'3} f_{si'}^{k} = \sum\limits_{i'} c_{i'4} f_{si'}^{k} = \sum\limits_{i'} c_{i'5} f_{si'}^{k} = \sum\limits_{i'} c_{i'6} f_{si'}^{k} = 2$

第一轮迭代:

子集 $s1 = \{6,10\}$:

$$f_{s1}^1 = f_{s3}^1 = 1 \cdot \frac{6}{2} = 3$$

$$f_{s2}^1 = f_{s4}^1 = 1 \cdot \frac{10}{2} = 5$$

子集 $s2 = \{5,11\}$:

$$f_{s1}^2 = 3 \cdot \frac{5}{3+5} = 1.875$$

$$f_{s2}^2 = 5 \cdot \frac{11}{5+3} = 6.875$$

$$f_{s3}^2 = 3 \cdot \frac{11}{5+3} = 4.125$$

$$f_{s4}^2 = 5 \cdot \frac{5}{3+5} = 3.125$$

子集 $s3 = \{7,9\}$:

$$f_{s1}^3 = 1.875 \cdot \frac{9}{1.875+6.875} = 1.928\,6$$

$$f_{s2}^3 = 6.875 \cdot \frac{9}{1.875+6.875} = 7.071\,4$$

$$f_{s3}^3 = 4.125 \cdot \frac{7}{4.125+3.125} = 3.982\,8$$

$$f_{s4}^3 = 3.125 \cdot \frac{7}{4.125+3.125} = 3.017\,2$$

第二轮迭代：

$$f_{s1}^{1}=1.957\,5 \quad f_{s1}^{2}=1.978\,0 \quad f_{s1}^{3}=1.988\,1$$

$$f_{s2}^{1}=7.009\,3 \quad f_{s2}^{2}=6.976\,4 \quad f_{s2}^{3}=7.011\,0$$

$$f_{s3}^{1}=4.042\,5 \quad f_{s3}^{2}=4.023\,6 \quad f_{s3}^{3}=3.997\,6$$

$$f_{s4}^{1}=2.990\,7 \quad f_{s4}^{2}=3.022\,0 \quad f_{s4}^{3}=3.002\,4$$

8. 试证明：①公式 7.52 的解必然可使公式 7.50 的 WLS 准则函数 $W(f)$ 最小化。②反过来，使公式 7.50 的 $W(f)$ 最小化的 f 是公式 7.52 的方程的解。（提示：利用 $\boldsymbol{A}=\boldsymbol{C}^{T}\boldsymbol{R}^{-1}\boldsymbol{C}$ 的对称正定性）

参考答案：

①设 $\boldsymbol{f}^{*}$ 使 $W(\boldsymbol{f})$ 最小化，则对任何 $\boldsymbol{g}\in\boldsymbol{R}^{n\times 1}$ 和实数 α，都应有

$$\frac{\mathrm{d}}{\mathrm{d}\alpha}W(\boldsymbol{f}^{*}+\alpha\boldsymbol{g})\big|_{\alpha=0}=0$$

$$\frac{\mathrm{d}}{\mathrm{d}\alpha}[\boldsymbol{C}(\boldsymbol{f}^{*}+\alpha\boldsymbol{g})-\boldsymbol{P}]^{\mathrm{T}}\boldsymbol{R}^{-1}[\boldsymbol{C}(\boldsymbol{f}^{*}+\alpha\boldsymbol{g})-\boldsymbol{P}]\big|_{\alpha=0}=0$$

$$\boldsymbol{g}^{\mathrm{T}}\boldsymbol{C}^{\mathrm{T}}\boldsymbol{R}^{-1}[\alpha\boldsymbol{C}g+\boldsymbol{C}\boldsymbol{f}^{*}-\boldsymbol{P}]$$
$$+[\alpha\boldsymbol{C}\boldsymbol{g}+\boldsymbol{C}\boldsymbol{f}^{*}-\boldsymbol{P})^{\mathrm{T}}\boldsymbol{R}^{-1}\boldsymbol{C}\boldsymbol{g}\big|_{\alpha=0}=0$$

$$\boldsymbol{g}^{\mathrm{T}}\boldsymbol{C}^{\mathrm{T}}\boldsymbol{R}^{-1}[\boldsymbol{C}\boldsymbol{f}^{*}-\boldsymbol{P}]+[\boldsymbol{C}\boldsymbol{f}^{*}-\boldsymbol{P}]^{\mathrm{T}}\boldsymbol{R}^{-1}\boldsymbol{C}\boldsymbol{g}=0$$

$$\boldsymbol{g}^{\mathrm{T}}[\boldsymbol{C}^{\mathrm{T}}\boldsymbol{R}^{-1}\boldsymbol{C}\boldsymbol{f}^{*}-\boldsymbol{C}^{\mathrm{T}}\boldsymbol{R}^{-1}\boldsymbol{P}]+[\boldsymbol{C}^{\mathrm{T}}\boldsymbol{R}^{-1}\boldsymbol{C}\boldsymbol{f}^{*}-\boldsymbol{C}^{\mathrm{T}}\boldsymbol{R}^{-1}\boldsymbol{P}]^{\mathrm{T}}\boldsymbol{g}=0$$

$$[\boldsymbol{C}^{\mathrm{T}}\boldsymbol{R}^{-1}\boldsymbol{C}\boldsymbol{f}^{*}-\boldsymbol{C}^{\mathrm{T}}\boldsymbol{R}^{-1}\boldsymbol{P}]\cdot\boldsymbol{g}=0$$

要使上式对任何 g 都成立，只有

$\boldsymbol{C}^{\mathrm{T}}\boldsymbol{R}^{-1}\boldsymbol{C}\boldsymbol{f}^{*}-\boldsymbol{C}^{\mathrm{T}}\boldsymbol{R}^{-1}\mathrm{P}=0$，即公式 7.50。

②设 $\boldsymbol{f}^{*}$ 是公式 7.50 的解，那么对任意 $\boldsymbol{g}\in R^{n\times 1}$ 和任意实数 α，计算

$$\begin{aligned}W(\boldsymbol{f}^{*}+\alpha\boldsymbol{g})&=[\boldsymbol{C}\boldsymbol{f}^{*}+\alpha\boldsymbol{g})-\boldsymbol{P}]^{\mathrm{T}}\boldsymbol{R}-1[\boldsymbol{C}\boldsymbol{f}^{*}+\alpha\boldsymbol{g})-\boldsymbol{P}]\\&=[\boldsymbol{C}\boldsymbol{f}^{*}-\boldsymbol{P}^{\mathrm{T}}+\alpha g^{\mathrm{T}}\boldsymbol{C}^{\mathrm{T}}]\boldsymbol{R}^{-1}[\boldsymbol{C}\boldsymbol{f}^{*}-\boldsymbol{P})+\alpha\boldsymbol{C}\boldsymbol{g}]\\&=[\boldsymbol{C}\boldsymbol{f}^{*}-\boldsymbol{P}]^{\mathrm{T}}\boldsymbol{R}^{-1}[\boldsymbol{C}\boldsymbol{f}^{*}-\boldsymbol{P}]\\&\quad+\alpha[\boldsymbol{g}^{\mathrm{T}}(\boldsymbol{C}^{\mathrm{T}}\boldsymbol{R}^{-1}\boldsymbol{C}\boldsymbol{f}^{*}-\boldsymbol{C}^{\mathrm{T}}\boldsymbol{R}^{-1}\boldsymbol{P})+(\boldsymbol{C}^{T}\boldsymbol{R}^{-1}\boldsymbol{C}\boldsymbol{f}^{*}-\boldsymbol{C}^{T}\boldsymbol{R}^{-1}\boldsymbol{P})^{\mathrm{T}}\boldsymbol{g}]\\&\quad+\alpha^{2}\boldsymbol{g}^{\mathrm{T}}\boldsymbol{C}^{\mathrm{T}}\boldsymbol{R}^{-1}\boldsymbol{C}\boldsymbol{g}\\&=W(\boldsymbol{f}^{*})+\alpha^{2}|\boldsymbol{C}\boldsymbol{g}|_{R^{-1}}^{2}\\&\geqslant W(\boldsymbol{f}^{*})\end{aligned}$$

命题得证。

第8章　单光子发射计算机断层成像

单光子发射计算机断层成像术(Single-photon Emission Computed Comography,SPECT)和正电子发射断层成像术(Positron Emission Tomography,PET)是核医学的两种CT技术,由于它们都是对从病人体内发射的γ射线成像,故统称发射型计算机断层成像术(Emission Computed Tomography,ECT),以区别于X射线CT所采用的透射型计算机断层成像术(Ttransmission Computed Tomography,TCT)。TCT得到人体组织衰减系数的三维图像,表现的是解剖结构。ECT所提供的放射性药物分布的三维图像则反映了病人功能(Functional)、代谢(Metabolic)和生理学(Physiologic)状况。与γ照相机摄取的平片性比,ECT能够更精确地表现放射性药物在人体中的分布。

8.1　SPECT获取的投影数据

SPECT是针对每次衰变仅发射单个γ光子的放射性药物(如^{99m}Tc)进行断层成像的技术。SPECT通常使用γ照相机作为探头,安装了平行孔准直器后,γ照相机上每个灵敏点只能探测沿一条投影线(ray)进来的γ光子,见图8.1,其测量值代表人体在该投影线上的放射性之和。位于γ照相机同一行上的灵敏点,则可探测一个断层上的放射性药物发射的γ光子,它们的输出构成该断层的投影(Projection),定义为$P(r)$,其中r是探测面的横坐标。由于平行孔准直器的限制,各条投影线都垂直于探测面并互相平行,故称之为平行束投影。这些平行的投影线(即探测面的法线)与X轴(或Y轴)的交角θ称为视角(View),为标明视角,此投影可写作$P(r,\theta)$。γ照相机是面探测器,可以同时获取多个断层的一维投影,这就是投影平片(Planar)。由于平片上每个像素的值是相应投影线上的放射性之和,所以它无法表现投影线上各点的前后关系。

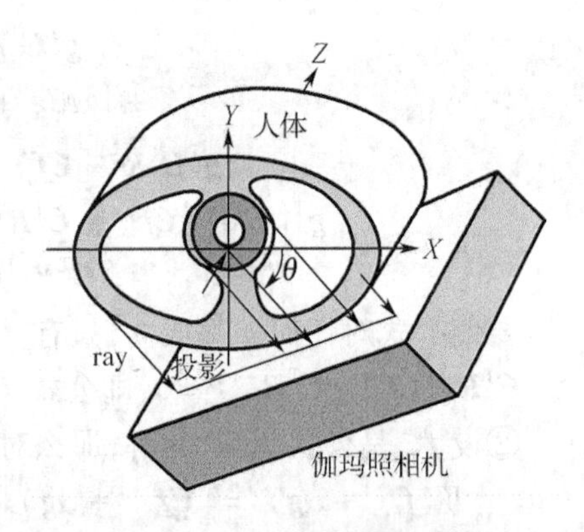

图8.1　平行束投影的形成

要获取各个视角的投影,可以将γ照相机装在围绕病人旋转的机架上,在不同视角拍照,将投影平片送入计算机,就能重建出各个断层的放射性药物分布图像。现代SPECT几乎都采用旋转γ照相机的结构。在采集投影数据时,γ照相机一般沿圆形轨迹围绕病人运动。由于离平行孔准直器的表面越近,其空间分辨率越好,很多SPECT的探头能够沿椭圆轨迹运行,使准直器尽量紧贴病人的体表,以达到最佳的投影采样质量。

从理论上说,探头围绕人体旋转 360°,才能获得完整的投影数据。对于平行束投影来说,视角相差 180°的(相反方向的)投影束互相重合,同一条投影线上放射性之和与求和的方向无关,也就是说它们的投影值相等,所以平行束投影只要围绕人体旋转 180° 就足够了。但是实际上,放射性药物辐射的 γ 射线在穿过人体时会被衰减,沿着同一条投影线向相反方向传播的 γ 射线,会经过不同长度的衰减路径,遇到不同的组织,在相反方向上测量到的投影值并不完全相等。所以 SPECT 有时采用 360°平行束扫描,把反方向的投影组合起来,以降低人体衰减不均匀的影响,同时也减少准直器随着深度增加分辨率变差的效应。

计算机只能作离散的运算,因此 SPECT 的投影 $P(r,\theta)$ 不是连续函数,在 r 方向被离散化为一系列数据点,各个数据点的间距称作直线采样间隔 τ。同样,视角也不是连续变化的,扫描系统只从数目有限的视角上获取投影,其间距称作视角采样间隔 ε。Nyquist 采样定理告诉我们,要复原一个含有最高空间频率成分为 ω_m 的信号(ω_m 由探头的空间分辨率决定),必须的直线采样间隔 $\tau \leqslant 1/2\omega_m$;也就是说,最高空间频率分量在一个周期中至少需要采样两个点,否则将产生混迭(Aliasing)。如果用半高宽 FWHM 来表示探头的空间分辨率,作为经验规律,一般要求 $\tau \leqslant \text{FWHM}/3$。

视角采样间隔 ε 决定了断层重建中反投影的方向密度,间隔过大会影响重建图像在切线方向的空间分辨率,并导致明显的放射状伪影。为了使重建图像的切向和法向分辨率大致相同,角采样应该提供和直线采样类似的环绕人体表面的采样密度。如果视野直径为 D,直线采样间距为 τ,则在 180°内的被采样弧长为 $\pi D/2$,因而需要至少 $\pi D/2\tau$ 个视角采样数目以保证足够的采样密度。

直线采样和视角采样必须完整。如果直线采样不能在 r 方向覆盖整个视野,$P(r)$ 将发生截断(Truncation),投影数据就不足以正确地重建放射性活度分布,图像会不均匀和发生失真。如果角采样少于 180°,重建图像将产生与缺失投影方向垂直的几何扭曲;这种畸变不容易消除,因为畸变的形状和幅度会随它在视野中的位置和周围的情况不同而变化;这就是焦平面断层成像术和准直断层成像术的问题所在—它们属于“有限角断层成像”。

由于 γ 照相机的有效视野在 450 mm 左右,系统空间分辨率(FWHM)大约为 10 ~ 20 mm,所以 SPECT 临床应用时大多使用 64 × 64 或 128 × 128 的投影采样矩阵。它的每一行是一个层面的投影,典型的断层厚度为 12 ~ 24 mm。视角采样间隔一般定为 6°或 3°,即旋转 180°采样 30 个或 60 个视角。图 8.2 是注射心肌显像剂 ^{99m}Tc-MIBI 后的胸部二维投影,每隔 6°采集一帧,旋转 360°共采样 60 帧,自左上至右下依次是探头从前位经左侧位旋转到后位所采集的 30 帧。

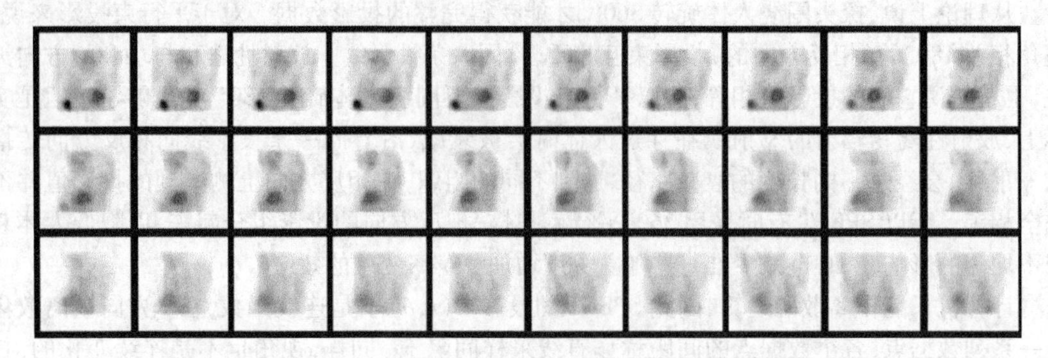

图 8.2 胸部的^{99m}Tc-MIBI 二维投影平片

(64×64 矩阵,视角采样间隔 6°。病人双臂上举,可以看到甲状腺、心脏及胆囊)

8.2 投影束的几何形状及成像空间

SPECT 投影束的几何形状由准直器决定。第 5 章中图 5.8(a)所示的平行孔准直器,形成的投影线互相平行,称为平行束(Parallel-beam);图 5.8(b)扩散型准直器、图 5.8(c)汇聚型准直器和图 5.8(d)针孔型准直器,形成的投影线都汇集于一点,称为锥形束(Cone-beam);此外还有各层互相平行,而每层的投影线汇集于一点的扇型束(Fan-beam),它是由扇形型准直器形成的。

SPECT 的完全采样空间是所有视角的投影束共同覆盖的区域。矩形探头、平行束的采样空间是一个圆柱体,它的直径等于探头有效视野(FOV)的宽度,如图 8.3。扇型束的采样空间也是圆柱体,但是它的直径比平行束的小。圆形探头、锥形束的采样空间则是圆球形。SPECT 通常在完全采样空间内划定一个重建图像的范围,一般为立方体。由于扇型束和锥形束比平行束的采样空间小,所以在准直孔密度相同的情况下,从扇型束和锥形束投影重建的断层图像空间分辨率更高一些。

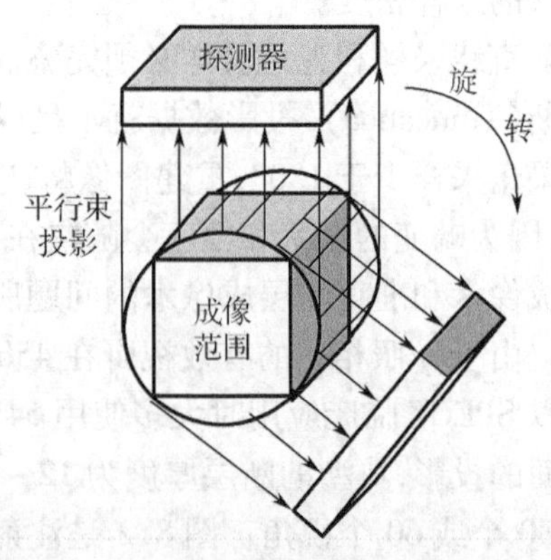

图 8.3 平行束投影的完全采样空间

8.3 多探头和环形探头 SPECT 系统

SPECT 图像的计数值越高信噪比越好,高效率的探测系统才能获得高质量图像。围绕病人放置多个探头,同时采集几个投影,可以成倍提高探测效率,改善成像质量,或者缩短扫描时间,提高病人的通过速度。双探头 SPECT 系统的探测效率提高一倍,如图 8.4(a);排成三角形的三个探头有接近 2π 的几何效率,如图 8.4(b);为了容纳不同胖瘦的病人,三个探头可以沿径向移动,形成所需大小的孔洞。

双探头 SPECT 系统作断层显像的时候,两个探头一般互相垂直放置,如图 8.4(a),只需 90°扫描;作全身扫描的时候,两个探头在检查床的上、下方相对放置,可以同时得到前位、后位两张图像。如果增加符合电路,相对放置的两个探头可以构成简易的 PET。由于它的用途多,价格比三探头的 SPECT 低,很受医院的欢迎。也有些厂家把互成 90°的两个尺寸较小的探头做成一体,它的成本较低,专门用于心、脑、甲状腺的显像。

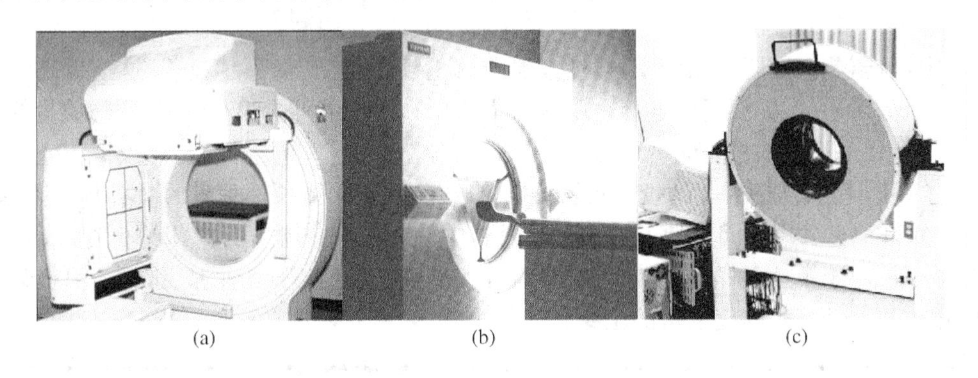

(a) (b) (c)

图 8.4 高效率的 SPECT 系统

(a) PHILIPS 的双探头系统 FORTE;(b) SIEMENS 的三探头系统 Multi3;(c) 环形探头系统 McSPECT

γ 照相机是平面探测器,由于人体断面成椭圆形,准直器的两边离病人远,不如中心区的空间分辨率好,而且探头的边缘存在盲区。如果把探头做成圆柱形的如图 8.4(c),则既有均匀一致的空间分辨率,又有完美的几何效率。圆柱形探头的 SPECT 靠准直器旋转完成扫描,探测器不运动,所以其光电倍增管的增益不会因它与外磁场交角的改变而变化,电子学电路也容易保持稳定。由于不会发生电缆线缠绕,扫描可以快速、连续地进行,能够实现螺旋扫描等先进的 CT 技术。这种第四代 SPECT 可获得高质量三维图像,在心、脑显像上尤具优势,但是它也有局限性—造价高,不能做平片显像。

8.4 SPECT 断层重建算法

断层图像重建算法可分成解析法和迭代法两大类,在 SPECT 上使用较多的是滤波反投影(FBP)算法和 OS-EM 算法。

8.4.1 解析算法

公式(7.8)给出了从频率域到图像域的反变换式,解析算法将该公式分解为滤波和反投影两个步骤。反投影是将各投影值均匀分配给投影线经过的每个像素，各视角反投影叠合在一起就生成了模糊的断层图像。滤波则对投影值做 ramp 函数高频提升预处理，使反投影生成的图像清晰化。滤波反投影法可以根据需要加入不同的滤波器，图像质量基本能够满足各种临床要求，当前 SPECT 都提供这种重建算法的程序。

SPECT 图像的空间分辨率除受包括准直器的探头系统分辨率限制外，也取决于重建滤波器的截止频率。如果滤波器截止频率与探头分辨率相比较低，则滤波器完全决定了图像的分辨率。随着滤波器截止频率的增加，图像分辨率随着截止频率成比例提高。然而当截止频率进一步增加，图像分辨率的提高变得较慢而不成比例，最后达到由探头的系统分辨率决定的极限。

使用滤波器是为了降低图像噪声，滤波器的截止频率越低，降噪越显著，这与提高图像分辨率的要求是矛盾的，需要折中选择。临床采集的投影计数不可能很高，决定图像质量的往往是信噪比，所以滤波器的截止频率通常选在 0.5 左右。

采用 FBP 算法，从图 8.2 的投影数据可以求出 64 帧与人体长轴垂直的横断面图像，图 8.5 是其中的第 31 ~ 60 层(即胸的下半部分)，重建中使用了截止频率为 0.3 的 5 阶 Butterworth 低通滤波器。由于视角采样间隔较大，在最后五帧中可以看到反投影形成的放射状伪影，因为这几帧中有放射性药物高度浓集的胆囊。

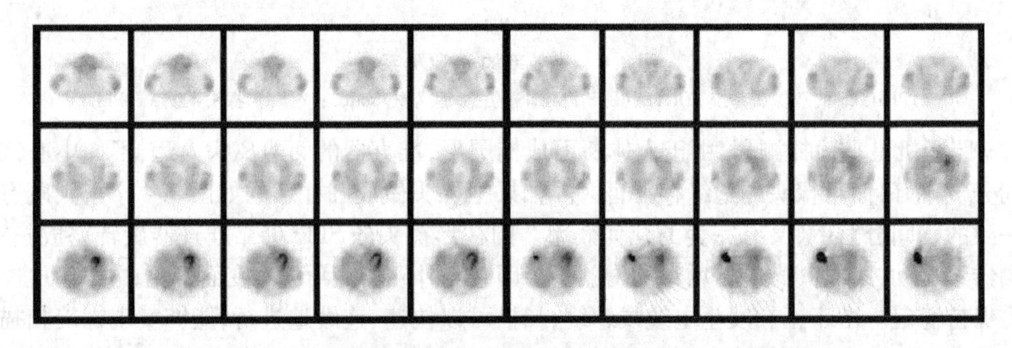

图 8.5 FBP 重建的横断面图像

(64 ×64 矩阵，采用 N = 5、ω_m = 0.3 的 Butterworth 低通滤波器。在第三行的第一帧到第六帧中，马蹄形结构是左心室心肌的断层图像。后五帧里出现胆囊)

解析算法是建立在严格的数学推导基础上的，其运算量比迭代算法低，重建速度快。但是解析算法的推导基于数学抽象(如投影和像素是非常理想的几何线和点)，忽略了 SPECT 的系统响应特性、数据的统计涨落和人体衰减、散射等物理因素，所以它虽然对理想投影数据有不错的重建效果，但对实际的临床数据，重建图像的分辨率较差，与真实的放射性药物分布在定量关系上有误差，而且上述导致图像降质的因素很难在重建过程中加以精确的校正。

8.4.2　迭代算法

迭代法通过比较投影实测值和根据图像计算出的投影估计值,反复地修正图像估计值,使它一步步逼近真实的图像。受药物剂量和采集时间的限制,SPECT 投影数据的计数比较低,统计涨落较大,因此用统计模型来描述 SPECT 的成像过程更为合适。以最大似然 - 期望最大化算法(ML-EM)为代表的,基于统计模型的算法有很好的抗统计干扰性,其中有序子集 - 期望值最大化(OS-EM)算法采用分组技术加快了迭代的收敛速度,能够大大削减计算时间。

因为在计算投影值时容易把各种因素和系统误差的影响都考虑进去,所以迭代法重建的图像质量高、伪影少。比较用 OS-EM 算法重建的断层图像(图 8.6)和用滤波反投影法重建的断层图像(图 8.5)就可以看到其质量差别。迭代法的运算量比解析法大,但随着算法改进和计算机性价比的不断提高,迭代算法越来越多地被 SPECT 所采用。

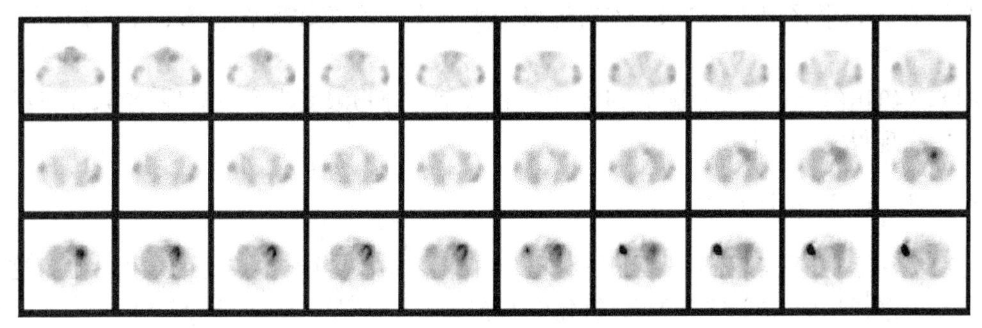

图 8.6　OS-EM 重建的人体胸腔横断面图像迭代 5 次

(取其第 31 ~ 60 帧,64 × 64 矩阵)

8.5　SPECT 临床检查规程

SPECT 在临床诊断中广泛应用,大部分医院都拥有 SPECT 或 SPECT/CT 设备。在本节中,仅介绍几种常见的 SPECT 临床检查规程。

8.5.1　骨扫描

SPECT 骨扫描检查通常使用^{99m}Tc-MDP(亚甲基二磷酸盐)作为示踪剂。如果采用双探头 SPECT,每个床位上通常采集 60 或 64 幅投影(总投影数目为 120 或 128),视角采样间隔约为 3°,每幅投影采集时间约 20 s,每个床位采集时间约 20 分钟。

断层成像结果通常采用横断面、矢状断面和冠状断面的形式显示,也可以采用最大亮度投影(MIP)方式进行三维显示。

在正常的人体骨骼组织显像结果中,^{99m}Tc-MDP 在骨骼系统中呈均匀分布。在非正常检查结果中可以看到指示病变的高浓聚或低浓聚病灶。图 8.7(a)为一个正常人的骨扫描的过程示意图,在一个床位上采集到的投影平片如图 8.7(b),正弦图如图 8.7(c),断层重建后的横断面图像如图 8.7(d),最大亮度投影显示如图 8.7(e)。图 8.7(f)到图 8.7(h)给出了以横断面、矢状断面和冠状断面组形式显示的 SPECT 断层成像结果。

8.5.2 脑灌注成像

^{99m}Tc-HMPAO 和^{99m}Tc-ECD 这两种放射性药物可以穿过血脑屏障并反映脑部的血流分布。它们是 SPECT 脑灌注成像最常使用的示踪剂,可以用于检查脑血管疾病,痴呆症和癫痫病等。如果某些区域出现灌注不足或者高灌注的话,则说明有异常病变发生。由于这两种示踪剂只提供灌注信息,因此需要有经验的神经核医学专家读图并做出诊断。

SPECT 脑灌注检查,通常注射 15 ~30 m Ci ^{99m}Tc-HMPAO 或^{99m}Tc-ECD,在注射后 1 小时进行成像检查。如果采用双探头 SPECT,通常总共采集 120 或 128 幅投影,总采集时间约 20 分钟。

图 8.8 给出的是一个异常脑的 SPECT 检查病例。药物浓度略呈不对称分布,在三维可视化显示中表现得尤为明显。

8.5.3 心肌灌注成像

心脏灌注运动/静息 SPECT 检查是 SPECT 临床诊断中应用最为广泛的规程。通常这种检查采取双核素成像的方式:^{201}Tl-TlCl(氯化铊)静息显像和^{99m}Tc-sestamibi 或 tetrofosmin 运动显像。通过比较上述两组数据的重建图像,给出诊断结论。

一般临床采取的规程如下:在病人处于静息状态时,给病人注射 4mCi 的^{201}Tl – TlCl,在 15 分钟后采集图像。如果采用 90°双探头 SPECT,通常从 450 右前斜位(RAO)左后斜位(LPO)至在 180°内采集 30 或 32 帧投影(总共采集 60 或 64 帧),如图 8.9(a)所示。采样角间隔为 3°,每帧投影采集 30 s,总采集时间约 15 分钟。在静息检查结束后,使病人负荷运动(如在跑步机上运动)约 10 分钟,使病人处于运动负荷状态,注射 25 mCi ^{99m}Tc-sestamibi 或 tetrofosmin,在 30 分钟后采集图像。由于^{99m}Tc 光子通量远高于^{201}Tl,每帧投影时间可减少到 20 秒,总采集时间约 11 分钟。由于^{99m}Tc-sestamibi 和 tetrofosmin 这两种示踪剂均可迅速被心肌细胞摄取并停留数小时,且其洗脱(Washout)过程相对很慢,因而所采集的图像反映负荷状态时而非成像时的心肌状态。与其他 SPECT 检查不同的是,在心肌灌注 SPECT 中采用 180°的采集方式。这是因为心脏非常靠近胸腔左前侧,探头在前位时人体衰减的影响几乎可以忽略,而后位采集的投影受衰减影响严重。如果不进行衰减校正,那么 180°SPECT 采集规程所提供的图像质量要远远好于 360°采集规程。由于^{99m}Tc 的 γ 光子能量高于^{201}Tl 发射的 γ 光子,因此即使在^{99m}Tc 和^{201}Tl 同时存在于心肌时采集^{99m}Tc 图像,其图像质量也不会受到影响,但此时^{201}Tl 图像将受到^{99m}Tc 向下散射(Down-scatter)光子的污染。因此,静息采集和运动负荷采集的先后顺序

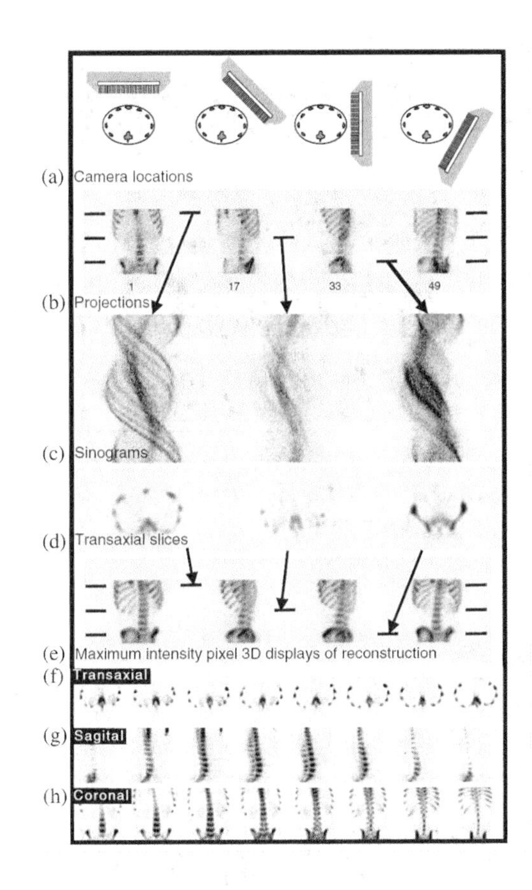

图 8.7　SPECT 骨扫描的过程、投影图、正弦图、重建横断面图像、MIP 显示，以及横断面、矢状断面和冠状断面图像组

（摘自 Emission Tomography: The Fundamentals of PET and SPECT, academic press, p145）

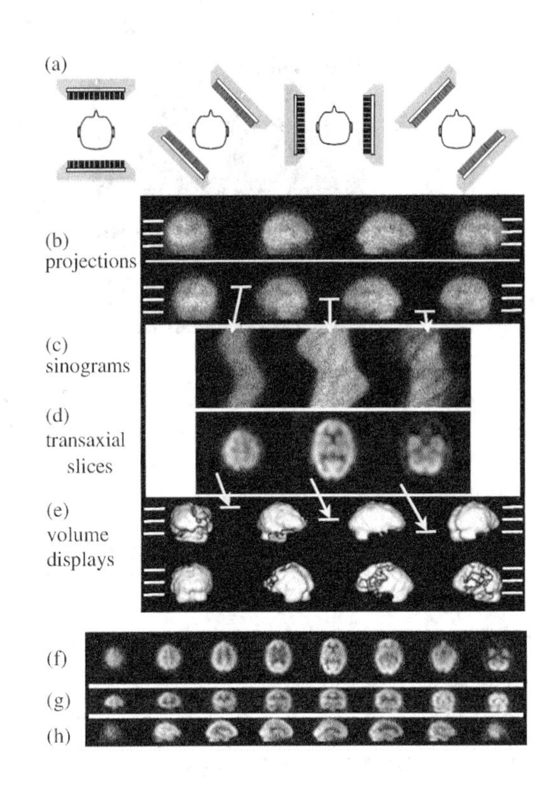

图 8.8　脑 SPECT 扫描的过程、投影图、正弦图、重建横断面图像 3D 可视化显示，以及横断面、矢状断面和冠状断面图像组

（摘自 Emission Tomography: The Fundamentals of PET and SPECT, academic press, p146）

不能颠倒。

为了便于比较图像和诊断，一般在获得重建数据后将图像沿心轴方向重组成短轴横断面、水平长轴断面和垂直长轴断面图像，如图 8.9(b)所示。通常还采用专业软件对重建图像进行图像处理、分析和三维显示，并给出定量或半定量分析数据。在心肌灌注成像检查中还经常在运动检查中加入心电图(Electrocardiogram-gated, ECG)数据，进行门控采集。利用门控心肌成像数据可以获得心室容积变化、左心室射血分数(Left-ventricular Ejection Fraction, LVEF)、收缩和舒张末期心室壁厚度等参数。

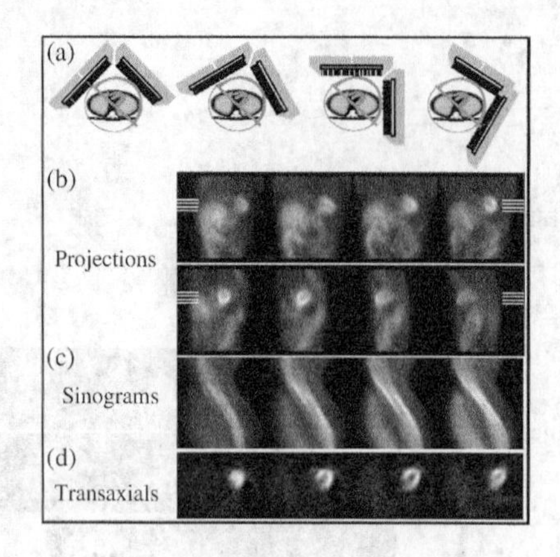

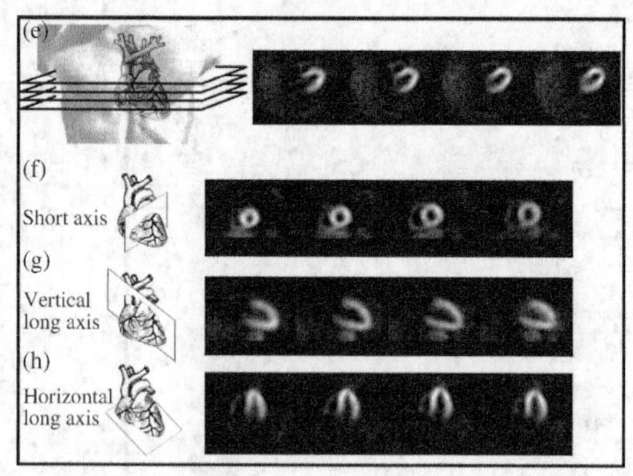

图 8.9 心脏 SPECT 扫描的过程、投影图、正弦图、重建横断面，以及短轴横断面、垂直长轴断面和水平长轴断面图像组

（摘自 Emission Tomography: The Fundamentals of PET and SPECT, p148）

8.6 SPECT 图像的品质

由于成像原理和技术的限制，发射型 CT(ECT)与 X 光 CT 和核磁共振 CT(MRI)比，图像的统计噪声大，空间分辨率差，部分容积效应和重建伪影表现更严重，影响了核医学诊断的精确性。了解这些问题及其产生原因，对于 ECT 设备的正确使用和技术改进都十分必要。

8.6.1 统计噪声与图像信噪比

图像的噪声包括结构噪声(Structured Noise)和统计噪声(Statisticd Noise)。前者造成图像畸变，可以在系统的设计和制造中尽量减小(如电子学噪声)。后者是因像素值的随机性(Randomness)引起的，使图像呈现斑驳的样子，好像洒上了沙子，如图 8.10，这是影响核医学图像品质的重要因素。我们通常分析图像的信噪比(Signal-to-noise Ratio, SNR)，而不是噪声的绝对水平，因为能否从图像中辨别出病灶，取决于有用信号幅度与噪声幅度的比值。

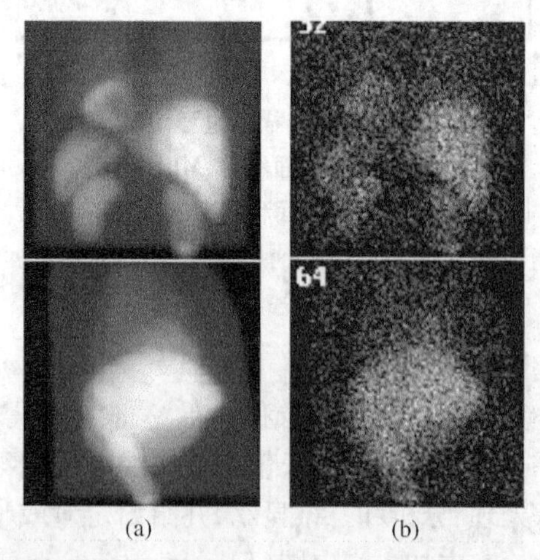

图 8.10 (a)无噪声投影图，(b)有噪声投影图

（摘自 Dept. of Radiology, Johns Hopkins Univ.）

我们知道，放射源何时产生 γ 光子，γ 光子能否穿出人体，能否透过准直器被探测到都是随机的，服从 Poisson 统计规律。γ 照相机平片上像素的平均计数反映了放射性药物的活度，计数的涨落构成图像的噪声。如果像素的平均计数 $N_p = 100$，其统计涨落的标准差 $= \sqrt{N_p} = 10$，则信噪比

$$SNR = \frac{N_p}{\sqrt{N_p}} = \sqrt{N_p} = 10 \tag{8.1}$$

说明平片的质量由其像素的平均计数决定。

这种分析只适用于各像素统计分布互相独立的情况。而 SPECT 图像的像素值是经反投影运算重建出来的（无论解析算法还是迭代算法），与之有关的投影值被采样线上的所有像素所决定，在反投影过程中，此投影值又沿着采样线分配给它所经过的所有像素，其中的噪声也沿着采样线进入了每个像素。图像矩阵越大，采样线经过的像素数越多，通过每个像素的采样线数也越多，图像质量受噪声传播的影响就越大；而且这种噪声传播效应随数学运算量的增多而加强。

假设对于放射性均匀分布的、直径为 D 的圆柱形物体，按照线间隔 τ 采样，共采集了 N_i 个 γ 光子；采用 FBP 算法，仅使用斜坡滤波器，重建 $D \times D$ 的图像矩阵，分辨单元的尺寸为 $\tau \times \tau$；根据误差传播理论可以推导出，重建图像中每个分辨单元的信噪比为

$$SNR \approx \sqrt{\frac{12N_i}{\pi^2 (D/\tau)^3}} \tag{8.2}$$

这里，噪声被表示成总计数 N_i 的标准偏差。可见，信噪比随总计数 N_i 的增加而提高，随采样单元数 D/τ 增加而降低；如果空间分辨率提高 2 倍（直线采样间隔变成 $\tau/2$），总计数须增加 8 倍才能保证每个分辨单元的信噪比不变。

如果用 R 表示总分辨单元数，则 $R = (D/\tau)2$ ；用 N_r 来表示图像中所有分辨单元的重建计数的平均值，则 $N_r = N_i/R$；从公式（8.2）可得到

$$SNR \approx \frac{\sqrt{12/\pi^2}\sqrt{N_r}}{\sqrt[4]{R}} \approx \frac{\sqrt{N_r}}{\sqrt[4]{R}} \tag{8.3}$$

与公式（8.1）相比，SPECT 图像的信噪比大概要比具有相同像素平均计数的平片差 $\sqrt[4]{R}$ 倍。上述分析假定 SPECT 和 γ 照相机所成图像的噪声仅来源于计数值的统计涨落，即使这并不十分严格，也给我们提供了统计噪声对断层和平面成像的信噪比影响的定量描述。如果测量到的图像噪声比由式（8.2）和（8.3）估计的大，说明还存在着其他未考虑的噪声源。

8.6.2　空间分辨率

ECT 的空间分辨率（Spatial Resolution）如同 γ 照相机一样由点源或线源的扩展函数半高宽（FWHM）及其调制传递函数（MTF）表示。作为三维成像设备，ECT 有两个方向的空间分辨率指标，一个是横向的（即图 8.1 中 $X-Y$ 断层平面内的），另一个是与系统轴平行的（即图 8.

1 中 Z 方向的,垂直于断层平面的),8.7.2 节将介绍它们的测量方法。

横向空间分辨率(Transverse Resolution or Transaxial Resolution)又分为两种:径向分辨率(Radial Resolution)是从系统轴到源点方向上的横向分辨率,切向分辨率(Tangential Resolution)是沿与径向垂直的方向上的横向分辨率。横向空间分辨率取决于探头的固有分辨率、准直器的分辨率、投影的线性和角度采样密度、重建所用低通滤波函数、图像矩阵大小以及统计涨落、散射等因素。现代探头的固有分辨率已经接近最佳理论分辨率(FWHM = 2 mm),系统空间分辨率(FWHM = 10 ~ 20 mm)主要由准直器决定,尤其受准直器分辨率随深度加大而变差的影响。大多数厂商给出的空间分辨率指标是加大药物剂量或延长采集时间以得到足够多的投影计数,并采用最高的采样密度、截止频率接近 1 的滤波窗函数和最大的图像矩阵得到的。而临床应用中的药物剂量和采集时间都受到限制,为了削减统计噪声,使用截止频率较低的滤波窗函数,因此图像的实际空间分辨率低于厂商给的指标。

轴向空间分辨率(Axial Resolution)取决于断层厚度,它不受线性和角度采样密度、重建滤波器等的影响,主要被探头的纵向分辨率所制约,通常和断层平面内的空间分辨率基本一致。有时为了增加像素的计数,减少统计误差,提高信噪比,将投影相邻行合并,但是这将使断层加厚,层数减少,轴向上更多的组织结构叠加在一层中,降低了轴向空间分辨率。增加断层厚度意味着增加探测器对每片断层的曝光面积,因此灵敏度通常随轴向 FWHM 加大而成比例增长。

在整个成像空间内分辨率的一致性是 ECT 设备的另一个重要指标。重建算法的基本假设是,每个投影数据反映了处于宽度不变的投影线中的人体组织的放射性之和。对 SPECT 来说,准直器的分辨率决定了投影线的宽度,它会随着深度增加而逐渐变宽,这就降低了这种假设的合理性,这种误差造成了成像空间内分辨率的不一致。对于 180°扫描,远离探头的地方更模糊些。采用 360°扫描,把相反方向的投影进行平均,可以使得分辨率在整个视野基本保持一致,但中心仍比边缘模糊;而且这种平均使系统取得离准直器一定距离处的分辨率,而不是准直器的最佳分辨率。

数据采集过程中,病人的运动也会降低图像的空间分辨率。尽管在临床中可能监控病人的身体运动,但是某些种类的运动(如横膈膜的和心肌的运动)是不能被控制的。在这种情况下,门控数据采集可提高图像的分辨率。缩短扫描时间也能减少自主和非自主运动的影响。

8.6.3 分辨体积和部分容积效应

分辨体积(Resolution Volume)是 ECT 的系统特性之一,它由横向和轴向空间分辨率决定,大致是直径 2 × FWHM(横向)、高 2 × FWHM(轴向)的圆柱体。ECT 产生的图像表现了每个体积元(Voxel)中的放射性含量,当放射源大于或等于分辨体积时,体积元的计数值同时也反映了其中放射性药物的活度浓度。但是当药物聚集区小到只是部分地占有分辨体积时,相应体积元的计数值只代表其中的放射性总量,不能反映药物的活度浓度。

图 8.11 是系统分辨率 FWHM = 11.6 mm 的 ECT 对充水模型成像的结果，模型中所有的圆柱体都充有相同浓度的放射性药物，但图像的表观活度浓度却随着圆柱直径尺寸的减小而降低，直径最小的圆柱体甚至无法从本底中区分出来。这是因为对于小尺寸源，全部 γ 计数会分布在比其物理尺寸大的体积元上，因此它看上去比真实尺寸大、比真实活度浓度低。这就是部分容积效应（Partial Volume Effect），它对于 ECT 图像的定性和定量解释有重要的影响。

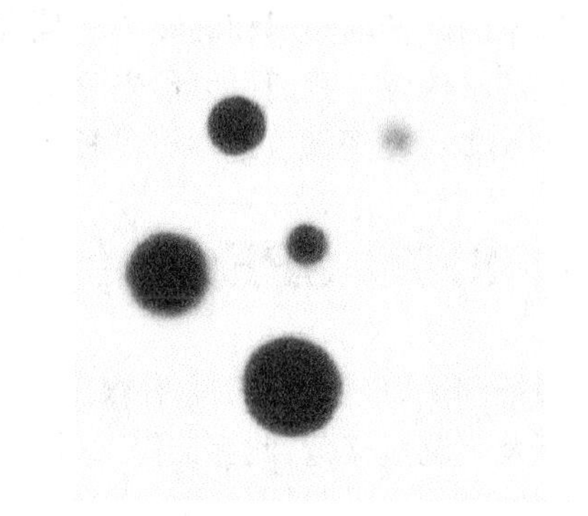

图 8.11　充水模型成像效果

（模型中有直径为 6.5,9.5,16,22,32,38 mm 的 6 个圆柱体，具有相同的放射性浓度。）

从图像测到的一个活性体积内的活度浓度与该体积内的真实活度浓度之比称为复原系数（Recovery Coefficient，RC），它是源尺寸的函数。从原理上讲，如果知道 ECT 系统的空间分辨率和物体的实际尺寸，就可以使用“复原系数校正因子”（Recovery Coefficient Correction Factor）校正小物体被低估了的活度浓度。在模型研究中这种方法很有效，但人体中病灶的实际体积很难确定，不易有效地使用这种方法进行校正。

8.6.4　重建伪影

各种重建算法都有沿投影线计算或修正像素值的过程，即反投影运算。从图 7.10 可以看到，如果视角采样间隔过大，反投影计算会导致放射状伪影（Artifact），尤其当断层中有高浓聚度点源时，会出现非常明显的、通过该点的放射状伪影。

旋转 γ 相机式 SPECT 用同一个探头做投影扫描，探头的不均匀在反投影重建过程中将“抹”成一个圈，产生很显眼的环状伪影。在滤波反投影图像重建过程中，投影数据中的噪声和缺陷（主要是探头本身的非均匀性）会被放大，尤其是接近采样频率的高频成分被强烈地提升，所以 SPECT 对探头性能的要求比 γ 相机高得多。

光电倍增管的增益会受外界磁场的影响，电力线、变压器和核磁共振 CT（MRI）就是医院中常见的磁场源，甚至光电倍增管与地磁场的交角改变都会改变它的增益。虽然这种改变是轻微的，拍摄 γ 相机平片可以不考虑，但是由于重建过程的误差传播效应，某个视角的投影轻微畸变，都可能使断层图像产生明显的条状伪影，所以 SPECT 探头中的光电倍增管一般都用高导磁性金属严密屏蔽。尽管如此，在做 SPECT 探头的非线性和非均匀性校正时也要考虑到外界磁场的影响，探头在不同位置上应使用不同的的校正因子。测量校正因子的泛场采集至少要有 10 M 以上计数，以便减小统计误差的引入。

图像重建算法都是按照精确的圆轨道扫描推导出来的，并默认机械坐标系、探头电子坐标系和重建图像坐标系互相重合。实际的扫描机架和电子学系统总存在误差，表现为相对于图像坐标系的旋转轴倾斜和旋转中心偏移,造成投影数据的位置(r)和角度(θ)误差,使重建图像产生环状伪像。我们可以预先测量旋转轴倾斜角及偏移值与视角的函数关系(见 8.7.3 节及 8.7.4 节),在图像重建中予以校正。

8.7 SPECT 的主要性能指标及其测量方法

表征 SPECT 性能的指标有很多,下面仅介绍国家标准 GB/T 18988.2-2003[96] 中 4 个主要的指标及其测量规范,此标准修改采用了国际标准 IEC61675-2[97]。

8.7.1 归一体积灵敏度

在直径 200 mm、高 190 mm、壁厚 3 mm 的有机玻璃圆柱头部模型中均匀充入 ^{99m}Tc 水溶液,准确测量其活性浓度 A(单位:kBq/cm^3),必要时对放射性衰减加以校正。头模长轴尽可能与系统轴重合,采用 200 mm 的旋转半径测量投影。

以静态成像方式采集投影图像,至少获取 1 M个计数,并纪录采集时间 T。在图像中心确定一个覆盖头部模型直径、宽度不大于 24.0 cm、轴向长度 L 最少 15.0 cm 的矩形感兴趣区,统计其中的计数 N。计算归一体积灵敏度(Normalized Volume Sensitivity),单位 s^{-1}/(kBq/cm^2)。式中 C 是体积灵敏度修正因子,它是在 360° 上等间隔采样时,每个投影的有效采集时间与获取时间(有效采集时间+探头旋转定位时间)之比。

8.7.2 系统空间分辨率

测量采用圆柱形充水头部模型,将 3 个在任何方向上的尺寸不超过 2 mm 的点源放置在头部模型中如图 8.12 的位置(X,Y,Z 轴上各有一个点源,它们的高度相差 50 mm)。头部模型的轴与系统轴重合,采用 200 mm 的旋转半径测量投影,像素尺寸等于或小于距准直器表面 200 mm处系统空间分辨率 FWHM 的 30%。在 360° 上等间隔采样 120 次。使用斜坡滤波器重建厚为 10 mm ± 3 mm、包括 3 个点源的 3 个横

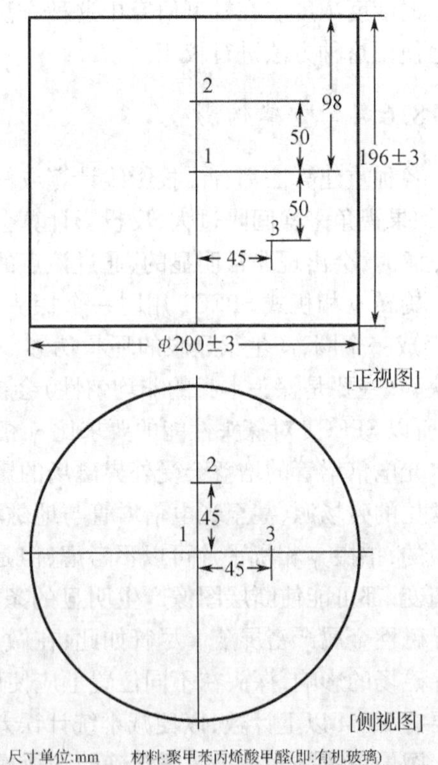

图 8.12 测量 SPECT 系统空间分辨率的源位

断层和 3 个冠状断层或矢状断层图像，每个断层内最少获取 250 k 个计数。

对 3 个点源的横断层图像，在 X，Y 两个方向上画出点扩展函数剖面曲线（计数 - 像素曲线），如图 8.13，算出径向和切向的分辨率 FWHM（精确到 0.1 像素）。由像素尺寸将所得 FWHM 换算成 mm 单位，精确到 0.1 mm。取 3 个点源径向分辨率的平均值作为系统的径向分辨率 FWHMr，3 个点源切向分辨率的平均值作为系统的切向分辨率 FWHMt。对 3 个冠状断层或矢状断层图像，在 Z 方向上画出点扩展函数剖面曲线，以同样的方法计算出以 mm 为单位的 FWHM，精确到1 mm。取 3 个点源轴向分辨率的平均值作为系统的轴向分辨率 FWHMz。

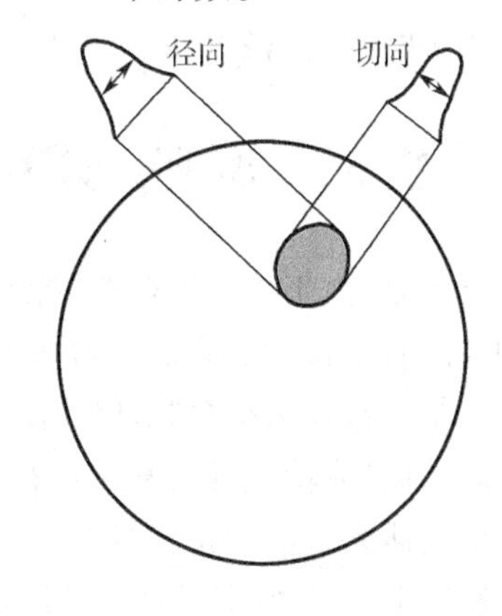

图 8.13　系统横向空间分辨率的测量

8.7.3　旋转中心偏移

旋转中心偏移（Center of Rotation Offset）及旋转轴倾斜都会在 SPECT 图像上产生伪影。某横断层的旋转中心（Center of Rotation，COR）是指 SPECT 的旋转轴与相应断层中间平面的交点，它应该与探头电子坐标系和图像重建坐标系的原点重合。旋转中心偏移反映 SPECT 的机械转动中心与投影中心的重合程度。

采用 ^{99m}Tc 或 ^{57}Co、尺寸不超过 2 mm 的点源，活度约 40 MBq。将其放置在轴向（Z）3 个不同高度的断层内（一个在轴向视野中心，另外两个距中心 ±1/3 轴向视野），点源离系统轴至少 5 cm。探头倾角置为 0，采用 200 mm 的旋转半径测量投影，在 360°上至少等间隔采样 32 次，每帧投影图像至少获取 10 k 计数，像素尺寸小于 4 mm。

用重心法计算点源在每帧投影图上的 r 位置（精确到 0.1 mm），得到不同视角下的 $r(\theta)$。用正弦函数拟合

$$r(\theta) = A \times \sin(\theta + \varphi) + R \tag{8.4}$$

将拟合值与实测值之差绘成与视角 θ 的关系曲线。给出每个轴位的最大差值 $\Delta r_{\max 1}$，$\Delta r_{\max 2}$，$\Delta r_{\max 3}$，以及它们之间的最大偏移值及平均偏移值，精确到 0.1 mm。

8.7.4　探头倾斜

如果探头的旋转轴倾斜（由准直器轴决定），随视角 θ 变化，点源的投影图不只在 r 方向移动，而且在平行于人体纵轴的 y 方向也移动。测量倾斜角条件和步骤同 8.7.3。在每帧投影图上用重心法计算点源 y 方向的位置（精确到 0.1 mm）。

y 与视角 θ 的关系用正弦函数拟合

$$y(\theta) = B \times \sin(\theta + \varphi) + D \tag{8.5}$$

式中是 B 振幅，D 是没有探头倾斜时点源的位置。如果没有探头倾斜（Detector Head Tilt），则

$B=0$。将拟合值与实测值之差 Δy 绘成视角 θ 的函数曲线,以显示误差。

探头的倾斜角 $\alpha=\arcsin(B/A)$,其中 A 是公式 8.4 中的振幅,B 是公式 8.5 中的振幅。

8.8 影响 SPECT 成像质量的因素及其校正

近年来,由于放射性药物、探测器、数据采集、图像重建和处理技术的发展,ECT 的图像质量和精度有了很大提高。随着核医学的发展,人们已经不满足于定性地观察图像,对图像进行定量分析日益成为很多临床应用和基础研究的需求,这就要求 ECT 图像严格对应药物的浓度分布。然而,成像过程的复杂性往往使得图像降质,现有技术还达不到 ECT 图像真正定量化,这方面的研究和努力正在继续。

影响 ECT 图像定量精度的因素众多,它们可以分为物理因素、技术因素和病人因素三类。下面将对这些因素是怎样造成图像降质的作一一介绍。

8.8.1 物理因素

病人体内的放射性药物发射的大部分 γ 光子,在到达探测器之前会与物质发生作用。对于核医学使用的能量在 75 到 511 keV 的光子来说,最重要的作用机理是光电效应和康普顿散射。在光电效应中,γ 光子的能量全部交给原子壳层电子,而光子消失。康普顿散射是 γ 光子与原子中松弛的最外层轨道电子发生碰撞,将部分能量交给电子,γ 光子并不消失,只是能量减少,改变了运动方向。这两种作用机理是造成图像畸变的重要原因,是对 SPECT 图像进行定量分析的主要限制因素。

1. 人体衰减的测量和校正

第 2.8 节讨论过,γ 光子穿过厚度为 x 的均匀物质时,有可能因光电效应而被吸收,或者因散射而偏离原来的行进方向,γ 光子穿出人体到达探测器的概率为 $p=e^{-\mu x}$。我们可以将其倒数定义为衰减因子,用以校正衰减造成的计数损失:

$$A = e^{\mu x} \tag{8.6}$$

这里,μ 是介质的线性衰减系数,它与 γ 光子的能量和吸收物质的密度有关,如软组织的线性衰减系数就比肺泡大,但是比骨骼小。如果在病人体内有一点源位于(x_0,y_0),它辐射的 γ 光子被途经的不同组织衰减,衰减因子由线积分给定:

$$A_L(x_0,y_0) = e^{\int_{(x_0,y_0)}^{\text{detector}}\mu(x,y)\,dl} \tag{8.7}$$

这里,线积分从源位置到探测器沿投影线 L 进行,$\mu(x,y)$是病人体内线性衰减系数的分布。

使 γ 光子强度衰减一半的物质厚度称半衰减厚度(Half-value Thickness,HVT),HVT = 0.693/μ。表 8.1 是水对不同能量 γ 射线的半衰减厚度,它代表了软组织的衰减情况。图 8.14给出了处在不同深度水或软组织中的放射源,所产生的 γ 射线穿出人体的比例。例如,心肌中^{201}Tl 产生的 80 keV 的 γ 光子，仅有大约 25% 到达前胸壁。位于 7.5 cm 深处的^{99m}Tc 源，其放射的 140 keV 的 γ 光子只有不足 50% 能被探测到（包括未被散射和虽经散射但可以通过光电峰能窗的事件）。

表 8.1　水对不同能量射线的半衰减厚度

核素	光子能量(keV)	水的 HVT(cm)
^{133}Xe	81	4.3
^{99m}Tc	140	4.6
^{131}I	364	6.3
^{18}F	511	7.2

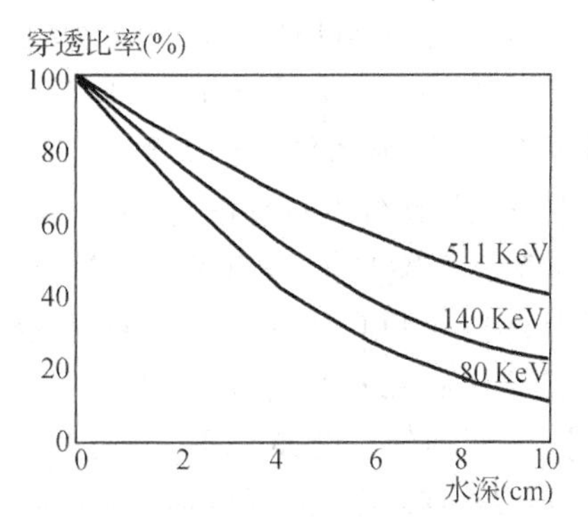

图 8.14　γ 光子穿过不同深度水后的剩余比率

躯干的厚度大，越靠近图像的中心计数损失越多，肥胖病人尤其严重。在采用 180°扫描做^{99m}Tc-MIBI 或^{201}Tl 心肌血流灌注显像时，由于心肌周围组织的衰减，很容易使图像不能精确地反映心肌血流灌注的真实情况，女性乳房的衰减往往使前壁和上间壁图像暗淡，男性横膈膜的衰减会造成后壁图像计数稀疏，如图 8.15。如果没有考虑衰减效应，从图 8.15 会做出假阳性的诊断结果，即错误地认为病人心肌后壁血流灌注异常。所以，校正人体对 γ 光子的衰减是非常重要的。

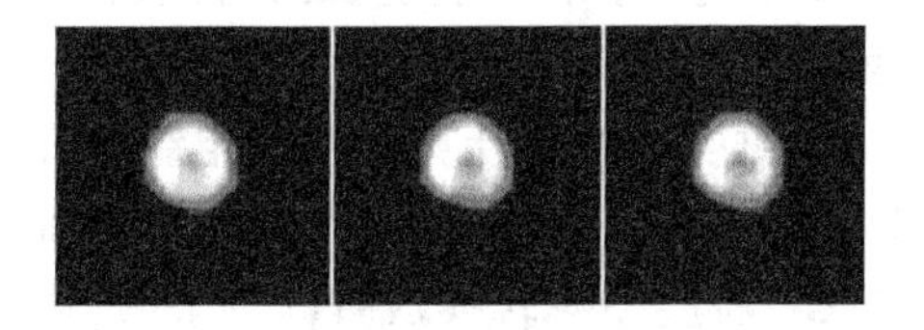

图 8.15　衰减造成正常男性心肌短轴断面图像

（后壁稀疏，前、后壁的计数比为 1.25:1.00）

下面介绍 SPECT 中使用的几种衰减校正（Attenuation Correction，AC）的方法。

从公式(8.7)可知，要估计衰减对断层图像的影响，从而进行校正，必须知道被成像体段的线性衰减系数分布图(μ_{map})。X 光 CT 透射图像（Transmission Image）就是μ_{map}，但 SPECT 的发射图像（Emission Image）中不含线性衰减系数分布信息。有一类方法基于人体组织的线性衰减系数相同的假设。其中一种方法是先重建未校正的原始断层图像，根据它估计 γ 光子所经过组织的平均衰减路径长度 x，然后用公式(8.6)校正断层图像，计算时使用像素的平均衰减路径长度，并取均匀的线性衰减系数 μ。另一种方法对互成 180°视角的对应投影数据进行算术平均$\left(\frac{I_1+I_2}{2}\right)$或几何平均($\sqrt{I_1 \times I_2}$)，利用平均 μ 值变化不大及衰减量与源深度几乎无关的特点，在图像重建以前对平均投影数据进行均匀 μ 值衰减校正，然后重建断层图像[99]。

上述衰减校正方法对于比较均匀和对称的体段效果很好（如头部和腹部），但是对胸腔，因其内部组织的形状和衰减特性差异较大，这种方法就不那么成功，巨大的个体差别导致难于建立一个适合所有人的模型。精确的方法是对投影线经过的组织，使用准确测量的线性衰减系数和的路径长度进行校正。虽然病人在 SPECT 检查前可以先用 X 光 CT 测量 μ_{map}，但实际上很难保证病人在 CT 和 SPECT 上的摆位完全一样，二种断层图像的厚度、尺寸、取向完全一致，断层位置一一对应，甚至病人先后躺在两台机器上检查时体内脏器的位置都可能改变。出于上述考虑，最好能在同一台设备上同时获取透射和发射两种图像，从透射图像得到人体的三维 μ_{map}，然后对发射型断层图像进行校正。

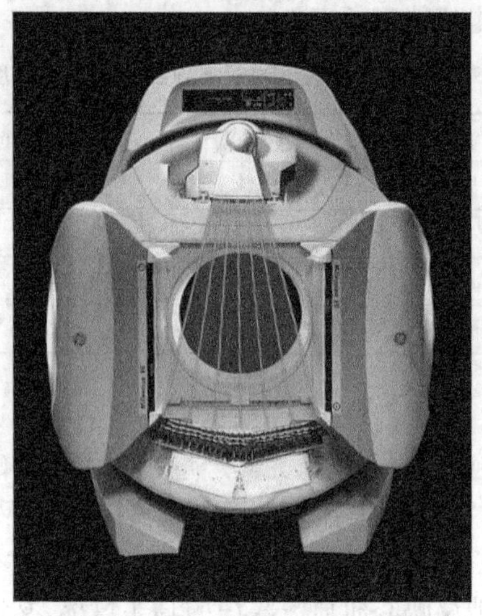

图 8.16　VG Hawkeye 上的 CT 部件

一种解决方案是把 SPECT 和 CT 安装在同一个机架上，构成 SPECT/CT 复合成像系统，病人不必移动就可以完成透射成像和发射成像，而且两种图像是完全配准的。例如 G. E. 公司在 VG Hawkeye 型 SPECT 上增加了 CT 部件（见图 8.16 与 SPECT 探头垂直放置的 X 光管和探测器），可以同机进行透射扫描和发射扫描。当然，X 光管产生的 X 射线具有连续能谱，它测量的人体线性衰减系数与核素发射的单能光子的线性衰减系数不同。我们可以根据实验数据计算出各种组织对 γ 光子与对 X 线（70 ~ 140 kV）的衰减系数之比，即刻度因子，把 CT 断层图像转换成衰减校正所需的 μ_{map}。VG Hawkeye 系统不但为发射图像的衰减校正提供了技术支持，也给 SPECT 图像补充了解剖学信息，为实现两种图像的融合创造了条件。

获取透射图像的另一类办法是在病人体外安置放射源，让它发射的 γ 射线穿过人体，在 SPECT 探头上成像。实现方案有多种，发射扫描和透射扫描可以相继完成，也可以同时进行。

图 8.17　ECAM 采用多线源阵列（弧形结构）进行透射成像

SIEMENS 推出的 E. CAM™（见图 8.17）作心脏成像时将两个探头互成 90°角放置，在探头对面安置多线源阵列（Multiple Line Source Array），即将 16 条 ^{153}Gd（gadolinium，钆）线源适当排列，形成与人体横断面形状相匹配的、中央强两边弱的面源（Sheet Source），利用原有的平行孔准直器获取平行束透射投影。^{153}Gd 透射源辐射 102 keV 的 γ 光子，与人体中 ^{99m}Tc 或 ^{201}Tl 标记的药物所辐射的 γ 光子能量不一样，系统据此区分透射的和发射的 γ 光子，每个探头都在不同的能窗中同时采集透射和发射投影。

PHILIPS 的 Vantage 系统使用作平行扫描运动的线源(Scanning Line Source)获取透射图像,线源运动形成了一个平面源场,所以可以使用原有的平行孔准直器成像,如图 8.18。在每个视角位置,都先采集发射投影,再采集透射投影。^{153}Gd 线源发射 102 keV 的 γ 光子,采用能量分析技术和与线源同步的电子扫描窗技术(Electric Scanning Window)很容易将其从放射性药物发射的 140 keVγ 光子区分出来。为了加快扫描速度,Vantag 使用了 $^{200\mathrm{m}}$Ci 的强放射源。

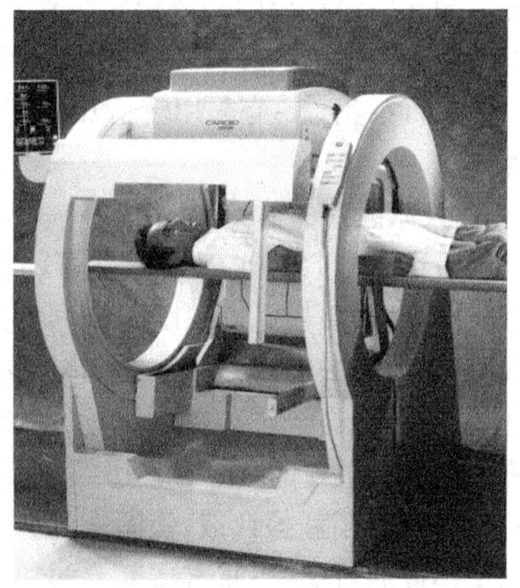

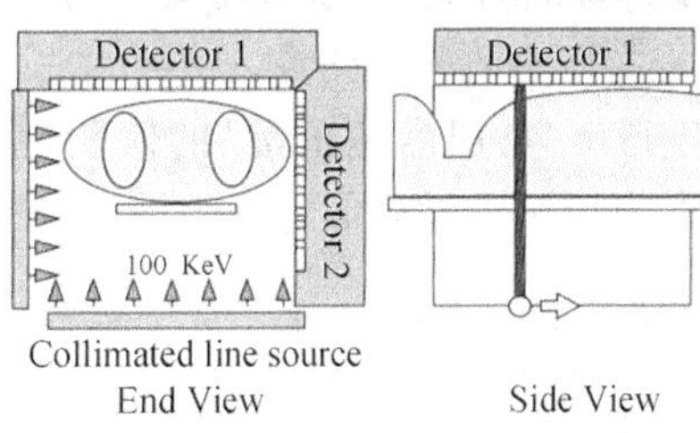

图 8.18　Vantage 使用平行扫描线源和电子窗技术获取透射图像

PICKER 生产的 Beamcon^{TM} 和 SIEMENS 生产的 MμSIC^{TM} 是三探头 SPECT,它们都使用固定线源进行透射成像。由于机架结构的限制,线源离探头不可能太远,为此,用探头 I 采集发射投影,将线源固定在探头 II 上,用探头 III 同时采集透射投影,如图 8.19。探头 III 安装特殊设计的汇聚型准直器,对线源构成倾斜的扇形束投影关系,覆盖人体的一半。这样的扇形束不能覆盖整个人体,存在截断(Truncation)问题,因此做 360°扫描以补充截断所造成的投影数据缺失。计算透射图像一般采用滤波反投影算法,可以推导出从不对称扇形束投影重建图像解析式,也可以先将 360°的投影重组(Rebinning)成平行束,然后重建。

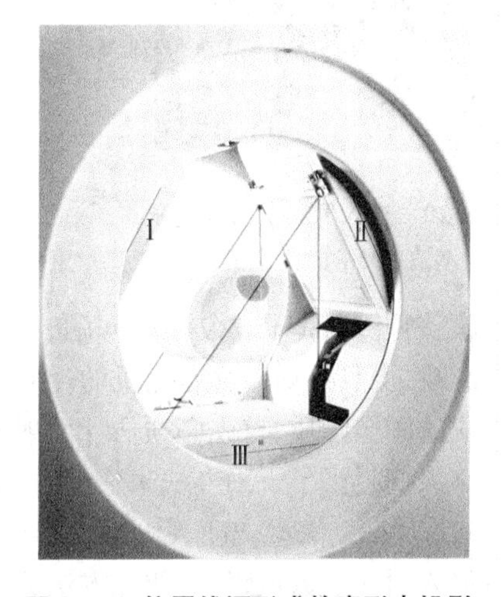

图 8.19　偏置线源形成的扇形束投影

在透射测量中 X/γ 射线被散射情况与发射测量中并不一样,会造成衰减系数的误差。此外,统计涨落对也会造成衰减因子不准确,透射图像的统计噪声最终会进入被校正的发射图像,因此透射图像的计数一般要比被校正的发射图像的计数高十倍。也有人建议:先确定断层内主要组织(如肺、软组织、胸骨)的范围和边界,然后根据它们的物理性质和 γ 光子能量赋予不同衰减系数值,以克服上述误差。这种方法可以降低对透射测量的要求。

知道了衰减系数的三维分布,还必须建立校正算法。现在已经提出的衰减校正算法中,有的先校正投影数据,再重建断层图像[100];有的在重建发射断层图像的过程中进行校正[101];也有的先不考虑衰减重建断层图像,再根据μmap对图像进行校正[98];有采用解析算法的,但更多的是采用迭代算法,在成像系统建模中引入衰减因子。

2. 人体散射的估计和校正

能量在75到511 keV的γ光子,与人体的作用主要是康普顿散射。由于闪烁探测器的能量分辨率有限,单道脉冲幅度分析器的能窗设置必须保证大多数未经散射的γ光子通过,如NaI(Tl)探测器的能窗宽度一般是15%~20%。那些经过一两次能量损失不大的小角度散射,能量还在能窗范围内的γ光子也将被探测系统记录下来,例如从胸部采集的计数中有30%~40%是散射的贡献。投影线以外放射源所产生的γ光子经过散射进入探测器(如图8.20),会造成混淆和假计数,使图像的分辨率下降,定量关系被破坏。散射还抬高了本底计数,降低了图像的对比度,原本高反差的细节变得模糊不清,使得医生难以从本底中辨认病灶。图8.21是^{201}Tl心肌灌注图像,图(a)中发自肝脏(左下角)的γ光子经散射,造成下壁计数增加,使医生得出“心肌灌注正常”的假阴性诊断结果。图(b)经过了散射校正(Scatter Correction,SC),从肝脏来的散射假计数被消除,图像质量提高,可发现心肌下壁缺血。

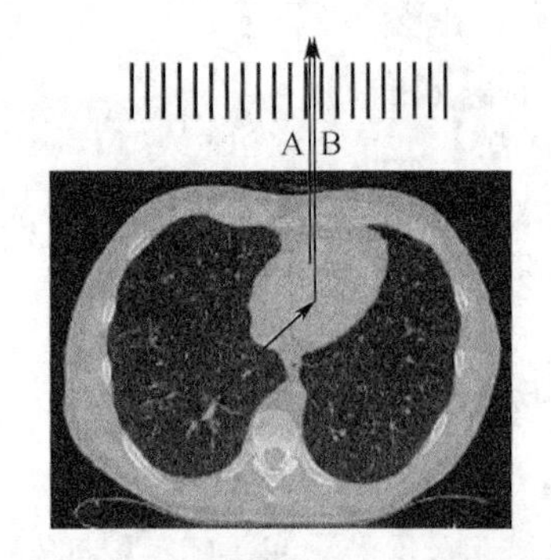

图8.20　进入探测器的γ光子

A:直射光子;B:散射光子

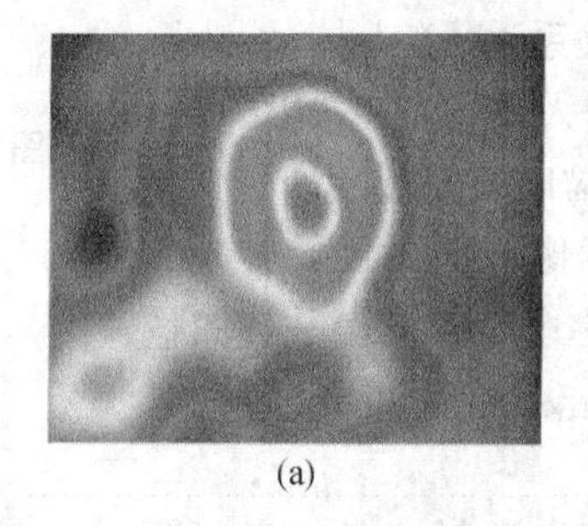

(a)

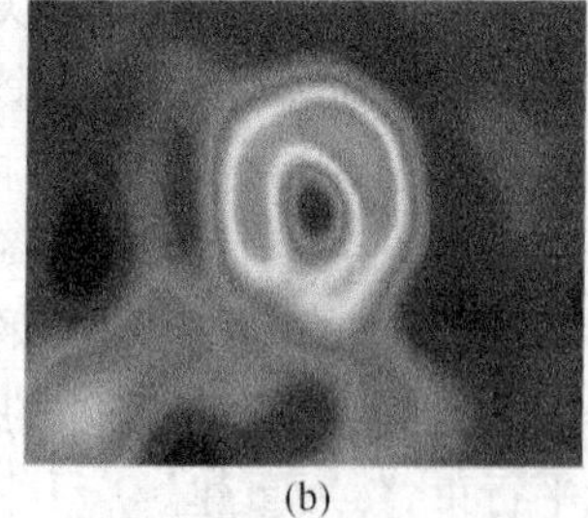

(b)

图8.21　散射对^{201}Tl心肌灌注图像的影响

(a)没有散射校正;(b)经过散射校正

康普顿散射是非常复杂的问题,它受放射源的深度、散射物质的几何分布和物理特性等因素的影响,而且散射过程是随机的,结果因病人而异,多次散射的情况更为复杂。为了校正散射造成的图像降质,首先必须估计散射光子对成像的贡献,然后将其从投影数据或重建数据中减掉。人们提出了下列办法来估计和扣除散射成分:

(1)对每个像素,按一定的比例扣除散射引起的计数增加。因为各处的散射光子数并不与直接入射光子数成正比,故此方法只能改善图像的视觉效果,对定量分析并无益处。

(2)认为图像各处散射光子的分布是移不变的,根据估计的散射分布函数,利用反卷积去掉散射影响。由于实际上散射光子分布与位置相关,所以此法也不理想。

(3)双窗法,即在全能峰窗口和散射窗同时采集图像,例如对^{99m}Tc,可在 127 ~ 153 keV 能窗获取光电峰图像(其中包含散射成分),在 92 ~ 125 keV 能窗产生散射分布图像;二者相减就是无散射的真实的图像,由于在低能窗测得的计数毕竟不是全能峰窗口内的真正散射计数,所以这也只是一种近似的方法。当然,我们可以在相减前将散射图像乘一个经试验确定的因子,以折算出光电峰中的散射成分;但是,全能窗中的散射计数与散射窗中的计数之比受人体组织分布情况的影响,因人而异,因体段而异,并不是一个常数因子能精确描述的。另外,相减过程的误差传播也会增加校正后图像的统计误差。

(4)更精确的方法是,先利用透射成像得到病人的解剖结构图,根据不同组织的物质特性建立散射模型。采用迭代法进行三维图像重建时,计算散射对全能峰窗口计数的影响。这种方法的计算量非常大,给图像重建带来挑战。

8.8.2　技术因素

技术因素包括与仪器系统、数据采集参数和过程、图像重建和处理方法等相关的因素,它们对 SPECT 图像的定量化有重要的影响。

仪器因素主要是准直器—探测器的响应,它影响系统的探测效率、空间分辨率和均匀性。探测效率决定能够测量到的 γ 光子数目和图像的噪声水平,信噪比则决定了核医学图像的定量精度极限;空间分辨率不好使得图像变模糊,使描绘图像的细节和分辨细小的组织发生困难;均匀性差将产生伪像。不幸的是,对于常用的平行孔准直器,改善空间分辨率必然伴随着降低探测效率,人们不得不在探测效率和空间分辨率之间折中选择。另一个事实是,准直器的空间响应是渐变函数,并且随着源到准直器的距离而改变(见图 8.22),这在前面介绍的重建算法中都没有考虑,这种空间分辨率的改变会造成偏离中心的小物体的几何失真,以及深层结构的模糊增加。

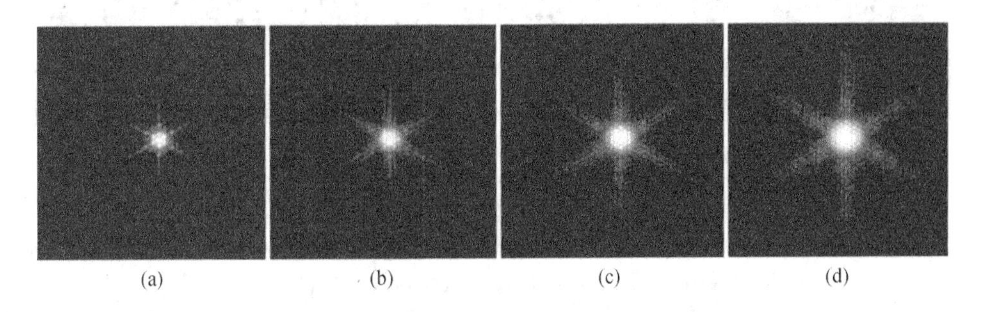

图 8.22　SIEMENS 的 HE 准直器对不同距离的 364 keV 点源所成图像

(a)5 cm;(b)10 cm;(c)15 cm;(d)20 cm

其他对 SPECT 定量化有重要影响的技术因素还包括,电子学死时间、能量分辨率、非均匀性、非线性和系统的机械精度等等。

8.8.3 病人因素和运动校正

由于放射性药物在病人体内的分布取决于人体的生理和解剖结构,所以采集到的投影数据会受到若干病人因素的影响。病人身体的尺寸决定了衰减和散射效应的大小,其组织分布和密度影响衰减和散射效应的特征,导致图像定量的不准确。

放射性药物的生物动力学特性,决定了它们在病人的各种器官中的代谢速度。如果相对于人体中放射性随时间的变化,数据采集时间过长,就会造成图像模糊,从而影响诊断结果。缩短采集时间虽然可以减少运动模糊,但是获取的 γ 光子数减少,统计涨落加大,图像质量会下降。所以,如何对病人的各种运动进行测量、估价、补偿和校正是 ECT 的重要研究课题之一。对于周期性运动的器官,如心脏,可以采用门控采集(Gated Acquisition)方法获得运动图像,但是异常心周期的叠加也会使图像模糊,应该予以剔除。

目前 SPECT 的空间分辨率已经达到 4 ~6 mm,完成扫描大约需要 30 分钟左右,在此数据采集过程中,病人的非自主运动如呼吸、心跳,自主运动如身体的移动和转动,将导致图像模糊,出现伪影,并影响器官中放射性的定量测量。例如心脏一般每分钟跳动 72 次;处在仰卧位的病人由于呼吸,横膈膜和心脏的移动幅度大约有 15 mm,病人咳嗽时移动幅度更大,这将造成如图 8.23 所示的纵向模糊。除了呼吸导致的心脏往复移动之外,在 ^{201}Tl 运动 - 再分布 SPECT 检查中和 ^{82}Rb 静息 - 运动心肌灌注 PET 检查中还能观察到称为心脏爬行(Cardiac Creep)的运动。心脏爬行使得横膈膜连带心脏的平均位置改变:运动中平均肺容积增加,导致向下的心脏爬行;运动后平均肺容积恢复正常,导致向上的心脏爬行。

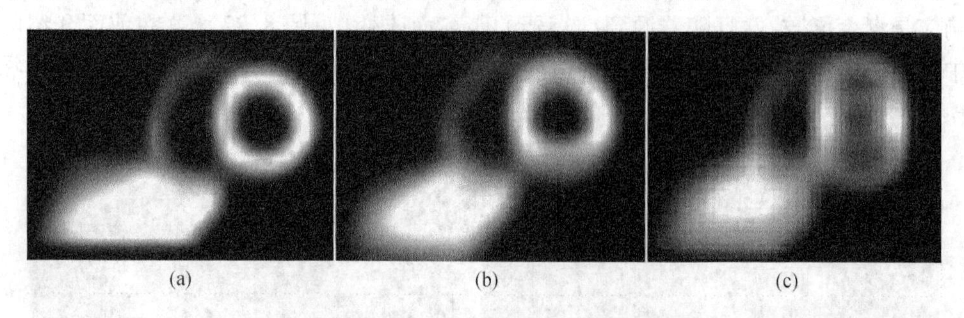

图 8.23 病人呼吸对心肌灌注图像的影响

(a)无呼吸运动;(b)呼吸幅度 2 cm;(c)呼吸幅度 4 cm

(摘自 Department of Radiology, Johns Hopkins University)

在 8.1 节说过,从各视角的投影平片上取出同一行的数据,就可以重建相应高度处的横断面图像。如果投影采集过程中心脏发生上下爬行,重建图像必将失真。PHILIPS 公司采用的校正方法是,先在各视角的投影平片上找到心脏某特征点的纵向位置(它们不都在同一高度),取出这些行的数据构成正弦图(Sinogram,其横坐标为行数据,纵坐标为视角),如图 8.24

(a)所示,然后重建该特征点所在横断面的图像。其他断面的正弦图可参照特征点依次选取。校正心脏的横向移动则可以找出特征点的横向位置(它们不都在同一列上),取出这些列的数据构成环绕图(Cyclogram,其纵坐标为列数据,横坐标为视角),如图 8.24(b)所示,顺次选取其他列的数据构成环绕图系列,根据环绕图系列再组合出不同高度处的正弦图,即可重建各横断面图像了。

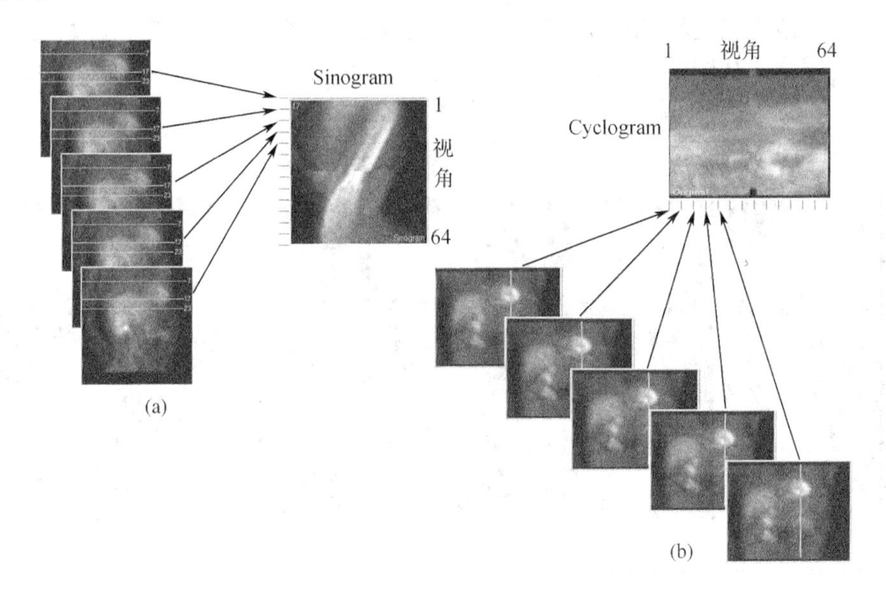

图 8.24　投影采集过程中心脏移动的校正

(a)心脏上下爬行的校正;(b)横向移动的校正(引自 PHILIPS)

上述方法的校正效果如何,关键在于能否识别出心脏的特征点,然而 ECT 图像的低分辨率使准确地识别非常困难。人们仍在努力寻找精确监测人体及脏器移动情况的手段和方法,有人采用光学装置实时测量人体的位移和转动;有人给病人植入标记物,通过 X 光或核素成像监测脏器的运动;对于具有同时进行透射和发射成像的 SPECT/X-CT 复合系统,利用高分辨率的透射解剖图像确定脏器的运动状况,对发射图像进行运动校正是一种可行的好办法。

8.8.4　在迭代重建中校正图像降质

通过日常的质量控制操作,能够减少或避免上述的某些影响因素,而另外一些因素必须进行补偿,人们为此已经做了大量的探索和努力。过去采用滤波反投影算法重建图像,对图像降质因素的补偿只能在重建之前或之后进行;目前,人们热衷的补偿办法是在重建过程中将图像降质模型结合进去[101][102]。

与滤波反投影法比,迭代法的重建精度高,容易加入误差校正过程,但是它的运算量大,耗时多。随着计算机性能的提高,人们越来越多地使用最大似然估计-期望值最大化算法(ML-EM)、有序子集-期望值最大化算法(OS-EM)以及RAMLA等基于统计规律的迭代算法,它们特别适合从ECT高统计噪声的投影数据重建图像。如果能在投影模型准确描述导致图像降质的各种因素,将其结合进迭代过程中,就能消除这些因素的影响。其中最受关注的是如何描述人体的衰减、散射、准直器空间分辨率随距离改变、γ光子在探测器中的作用深度、闪烁光的分布等因素。一般来说,投影模型越符合实际的成像过程,考虑的图像降质因素越全面,重建出的图像质量越高。从图8.25可以看到人体衰减、散射、准直器响应、统计噪声对最终图像的影响,如果对这些因素都能建立准确的数学模型,将其加入迭代过程的投影计算中,就能得到如图8.25(a)的高质量图像。

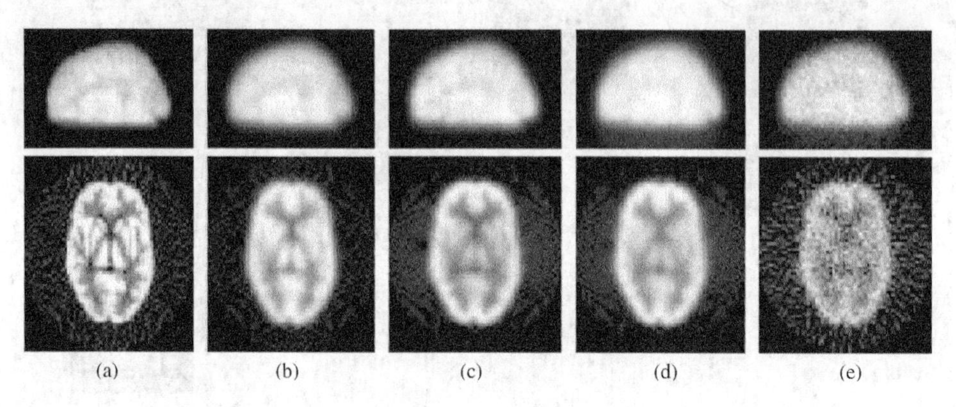

图8.25 影响成像质量的因素(从不同投影数据重建的脑部断层图像)

(a)理想的数据;(b)包含准直器响应的数据;(c)有衰减并包含准直器响应的数据;

(d)有衰减和散射并包含准直器响应的数据;(e)有衰减、散射和噪声并包含准直器响应的数据

(摘自Beekman F. J., Kamphuis C., et al. Improvement of image resolution and quantitative accuracy in clinical single photon mission computed tomography. Comp. Med. Imag. Graph., 25:135-146, 2001.)

上述因素是在三维空间上影响成像过程的,所以重建算法和数学模型应该是3D的,建立精确的3D模型通常采用蒙特卡罗(Monte-carlo,MC)方法,需要有巨大计算能力和存贮空间的支持,即使有几十个CPU和TB级的硬盘的集群计算机(Cluster)也难以满足临床对的速度要求;所以人们在改进模型的同时也在研究加速算法,相信随着计算机技术的进步,能对图像降质因素进行全面校正的迭代算法终将进入临床应用阶段。

习 题

8-1 如何确定SPECT投影数据的直线采样间隔、视角采样间隔和成像空间?

8-2 放射源均匀分布的平片和SPECT图像,它们的尺寸都是$20\times20\ cm^2$,像素大小都

为 $1\times1\ cm^2$,每幅图像都包含了一百万个计数,每幅图像的信噪比是多少?

参考答案

(1)平面成像:由公式(8.1),信噪比 $SNR=\sqrt{N_p}$

像素总数 $=20\times20=400$,每个像素计数 $=10^6/400=2\,500$,$SNR=\sqrt{2\,500}=50$

(2)SPECT 成像:由公式(8.2),$SNR\approx\sqrt{12\times10^6/\pi^2(20/1)^3}=12.35$

第9章　正电子发射断层成像

^{11}C,^{13}N,^{15}O 都是构成有机体的基本元素的同位素,^{18}F 的生理行为类似于 H(有机化合物分子中 C－F 键和 C－H 键相似),用这些正电子类核素标记的生物活性物质,如糖、脂肪和氨基酸,几乎可以在不影响体内环境平衡的条件下观察人体的一切生理、生化过程,测量药物的浓集速率、受体亲和常数、氧利用率、葡萄糖、脂肪和氨基酸代谢等。例如^{18}F 标记的氟代脱氧葡萄糖(^{18}F－FDG)可用来测定大脑皮层的代谢,^{15}O 标记的水用来跟踪血流变化,^{11}C 标记的 D_2 多巴胺受体与具有特异亲和力的化合物用来检查精神分裂病人的多巴胺功能变化和戒毒后 D_2 受体的变化。其中^{18}F 的半衰期适当(110 分钟),^{18}F－FDG 能用于心脏、肿瘤、神经等常见疾病的检查,所以目前使用最多。其他^{18}F 标记的药物也在研究之中,例如用于雌激素受体成像的 FDHT(Fluorodihydrotestosterone)检查前列腺癌有很好的效果,胸腺嘧啶脱氧核苷 FLT(Fluorothymidine)反映了细胞分化情况,已被证明能更好地获得乳腺癌病人化疗时的癌细胞反应。

虽然安装专门设计的高能准直器以后,SPECT 可以对正负电子湮灭所产生的 γ 光子成像,但是因为大部分 γ 光子被准直器吸收,通过率只有 0.1% 左右,使得图像的信噪比很差。正电子发射断层显像仪(Positron Emission Tomography,PET),则专门用于正电子类放射性药物显像,它不使用吸收准直器,而是根据湮灭反应的特点,采用符合探测技术。PET 对湮灭光子的利用率比 SPECT 高 20～100 倍,故图像质量比 SPECT 好。

PET 被誉为医学高科技之冠,它的绝妙之处首先在于打开了一个揭露大脑奥秘的窗口,揭示出大脑与思维之间的化学联系,人的情绪、思维,甚至人闭上双眼和睁眼看图时大脑皮层中细微的糖代谢、血流等变化都能在屏幕上出现不同的图像。PET 不仅是检查和指导治疗脑部疾病、心脏病及肿瘤的最优的一种工具,也是研究医药学基本理论及实际问题的有力手段。

由于 PET 可发现转移的肿瘤,避免对一些无望的患者采用侵入性大的治疗手段,代之以姑息治疗,目前癌症患者的诊断评价和治疗计划越来越离不开 PET。虽然检查费很高,但是自 1998 年美国联邦医疗保险(Medicare)将 FDG PET 检查列入保险覆盖范围以来,美国联邦医疗保险和州医疗补助保险对 FDG PET 的覆盖范围不断扩大,到今天大多数临床常规 FDG PET 检查项目都可以获得保险报销。美国医院开展的 PET 检查迅速增加,2002 年约 50 万次,2003 年超过 70 万次,2007 年达到了 150 万次。据 2007 年统计,美国共有 1 700 余台 PET 或 PET/CT,占全球装机总量的 3/4。我国近年来 PET 装机量也猛增,成像检查日益普及。2007 年卫生部系统(不包括军队医院)拥有 44 台 PET 或 PET/CT,检查了 4.3 万次;到 2008 年底,全国(包括军队医院)装机量已超过 130 台。

9.1 PET 的工作原理与结构

9.1.1 湮灭符合探测与 PET 探测器

2.1 节介绍过，^{11}C，^{13}N，^{15}O，^{18}F 等"缺中子"核素会发生质子转变成中子，并放出正电子和中微子的 β^+ 蜕变。正电子与周围介质的原子发生碰撞，通常在几个 mm 的距离以内就迅速停止下来，在约 10^{-10} 秒内与介质中的普通电子发生湮灭反应，一般转变成两个向相反方向运动的 511 keV 的 γ 光子。

我们可以用相对放置的两个探测器来测量这一对向相反方向运动的 γ 光子，见图 9.1。脉冲幅度甄别器筛选出能量为 511 keV 的 γ 事件，生成脉冲宽度为 τ 的逻辑信号。符合电路通过预设符合时间窗（Coincidence Timing Window）2τ，使得只有两个事件在时间上相距不超过 τ 时才输出符合逻辑信号，并将这一对事件记录到存储器中。这样的设计能够排除仅使一个探测器有输出的事件（如图 9.1 中的虚线）、同时发生的两个独立的单光子事件（它们的能量不都是 511 keV），以及湮灭光子经过散射进入两个探测器的事件。总之，符合电路只对真正的湮灭事件有响应，而且湮灭必定发生在两个探测器之间的符合探测区中，据此可以确定湮灭点所在的响应线（Line of Response，LOR），即两个探测器之间的连线，因此湮灭符合探测（Annihilation Coincidence Detection，ACD）又称作电子准直。

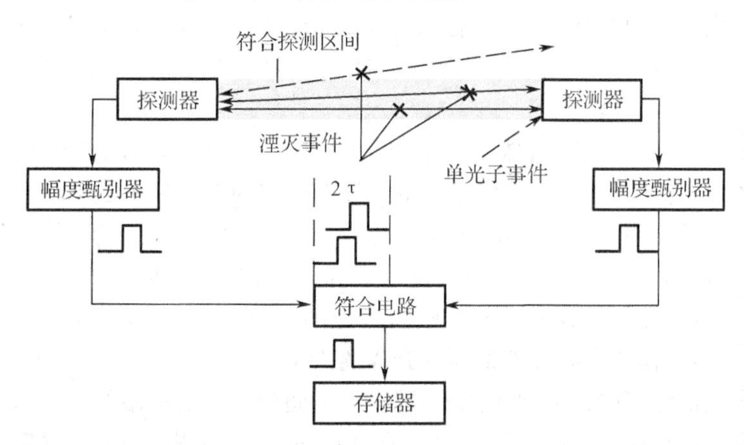

图 9.1 湮灭符合探测只记录两个 511 keV 的 γ 光子同时被测到的湮灭事件

为了提高探测系统的几何效率，PET 通常用大量探测单元组成探测器环（Detector Ring），其直径一般为 80 ~ 90 cm。环中的每一个探测单元都与相对的许多探测单元建立符合探测关系，使得处在有效视野内的湮灭光子不论朝任何方向飞行都能被探测系统截获，如图 9.2。由于可以同时采集任意方向上的 LOR 投影数据，所以探测器环在成像时不需要旋转，这一方面避免了设计复杂的旋转机架，又有利于进行快速成像。为了进一步提高探测系统的几何效率，通常在轴向上将多个探测器环排列起来，这种结构还扩大了轴向视野，能同时对一定轴向长度的体段成像。

PET的环状探测器系统具有很好的几何效率，又由于采用电子准直技术，不需要吸收准直器，所以它探测效率很高，在相同空间分辨率的情况下，其探测效率可以高出SPECT一到两个数量级，这使得PET成像质量优于SPECT。

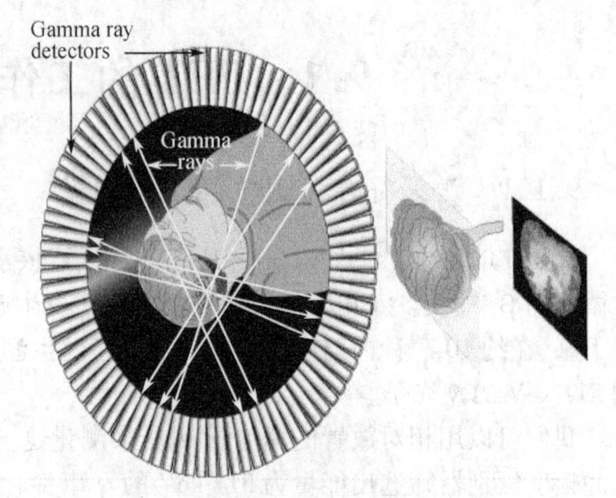

图9.2 具有高几何效率的探测器环
(引自SIEMENS)

9.1.2 PET探测器模块

为了方便制造和调试，大多数PET都采用模块化设计。早期的典型探测器模块(block)用锗酸铋($Bi_4Ge_3O_{12}$,BGO)闪烁晶体和光电倍增管构成，其工作原理类似于γ照相机。BGO的有效原子序数(74)和密度(7.13 g/cm^3)都比NaI(Tl)大，2.4 cm厚即可捕获90%的511keV光子，所以对高能γ有更好的探测效率和空间分辨率。有些系统采用性能更好的GSO(Gd_2SiO_5(Ce)，铈激活的硅酸钆)、LSO($Lu_2(SiO_4)O$:Ce，铈激活的硅酸镥)或LYSO(硅酸镥钇)晶体，它们对γ光子的阻止能力略低于BGO，但发光半衰期(40～60 ns)比BGO(300 ns)短得多，是"快速"晶体，适合高计数率的湮灭符合探测。近年来，LSO和LYSO逐渐成为PET晶体模块的主流选择。

因为湮灭光子能量高，所以闪烁晶体比较厚(2～3 cm)，固有空间分辨率较差，其原因是闪烁光在厚晶体中的扩散，致使光电倍增管的位置响应曲线变宽(参见图5.14)。因此普遍采用晶体切割技术在纵横两个方向上割槽，将晶体分割成许多背后互连的小块，以控制闪烁光的扩散，改善空间分辨率，如图9.3(a)。在每块切割晶体的背面有四只方形光电倍增管与之耦合，构成类似6.8节介绍的全数字式γ照相机，如图9.3(b)。也有人采用晶体块粘接的工艺制造晶体阵列，当然晶体块之间要有适当的光隔离措施。

采用普通光电倍增管的位置灵敏闪烁探测器，空间分辨率的极限约为4～5 mm，因此晶体块的大小通常也在此范围。切缝是没有探测能力的，过密的切割不但不能提高空间分辨率，反而会降低探测效率。SIEMENS公司将晶体切割成8×8(5.4 mm)或13×13(4.2 mm)的矩阵；再将每4个探测器模块做成一个组件，如图9.3(c)，16个组件构成一个环形探测器系统。因此，这个探测系统有8或13个环，每个环有512或832个探测单元。如果在Z向并列2,3个环形探测器系统，轴向视野将扩大为16/26环或24/39环。

PHILIPS公司在C－PET中则使用不切割的弧面形NaI(Tl)单晶体和光电倍增管阵列组

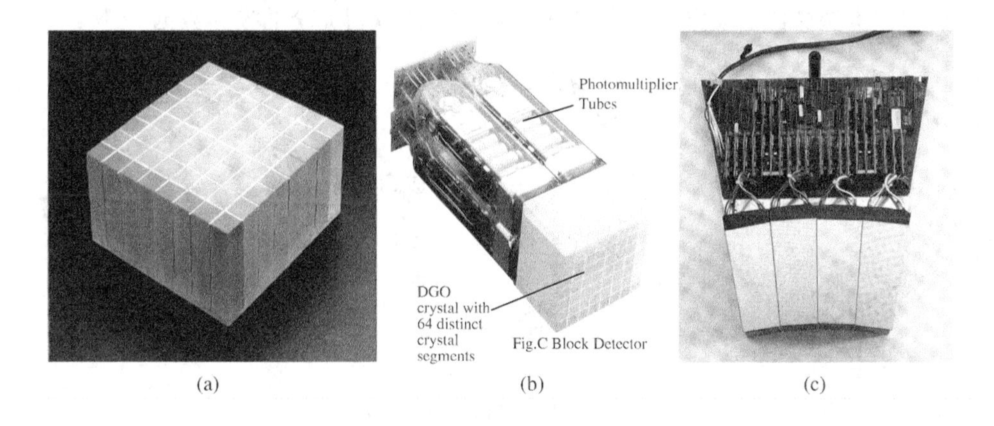

(a) (b) (c)

图 9.3 PET 探测器模块的结构

(a)8×8 切割的 BGO 晶体;(b)探测器模块;(c)4 个模块构成的探测器组件

(引自 SIEMENS)

成大面积的探测器,如图 9.4(a)。NaI(Tl)晶体的光子产额高达 19 400/511 keV,所以能量分辨率比 BGO 晶体(光子产额仅有 4 200/511 keV)好。晶体不切割,消除了没有探测能力的割槽,所以探测灵敏度较高。但其对 511 keV 光子的阻止本领(线性衰减系数为 0.34 cm^{-1})比 BGO 晶体(线性衰减系数为 0.96 cm^{-1})差,需要更厚的晶体,所以空间分辨率不如图 9.3(a)所示的 BGO 切割晶体。有的 PET 系统干脆就使用平面 NaI(Tl)晶体和光电倍增管阵列构成的 Anger 相机作为探头,如图 9.4(b),当然它的晶体比较厚。

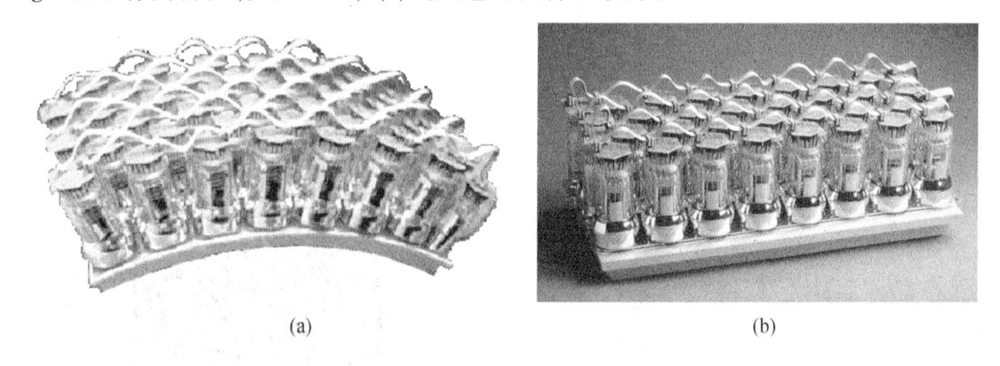

(a) (b)

图 9.4 大面积的 PET 探测器

(a)C-PET 采用的弧面探测器;(b)采用 NaI(Tl)平板单晶体的 PET 探测器

这些探测器模块可以构成图 9.5 所示的几种多环的探测系统。由图 9.3(b)的探测器模块可拼接成如图 9.5(a)的圆形探测器环;采用类似图 9.4(a)的弧面探测器可组成如图 9.5(b)的弧形探测器环,使用图 9.4(b)的平面探测器则可构成如图 9.5(c)的六边形探测器环。有些 PET 为了节省成本,采用不完整的探测器环,或将双探头 SPECT 的晶体加厚,并添加符合电路,但这类探测器在成像时需要转动一定角度,以获得完全的投影数据。

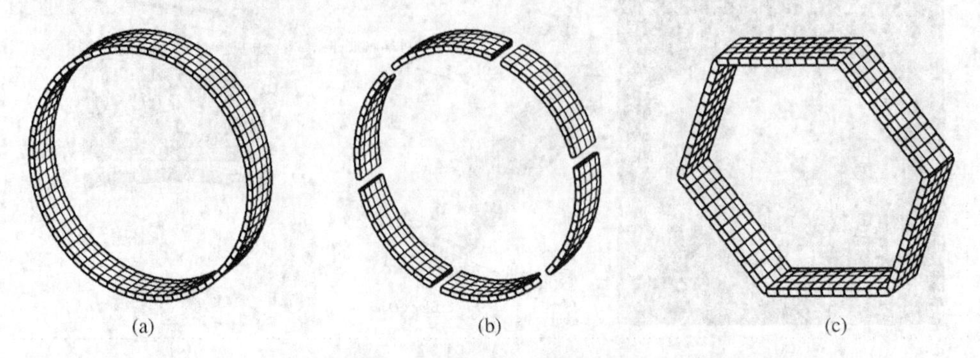

图 9.5 PET 探测系统的结构

(a)连续的圆形探测器环;(b)弧形探测器环;(c)六边形探测器环

(摘自 Basics of PET imaging- Physics, Chemistry and Regulations)

9.1.3 探测器电子学及模块解码技术

图 9.6(a)所示的探测器模块中,四个光电倍增管的输出信号分别为 S_A,S_B,S_C 和 S_D,电子学系统对这些信号做重心法计算,求出 γ 光子的入射位置坐标 X 和 Y 及能量 E

$$
\begin{aligned}
E &= S_A + S_B + S_C + S_D \\
X &= \frac{S_A + S_B - S_C - S_D}{E} \\
Y &= \frac{S_C + S_A - S_D - S_B}{E}
\end{aligned}
\tag{9.1}
$$

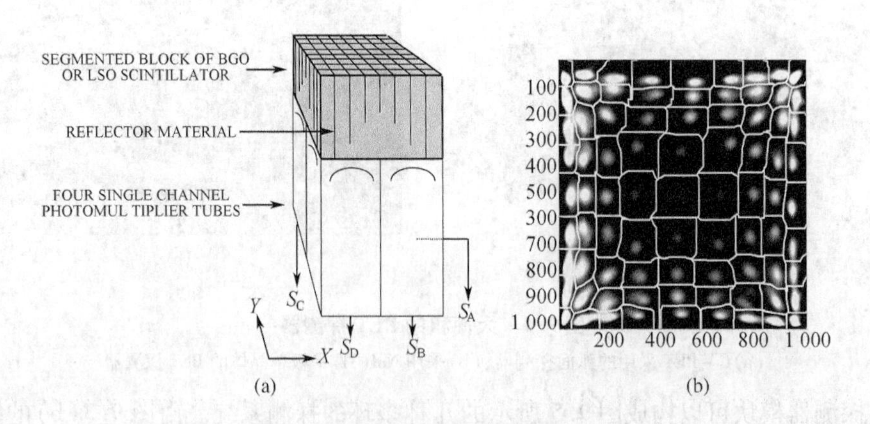

图 9.6 PET 探测器模块的定位原理

(a)PET 探测器模块的输出信号;(b)泛场照射获得的二维直方图

为使不同晶体块在光学上相互隔离,在晶体的切缝中或粘接的晶体块之间通常填入反光材料或粘反射膜。然而各晶体块并不是完全孤立的,晶体在不同位置的割缝深度并不相同,从晶体的中心到四角割缝逐渐加深,见图9.6(a)。这样做是为了使探测器模块输出的X,Y信号不像图5.19那样在晶体边缘附近发生降落,让X,Y信号与γ光子的作用位置之间具有唯一对应的确定关系,从而保证仅用四个光电倍增管就能对整个8×8的晶体阵列进行解码。γ光子的入射位置信号主要由离它最近的一个光电倍增管决定,较深的切缝使得相应晶体块上的闪烁光子基本上全部进入下方的光电倍增管,越靠近模块中心切缝越浅,闪烁光子就能越多地从晶体块分流出来,均衡地分配给四个光电倍增管,这就保证了探测器模块输出的位置信号有比较均匀的空间分辨率。

如果用泛源照射探测器模块,采集足够数量γ光子,根据式(9.1)计算每一个γ光子的位置并绘于二维直方图中,就可得到如图9.6(b)的泛场直方图(Flood Histogram)或称二维位形图(2D Map)。从γ光子与晶体发生作用到光电倍增管产生电荷脉冲过程的随机性,导致输出信号的不确定性,入射同一晶体块的若干γ光子会输出不同的X、Y信号,反映在泛场直方图中就是每一个晶体块呈现一个白色团块。此外,泛场直方图中各团块并非均匀分布,图9.6(b)存在枕形畸变,这是由重心法定位的空间非线性引起的(参见5.6节2)。我们可以根据泛场直方图上白色团块的分布情况,确定它们之间的分界线,见图9.6(b),并记录在查找表(Look-up Table)里。数据采集时就可以根据每个入射事件产生的X,Y信号和查找表,判断该γ光子进入了哪一个晶体块,从而得到相应的晶体块在探测器模块中的位置编码。这一技术最早由M E Casey和R Nutt提出,并在现代PET系统上得到了广泛的应用。有人还提出采用最大似然估计方法,从γ光子入射事件的X,Y值判断它发生在哪个晶体块中。

探测器模块输出的能量信号E要经过脉冲幅度甄别器的筛选,禁止因散射改变方向的γ事件产生符合输出。受闪烁探测器能量分辨率的限制,脉冲幅度甄别器的能窗比较宽,通常为350~650 keV,小角度散射事件仍有可能通过脉冲幅度甄别器。由于很难做到几千个探测单元的能量响应都一致,所以脉冲幅度甄别器的能窗应该因探测单元而异。为了降低电路的复杂性,一些系统的前端电路仅设置了下阈甄别器,用来滤除小幅度的噪声,进一步的能量甄别放在符合电路后面,当然这会增加从ADC到符合电路的负担。

9.1.4　符合电路及响应线编码输出

图9.7为某PET系统的电子学框图。在由三万多个晶体块粘接成的晶体环外侧,耦合了6圈、每圈100只PMT,相邻5列的30只PMT被划分为一组,共构成20个Anger相机模块,输出各自的位置信号X和Y和能量信号E。当γ光子入射某模块时它会产生触发脉冲,令ADC将X,Y,E变换成数字信号,送往ADC母板(ADC Mother Board)。

ADC母板汇集了20个Anger相机模块的X,Y,E数字信号和触发脉冲。各路前端电子学的性能差异和线路长度的差异会造成触发脉冲有不同的延迟,母板分别进行补偿,统一各路触

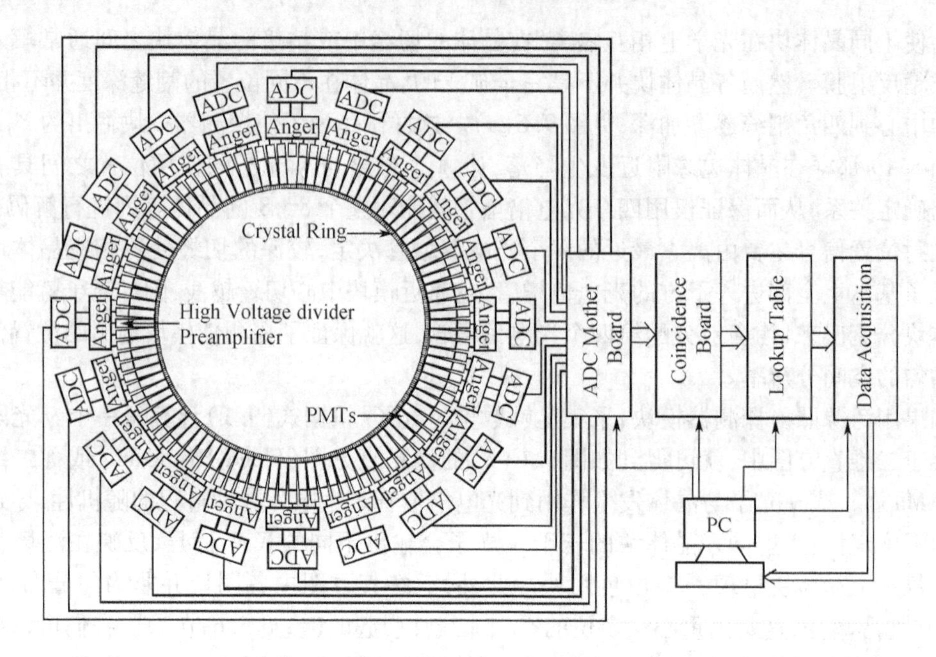

图 9.7　PET 系统的电子学框图

发脉冲的延迟时间,以便进行正确的符合。

当符合电路(Coincidence)接收到两个探测器模块产生的触发脉冲,并且间隔不超过脉冲宽度 τ,就判断为捕获到了一次湮灭事件,将这两个探测器模块的编码及它们输出的 X,Y,E 数字信号送到查找表电路(Look-up Table)。符合时间窗一般为 5 ~ 15 ns。

在系统刻度(Calibration)过程中,每个探测器模块都根据泛场直方图确定了不同的 X,Y 输出值与晶体块之间的从属关系,预先记录在查找表中。在临床采集过程中,查找表电路根据符合电路送来的两组 X,Y 值,分别查出 γ 光子入射的那两个晶体块在探测器模块中的编码,与两个探测器模块的编码一起组成响应线(LOR)的编码。在整个探测器环中,每条 LOR 的编码都是唯一的。这种符合关系所确定的 LOR,不仅分布在与探测器环轴线垂直的横断面上,也分布在与轴线倾斜的方向上,它们构成了 PET 的成像视野。原则上,任何两个晶体块之间都可以建立符合关系,LOR 的数目约等于晶体块总数的平方,非常庞大;实际上,在任意两个晶体块之间都设置符合关系是不现实,也是不必要的。PET 的探测器系统通常将位置相邻的多个探测器模块组成一个探测器组(Detector Banks or Buckets),仅在每个探测器组与其相对的数个探测器组之间建立符合关系。

通过系统刻度,我们还能得到每一个探测单元对 γ 光子的响应能谱,从而确定各个探测单元的能窗,并记录在查找表中。在临床采集时,只要有一个探测单元输出的能量值 E 不在它的能窗之内,系统就不给出符合输出。

经过 Coincidence 和 Lookup Table 电路处理后,数据量大大降低,最高计数率一般在 1 ~

2 Mcps左右。该数据由 Data Acquisition 电路收集并传送到 PC 机进行处理。PC 机同时还要对 ADC Mother Board、Coincidence、Lookup Table、Data Acquisition 电路进行控制。

因为不使用吸收准直器，PET 探测器的计数率非常高，必须采用窄脉冲成形、反堆积、基线恢复、ECL、Flash ADC 等快电子学技术；定时电路须达到 10^{-10} s 级的精度；庞大且复杂的符合逻辑须用百万门级 FPGA 来实现，数据传输速度须具有 Gb/s 的能力。探测器模块化的好处是模块之间能够并行工作，使系统有可能进行高速处理数据。

9.2　PET 的符合事件类型

在理想情况下，PET 只记录由一对湮灭光子产生的真符合事件(True Coincidence Event)。但是由于探测系统的能量分辨率和时间分辨率有限，并且光子可能在人体内发生康普顿散射等物理作用，PET 实际探测到的符合事件中还包含其他类型的干扰事件，如随机符合、或称偶然符合事件(Random Coincidence Event or Accidental Coincidence Event)、散射符合事件(Scattered Coincidence Event)、多重符合事件(Multiple Coincidence Event)和级联光子符合事件(Cascade Gamma Coincidence Event)等。如果把这些事件同样作为真符合事件来处理，将对 PET 成像质量产生不利的影响，这是我们所不希望的。图 9.8 是真符合事件、随机符合事件、散射符合事件和多重符合事件产生过程的示意图。下面对这几种探测事件分别进行讨论。

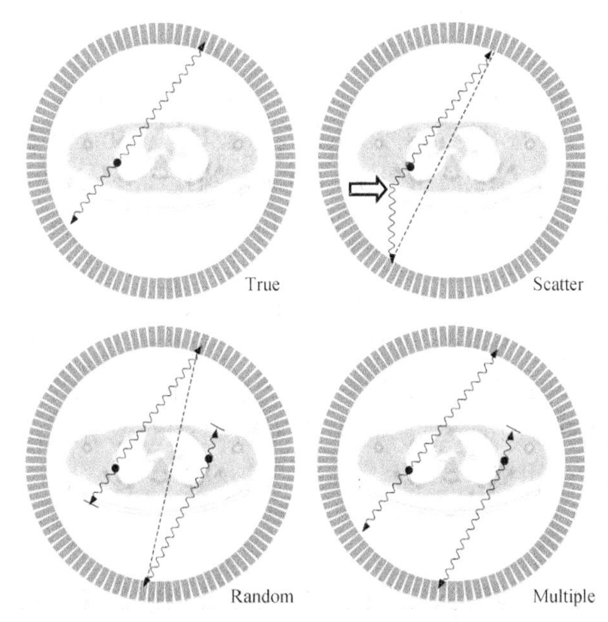

图 9.8　PET 系统中的真符合事件、随机符合事件、散射符合事件和多重符合事件

(摘自 Positron Emission Tomography: Basic Sciences)

9.2.1 随机符合事件

在 PET 探测器上接收到的光子事件中，只有很少一部分（不到 10%）组成一对真符合事件，其他的都被能量甄别电路或时间符合电路判定为单光子事件（single event）而抛弃掉了。产生单光子事件的原因有很多，例如一对湮灭光子只有一个落在探测器上；或是其中一个湮灭光子只有一部分能量沉积在探测器内，因而未能落入预设的能窗；或湮灭光子之一在人体内被吸收或散射等等。

单光子事件不仅影响探测器的死时间特性，而且由于符合电路的时间窗有一定宽度，两个原本不相关的单光子事件也有一定几率在符合电路的时间窗内同时发生，并被错误判定为一个符合事件。这类符合事件通常称为随机符合事件。一对探测器单元上的随机符合事件计数率 N_{random} 由下式决定

$$N_{random} = 2\tau N_1 N_2 \tag{9.2}$$

其中，τ 是脉冲成型电路给出的光子事件的脉冲宽度，2τ 为符合时间窗宽度，N_1 和 N_2 分别为相应两个探测器单元各自的单光子事件计数率。由于 N_1 和 N_2 一般与视野内的放射性活度成正比，因此 N_{raudom} 与放射性活度的平方成正比，同时也与符合时间窗宽度成正比。在 PET 的临床数据中，随机符合事件与真符合事件之比大约为 1∶4，而且随着放射性药物活度的增加，随机符合比真符合增加得更快。

9.2.2 散射符合事件

与随机符合事件不同，散射符合事件本质上是“真”符合事件，但是湮灭光子对中的一个或两个光子在人体内发生了康普顿散射，损失一部分能量并改变运动方向。由于探测器的能量分辨率有限，这一对湮灭光子仍有可能使探测器产生输出信号，并通过脉冲幅度甄别器，被判定为一对符合事件。然而，此时由探测器单元间的连线确定的 LOR 并不经过湮灭事件发生的真实位置。

散射可能发生在人体的各个地方，而且可能发生多次散射，散射符合事件在 PET 图像上造成缓变的本底干扰，使图像分辨率受到损失。由于散射符合事件分布与人体内的放射性分布、人体尺寸、物质分布和探测器能量分辨率都有关系，因而一般认为是最难以准确估计和校正的。在 2D PET 中，各断层间的隔片（Septa）可以阻挡一部分散射光子，散射符合事件比例一般占 15% 左右，而在 3D PET 中散射符合事件比例可达 50%。

9.2.3 多重符合事件

当计数率较高时，除了一对湮灭光子外，在同一符合时间窗内可能还落入另一个光子事件，造成多重符合。此时，三个光子事件在视野内构成三条 LOR，无法判断哪一条是正确的。不同 PET 系统对多重符合事件的处理方式有所区别，有的直接抛弃所有的多重符合事件，也

有的在三个光子事件中随机选择其中两个,记录为一个符合事件。

9.2.4　级联光子符合事件

如 2.1 节中所讨论的,有的正电子核素(如^{82}Rb 和^{124}I 等)在发生 β^+ 衰变后,其子核素处于激发态,还需要发生一次 γ 衰变以回到基态,其整个衰变过程称为衰变。例如^{124}I 在发射出一个正电子同时,还有较大的几率发射出一个 602 keV 或 722 keV 的级联 γ 光子。由于探测器的能量分辨率有限,级联 γ 光子同样有一定几率落入探测器能窗内,并与其中一个湮灭光子一起被判定为一个符合事件。级联 γ 光子的飞行方向是杂乱无章的,与散射符合事件类似,级联光子符合事件同样无法反映湮灭事件发生的位置,并在图像上产生缓变的背景干扰。

9.3　PET 的数据采集与组织

PET 的数据采集与组织由计算机完成,数据采集方式有很多种,按照数据存储格式可分为投影模式(Projection Mode)和表模式(List Mode),按照投影方向的空间分布可分为二维数据采集(2D Data Collection)和三维数据采集(3D Data Collection),按照成像的时间和空间特点可分为静态采集(Static Acquisition)、动态采集(Dynamic Acquisition)、门控采集(Gated Acquisition)和全身扫描(Whole-body Scanning)。

9.3.1　投影模式数据采集

PET 系统在进行投影模式数据采集前,先在计算机中开辟一定的内存空间,每个内存单元对应一条 LOR。数据采集开始后,每出现一个有效符合事件,就在对应其 LOR 的内存单元上加 1,不断累积发生在各 LOR 上的湮灭事件。

投影模式数据通常按照正弦图的方式组织:一条 LOR 就是一条投影线,LOR 的位置由它到探测器环中心的法线的长度 r 及方向角 θ 给定,LOR 上的湮灭事件计数就是投影值。如果在一个源点发生如图 9.9(a)所示的多次湮灭辐射,那么它们对应的 LOR 在以 r 为横坐标、θ 为纵坐标的直角坐标系中,必定分布在如图 9.9(b)所示的正弦曲线上。如果探测器环平面内的源场是连续分布的,如图 9.9(c)所示,将各次湮灭辐射的 LOR 累积起来,就可得到如图 9.9(d)的正弦图。r 方向的覆盖宽度决定了 PET 的径向视野(FOV),一般在环中心 40% ~ 50% 的范围内。

使用第 7 章介绍的解析算法或迭代算法,都可以从投影模式数据重建图像。

9.3.2　表模式数据采集

表模式采集将每个湮灭事件的 LOR 空间位置、发生时刻、能量等和其他相关信息以数据列表的形式逐一记录在数据文件中。表模式数据中可以包含投影模式无法记录的信息,然而与每条 LOR 上记录多个符合事件的投影模式数据相比,它往往需要更大的存储空间,通常一次采集就有几百兆到上千兆字节数据。但是在某些特殊情况下(如短时间采集、动态成像等)或在某些新型多层 PET 系统上 LOR 数目过大,每条 LOR 上的平均事件数目小于1,此时采用表模式方式存储数据更合理。

表模式采集常用于数据缓冲。表模式数据必须重组(Reorganize)为静态、动态或门控的投影模式数据,才能成为可显示的图像。虽然数据重组非常灵活多样,但需花费时间。专门适用于表模式数据的重建算法,如7.3.3节6.介绍的表模式最大似然算法,可以在数据采集的过程中实时地进行图像重建。

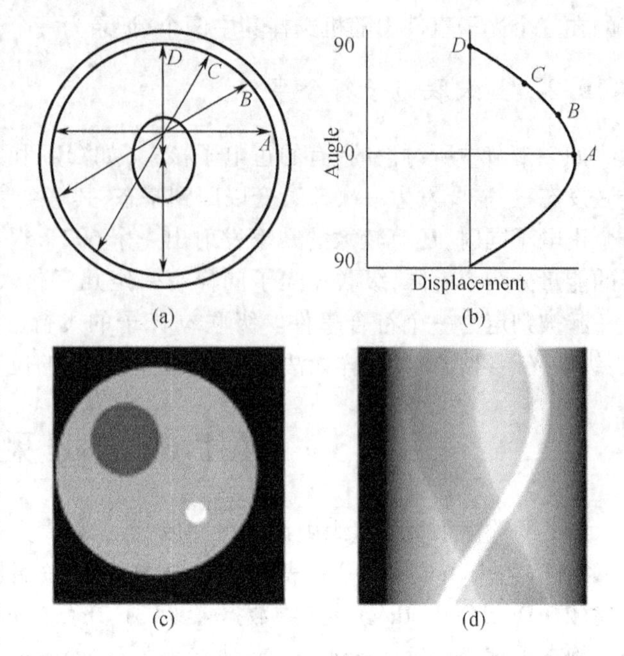

图9.9 PET 投影数据的组织

(a)发生在一点的湮灭辐射之 LOR;(b)这些 LOR 构成的单线正弦图;(c)连续分布的平面源场;(d)对应的正弦图

(摘自 Positron Emission Tomography: Basic Sciences 和 PET: Physics, Instrumentation, and Scanners)

9.3.3 2D 数据采集

早期的 PET 通常工作于2D 数据采集模式,如图9.10(a)所示。在每一探测器环之间都装有1mm 厚的钨制环状隔片(Septa),使得只有平行于横断面运动的光子才能够到达探测器。安装隔片的目的是避免斜入射光子(Oblique Photons)到达探测器,从而有效地减少散射符合事件。另一方面,隔片也可以降低每个探测单元的单光子事件计数率,从而减少随机符合事件和死时间造成的计数率损失。

PET 最简单的2D 数据采集方式与平行孔准直器 SPECT 非常类似,即在每个横断层上分别采集投影数据。每个断层上的投影数据分别采用2D 断层重建算法进行重建并叠加形成3D 图像。与 SPECT 不同的是,2D PET 通常还允许在轴向上相邻的探测器环之间进行符合,如图9.10(b)所示。通常用直接平面(Direct Plane)和交叉平面(Cross Plane)来区分这两种2D 符合探测模式:在同一探测器环内的 LOR 构成直接平面,而相邻探测器环间的 LOR 构成的虚拟平面称为交叉平面。由于交叉平面上的数据采集自两个不同方向的 LOR,因此数据量大约是直接平面上的两倍,这样就提高了探测效率。从图9.10(b)可见,在探测器环的中心处,交叉平面正好处于两个直接平面之间一半的位置上。为了便于分析,可以假设在交叉平面上采集的事件来自插在两个相邻探测器环之间的虚拟探测器环,通常也采用2D 算法重建该虚拟层的图像。在一个具有 N 个探测器环的 PET 系统中,总共有 N 个直接平面和 $N-1$ 个交叉平面,因而重建出的图像共有 $2N-1$ 个断层。交叉平面具有"X 形状",虽然会使图像在视野周边发生轴向模糊,但其影响实际非常小。

有的 PET 系统采用高分辨率、小尺寸的晶体单元,为了增加探测效率,有时也允许在更大环差(Ring Difference)的探测器环之间进行符合。图 9.10(c)中 Δ 表示环差,最大容许环差(Maximum Accepted Ring Difference)一般为 ±2、±3,它越大系统的探测效率越高,因而也称为 2D 高探测效率采集模式。但由于轴向上多层的数据叠合在一个交叉面内,轴向分辨率将下降。控制隔片的高度可以调节最大容许环差的大小。

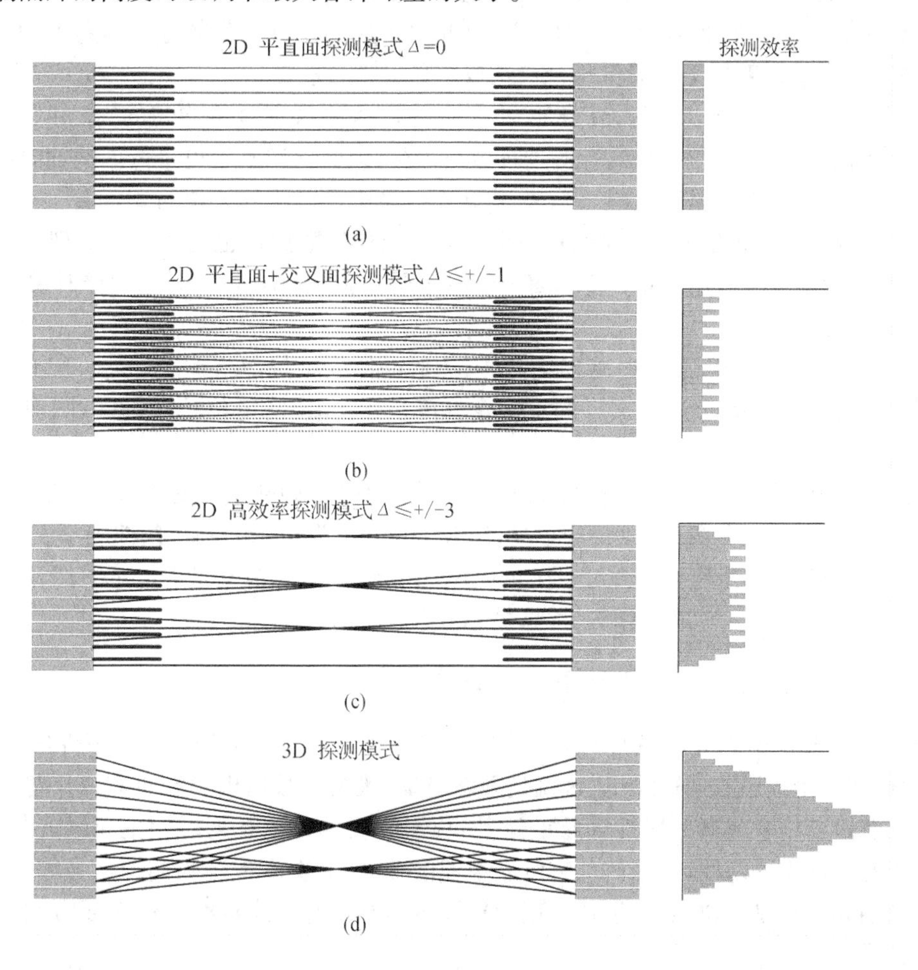

图 9.10　PET 系统的几种轴向符合探测模式(左)及相应的探测效率(右)对比

(摘自 Physics in Nuclear Medicine, P.351)

9.3.4 3D 数据采集

现代的 PET 系统绝大多数工作于 3D 数据采集模式,有的同时提供 2D 模式作为补充。在 3D PET 中,轴向上的隔片被撤掉,从而系统可以探测轴向倾斜任意角度的符合事件,见图 9.10(d)。同样是具有 N 个探测器环,在 3D PET 中最多可以采集 N^2 组投影数据。与 2D PET 相比,3D PET 的探测效率可以提高 5 ~7 倍,有利于减少成像时间或注射剂量,提高图像的信噪比。但是,3D PET 在探测效率增加的同时也带来以下几个问题:

(1)撤掉隔片后,散射符合事件份额急剧上升(通常为 2D PET 的 3 至 4 倍)。由于探测单元接收到的单光子事件计数率上升,3D PET 中的随机符合事件的份额也远远大于 2D PET,因此 3D PET 数据的散射校正和随机符合校正技术显得更为重要。

(2)从图 9.10(d)可以看到,3D PET 在轴向上的探测效率是不均匀的,在中心断层上最大,在边缘断层上由于参与符合的探测器环数目最少,因此探测效率也最低。从轴向视野中心到边缘处,探测效率大致呈线性减小趋势,在边缘处的探测效率最小值与 2D PET 相同。

(3)探测效率增加的另一个代价是一次采集所获得的数据量也更大了。对现代临床 PET 系统,一般一次临床检查所获得的数据量(未经压缩)为 100 MB 左右。这对于计算机处理技术也是极大的挑战。

(4)大倾斜角的 LOR 常常穿越多块晶体,造成晶体间串扰(Cross Talk),γ 光子在晶体中作用深度(Depth of Interaction,DOI)的不确定性降低了 LOR 的定位精度,影响图像的空间分辨率。

因此,3D 数据采集适合低剂量和快速扫描的临床应用,如肿瘤分期、疗效评估;2D 数据采集虽然费时,但散射成分少,图像分辨率高,适合小病灶的探查,如心血管、神经系统。

3D 采集的数据须采用体积重建(Volume Reconstruction)算法来求解三维图像,通常是 OS-EM 迭代算法及 List Mode 重建算法,运算量非常大,需要并行集群。

9.3.5 静态、动态、门控和全身数据采集

像 γ 照相机一样,PET 的临床数据采集方式有很多种。将探测到的湮灭事件按 LOR 进行计数,存储在一个投影数据矩阵里,这就是静态采集,从投影数据出发能重建一组静态的断层图像。动态检查用来观察放射性药物的运动过程,它实际是一系列时间上相继的静态采集。门控采集专门用于周期性运动器官,它依靠生理信号(如心电图或呼吸门控信号等)同步动态数据的分帧和累积过程,将多个生物周期中相同运动时相的事件累积起来,得到统计误差较小的动态图像。

绝大多数 PET 系统的轴向视野长度与人体长度相比是较短的,一般只能覆盖单个器官(如脑,心脏,肾等)。在药物的生物分布和癌转移检查等应用中,有时需要在更大轴向范围上对人体成像,这时需要使病人相对于探测器从头到脚沿水平方向移动,在多个床位(bed position)上采集数据并重建,然后把各个体段的重建图像拼接起来,形成比 PET 轴向视野长的、完整的全身静态图像。这种采集模式通常称为全身扫描。

为了进行衰减校正,在每个床位上都需要采集发射和透射数据,但为了避免病人身体运动,扫描时间通常限制在 30 至 40 分钟以内,因而全身扫描的主要挑战是如何在有限的时间内在每个床位采集足够数目的数据,避免噪声对图像的影响过于严重。对透射成像而言,可以采用图像分割等技术减小噪声的影响。对 PET 发射成像来说,采用快响应时间的闪烁探测器材料(如 LSO 等)可以有效地减小系统死时间的影响,提高计数率,甚至可以进一步将全身扫描时间缩短至 5 至 10 分钟。对于受统计噪声影响较为严重的测量数据,可以采用基于统计模型的迭代重建算法进行图像重建来抑制噪声的影响。尽管迭代算法需要更大的计算量,但是现代计算机硬件技术的发展已经使得临床上应用高质量重建算法进行全身扫描图像重建成为可能。

9.4 PET 系统性能的限制因素

PET 和 SPECT 都是核医学的三维成像设备,但由于探测方式和系统结构的差异,PET 系统的特性与 SPECT 有较大差别。本节中介绍衡量 PET 系统品质的两个重要性能指标:空间分辨率和探测效率,及其限制因素。

9.4.1 空间分辨率

5.3.1 节 1. 介绍过,成像系统的空间分辨能力通常用它对点源的成像结果来衡量,将点源图像光斑的亮度随位置变化的情况画成曲线或曲面,这就是它的点扩展函数 PSF,其半高宽(FWHM)是衡量空间分辨率的主要参数;也可以对 PSF 做傅里叶变换,得到调制传递函数(MTF),在频率域上评价系统的空间分辨能力。图 9.11 是具有不同 FWHM 的 PET 系统的 MTF,它反映了系统对不同变化频率的放射性分布的响应特性。从图 9.11 可以看到,对同样变化频率的放射性分布,FWHM 较小的系统输出的图像信号较大。

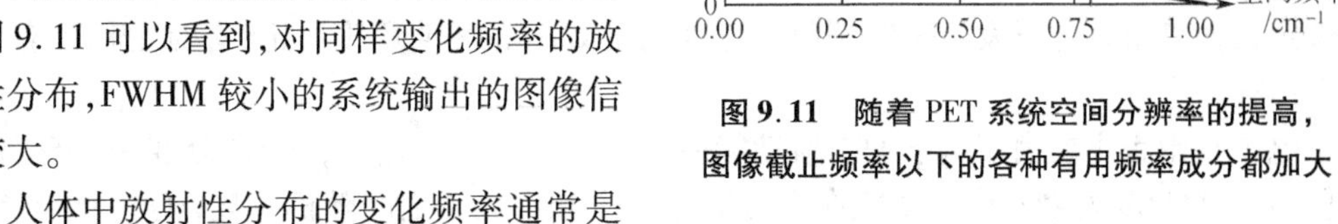

图 9.11 随着 PET 系统空间分辨率的提高,图像截止频率以下的各种有用频率成分都加大

人体中放射性分布的变化频率通常是有限的,它的最高频率成分称为截止频率。如果某脏器中放射性分布的截止频率如图 9.11 中的纵向虚线所示,说明该脏器的图像中没有 0.76 cm 以上的频率成分。对这样的脏器成像,如果 PET 系统的空间分辨率(FWHM)从 1.2 cm 提高到 0.8 cm、0.6 cm 直至 0.4 cm,图像的各种频率成分都在加大。虽然提高系统的空间分辨率并不提高探测器的灵敏度,并不会增加像素的计数值,整个图像的绝对噪声水平不变,然而图像中有用的频率成分加大会增加图像的信噪比,改善图像质量。换一个角度讲,要得到同样质量的图像,高空间分辨率的 PET 系统只需更少的计数,允许我们缩短采集时间或者减少注射剂量,这对临床应用是非常有意义的。

从图 9.11 还可以看到,提高 PET 系统的空间分辨率,更多的是提升图像的高频成分。从图像域分析,高分辨率的系统能够更精确地将湮灭事件定位在它的发生地点,使图像中精细结构的事件聚集度增加,该局域的信号得到提升,信噪比大大改进,图像显得更加清晰。对于具有精细结构的物体,它的图像中包含从低到高各种频率成分,高空间分辨率的系统可明显提高图像的信噪比;然而对只有很少量高频结构的物体,如放射性分布比较均匀的肝脏,提高系统的空间分辨率几乎不会改变其图像的质量。

以上分析对 SPECT 并不适用,因为提高 SPECT 空间分辨率的办法是使用高分辨率准直器,然而准直器的灵敏度却随分辨率的提高成二次方地降低,从而抵消了对信噪比的改善。PET 则依靠减小探测单元的尺寸来提高空间分辨率,不会损失探测灵敏度,因此能够改善成像质量。

然而,PET 所能达到的空间分辨率受到正电子成像物理上和技术上的众多因素限制:

1. 正电子物理效应对空间分辨率的限制

在正电子发射和湮灭过程中有两种物理效应对空间分辨率造成影响。其一是正电子自由程(Positron Range)的影响:正电子从放射性核素发射出来以后,通常要在介质中飞行一段有限的距离,当能量降到足够低时才与负电子结合,发生湮灭辐射。因而正电子发生位置和湮灭位置一般并不重合,如图 9.12 所示。正电子从发生到湮灭所经过的路程称为正电子自由程。对 PET 系统来说,这一效应造成的事件定位偏差由正电子发生位置到湮灭符合测量 LOR 的垂直距离决定,有时也称为有效正电子自由程。

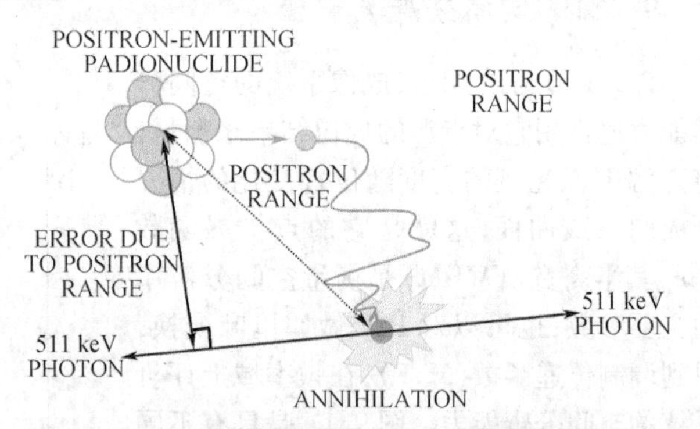

图 9.12 正电子自由程对 PET 空间分辨率的影响

(摘自 PET: Physics, Instrumentation, and Scanners, P.10)

正电子自由程主要由正电子的出射动能决定。2.1 节 4. 讨论过,在 β^+ 衰变中,衰变能量转移值与 1.022 MeV 之差作为动能在出射的正电子和中微子之间随机分配,正电子能量在 0 到最大能量间连续分布,其平均能量约为最大能量 E_{max} 的 1/3,因此正电子自由程也是从零到

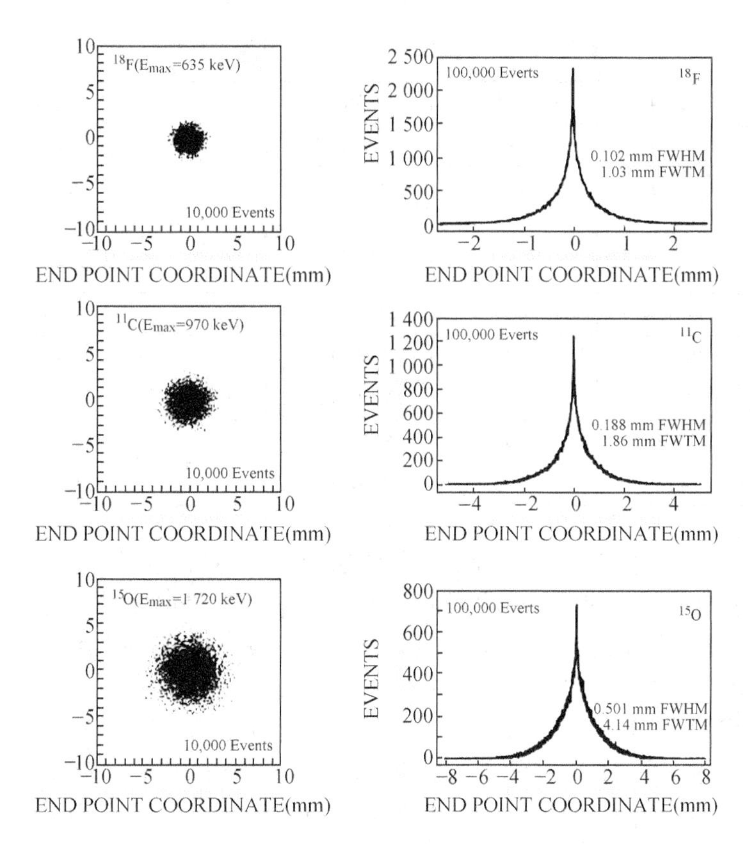

图 9.13　PET 常见核素的正电子自由程分布

(摘自 PET: Physics, Instrumentation, and Scanners, P.10)

最大自由程连续分布的。

正电子的初始运动方向也是随机分布的,而且由于多次散射,正电子在介质中的运动轨迹并非直线而是曲折的,如图 9.12。这样,点源在 PET 图像上就形成一个光斑,其分布范围因核素及周围介质而异。图 9.13 给出了^{18}F,^{11}C,^{15}O 点源在水中的湮灭位置分布图及其剖面曲线,从中可以看出其分布一般不符合高斯函数分布规律,以指数函数来描述更适合。指数函数有很长的拖尾,无论用半高宽 FWHM 还是十分之一高宽 FWTM 来描述正电子自由程对 PET 成像分辨率的影响均不是最佳的选择,通常可用均方根有效自由程(Root Mean Square Effective Range)作为其衡量指标,定义为 R_{range}。R_{range} 随着正电子能量的增加而增加,对于^{18}F 和^{11}C,其在水中的 R_{range} 分别为 0.23 mm 和 0.39 mm,而对于^{82}Rb,其 R_{range} 可达 2.75 mm。R_{range} 还与介质的密度成反比,因而在肺部(密度为 0.1 ~ 0.5 g/cm^3)较大,而在骨骼(密度为 1.3 ~ 2 g/cm^3)中较小。表 9.1 列出了 PET 常用的核素蜕变时产生的正电子的最大能量及其在水中的均方根有效自由程。

表 9.1 PET 常用的正电子核素的物理性质

正电子核素	半衰期	β^+ 分支比	最大能量	均方根有效自由程
^{11}C	20.4 mins	0.99	0.96 MeV	0.4 mm
^{13}N	9.96 mins	1.00	1.20 MeV	0.7 mm
^{15}O	123 secs	1.00	1.74 MeV	1.1 mm
^{18}F	110 mins	0.97	0.63 MeV	0.3 mm
^{22}Na	2.6 years	0.90	0.55 MeV	0.3 mm
^{62}Cu	9.74 mins	0.98	2.93 MeV	2.7 mm
^{68}Ga	68.3 mins	0.88	1.90 MeV	1.2 mm
^{82}Rb	78 secs	0.96	3.15 MeV	2.8 mm
^{124}I	4.18 days	0.22	3.16 MeV	2.8 mm

一般来说,正电子自由程决定了 PET 成像的物理极限。对正电子自由程的校正方法是现代 PET 研究的热点问题,例如采用强磁场限制正电子自由程,或在成像过程中对其进行反卷积校正,或在迭代重建的系统建模中考虑正电子自由程问题。然而现在大多数的临床 PET 系统,其空间分辨率距离物理极限还有很大距离,因而目前正电子自由程还不是提高 PET 成像质量的主要制约因素。但在某些高分辨率的动物 PET 系统上采用高能正电子核素成像时,需要考虑正电子自由程的影响,也有研究报道说某些核素如 ^{82}Rb 等用于临床成像时,在器官边界部分,如肺部和骨骼等密度变化较大的边界部分,正电子自由程的突变可能对 PET 成像质量有显著影响。

另一个影响 PET 空间分辨率的物理因素则与正电子在湮灭时的残余动量有关。正电子在湮灭前有一定的速度,介质中的自由电子也有一定的速度。这样,在正负电子湮灭时,正负电子偶的总动量并非为 0。根据动量守恒,湮灭产生的两个 γ 光子保有这个动量,因而两个湮灭光子的运动方向并不是严格成 180°角,而是偏向正负电子偶的运动方向,这一效应通常称为非共线性(Non-colinearity),如图 9.14 所示。正负电子偶的动量大小和方向都是随机分布的,每一次事件的定位误差都有所不同,偏向角分布可以近似用高斯函数描述,其半高宽约为 0.5°。显然,非共线性会造成湮灭事件的定位偏差。

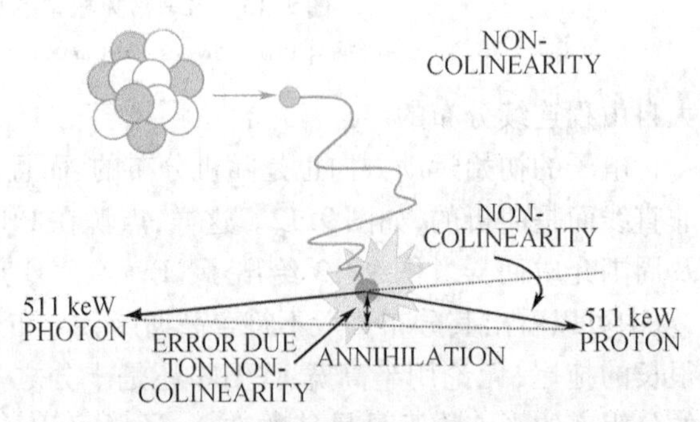

图 9.14 正电子非共线性对 PET 空间分辨率的影响
(摘自 PET: Physics, Instrumentation, and Scanners, P.10)

与正电子自由程不同，非共线性对空间分辨率的贡献 R_{nc} 与核素能量和核素种类无关，而只与 PET 探测器环的直径 D 有关

$$R_{nc} = \tan(0.5°/2) \times D/2 \approx 0.0022 \times D \tag{9.3}$$

典型的临床 PET 探测器环直径为 80 cm，可知其 R_{nc} 约为 1.8 mm。而在动物 PET 中由于孔径更小，非共线性的影响相对较小。

2. 探测器空间分辨率的限制

由于 PET 使用湮灭符合探测技术，因而通常采用符合响应函数（Coincidence Response Function）来衡量探测器空间分辨率 R_{det}，并进一步分析它对 PET 系统分辨率 R_{sys} 的限制。对图 9.15（a）所示的一对探测器，它们形成的 LOR 沿竖直方向。让一个点源沿水平方向（即垂直于 LOR 的方向）逐步移动，并绘出 LOR 上的计数率与放射源位置之间的函数关系曲线，称之为符合响应函数，并将其半高宽 FWHM 定义为探测器的空间分辨率 R_{det}。

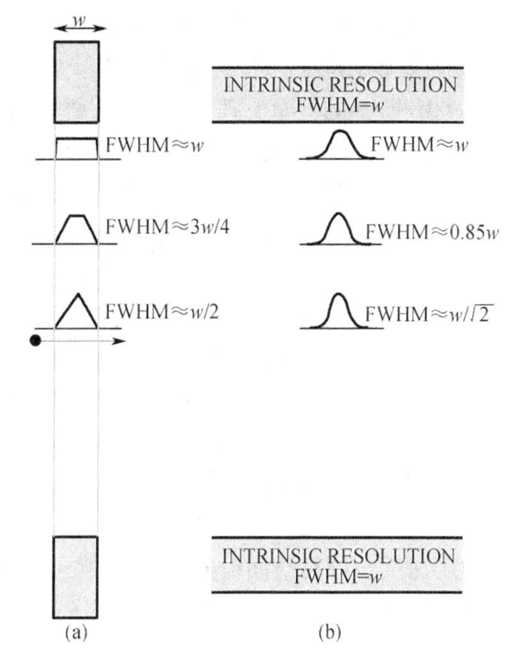

图 9.15　探测器空间分辨率对 PET 系统空间分辨率的影响

(a) DISCRETE DETECTORS　(b) CONTINUOUS DETECTORS

（摘自 PET：Physics, Instrumentation, and Scanners, P. 39）

由图 9.15（a）可见，R_{det} 与放射源在竖直方向上的位置，或者说距 LOR 中心的距离有关。当放射源位置在 LOR 中心附近时，符合响应函数呈三角形，$R_{det} = w/2$；当放射源位置远离 LOR 中心时，符合响应函数的形状由三角形变为梯形并逐渐接近矩形，其相应的 R_{det} 也逐渐增大。

对于采用整块晶体的 PET 系统，同样可以用类似地定义 R_{det}，如图 9.15（B）所示。整晶体 PET 系统的符合响应函数的形状接近于高斯函数，在 FOV 中心附近 $R_{det} = R_{int}/\sqrt{2}$，其中 R_{int} 为探测器的固有分辨率；在 FOV 边缘处 $R_{det} = R_{int}$。

从上述讨论可见，PET 系统通常在 FOV 中心具有最佳的空间分辨率，在 FOV 边缘部分空间分辨率较差。对常见的 PET 系统，从 FOV 中心到边缘处空间分辨率变化一般为 40% 左右。

PET 系统的理论空间分辨率由上述各个相互独立的因素共同决定，其点扩展函数可以看作是各个因素的点扩展函数的卷积。如果把每个点扩展函数都近似看作是高斯函数的话，那么系统空间分辨率 R_{sys} 与由各个因素分别决定的空间分辨率之间有如下关系

$$R_{sys} = \sqrt{R_{det}{}^2 + R_{range}{}^2 + R_{nc}{}^2} \tag{9.4}$$

综上所述，R_{range}约为0.23 mm，典型的临床PET系统中R_{nc}约为1.8 mm，视野中心处的探测器分辨率R_{det}约等于探测单元宽度w的一半，一般为2～3 mm。可见，目前制约系统空间分辨率的主要因素仍然是R_{det}，减小探测单元的尺寸是提高PET系统空间分辨率的有效途径。

3. 作用深度效应

与SPECT成像常用的核素相比，PET所探测的γ光子能量更高，为了让大多数光子都能停留在探测器中，PET需要使用较厚的，具有更强阻止本领的晶体。例如γ相机中的NaI(Tl)晶体厚度一般不超过1.25 cm，而使用BGO的PET晶体厚度则有2～3 cm。此时，γ光子在晶体中的作用深度(Depth of Interaction，DOI)可能处于晶体内部的任意一点，而并非在晶体表面附近。一方面，较深的事件探测位置将导致符合响应函数的宽度增加，使空间分辨率下降；另一方面，如果湮灭事件的发生位置在远离FOV中心的位置，如图9.16所示，探测单元与湮灭光子运动方向间将形成一个角度，那么光子就有一定几率穿越第一块晶体，在相邻晶体内被探测到。此时探测器给出的LOR(一般为两个晶体块的中心连线)与原始事件位置之间存在错定位误差，这一现象称为作用深度效应或探测器视差(Detector Parallax)效应。

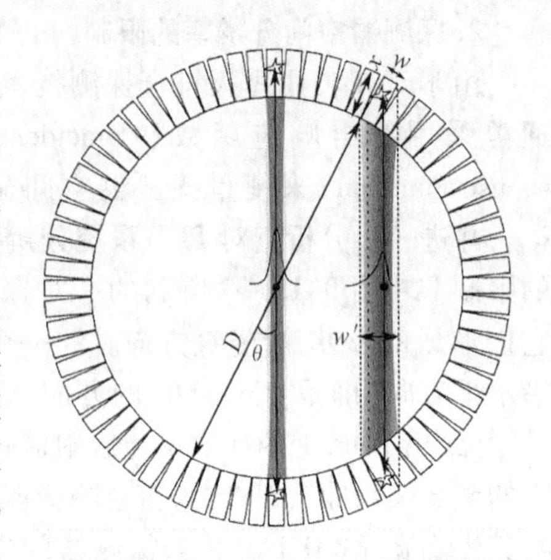

图9.16　DOI效应造成的LOR定位误差

作用深度效应对空间分辨率的影响可以用等效晶体宽度w'来近似估计。如图9.16所示，w'由晶体宽度w、探测单元倾斜角度θ和晶体厚度x共同决定

$$w' = w\cos\theta + x\sin\theta \tag{9.5}$$

在上一节中讨论过，在FOV中心处的几何空间分辨率FWHM为$R_{det} = w/2$。当放射源远离FOV中心时，可以近似用等效晶体厚度w'代替w

$$\begin{aligned} R'_{det} &\approx w'/2 = (w/2) \times [\cos\theta + (x/w)\sin\theta] \\ &= R_{det} \times [\cos\theta + (x/w)\sin\theta] \end{aligned} \tag{9.6}$$

对典型的临床全身PET系统，$x \approx 2 \sim 3$ cm，$w \approx 0.4 \sim 0.6$ cm，探测器孔径为80 cm，此时从视野中心到视野边缘处，由DOI效应造成的空间分辨率下降约为40%。由9.6式可以知道，如果晶体尺寸无限薄($x \ll w$)且具有非常理想的阻止本领，在视野边缘处甚至可以得到更好的空间分辨率，但现实中这种可能性是不存在的。

为了减小探测单元的最大倾斜角θ，以降低DOI效应引起的视野边缘空间分辨率下降，在PET系统设计时一般使探测器孔径大于最大容许的病人尺寸，但这样做的代价是制造成本的增加。在一些小动物PET系统中，DOI效应的影响更为明显，因此需要减少晶体的厚度，以探测效率下降为代价换取较小的DOI效应。

PET 的空间分辨率还与许多其他因素有关：如电子学噪声、数据采集方式、图像重建算法等。实际系统的分辨率远达不到理论极限值，目前最好的临床专用型 PET 的分辨率为4.2 mm (^{18}F)。

9.4.2 探测效率

PET 系统的另一个极其重要的指标是灵敏度(Sensitivity)。PET 图像的质量在很大程度上取决于成像过程中采集到的事件数目，这一数目主要取决于几个因素：注射的放射性药物活度；注射入人体的放射性药物被感兴趣的器官或组织吸收的比例；成像时间；PET 系统的灵敏度。前几项因素受到临床实际条件的限制，不可能无限提高，因而系统灵敏度成为获取高质量 PET 图像的关键因素。通常，灵敏度定义为单位时间内平均每次放射性衰变在系统中产生的有效符合事件计数率，其单位为 cps/Bq。也可以用绝对灵敏度作为衡量指标，即一次放射性衰变被系统探测到的概率(或百分比几率)。这两种定义得到的灵敏度指标在数值上是相等的。

PET 系统的灵敏度由几个因子决定：探测器对 511 keV 光子的探测效率；探测器对放射源的几何立体角覆盖比例；放射源与探测器的相对位置；符合探测的时间窗和能量窗。

对于厚度为 x 的探测器，其单光子探测效率为

$$\varepsilon = (1 - e^{-\mu x}) \times \Phi \tag{9.7}$$

其中，μ 是探测器的线性衰减系数，$1 - e^{-\mu x}$ 是入射光子被探测器探测到的概率，Φ 代表该探测事件落入预设能窗的概率(在 PET 系统中典型的能窗设置值为 350 ~ 650 keV)。

对符合探测事件而言，需要一对 γ 光子同时满足上述条件，因此符合探测效率为

$$\varepsilon^2 = (1 - e^{-\mu x})^2 \times \Phi^2 \tag{9.8}$$

对圆柱体形状的 PET 探测器，探测器对放置于视野中心的点源所张的立体角为

$$\Omega = 4\pi \sin[\tan^{-1}(A/D)] \tag{9.9}$$

其中，D 是探测器环直径，对单环或处于 2D 采集模式的 PET 系统，A 是探测器的单环轴向长度，与点源的轴向位置无关。对多环的 3D PET，A 还取决于轴向最大接受角度及点源轴向位置。例如，在不限制轴向最大接受角度且点源位于视野中心时，A 等于 PET 探测器的轴向总长度，因此探测效率大大高于 2D 模式。

对模块化设计的 PET 系统，在模块之间存在无探测能力的死区(Dead Space)。死区对探测效率的影响用填充分数(Packing Fraction) φ 来衡量，即探测器有效面积与探测器表面总面积(包含死区面积)之比

$$\varphi = \frac{\text{探测器宽度} \times \text{探测器高度}}{(\text{探测器宽度} + \text{死区宽度}) \times (\text{探测器高度} + \text{死区宽度})} \tag{9.10}$$

由此得到 PET 系统的总探测效率 η 是上述几个因子的乘积：

$$\eta = \frac{\varepsilon^2 \varphi \Omega}{4\pi} \tag{9.11}$$

(9.11)式适用于在视野中心的点源。由于探测效率随放射源视野位置不同而变化,对有一定形状的放射源分布,其灵敏度的计算要更加复杂。对典型的2D PET,在FOV附近其灵敏度一般为0.2% ~0.5%,或0.002 ~0.005 cps/Bq;当采用3D数据采集模式时,灵敏度可提高到2% ~10%(0.02 ~0.10 cps/Bq)。与之相比,典型的SPECT系统灵敏度只有0.01% ~0.03%(0.0001 ~0.0003 cps/Bq)。PET系统与SPECT系统相比最大的优点就在于其具有高灵敏度。

9.5 PET的成像误差及其校正

引起PET成像误差的因素很多:正电子类药物活度的快速衰变、高计数率造成的随机符合、人体吸收衰减和散射的影响、弓形几何失真、系统灵敏度不均匀、探测器灵敏度不一致、死时间损失及等等。如果不加以校正,这些因素都会严重影响PET的成像质量,以及人体中相应的放射性药物活度与像素值之间的定量关系。PET系统通常要进行一定的数据处理,以校正上述因素的影响。

9.5.1 衰变校正

放射性衰变(Decay)会使药物的活度按照指数规律逐渐降低。正电子类核素的半衰期都非常短,数据采集过程需要30分钟左右,测量过程中药物放射性活度的变化对静态采集没有影响,但是对于动态采集、门控采集、全身扫描和定量研究则必需考虑。

根据指数衰变规律,注射时放射性活度为$A(0)$的药物,经过时间t采集某一帧的时候,放射性活度下降到$A(t)=A(0)e^{-\lambda t}$,这里λ是核素的衰变常数。据此不难从t时刻的药物放射性活度$A(t)$折算注射时刻的活度$A(0)=A(t)\ e^{\lambda t}$。把$e^{\lambda t}$作为因子乘以该帧各个像素的计数值,就能将图像归一到注射时刻的情况,t用从注射起到这一帧采集的中点时刻来近似。

9.5.2 随机符合校正

在9.2.1节中讨论了随机符合事件的产生原因。随机符合使得每一条LOR上产生多余的、不携带正确空间信息的符合事件,在投影数据中造成均匀背景。如果不作校正,随机符合事件将造成图像对比度下降,定量精度丧失并在图像中产生伪像。

在现代PET系统中,随机符合校正都是以实时方式进行的。一种常用的随机符合校正方法是:在图9.1原有的符合电路1旁边再设计一个随机符合电路2,如图9.17,与它连接的两个探测单元之一的输出信号被延迟,只要延迟时间大于两倍的符合电路时间窗宽度,就能保证随机符合电路的输出中没有真符合事件。从原有符合电路输出的计数中减掉随机符合电路的计数,就能够得到了真符合计数的估计值。

另一种方法是使数据采集系统除了测量符合事件外,还能够给出每个探测单元上的单光子(Singles)计数。在得到任意两个单元上的单光子计数N_1,N_2及符合时间窗宽度2τ后,由公式

(9.2)估计这两个单元上的随机符合计数,并从总符合事件数中扣除。

需要注意的是,上述两种方法所实现的随机符合校正都不是以逐事件的方式完成的。由于在符合测量电路中无法一个一个事件地区分随机符合和真符合事件,所以这两种方法都只能通过增加额外的测量手段来提供对原有符合电路中随机符合份额的估计。从统计学上进一步考虑,原有电路上的测量值(真符合+随机符合,以 N_{total} 表示)和从额外测量过程中得到的随机符合估计(以 N_{random} 表示)是统计上独立的两组测量值,将这两个测量值相减将增加真符合估计值(以 N_{true} 表示)的统计不确定性。经过扣除后得到的真符合估计值为

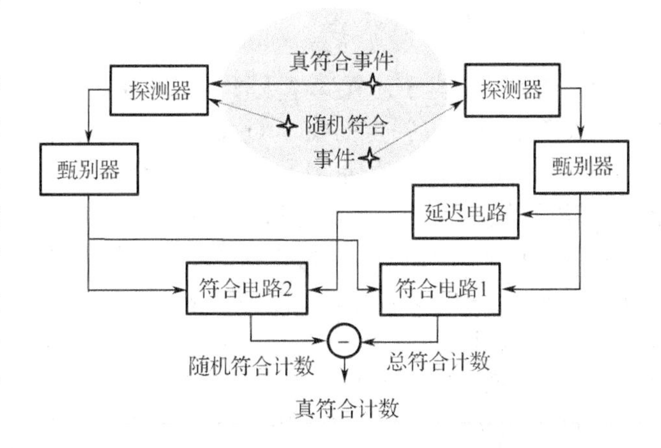

图9.17　随机符合及随机符合扣除电路

$$N_{true} = N_{total} - N_{random} \tag{9.12}$$

假设 N_{tota} 和 N_{random} 都是泊松随机变量,如果采用延迟符合电路测量方法得到 N_{true},那么其统计不确定性(以方差表示)为

$$\begin{aligned} \sigma N_{true} &= \sqrt{\sigma N_{total}{}^2 + \sigma N_{random}{}^2} \\ &= \sqrt{N_{total} + N_{random}} \\ &= \sqrt{N_{true} + 2 \times N_{random}} \end{aligned} \tag{9.13}$$

类似地,可以得到采用单光子计数测量方法时 N_{true} 的统计不确定性为

$$\sigma N_{true} = \sqrt{N_{true} + N_{random} + 2 \times 4\tau^2 \times N_{single}{}^3} \tag{9.14}$$

其中,N_{single} 是探测器上测量到的单光子计数。公式(9.14)的第三项通常远远小于 N_{random},可以忽略,因而单光子计数测量方法的统计误差要小于延迟符合电路测量方法。但是,单光子计数测量方法同时需要对符合时间窗宽度进行测量,受到电子学线路长度、PMT 渡越时间晃动及其他多个参数的影响,符合时间窗宽的估计值可能存在系统误差,并影响单光子计数测量方法的精度。

由此可见,采用扣除法进行随机符合校正并不是无代价的。除了统计误差增大外,公式(9.12)所得到的真符合事件计数不再符合泊松分布。这与统计迭代算法的基本假设相矛盾,因而当随机符合份额过大时,扣除法带来的额外统计误差还将影响图像重建质量。

9.5.3 人体衰减校正

湮灭产生的γ光子对在穿越人体的过程中,其中的一个或两个光子有一定的概率与人体发生相互作用。如果发生光电吸收的话,这一事件将不会被探测器记录;如果发生的是康普顿散射,散射后的光子将偏离原有运动方向,同样造成γ光子对在原所属的LOR上计数减少,这一现象称为衰减效应。对511 keV的光子而言,绝大部分与人体物质的作用是以康普顿散射的形式进行的,散射后的γ光子对仍然有可能在另一条LOR上被探测到,造成该LOR上的假计数,称为散射效应。由此可见,衰减和散射事实上是同一物理过程所造成的不同现象。这两种效应都会造成图像的质量和定量精度变差,因此需要通过一定的方法,既对各LOR上由于衰减造成的事件数减少进行校正,也对每一条LOR上散射符合造成的事件数增加进行估计和相应校正。

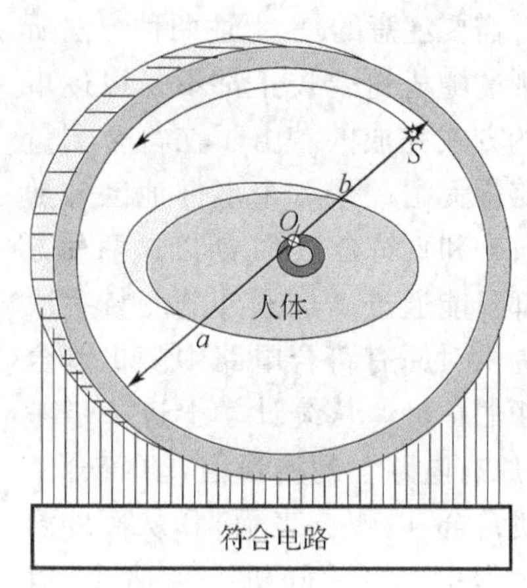

图9.18 湮灭产生的一对γ光子在人体中的衰减总厚度 ab

考虑从人体内某一放射源 O 发出的反方向运动的γ光子对,两个γ光子在人体中的穿越距离分别为 a 和 b,如图9.18。那么这一对光子各自能够穿出人体到达探测器的概率分别为 $p_1 = e^{-\int_o^a \mu \cdot dl}$ 和 $p_2 = e^{-\int_o^b \mu \cdot dl}$,这对光子同时到达探测器并在LOR上记录到一个事件的概率为

$$p = p_1 \times p_2 = e^{-\int_o^a \mu \cdot dl} \times e^{-\int_o^b \mu \cdot dl} = e^{-\int_a^b \mu \cdot dl} \tag{9.15}$$

可见其等效衰减路径是人体在这条LOR上的总厚度 ab,而与湮灭事件在LOR上的位置无关,甚至湮灭点位于人体之外,如图9.18的 S,也是如此。

与仅探测单个γ光子的SPECT的衰减路径(Oa 或 Ob)相比,PET的LOR等效衰减路径ab更长,因此衰减效应更强。例如,软组织对511 keV的γ射线的质量衰减系数是0.095 cm^2/g,半衰减厚度约为7.2 cm。对直径大约20 cm的头部显像,超过85%的γ光子被衰减;宽40 cm的躯干可将95%以上的γ光子衰减掉。所以要从PET图像得到定量的诊断结果,必须对人体的衰减进行校正。

可以用公式9.15中 p 的倒数 $e^{\int_a^b \mu \cdot dl}$ 作为该LOR上的衰减校正因子,用它乘以计数测量值,就是该LOR上没有衰减效应的计数值。下面介绍的各种衰减校正的方法均是从这一原理出发的。

1. 基于解析计算的衰减校正

早期的衰减校正技术较为简单,通常假设人体是一种均匀的介质,并用椭圆或其他简单几何体来近似人体轮廓,由此可以计算得到任意一条LOR与人体轮廓相交的弦长。这时,衰减

校正因子简化为 $e^{\mu d}$,其中 μ 是平均线衰减系数,d 是相交弦 ab 的长度。

我们可以先对未经衰减校正的投影数据重建图像,从中识别出人体边界,再由人体轮廓或其几何近似(例如使用椭圆作为边界)获取各 LOR 的衰减厚度 d,然后将各 LOR 计数乘以衰减校正因子,进行校正,最后从这些校正了的投影数据重建出图像。

与 SPECT 使用的低能光子比,人体不同部分对 511 keV 湮灭光子的平均线衰减系数的差别要小得多,例如头部的平均 μ 值为 $0.088 \pm 0.003\ cm^{-1}$,腹部为 $0.089 \pm 0.007\ cm^{-1}$,胸部为 $0.067 \pm 0.018\ cm^{-1}$。所以对于物质基本均匀分布的情形,如模型测试或脑部成像等,这种方法虽然精确性较差,且易受伪像和人体轮廓的定位误差等的干扰,但还有一定的校正效果。然而对胸部和全身成像,这种方法的误差较大,因为胸部的平均 μ 值的测量标准偏差达 27%,不同组织的 μ 值差异更大(从肺的 $0.032\ cm^{-1}$ 到肌肉的 $0.088\ cm^{-1}$)。

2. 基于测量数据的衰减校正

现代 PET 多采用实际测量的方法获得病人的精确衰减数据。前面讨论过,符合探测的衰减概率只与 LOR 经过的人体物质及其长度有关,与放射源的分布及其所在位置无关,无论放射源在人体内部还是外部,其衰减情况都一样。因此,我们可以在人体外放置正电子放射源,来测量衰减校正因子。放射源可以是环状的,静止放置在人体和探测器环之间,也可以让与轴线平行的棒状放射源(如图 9.18 的 S)围绕人体作圆周扫描。首先在没有病人的情况下进行一次空扫描(Blank Scan),测量没有衰减时各个 LOR 的计数 $I(0)$;然后让病人进入 PET 成像位置,进行透射扫描(Transmission Scan),测量各条 LOR 的透射计数 $I(d)$;同一 LOR 的 $I(0)/I(d)$ 即为其衰减校正因子,见图 9.19。一般说来,在透射扫描中 γ 射线被散射情况与发射测量中并不一样,如果二者有显著的不同,会产生额外的误差。正确设计的 PET 系统,这些误差通常很小。测量衰减数据常用的放射源为正电子放射源 ^{68}Ge,其半衰期为 273 天,放射性活度为 370 MBq 左右,通常每 12 ~ 18 个月需要更换一次。

直接测量衰减校正因子的方法主要优点是,不必知道病人体内的线衰减系数分布及各 LOR 的等效衰减路径,对人体轮廓及物质分布也不需要任何假设,避免了近似计算带来的误差。这种方法所面临的主要挑战是在透射扫描中需要累积足够的计数,例如胸腹部位的某些 LOR 上衰减量可达 95% 以上,因而在透射扫描中这些 LOR 上测得的计数可能只有 10 个左右,信噪比很差。如果不对数据进行处理,透射数据上的统计噪声将在衰减校正后传播到发射投影数据中,并影响最终的图像质量。因此,通常要对空扫描和透射扫描数据进行空间平滑滤波。当透射扫描测量时间足够长(>20 分钟)时,这种方法可以获得满意的校正效果。为了缩短测量时间,PET 常装有二、三条棒状放射源。

使用旋转棒状放射源进行外部衰减数据测量,则可以采用 R Carson 等提出的注射后透射扫描(Post - injection Transmission Scanning)技术,实现发射与透射数据的同时测量,这可以减少病人在探测器内的停留时间。由于 γ 光子的能量相同,从人体内测量到的发射事件和从外部放射源得到的透射事件是无法区分的。但是,每个时刻棒状放射源的位置是已知的,当棒状

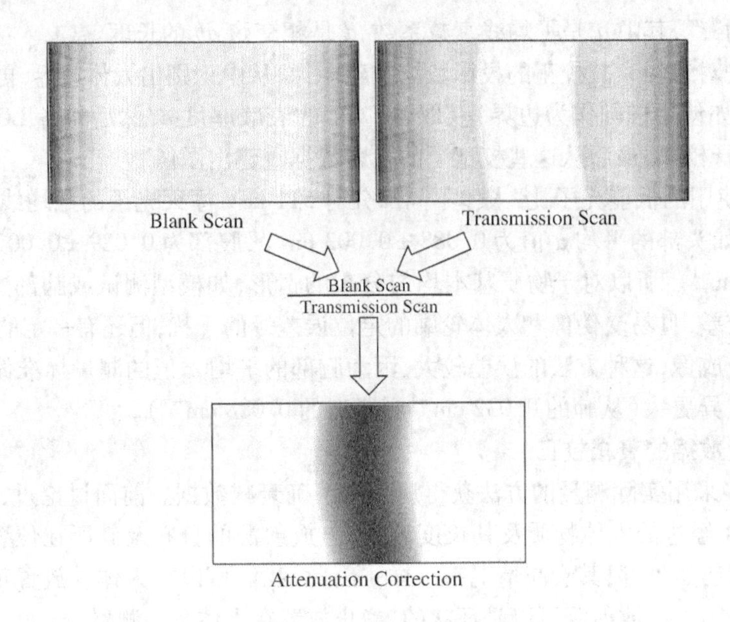

图 9.19　衰减校正因子的测量过程

放射源的放射性活度较强时(>74 MBq),如果一个探测到的符合事件的 LOR 穿过当时棒状放射源所在的位置,那么这个事件来自外部放射源的概率远远大于其来自人体内部的概率,可认为该事件是透射事件。这尽管只是一种近似方法,但却大大增加了 PET 衰减校正的临床实用性。当然在某些场合下,例如 FDG PET 扫描时在高浓聚活度的肾附近,可能有过多的发射事件被误判为透射事件,从而导致欠校正。此外,外部放射源带来的额外放射性活度也造成随机符合事件的比例上升,并对发射事件测量带来影响。

采用外部放射源进行测量的另一个缺点是,外部放射源通常距离探测器环边界的一端较近。为了避免最靠近放射源的几个探测器上单光子通量过高而影响其计数率性能,放射源的活度不能太强,这又使得透射图像的统计噪声特性不够理想。为了解决这一问题,人们提出将射线源靠近探测器的一端屏蔽起来,只测量从射线源穿过人体到探测器另一端的单光子透射图像,称为单光子透射扫描(Singles Transmission Scanning)技术。由于棒状放射源的位置已知,它与单光子事件被探测位置的连线同样反映了 LOR 的位置。这种方法的优点是可以显著地提高测量计数率,但是因为不进行符合测量,散射事件对单光子测量的影响更大,从而可能导致欠校正。为了解决发射事件和透射事件在单光子测量中无法区分的问题,可采用能量不是 511 keV 的其他单光子放射源,例如^{137}Cs(γ 光子能量为 662 keV),以减小透射测量和发射测量之间的相互串扰。当然,串扰的影响大小取决于探测器的能量分辨率,因此 NaI(Tl)探测器上采用这种方法的效果要好于 BGO 探测器。但是这种方法测量到的是人体对 662 keV 的 γ 光子的衰减系数,需要将其折算成对 511 keV 光子的衰减系数后,才能应用于衰减校正中。

也可以把测量方法与近似计算方法结合起来,获得几乎不受噪声影响的衰减数据。外部放射源所测量得到的透射数据本身就是透射 CT 的投影数据,因而可以通过重建获得人体内衰减系数分布的三维图像。尽管透射图像本身噪声很大,但是可以通过图像分割技术获得各组织或器官(如软组织、肺、骨等)的边界,然后为每一个组织或器官赋予相应的衰减系数。从噪声的角度讲,这种方法所获得的衰减系数分布几乎是理想的,但是需要假设不同病人的同一组织具有相同的衰减系数,并在大量个体测量的基础上取其平均值作为近似估计值。

在现代的 PET/CT 系统中,CT 可以提供质量良好的病人的透射图像,能够进行高精度的图像分割和器官识别。然而,人体组织对于 CT 球管产生的连续能谱(70 ~ 140 kV)的 X 射线与 511 keV 的单能 γ 光子的衰减情况不同,所以同样需要进行衰减系数转换。我们可以通过实验测得不同组织对 511 keV 的 γ 光子与对 X 射线的衰减系数之比,即刻度因子(软组织的刻度因子为 0.5,骨组织的刻度因子为 0.41)。将 CT 图像上各像素的衰减系数乘以刻度因子,就得到对 511 keVγ 光子的衰减系数分布。用 CT 图像进行衰减校正的另一个问题是 PET 发射图像与 CT 透射图像通常不是同时获取的,而且 CT 扫描速度很快,可以在 10 ~ 20 秒内完成,通常在病人屏息的状态下进行,因此从 CT 透射图像获得的衰减系数分布只能反映某一个运动时相的情况。而 PET 扫描时间较长,其发射图像反映的是多个呼吸或心跳运动周期的平均情况,因而在发射和透射图像间的空间定位差别可能导致衰减校正精度下降。此外,CT 的成像视野为 50 cm 左右,一般比 PET 的要小,对特别肥胖的病人可能出现有效视野不够的问题。

9.5.4　人体散射校正

核物理知识告诉我们,散射效应与 γ 光子能量和物质种类、密度的空间分布都有关系,它的发生是随机的。散射 γ 光子的能量和运动方向在一定范围内,按一定规律随机分布。由于散射规律的复杂性,在 PET 数据校正中散射校正难度最大。散射符合事件与真符合事件的唯一区别是光子的能量不同,可是由于探测器的能量分辨率有限(例如 BGO 晶体对 511 keV 的 γ 光子 FWHM 一般为 20% ~25%),很难根据能量差别准确甄别散射光子。另外,511 keV 的 γ 光子在探测器内同样可能发生散射,只有一部分能量留在晶体内,仅从能量来区分,将被误判为散射符合事件。然而晶体的内散射事件却不影响对湮灭事件真实位置的判定,因而对真符合事件是有用的;如果探测器只在 511 keV 附近设定很窄的能窗,将有大量这样的事件被剔除,从而影响探测效率。因此,大多数 PET 系统都采用较宽的能窗设置(350 ~ 650 keV),此时散射符合事件的影响是无法忽略的。对 2D PET,隔片可以挡掉部分散射光子,散射符合事件的比例大约为 10% ~15%,目前几乎所有的 PET 均能工作于 3D 模式,3D PET 的散射符合比例可达 30% ~50%。

常见的散射校正方法有如下几种:

1. 解析方法

早期有人提出,利用线源和水模型测量线源位于不同位置上的正弦图,认为正弦图上相应FOV之外区域的投影数据全部来自散射的贡献,并利用函数拟合的方法从这部分数据来估计FOV内部投影数据上的散射贡献份额,从而获得散射点扩展函数,在实际投影数据中利用扣除或者反卷积方法校正散射对投影数据的贡献。由于测量散射点扩展函数所用模型的物质分布与实际临床情形可能不一致,因此这种方法只能近似估计散射的影响。

2. 双能窗法

双能窗方法是从SPECT散射校正方法中借鉴而来的。通常分别在250~400 keV和400~600 keV两个能窗中进行符合测量,并假设在低能能窗中仅包含散射符合事件,而在高能能窗中同时包含散射符合与真符合事件。因此,将低能能窗中的计数乘以某一比例因子后从高能能窗计数中扣除,就可以校正散射对高能能窗计数的影响。但由于晶体内散射及探测器有限的能量分辨率等原因,事实上在低能能窗中同样包含一部分真符合事件。同时,在低能能窗中可能包含更多的多次散射光子,因此其散射符合事件分布与高能能窗并不完全一致。扣除运算所需的比例因子需要通过实验的方法来确定,同样存在实验中与临床成像中物质分布不一致所造成的误差问题。上述原因决定了双能窗法同样是一种近似的散射校正方法。

3. 模拟方法

目前为止最为精确的散射校正方法是通过模拟计算来估计散射的影响。这类方法通常与迭代图像重建算法结合,在每次获得图像估计值并通过透射扫描或CT得到物质分布图后,通过简单一次散射模型(Simple Single Scatter Model)、近似解析模型或者蒙特卡罗模拟来计算得到相应的散射符合事件分布。理论上讲,这类方法可以准确计算出与放射源和物质分布相关的散射贡献。实际上,这类方法最大的困难在于如何在计算准确性与运算量和存储量之间获得最佳的折中。

9.5.5 系统灵敏度不均匀性校正

9.3.3节和9.3.4节介绍过,PET系统的灵敏度在视野空间的各个点不是一致的,由此造成相同的源活度在不同的位置时,系统的计数率不同。灵敏度的这种空间不均匀性与PET的结构设计及数据采集方式有关。例如在3D采集时,轴向中间断层上所通过的符合线最多,灵敏度高于边缘断层。灵敏度的不均匀性会给定量计算带来误差。

它可以通过定标扫描来校正:采集一个比活度已知且均匀分布的模型,得到视野内各点比活度与计数的关系,建立比活度与计数转换(定标)系数空间分布表,从而对灵敏度的空间不均匀性进行定标校正。

9.5.6 弓形几何校正

在环型PET系统中,探测器的环形排列使得沿某一视角平行排列的符合线间距不相等,从中心到两边,相邻符合线间的距离(r 取样间隔)逐渐减小。弓形几何校正(Geometric Arc Correction)就是要纠正这种因环形几何结构造成的空间取样间隔的失真。

校正方法是:首先依据具体的 PET 扫描仪探测环半径和探测晶体块尺寸计算出各条符合线的实际坐标位置,以及空间取样间隔等分时各条符合线的 r 等分坐标位置,然后依据实际坐标位置上的符合线计数值,通过线性插值计算等分坐标位置上的符合线计数值。这一过程实际是在保持总计数不变的条件下,各符合线计数值的再分配。最后由 r 等分坐标位置上的符合线计数值组成新的投影数据。

9.5.7　探测器灵敏度归一化

在实际的 PET 系统中,不同 LOR 上的符合探测灵敏度是不一致的。这种不一致性通常是由于 PET 探测单元的物理探测效率差别、几何收集效率差别和探测器电路(如能量甄别电路等)的差别等造成的。如果用 ε_{ij} 表示在由探测单元 i 和 j 构成的 LOR 上的探测效率,那么可得

$$\varepsilon_{ij} = \varepsilon_i \times \varepsilon_j \times g_{ij} \tag{9.16}$$

其中,ε_i 和 ε_i 分别是探测单元 i 和 j 的单光子探测效率,g_{ij} 是其 LOR 上的几何收集效率。各 LOR 符合探测灵敏度的差异会在图像上产生或明或暗的带状伪像。

通常采用称为灵敏度归一化(Sensitivity Normalization)的步骤对 ε_{ij} 进行测量,取其倒数作为对投影数据的归一化校正因子,进行灵敏度一致化校正。一种测量方法是采用均匀平面源,使平面源绕视野中心等角度间隔旋转多个位置,从而直接测量 ε_{ij}。为了避免死时间和堆积效应的影响,所用的放射源不能太强,因而这种方法的主要困难是需要长时间的测量以保证在每条 LOR 上获得足够的计数,以避免校正因子的统计误差对校正后的投影数据的影响。同时,所用的放射源也必须具有非常良好的均匀性。

另一种方法是针对公式 9.16 的各个因子进行分别测量。对一个固定的 PET 系统,几何因子 g_{ij} 可认为是恒定不变的,可以在出厂前通过大活度长时间的测量或几何计算预先确定。ε_i 和 ε_i 可能在系统运行一段时间后有所变化,因而需要在日常质控中测量。可以用一个放置于 FOV 中心的均匀圆柱体放射源进行测量,对每个探测单元,根据该探测单元与其他所有探测单元所构成的 LOR 上的计数之和估计其探测效率,并根据公式 9.16 估计 ε_{ij}。这种方法几乎不受统计噪声的影响,但对 g_{ij} 的估计误差可能影响归一化校正精度。

对于采用棒状放射源来测量人体衰减因子的 PET 系统(参见 9.5.3 节 2),可以用空扫描来监测探测单元性能 ε_i 的漂移,即在无病人的情况下,使用如图 9.18 的圆周扫描棒源测量每个探测单元的计数响应 D_i,算出其单光子探测效率归一化校正因子

$$NORM_i = \frac{\sum_{i=1}^{M} D_i / M}{D_i} \tag{9.17}$$

这里 M 是 PET 的探测单元数,分子是平均计数响应。将该探测单元的计数值乘以 $NORM_i$,就

完成了 ε_i 的一致化校正。通常每天在 PET 工作前都要做归一化刻度(即测量 $NORM_i$),比较每的次刻度结果,可知道 PET 系统的性能变化情况。

9.5.8 死时间损失补偿

系统处理每个事件所需的时间称为死时间(Dead Time)。如果在后一个湮灭事件发生之前来不及处理完前一个事件,该事件就会丢失,造成死时间计数损失。系统的死时间取决于探测器、电子学和数据处理器的速度,以及去随机缓存器的性能等诸多因素,每台机器都不尽相同。PET 出厂前都要进行计数损失(Count Loss)测量:在其视野中放置不同活度的放射性药物,测量符合计数率,画出计数率—药物活度曲线,如图 9.20。在活度低的时候,计数率随着药物活度正比增加,呈直线上升,死时间损失很小。药物活度增加到某一限度以后,计数率增长变缓,曲线逐渐弯曲,它与直线的距离就是损失的计数率,可以据此进行校正。采用死时间损失补偿(或称计数损失校正)技术,可使药物活度达 10 ~ 15 μCi/ml 时还与计数率保持线性关系。

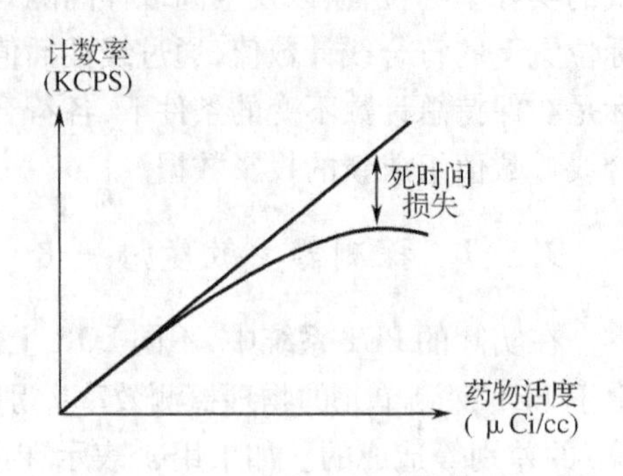

图 9.20 计数率—药物活度曲线

9.6 PET 图像重建算法

重建算法是 PET 成像的关键技术之一,也是决定 PET 图像质量的关键因素之一。PET 使用的重建算法可以分为解析算法和迭代算法两大类。

在解析重建算法中,从图像(正电子活度空间分布)到投影(正弦图)的测量过程由 Radon 变换来描述,因而可以通过逆 Radon 变换,或者通过中心切片定理建立投影数据的二维 Fourier 变换与图像的三维 Fourier 变换间的关系,求得图像重建问题的解析解。相应的 FBP 重建算法在早期的 2D PET 上得到广泛应用。但是现代的 PET 通常工作于 3D 采集模式,以提高探测效率,直接将 2D FBP 算法扩展至 3D 计算比较繁琐,而且需要解决采样缺失的问题。对 3D PET,常用的解析重建算法包括以下几种:

(1)SSRB(Single Slice Rebinning) +2D FBP。该算法将斜向响应线上的 3D 投影数据按照响应线中心所在断层位置重排入相应的 3D 非斜向投影数据中,并对各层 2D 投影数据分别进行 2D FBP 重建。这是一种近似算法,尽管具有实现简单和速度快的优点,但是只适于成像物体接近视野中心且轴向最大接受角度(Maximum Acceptance Angle)不大的情况,否则重建图像在轴向上将出现严重的模糊效应。

(2)FORE(Fourier Rebinning) +2D FBP。该算法对斜向投影数据进行 Fourier 变换,然后

在频域上将其重排入非斜向投影中。尽管同样是近似方法，该方法的重排误差要远小于SSRB，因而重建图像质量更好。

(3)3DRP(Reprojection)算法。该方法是3D PET解析重建算法的金标准。为了解决投影数据缺失问题，该算法首先对2D投影数据进行2D FBP重建，对重建图像进行再投影(reprojection)，得到缺失位置上的3D投影数据，并采用3D FBP算法进行重建。尽管3D FBP重建所需的计算时间比2D重建要多一个数量级，但是该算法能最准确地处理斜向投影数据，获得更高的图像信噪比，因而可以在FBP中设定更高的滤波器截止频率，以提高图像的分辨率。

解析算法具有重建速度快的优点，但是由于解析算法均基于Radon线积分模型，这一物理近似制约了重建图像的精确度。在PET成像中，正电子在发生湮灭前的自由程、发生湮灭时的残余动量造成的γ光子非共线性、人体中的衰减和散射效应、探测单元的有限空间分辨率、光子事件的作用深度、探测器间距造成的投影数据缺失等图像降质效应(Image Degrading effects)都是Radon模型难以精确描述的。此外，PET数据的统计噪声严重，重建图像经常受到统计误差和反投影伪像的影响。

迭代重建算法，尤其是基于统计模型的重建算法，则考虑了放射性衰变、γ光子的发射、输运和探测过程中的统计性质，采用泊松随机模型描述PET成像过程，将图像重建归结为寻找某种准则(如极大似然准则或最小二乘准则)意义下放射性活度分布的最优估计。而寻找最优解的过程通常通过迭代算法(如EM算法、最速下降算法或共轭梯度算法等)实现。统计迭代算法能够更好地解决投影数据噪声对图像质量的影响问题，而且上述图像降质效应可以通过对成像过程建模来加以描述，因而其图像质量要远远好于解析重建算法。但是统计迭代算法的重建速度较慢，给临床应用带来困难。

迭代重建算法可以根据优化准则不同及优化算法不同分为多类，其中最常用的是经过有序子集(Ordered Subset)加速的极大似然——期望最大化(Maximum Likelihood - expectation Maximization)算法。由于全3D OS-EM迭代算法速度较慢，在3D PET中也经常将迭代重建算法与数据重排方法(如SSRB或FORE)结合进来，先将3D数据重排为多层2D数据，然后对每层分别实施2D OS-EM重建。

在迭代重建算法中，关键问题是建立系统传输矩阵。系统传输矩阵反映了从放射源分布到投影数据的数学关系，其精度对重建图像质量有直接影响。现代PET重建研究的热点问题之一是如何在传输矩阵对各种几何与物理降质因素进行建模，从而在迭代过程中加以修正，研究通常是在计算精度与计算量和存储量之间寻求较好的折衷。建立传输矩阵有解析、几何、蒙特卡罗、实验测量等多种方法，比较理想的方法是将各种手段结合起来，从而对各种降质效应均达到较好的建模效果。迭代重建算法面临病态性问题，即系统传输矩阵经常是高度病态的，随着迭代次数增加，重建图像质量受到噪声方差和伪像的影响越来越严重。除了通过控制迭代次数来抑制噪声影响，达到图像分辨率和噪声方差的较好折中外，人们还研究了采用贝叶斯最大后验准则替代极大似然准则，在迭代中引入包括图像的平滑度或其他先验知识的约束，求得在观测数据条件下使其后验概率最大化的重建问题最优解。该方法也可表示为带惩罚项的最大似然算法(Penalized ML),对图像平滑度实施约束。应用相应的 MAP - EM 算法,可以在保留图像分辨率的同时抑制观测数据噪声对图像质量的影响,达到提高图像质量或在图像质量相当的前提下缩短扫描时间的目的。

随着 PET 探测器晶体数目增加,相应的 LOR 数据按平方级递增,对表模式重建的需求日益增加。另外,对正电子自由程在重建过程中的建模、动态成像中的动态参数直接重建等也是当前的研究热点。

9.7 PET 的主要性能指标及其测量方法

PET 是复杂、精密的设备,在安装的时候要做一次完全的性能测试,使用时也要定期地(每天、每周)做例行测试,以确保系统处于良好的工作状态。为了跟踪系统性能的缓漫变化,PET 还应该定期(通常每月一次)进行系统刻度(Calibration)和一致化扫描(Normalization Scanning),为各种误差校正提供即时的信息。

PET 的基本参数有空间分辨率、成像灵敏度、计数特性等。此外,衰减校正、散射校正、随机符合校正、计数损失校正的准确度也要测试。美国电器制造商协会(NEMA)、国际电工委员会(IEC)都对 PET 的性能指标和实验规则有详细的规定和说明(参见文献[108][109]),中国国家标准 GB/T 18988.1 - 2003[107] 等同采用 IEC 61675 - 1:1998[108]。

9.7.1 空间分辨率(IEC 标准)

空间分辨率(Spatial Resolution)反映了 PET 所能分辨的两点间的最近距离。测量采用置于空气中的点源或线源,图像重建使用最陡峭的滤波函数(ramp + 矩形窗)。尽管这不是临床成像的条件(组织存在散射,有限计数的统计涨落要求使用平滑滤波函数),得到的是系统最高可达到的空间分辨率,但它可以作为 PET 硬特性之间比较的依据。

作为体积成像设备,PET 的空间分辨率分为径向的、切向的和轴向的(参见 8.6.2 节)。PET 的空间分辨率通常用点扩展函数(PSF)的半高宽(FWHM)和等效宽度(EW)来描述,单位为 mm。等效宽度(EW)的计算公式为

$$EW = PW \times \sum_i N_i / N_m \tag{9.18}$$

其中 PW 是横向断层的像素大小或轴向断层厚度(单位 mm),N_m 是点扩展函数 PSF 的最大像素值,$\sum_i N_i$ 是 PSF 峰内像素值在 $N_m/20$ 以上的像素的计数总和,即峰面积。

测量采用 ^{18}F 线源,其活度应使计数损失小于 5%,随机符合计数率小于总符合计数率的 5%。为了精确测量 PSF 的宽度,建议在 FWHM 内至少横跨 10 个像素,即重建时横向和轴向的像素尺寸均接近预计 FWHM 的 1/10;每个 PSF 中至少获取 50 000 个计数。

横向平面内两个方向的分辨率采用悬挂在空气中的线源测量，线源与长轴平行，并分别位于半径为10 mm，50 mm，100 mm，150 mm，……处，直到横向视野的边缘。根据所有横断层的、每个半径位置的点扩展函数，产生各自的径向和切向的一维响应函数（即剖面曲线），采用线性内插法计算 FWHM 和 EW，以它们的平均值作为两个方向的横向分辨率。

轴向分辨率采用悬挂在空气中的点源测量，点源分别位于半径为0 mm，50 mm，100 mm，150 mm，……处，直到横向视野的边缘，点源沿轴向按精确的增量移动。沿轴向按20 mm间隔成像，采用足够精细的轴向采样。根据每个半径位置的、最接近源的轴向响应函数，采用线性内插法计算 FWHM 和 EW，该响应函数从每个横向断层的计数和导出。以各处 FWHM 或 EW 的平均值作为轴向空间分辨率。对于使用三维重建的系统，上述分辨率数据不取平均值，采用图形报告每个半径位置的、径向、切向和轴向的分辨率。

轴向空间分辨率是与断层厚度等效的，即假如点源在轴向移动采样距离的一半，轴向点扩展函数不可能变化。要测量断层厚度，建议在整个轴向视野内沿轴向，按预计 EW 的1/10为增量，精确地步进移动点源。

9.7.2　断层成像灵敏度（IEC 标准）

成像灵敏度（Sensitivity）是指在计数损失和随机符合均可忽略的情况下（使用低活度放射源），PET 系统对湮灭事件的真符合探测比率。灵敏度的决定因素包括探测器所覆盖的立体角和探测器效率，还取决于衰减、散射、死时间、能窗及数据采集方式，如3D采集比2D采集灵敏度可增加约5倍。

灵敏度制约扫描的时间和所需的药物活度，灵敏度越高所需的扫描时间越短。这对动态采集有重要意义，因为示踪剂在刚注入时在体内的分布随时间迅速变化，要求扫描的时间很短。当静态采集的扫描时间一定时，灵敏度越高所需药物活度越小，可降低病人所接受的辐射剂量，有利于辐射防护。

测量采用已知活度浓度的^{18}F溶液，均匀充满规定体积的头部模型，其活度应使计数损失小于2%，随机符合计数率小于总符合计数率的2%。头部模型在轴向和横向应对准视野的中心，测定出单位放射性活度浓度的真符合事件的计数率。模型中的放射性活度浓度应进行衰变校正（参见9.5.1节），由下式确定数据采集时间 T_{acq} 内的平均活度浓度

$$\bar{a} = \frac{A_{cal}}{V}\frac{1}{\ln 2}\frac{T_{\frac{1}{2}}}{T_{\mathrm{acq}}}\exp\left[\frac{T_{\mathrm{cal}} - T_0}{T_{\frac{1}{2}}}\ln 2\right]\left[1 - \exp\left(-\frac{T_{\mathrm{acq}}}{T_{\frac{1}{2}}}\ln 2\right)\right] \tag{9.19}$$

式中：V 为模型的容积；A_{cal} 为在 T_{cal} 时刻测量的活度，并通过乘以分支比予以校正（正电子活度）；T_0 为开始获取数据的时间；$T_{1/2}$ 为放射性核素的半衰期。

表 9.2 测量所用放射性核素

放射性核素	半衰期/min	分支比
^{18}F	109.70 ±0.11	0.971 ±0.002
^{11}C	20.375	0.998

在断层 i 中的总计数 C_i 应通过计算模型在 120 mm 半径内相应正弦图中所有像素计数之和得到。断层 i 的无散射事件灵敏度 $S_i = \frac{C_i}{T_{acq}} \times \frac{1-SF_i}{\bar{a}}$，式中 SF_i 为断层 i 的散射分数（参见9.7.4节）。该断层的归一灵敏度 $nS_i = \frac{S_i}{EW_i}$，式中 EW_i 为断层 i 的轴向等效宽度（参见9.7.1节），归一灵敏度允许对不同轴向宽度的断层进行比较。

体积灵敏度 S_{tot} 是在 PET 的轴向视野中所有断层的 S_i 总和：$S_{tot} = \sum S_i$。

9.7.3 计数率特性（IEC 标准）

计数率特性（Count Rate Characteristic）反映了由于计数损失引起的，真符合 + 散射符合计数率与放射性活度之间的线性关系的偏差。PET 的计数率特性受放射性的空间分布和散射条件影响很大，故建议测量条件尽量模拟临床现场的实际情况。测量时仅对多重符合和随机符合进行校正，但不进行计数损失、衰减和散射校正。

测量采用 ^{18}F 或 ^{11}C，在大约 10 个半衰期内进行连续数据采集，生成一系列正弦图。初始放射性活度应超过计数率饱和度，最后 1 次采集的计数损失小于 1%。每次采集时间小于半衰期的 1/10，最后 3 次采集时间可以较长。

对在时间间隔 T_{acq}，i 内获取的第 i 组正弦图，衰变的放射性活度平均值由下式计算

$$\bar{A}_i = A_{cal}\frac{1}{\ln 2}\frac{T_{\frac{1}{2}}}{T_{acq,i}}\exp\left[\frac{T_{cal}-T_{0,i}}{T_{\frac{1}{2}}}\ln 2\right]\left[1-\exp\left(-\frac{T_{acq,i}}{T_{\frac{1}{2}}}\ln 2\right)\right] \quad (9.20)$$

式中：A_{cal} 为在 T_{cal} 时刻测量的活度，并通过乘以分支比予以校正（正电子活度）；$T_{0,i}$ 为开始获取第 i 帧正弦图的时间；$T_{1/2}$ 为放射性核素的半衰期。

对整个视野的数据画出计数率特性曲线，即真符合和散射符合的计数率 $R_{true+scatter}$（非随机符合计数率）与视野内放射性活度之间的关系，以及随机符合计数率 R_{random}、总符合计数率 R_{total} 与放射性活度之间的关系。放射性活度与没有计数损失的 $R_{true+scatter}$ 之间的转换因子应从低活度的最后 3 组正弦图确定，并取它们的平均值。

对每个断层及整个视野，确定 $R_{true+scatter}$ 达到 20% 计数损失时的放射性活度，并画出这些活度水平与断层序号之间的关系曲线。

用上述测量数据还可以评估计高计数率下图像的失真，特别是因多个事件堆积导致的虚假 LOR 定位。高计数率下图像的轴向偏差几乎总是由堆积造成的，为对其进行检查，可以对

每个时间段的正弦图组都重建出断层图像;统计各断层图像中包含放射源的 ROI 内的计数,计算每个时间段、每帧断层图像的 ROI 计数与最低计数率时段的对应计数之比

$$R_{i,j} = \frac{N_{i,j}}{N_{\text{low},j}} \tag{9.21}$$

式中　$N_{i,j}$为在时间段 i,第 j 帧断层图像的 ROI 计数,$N_{\text{low},j}$为在 3 个最低活度时间段,第 j 帧断层图像的 ROI 平均计数。画出 $R_{i,j}$与断层序号 i 之间的关系曲线,轴向堆积可用曲线对平均值水平线的偏差来量度。对所有断层 j 确定模型中相应 5% 偏差的放射性活度。

9.7.4　散射分数(IEC 标准)

散射分数(Scatter Fraction,SF)即散射符合计数在总符合计数中所占的百分比,它描述 PET 系统对散射计数的敏感程度,散射分数越小,系统剔出散射符合的能力越强。

测量采用充满水的头部模型(直径 200 mm、高 190 mm 的中空圆柱体),在中心和 45 mm、90 mm 半径处插入线源,见图 9.21(a),模型的中心应同时对准横向视野和轴向视野。测量所用^{18}F 线源的活度应使计数损失小于 5%,随机符合计数率小于总符合计数率的 5%。

在轴向视野中心 16.5 cm 的区域内,每个断层的应至少采集 200 K 个计数,对计数损失和随机符合进行校正,但不进行散射或衰减校正。

在每个断层的正弦图中,对每个视角,沿 r 方向寻找与 3 条线源对应的最大计数值,以确定各线源中心的位置。对于每一条线源,通过平移,使所有视角的线源中心对齐,然后计算所有视角的投影和,得到图 9.21(b)所示的综合线源扩展函数。

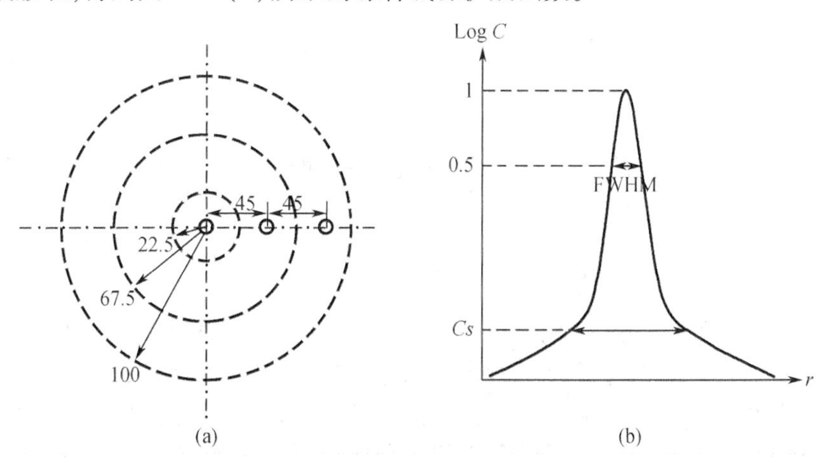

图 9.21　散射分数的测量方法

(a)散射分数测量模型;(b)综合线源扩展函数

在综合线源扩展函数中,假设非散射事件落在宽度为 4 × FWHM 的带内,此带的底部 Cs

以下的计数为散射成分，见图 9.21(b)。这里的 FWHM 是距中心 100 mm 处的径向分辨率与切向分辨率的平均值(参见 9.7.1)。断层 i 中线源 k 的总和扩展函数的总面积为真符合与散射计数的总和 $N_{\mathrm{tot},i,k}$，Ns 以下的面积 $N_{s,i,k}$ 为散射计数。按公式(9.20)计算出线源 k 在数据采集时间 T_{acq} 内的平均放射性活度，以消除 3 条线源活度差别对散射分数的影响。

由于散射情况随位置变化不大，可以假定对位于断层中心的源($k=1$)，在半径 22.5 mm 的圆内散射分数是一个常数；对离轴 45 mm 处的源($k=2$)，在半径 22.5 mm～67.5 mm 之间的圆环内散射分数也是一个常数；对离轴 90 mm 处的源($k=3$)，在半径 67.5 mm～100 mm 之间的圆环内散射分数也是一个常数，见图 9.21(a)。3 个散射分数用它们所在的圆环面积加权(1∶8∶10.75)就得到加权平均散射分数值，即断层 i 的散射分数由下式计算

$$SF_i = \frac{\left[\dfrac{N_{s,i,1}}{\bar{A}_1}\right] + 8\left[\dfrac{N_{s,i,2}}{\bar{A}_2}\right] + 10.75\left[\dfrac{N_{s,i,3}}{\bar{A}_3}\right]}{\left[\dfrac{N_{\mathrm{tot},i,1}}{\bar{A}_1}\right] + 8\left[\dfrac{N_{\mathrm{tot},i,2}}{\bar{A}_2}\right] + 10.75\left[\dfrac{N_{tot,i,3}}{\bar{A}_3}\right]} \tag{9.22}$$

系统的散射分数 SF 等于所有断层的散射分数 SF_i 的平均值。

9.7.5 噪声等效计数(NEMA 标准)

在符合探测总计数中，除真符合的计数外不可避免地包含着散射符合和随机符合计数。后两种效应不仅增加了统计噪声，降低了信噪比，也降低了图像的对比度，使图像质量变差。因此，评估 PET 图像的质量不能只看真符合计数，还必须考虑散射符合和随机符合噪声的不利影响，故引入了噪声等效计数(Noise Equivalent Count，NEC)的概念。

噪声等效计数 NEC 等于真符合计数 N_{true} 与总计数率 N_{total} 的比值再与真符合计数率 N_{true} 之积，是打了折扣的真符合计数

$$NEC = N_{\mathrm{true}}^2 / N_{\mathrm{total}} \tag{9.23}$$

我们将在 13.6 节证明：NEC 的二次方根正比于图像的信噪比 SNR，它可用来评估 PET 的成像质量。

9.7.6 图像质量(NEMA 标准)

图像质量通过如图 9.22 的人体模型(6 种不同大小的热、冷球体置于温本底中)来评判。模拟临床采集的条件，对数据进行所有的校正，采用标准的参数重建图像。在通过所有球体中心的横断层上，画出与球体内径相同的圆形 ROI。在热、冷球体周围的本底区，画出 12 个大小与球体 ROI 相同的 ROI；在中心横断层两侧各 2 个横断层上也画出上述本底 ROI，共 60 个。然后分析不同大小的热灶、冷球体的百分比对比度及本底的变异系数。

对不同尺寸的热球体 j，百分比对比度为：

$$Q_{H,j} = \frac{N_{H,j}/H_{B,j} - 1}{a_H/a_B - 1} \times 100\% \tag{9.24}$$

式中，$N_{H,j}$为第 j 种热球体 ROI 中的平均计数；$N_{B,j}$为第 j 种热球体本底 ROI 计数的平均值；a_H 为热球体 j 的放射性活度浓度；a_B 为本底的放射性活度浓度。

对不同尺寸的冷球体 j，百分比对比度为

$$Q_{C,j} = \left(1 - \frac{N_{C,j}}{N_{B,j}}\right) \times 100\% \qquad (9.25)$$

式中，$N_{C,j}$为第 j 种冷球体 ROI 中的平均计数；$N_{B,j}$为第 j 种冷球体 60 个本底 ROI 计数的平均值。

对任一球体 j，本底的变异系数为

$$V_j = \frac{SD_j}{C_{B,j}} \times 100\% \qquad (9.26)$$

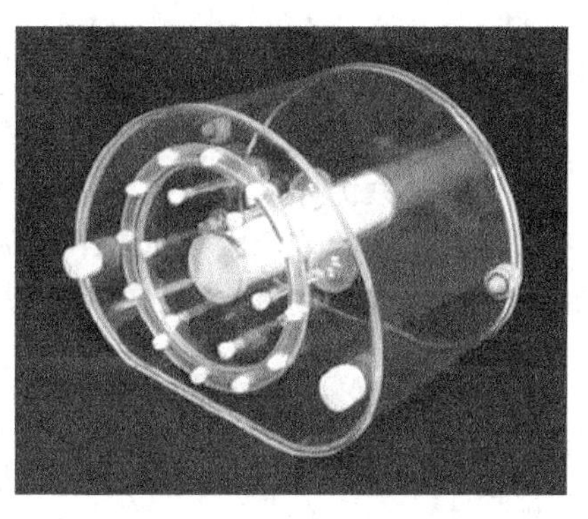

图 9.22　NEMA IEC body Phantom Set

式中，$SD_{,j}$为第 j 种球体的本底 ROI 计数的标准偏差，用下式计算

$$SD_j = \sqrt{\sum_{k=1}^{K} (N_{B,j,k} - N_{B,j})^2/(K-1)}, K = 60 \qquad (9.27)$$

9.7.7　衰减和散射校正准确度(NEMA 标准)

为描述 PET 系统对 γ 光子被介质中衰减的校正能力和对散射符合事件的剔除能力，用校正后的残余误差 ΔC 描述衰减和散射校正的准确度。

为了模拟肺的衰减，在人体模型中心插有外径 $\phi 30 \pm 2$ mm、壁厚小于 4 mm 的圆柱体(见图 9.22)，其中填入平均密度为 0.30 ± 0.10 g/cc 的物质。在第 i 帧断层图像的肺圆柱体中心画出 $\Phi 30 \pm 2$ mm 的圆形 ROI，ROI 内的平均计数记为 N_{lung}, i。在每帧断层图像上都画出 12 个 $\Phi 30 \pm 2$ mm 的圆形本底 ROI。衰减和散射校正的残差：

$$\Delta N = (N_{\text{lung},i}/N_{B,i}) \times 100\% \qquad (9.28)$$

式中，$N_{B,i}$为 60 个本底 ROI 计数的平均值。

9.7.8　计数损失及随机符合校正准确度(NEMA 标准)

要定量测量核素的活度分布，PET 系统必须具有校正死时间计数损失及随机符合的能力。9.7.3 节介绍的测量死时间损失和随机符合计数率的方法，可用来评估在临床成像的高计数率情况下的校正效果。测量初始的放射性活度必须足够高，使死时间损失达到 50%，并且真符合计数率或噪声等效计数率达到峰值。校正的准确度采用校正后的计数率相对残余误差 ΔR来表示

$$\Delta R = (R_{\text{trues}}/R_{\text{extrap}} - 1) \times 100\% \qquad (9.29)$$

式中 R_{trues}为经过计数损失及随机符合校正的 PET 系统得到的符合计数率，R_{extrap}为从低计数率数据外推得到的预期计数率，在低计数率下死时间损失和随机符合可以忽略。

9.8 PET 图像的定量分析

PET 的一大优势是从图像中可以计算示踪剂的绝对比活度(Activity Concentration),从而进一步估计组织的葡萄糖代谢率(Metabolic Rate of Glucose,MRGlc)和标准化摄取值(Standardized Uptake Value,SUV)等生物学参数。

9.8.1 FDG 摄取量的分析

目前临床上 PET 使用的示踪剂包括受体、$^{15}O_2$,$^{15}O-CO$,$^{15}O-H_2O$,$^{13}N-NH_3$ 等,但最常用的是^{18}F-氟代脱氧葡萄糖(^{18}F-fluorodeoxyglucose,^{18}F-FDG)。葡萄糖是人体重要的能源底物,组织和器官的葡萄糖代谢情况在很大程度上反映了其功能状态。^{18}F-FDG 与葡萄糖的差别仅在 2 位的羟基被^{18}F 取代,可用来观测葡萄糖代谢,主要用于脑功能检查、心肌存活检查、肿瘤诊断、放化疗的疗效评价,以及术后复发情况的监测。

FDG 是葡萄糖的类似物,它们从血液到细胞内的过程是一样的。在细胞内,葡萄糖先在已糖激酶催化下,磷酸化为六磷酸葡萄糖(glucose-6-PO_4),六磷酸葡萄糖进一步代谢为机体提供能量;而 FDG 则磷酸化为六磷酸 FDG(FDG-6-PO4),但 FDG-6-PO_4 不再进一步代谢,并且不能通过细胞膜扩散,而被细胞捕获。

利用^{18}F-FDG PET 显像,能够测量组织的葡萄糖代谢率 MRGlc,但是需要进行连续动脉采血,离心处理后测定血浆中的^{18}F-FDG 比活度,得到血浆中^{18}F-FDG 的浓度随时间变化的情况,这对临床有一定困难,因此常规临床一般测定组织中 FDG 的摄取量。然而,组织摄取 FDG 的绝对量受注射的剂量以及个体重量的影响,我们可以用这两个因素对绝对摄取量归一,得到标准化摄取值 SUV,其计算公式为

$$\text{SUV} = \text{每克组织的平均放射性活度(Bq/g)} \times \text{体重(g)} / \text{注射的放射性活度(Bq)} \tag{9.30}$$

可见,SUV 是无量纲的比值。如果放射性剂量在整个人体中均匀分布,SUV≈1。在图像分析时,公式(9.30)中的每克组织的平均放射性活度(Bq/g)常用感兴趣区(ROI)中每毫升组织的平均放射性活度(Bq/mL)来代替。

影响 SUV 值的因素很多(参见文献[110])。用公式(9.30)来计算正常组织的 SUV,胖人的比瘦人的偏高,因为胖人比瘦人多出的是脂肪,而脂肪的 FDG 摄取相对低。300 磅胖人的葡萄糖代谢质量不到 150 磅瘦人的 2 倍,所以采用 300 磅体重计算 SUV,对胖人将明显高估。改用瘦体质量(Lean Body Mass)或表面积来代替人体重量计算 SUV,对肥胖的病人更合理。

注射^{18}F-FDG 后,大多数病灶的摄取量在头 2 小时迅速增加,然后增速变慢。早期扫描^{18}F-FDG摄取量尚未达到稳定状态,因此 SUV 偏低,有较大误差,测量 SUV 应该采用延迟扫描。

由于未标记的葡萄糖与^{18}F－FDG 的摄取互相竞争，血糖水平越高^{18}F－FDG 的摄取越少，所以高血糖病人的 SUV 会低估。可以使用 SUV × 血糖浓度/100 mg/dL 来评价葡萄糖摄取量，它特别适用于连续监测同一病人。

FDG 摄取量标准化的另一种方法是用本人正常组织的摄取量归一，计算靶组织（target，T）与非靶组织（non-target，NT）放射性活度比（T/NT），它也在一定程度上反映了靶组织的葡萄糖代谢情况。但是，非靶组织的选取部位不同，T/NT 的差异较大。

9.8.2　PET 系统的定标测量

要对 PET 图像进行定量分析，必须对造成图像误差的各种因素进行校正。例如通过衰变校正，将各个扫描时段的比活度测量值（或计数率）换算到药物注射的时刻（参见 9.5.1 节）；正确地进行随机符合校正（参见 9.5.2 节）、人体衰减校正（参见 9.5.3 节）、散射校正（参见 9.5.4 节）、死时间损失补偿（参见 9.5.5 节），以及探测器灵敏度定标和一致化（参见 9.5.7 节）。只有消除了图像的定量误差，才能得到准确的摄取参数。

定量计算摄取参数需要知道组织的放射性比活度，需要在 PET 图像的像素值与比活度之间建立准确的定量关系，这应通过 PET 系统定标（Calibration）来解决。最常见的定标测量方法是对一个比活度已知的均匀模型进行 PET 扫描，将扫描数据进行衰减、散射等各种校正后，采用与临床完全相同的参数进行图像重建。设模型的比活度为 A（Bq/ml），重建图像中视野中心区域的平均像素计数率为 C（计数/像素/s），正电子核素发生 β^+ 衰变的分支比为 B（例如^{18}F的分支比为 $B=96.73\%$），则可得到定标因子（Calibration Factor，CF）为 $CF=A\cdot B/C$。通过定标因子建立比活度与像素计数间的转换关系，从而给出 PET 重建图像的定量化结果。

8.6.3 节介绍过，当病灶尺寸小于空间分辨率 FWHM 的 2～3 倍时，病灶图像的表观活度随着其尺寸的减小而降低，这就是部分容积效应，它会造成 SUV 低估。PET 的空间分辨率 FWHM 一般为 5～10 mm，小于 3 mm 的病灶就有可能受部分容积效应的影响。

对滤波反投影算法与迭代算法重建的图像进行分析，所得到的 SUV 值会有差别。对于迭代算法，在前 5 轮迭代中“热灶”ROI 的平均 SUV 值会渐次增加；然后增速趋缓；随后的迭代中，平均 SUV 值变化较小，而 ROI 的最大 SUV 值还会增加。

与重建算法相比，衰减校正方法对 SUV 值的影响更大，尤其当衰减校正引入误差时（例如因病人的运动）。PET 采用^{68}Ge 进行透射扫描时每个床位需 5 分钟左右，与进行^{18}F－FDG 发射扫描所用时间差不多，即使对于胸部成像，两种图像也是配准的，因为它们都是呼吸运动的平均图像。而 PET/CT 的透射扫描可以在 10～20 s 内完成，得到的是某一呼吸时相的图像，用它来校正发射图像会发生失配，产生伪像，在有明显呼吸运动的区域 SUV 值可以有 30% 的改变。

9.9 发展中的 PET 技术

9.9.1 作用深度测量

响应线的定位精度是影响图像质量的重要因素,我们一般根据有符合输出的两块晶体中心(或表面)的连线计算响应线的(r,θ)坐标。然而,γ光子并不总是在晶体块中心产生闪烁光子的,前面介绍的探测器给不出作用深度 DOI,所以无法准确定位响应线。在 9.4.1 节 3 也讨论过,DOI 效应会引起视野边缘的空间分辨率下降。

人们正在开发具有 DOI 检测能力的探测器。一种方案是采用闪光持续时间不同的多层符合晶体(Phoswich),根据输出脉的冲宽度判定作用点在哪一层(参见 11.3 节)。图 9.23(a)是双层符合晶体探测器构成的系统。另一种方案是在晶体的两端都贴上光电器件,根据闪烁光在晶体两端的分配比例计算 DOI,构成如图 9.23(b)的三维探测器系统。

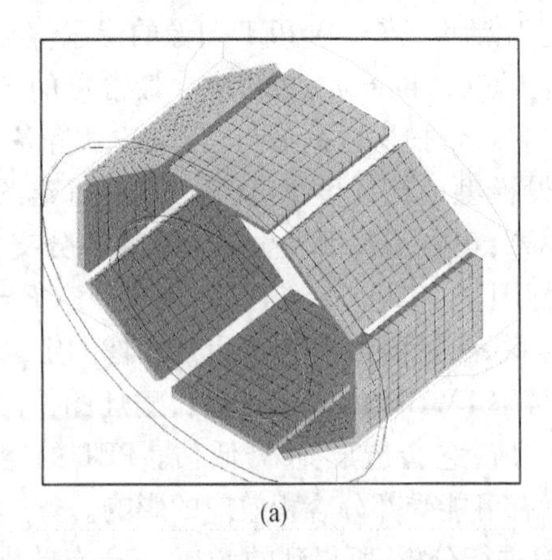
(a)

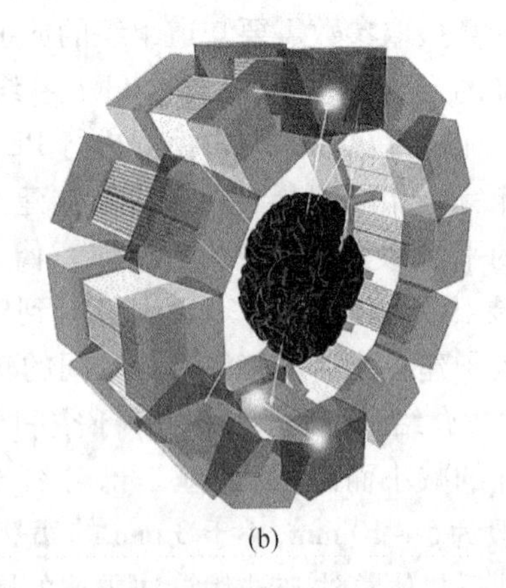
(b)

图 9.23 具有 DOI 检测能力的探测器系统

(a) SIEMENS ECAT HRRT 的 LSO/LYSO 双层符合晶体探测器系统;(b) G. E. 公司的三维探测器系统

9.9.2 飞行时间测量

符合测量只能知道湮灭所发生的 LOR,经过一段时间累积,所获得的每条 LOR 的计数就是投影值,用它可以重建药物分布的图像。无论解析算法的反投影过程,或者迭代算法的修正过程,都假设投影线经过的各个像素对投影值都有贡献,或者说,每个像素的重建值都受投影线上所有像素的影响,这导致投影线上的像素之间统计误差传播,使断层图像的信噪比下降。投影线越长,经过的像素越多,重建过程传播的统计误差越大。

随着电子学的进步,飞行时间法(Time-of-flight,TOF)开始应用在 PET 上,它测量两个γ光子到达探测器环的时间差,根据光速估计出湮灭事件在响应线上的可能位置范围。由于 TOF 提供了更多信息,所以能获得质量更高的图像。假如探测系统的时间分辨率能达到 0.6ns,在 LOR 上的定位范围大约为 30 cm/ns ×0.6 ns ÷2 =9 cm。重建图像时加入这项约束,反投影长度可以缩短,参与运算的像素数目减少,统计误差的传播效应减轻。相隔距离比飞行时间法定位范围($2 \times FWHM_{TOF}$)大的任何两个像素是互不相关的,它们之间不存在误差传播,投影计数更多地分配给源点,图像的信噪比提高,见图 9.24。

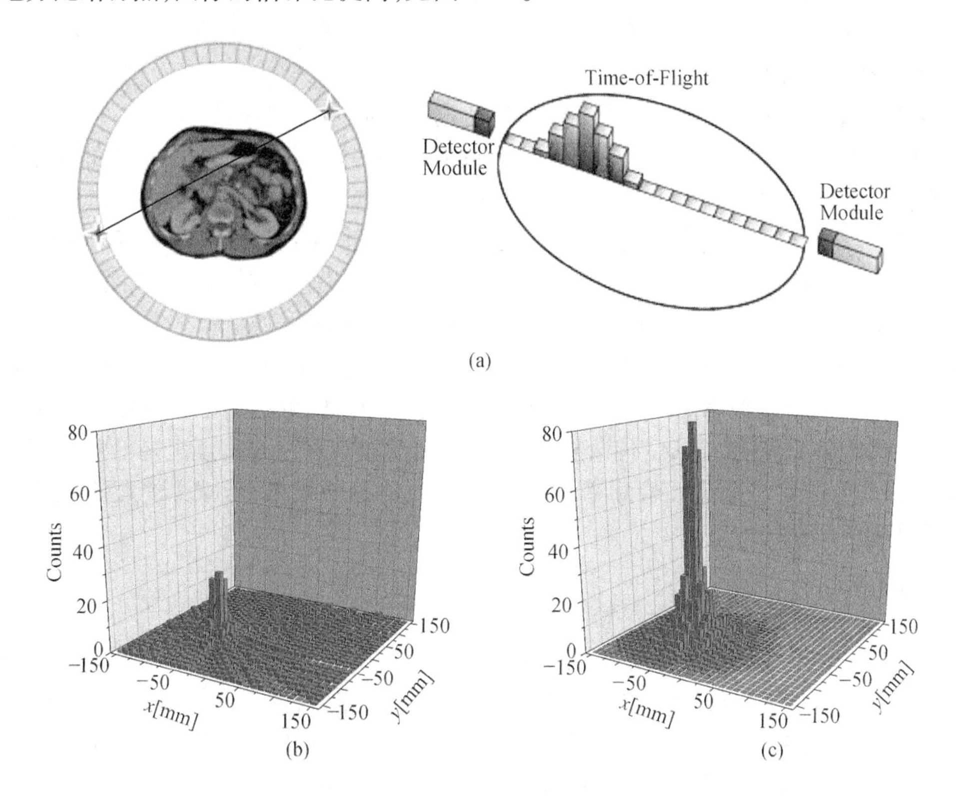

图 9.24　采用 TOF 技术的图像重建

(a)点源图像在重建时加入 TOF 约束,反投影长度缩短,计数集中在源点附近;
(b)传统 PET 重建的图像源点计数低、本底噪声大;(c)TOF 技术提高了重建的图像的信噪比。
(摘自 Recent advances and future advances in time - of - flight PET,AWilliam W. Moses,LBNL)

系统的时间分辨率越好,$FWHM_{TOF}$越小,信噪比的改进越明显。可以证明,对放射性均匀分布的、直径为 D 的圆柱体,飞行时间法可使探测灵敏度增加到 $D/FWHM_{TOF}$倍,从而使信噪比提高 $\sqrt{D/FWHM_{TOF}}$倍。

此外,提高了定时精度还能缩小符合电路的时间窗,降低随机符合的几率;知道了湮灭事件的大致位置,就可以判别和剔除来一部分自病人体外的湮灭事件、散射事件和随机符合事件;这都有利于提高图像质量。

早在20世纪80年代,人们就提出了TOF PET的概念,将γ光子的飞行时间信息应用在PET成像中。由于光速很快(30 cm/ns),准确地测量时间差是保证定位精度的关键。BGO晶体的闪光衰减时间(释放67%的光所需时间)长达300 ns,时间分辨率较差。早期的TOF PET采用CsF或者BaF_2作为探测器材料,以达到较高的时间分辨率(约500 ps),但是由于光输出效率偏低,给PET探测器设计造成很大困难。基于CsF或者BaF_2设计的TOF PET系统在探测效率和空间分辨率上明显差于基于BGO晶体的传统PET系统。自20世纪90年代以来,关于TOF PET的研究渐渐沉寂。

近年来,随着闪烁材料、光电探测器件和高速电子学技术的发展,TOF PET重新成为PET成像领域的热点研究课题。LSO,LYSO,GSO等快响应晶体的问世,使人们可以在密度和其他性能与BGO类似的前提下获得更短的响应时间(30~60 ns)和更高的光输出,它们的温度稳定性也很好,因而在PET系统中得到广泛应用。例如Philips的Gemini TF PET系统采用LYSO作为晶体材料,时间分辨率为585 ps,J. Karp小组采用$LaBr_3$(Ce)晶体获得了310~350 ps的时间分辨率,还有文献报道了最高可达220 ps的时间分辨率。

随着快速PMT的价格下降及现代PET快电子学电路的稳定性和漂移特性大大提高,基于TOF的商业PET系统在改善时间分辨率的同时,其他性能指标也达到可和传统PET系统相比拟的程度。临床研究表明在FDG代谢显像中,TOF PET可以在一定程度上降低病灶所处位置对分辨率的影响,提高肿瘤病灶检测率,改进肥胖病人的诊断结果,可减少消瘦病人的扫描时间和图像重建所需迭代次数。

9.9.3 3光子湮灭成像

产生2个γ光子并不是正负电子湮灭反应的唯一可能结果,依据保持电荷偶数性定律,与湮灭的正负电子的自旋之相互间方向有关,湮灭的结果可能出现不同数量的光子:$e^+ + e^- \to n\gamma; n=2,3,\cdots$。其中最大可能的表现为双光子湮灭,3光子湮灭的概率仅是发生双光子湮灭概率的1/372,发生多个光子湮灭的概率随着n的加大而迅速下降。

如果在某一点发生3光子湮灭,它们具有的能量E_1,E_2和E_3在0~511keV之间,完全遵从能量守恒和动量守恒定理,它们的能量取值的概率$P(E_1,E_2,E_3)$大致在允许的范围内均匀分布。如果具有能量E_1,E_2,E_3的3个γ光子分别被位于$\boldsymbol{r}_1$、$\boldsymbol{r}_2$和$\boldsymbol{r}_3$的3个探测单元探测到,根据能量守恒定理有

$$E_1 + E_2 + E_3 = 2m_e c^2 \tag{9.31}$$

其中m_e是电子的静止质量。

根据动量守恒定理,有

$$
\begin{cases}
p_x = \dfrac{E_1}{c}\dfrac{x-x_1}{|r-r_1|}+\dfrac{E_2}{c}\dfrac{x-x_2}{|r-r_2|}+\dfrac{E_3}{c}\dfrac{x-x_3}{|r-r_3|}=0\\
p_y = \dfrac{E_1}{c}\dfrac{y-y_1}{|r-r_1|}+\dfrac{E_2}{c}\dfrac{y-y_2}{|r-r_2|}+\dfrac{E_3}{c}\dfrac{y-y_3}{|r-r_3|}=0\\
p_z = \dfrac{E_1}{c}\dfrac{z-z_1}{|r-r_1|}+\dfrac{E_2}{c}\dfrac{z-z_2}{|r-r_2|}+\dfrac{E_3}{c}\dfrac{z-z_3}{|r-r_3|}=0
\end{cases}
\tag{9.32}
$$

3 个 γ 光子的飞行方向是共面的,因此公式 9.32 实际可以改写成二维的形式。

K. Kacperski 最近提出,我们知道了 3 个探测单元的位置 $\boldsymbol{r}_1,\boldsymbol{r}_2,\boldsymbol{r}_3$ 和 3 个 $\boldsymbol{\gamma}$ 光子的能量 E_1,E_2,E_3,可以解出方程组 9.32,求得湮灭发生的地点 r。可见,从一个 3 光子湮灭事件就能获得湮灭点位置的完全信息,而从双光子湮灭事件我们只能得到 LOR 信息。这为我们提供了一种完美的电子准直方法,它不需要双光子湮灭 PET 复杂的图像重建过程,只要求解方程组 9.32 算出 $\boldsymbol{r}$ 来。由于各次湮灭事件的计算是互相独立的,所以图像重建不必等到积累足够的事件后开始,可以在每个事件发生时立刻进行,实时积累湮灭事件,这将显著加速数据处理过程。

对于同时发生的双光子湮灭事件,可以用传统的办法测量并重建图像;3 光子湮灭事件很容易与双光子湮灭事件区分开来,因为它们的能量不是 511 keV;我们只需在原来的系统中增添 3 重符合、能量分析和记录电路即可。由于探测器的能量分辨率有限,探测器单元也有一定体积,所以 3 光子湮灭事件求解结果位于围绕 $\boldsymbol{r}$ 点的一个区间。经过适当的校正过程,3 光子湮灭图像可以与传统的双光子湮灭图像相比对,或者按比例组合,后者只包含放射性药物聚集情况的信息,前者可能补充组织的状态或生化过程的信息。

9.9.4　平板探测器 PET 系统

PET 是最昂贵的医用成像设备之一,每台超过 100 万美元,降低造价是临床实用型 PET 追求的目标之一。有人正在研制低成本的固体和气体位置灵敏平板探测器,构成类似于图 9.23(a)的多边形探测器系统,在每两个相对的模块之间都连接有符合电路,实现 LOR 探测。各平板探测器到中心的距离可变,从而改变视野大小,以适应不同体段的成像。

由于模块的边缘往往有不能利用的探测死区,尤其在对躯干显像时,模块要向外推移,多边形张开,会有一部分 γ 光子逃逸,所以探测效率不如全封闭的环形探头。为了弥补缺失的投影,整个探测系统在采集数据时需要作一定角度的旋转摆动。

9.10　正电子类放射性药物制备系统

PET 临床检查使用的正电子发射放射性核素种类很多,例如半衰期为 20.4 分钟的 ^{11}C,9.96 分钟的 ^{13}N,123 秒的 ^{15}O,110 分钟的 ^{18}F,9.74 分钟的 ^{62}Cu,12.7 小时的 ^{64}Cu,68.3 分钟的

^{68}Ga,16.1 小时的^{76}Br,78 秒的^{82}Rb,4.18 天的^{124}I 等。短半衰期的正电子类放射性药物必须在PET 中心就近生产,迅速给病人施用。

一些高原子序数的正电子类核素可由核素发生器生成,如$^{62}Zn-^{62}Cu$,$^{68}Ge-^{68}Ga$,$^{82}Sr-^{82}Rb$,但大多数正电子类核素是通过下列核反应生成的:$^{14}_{7}N(p,\alpha)^{11}_{6}C$,$^{16}_{8}O(p,\alpha)^{13}_{7}N$,$^{15}_{7}N(p,n)^{15}_{8}O$,$^{18}_{8}O(p,n)^{18}_{9}F$,$^{10}_{5}B(d,n)^{11}_{6}C$,$^{12}_{6}C(d,n)^{13}_{7}N$,$^{14}_{7}N(d,n)^{15}_{8}O$,$^{20}_{10}Ne(d,\alpha)^{18}_{9}F$ 等。正电子类放射性药物制备系统由小型医用回旋加速器(Cyclotron)、生化合成器(Biosynthesizer)和控制计算机三部分组成。回旋加速器输出的质子(P)或氘核(D)流被引入靶室,流经靶室的稳定核素被轰击,通过核反应变成放射性核素。生化合成器将这些正电子类核素标记在相应的生物分子上。整个过程在计算机的控制下自动完成。

9.10.1 回旋加速器

1932 年美国洛仑兹教授发明了回旋加速器,为加速带电离子提供了一个利器,并因此于1939 获诺贝尔物理学奖。回旋加速器的真空腔中有一对中空的扇形金属电极,称作 D 形盒(dees),夹在大磁铁的磁极中间,两个 D 形盒之间有缝隙。加速器中心附近有离子源,其中的灯丝将电子附着在从管道输送来的原子团(例如氢、氘)上,以产生带负电的离子。负离子束进入真空腔后,在垂直方向的强磁场中沿圆轨迹运动,并在 D 形盒的缝隙中被高频交变电场反复加速。圆轨迹半径随着负离子能量增加而加大,如图 9.25。

加速到一定能量后(10 ~ 20 MeV),负离子束穿过剥离器(Extractor)上的碳箔(厚 5 ~ 25 mm),去掉它的电子,成为正离子(如 p^+ 或 D^+),如图 9.26。计算机控制剥离器切入负离子束的深度,剥掉一部分负离子的电子,另一部分仍然留在圆轨道上。负离子改变极性后仍然处在垂直磁场中,它将沿与原先轨道相切的轨迹朝离开中心的方向旋转,被引导至靶室(Target Chamber),见图 9.27。

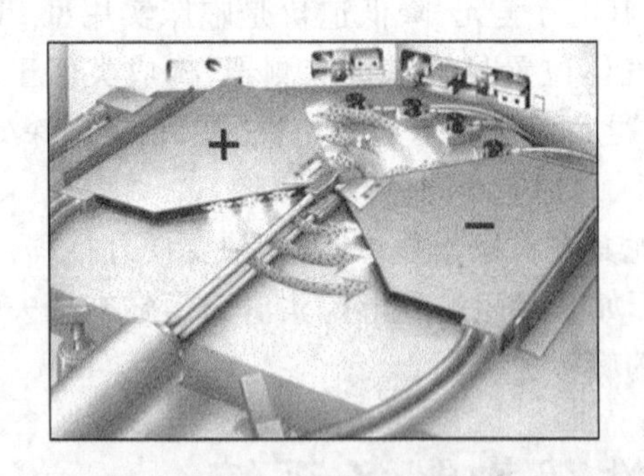

图 9.25 负离子在 D 形盒的缝隙中被高频交变电场反复加速(摘自 CTI)

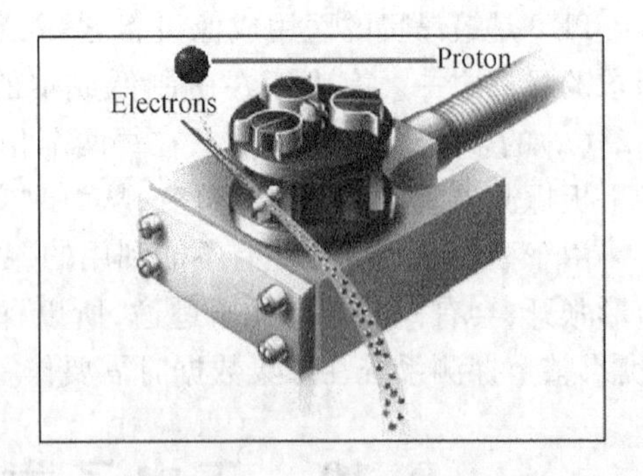

图 9.26 剥离器除掉负离子上的电子(摘自 CTI)

回旋加速器输出的质子流被引入靶室后，轰击流经靶室的稳定核素，通过核反应变成放射性同位素，并被收集起来。质子的能量决定了能够发生什么反应，对于某些复合反应，能量低时无法得到有效产物。低能量（10 MeV以下）只能生产^{18}F－FDG，13 MeV以下主要生产^{11}C，^{13}N，^{15}O，^{18}F，能量较低时基本不发生(p，$2n$)或以上的反应，18 MeV以上才能生产^{123}I，^{111}In和植入治疗的放射性种子等，要生产更多的单光子核素，需要30 MeV左右机型。总之，束流能量越高可生产核素种类越多，产率越高。

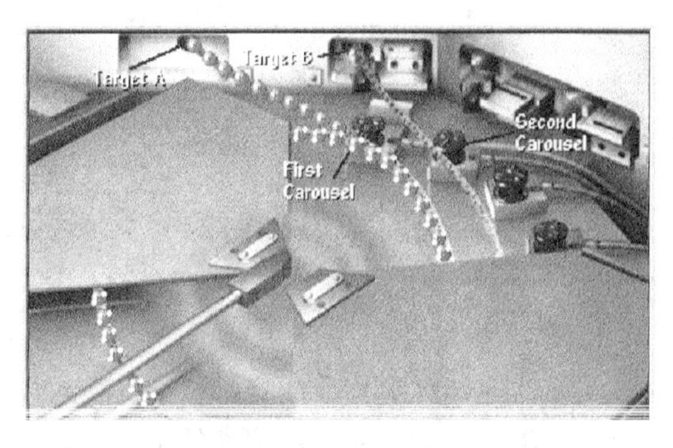

图9.27　负离子改变极性后沿切线朝离开中心的方向旋转，被引导至靶室。（摘自CTI）

9.10.2　生化合成器及临床使用的正电子类示踪药物

回旋加速器产生的放射性核素通过管道输送到生化合成器（Biosynthesizer），见图9.28，附加在生物标记物上，生成各种供临床应用的放射性标记化合物。以下是PET一些常用的正电子类示踪药物：

Oxygen（^{15}O，2.1 min）
◇ Oxygen（氧）
◇ Carbon Dioxide（二氧化碳）
◇ Water（水）
Nitrogen（^{13}N，10 min）
◇ Ammonia（氨）
Carbon（^{11}C，20.4 min）
◇ Acetate（醋酸盐）
◇ Carfentanil
◇ Cocaine（可卡因）
◇ Deprenyl
◇ Raclopride（雷丙灵）
◇ Leucine（亮氨酸）
◇ Methionine（蛋氨酸）
◇ N-Methylspiperone
Fluorine（^{18}F，110 min）
◇ Fluorine Ion（氟离子）

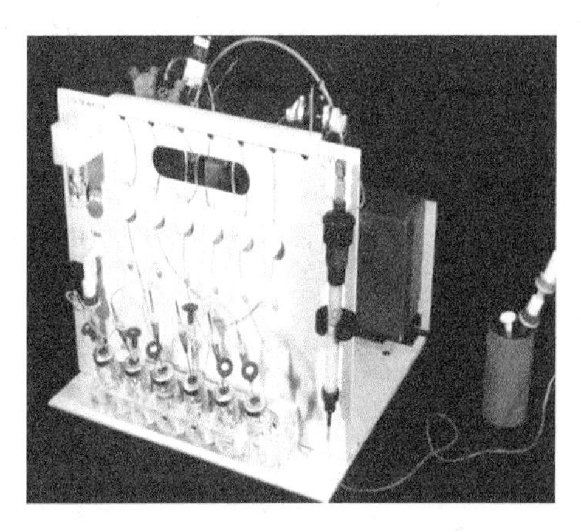
图9.28　生化合成器自动将放射性核素附加在生物标记物上（摘自EBCO公司）

◇ Fluorodeoxyglucose（FDG）
◇ Fluorodopa(多巴胺受体)
◇ Fluoroethylspiperone
◇ Fluorouracil(氟尿嘧啶)
◇ Haloperidol

9.10.3 计算机控制单元

回旋加速器和生化合成器都在PC机的控制下工作。操作者只要在终端上选择菜单项，就能一步步地自动完成指定核素的生产过程，不用管加速器参数和中间过程。单独的维护模块提供对各个系统组件的监管和控制。完全的计算机控制大大地降低了对操作人员的要求，使其更多地将精力放在其他重要的工作上。

PET和回旋加速器涉及核物理、加速器、电子工程、计算机、放射化学、药学、辐射防护等多种学科，现代医学需要有大批物理师、工程师等专门人才。

习 题

9-1 什么是正负电子湮灭反应？PET的探测原理是怎样的？

9-2 画图说明PET的环形探测器是如何确定响应线LOR的。

9-3 什么是2D采集和3D采集，它们各有什么特点？

9-4 什么是随机符合和散射符合，可以采用什么方法排除这两种错误符合？

9-5 请推导公式9.6，试分析图9.16中偏离FOV中心处符合响应曲线不对称的原因。

9-6 回旋加速器是怎样加速带电离子的？

第 10 章　多模式复合成像系统

10.1　图像融合与多模式复合成像

随着医学对疾病认识的深入，一个全面的临床诊断通常要了解下列问题：①病变的形态学情况，包括部位、形态与结构的特点；②病变的生理功能情况，包括血流供应，组织代谢受损等；③病变的组织定征，例如心肌组织是坏死还是冬眠；④病变的定性，例如肺内结节性阴影是否为肿瘤；⑤病变的分子生物学特征。要回答上述问题决不是某一种显像设备能单独解决的，各种医学成像方法都有其特长和不足。例如 X 光 CT 能够给出关于人体组织密度的精细图像，发现解剖结构方面的异常，却不能反映病人生理、代谢方面的情况。磁共振成像(Magnetic Resonance Imagining，MRI)具有很高的软组织对比度分辨率，擅长于脑、神经、血管等器官组织的成像，但得到的主要也是解剖学的(Anatomical)信息。PET 具有生物学的(Biological)显像能力，能够观察病人的代谢和功能情况，当前是发现肿瘤转移，诊断心血管、癫痫、老年痴呆等疾病，进行病程评估、预后判断和药物研究的最佳手段，然而图像空间分辨率比 CT 和 MRI 都差，解剖定位困难。只有互相取长补短，综合使用这些方法，才能获得病人的全面信息，给出正确的诊断结果，这就是医院花巨资配备多种影像设备的原因。

医生在临床诊断过程中经常需要将不同的影像放在一起进行比对，最好的方法是让两张图像互相叠合，进行融合(Fusion)显示，如图 10.1。被融合的两帧图像中，同一器官和组织的坐标位置必须一致，即互相配准(Co-registered)。然而，病人先后躺在两台扫描机上很难保证体位完全相同，最理想的解决办法是在一台设备中同时获得两种图像，因此需要有兼备解剖学和生物学成像能力的多模式成像系统(Multimodality Imaging System)。对于成像时内部脏器可能发生运动的体段(如胸腔中的心肺、腹腔中的胃肠)的图像融合，这种系统尤其有价值。

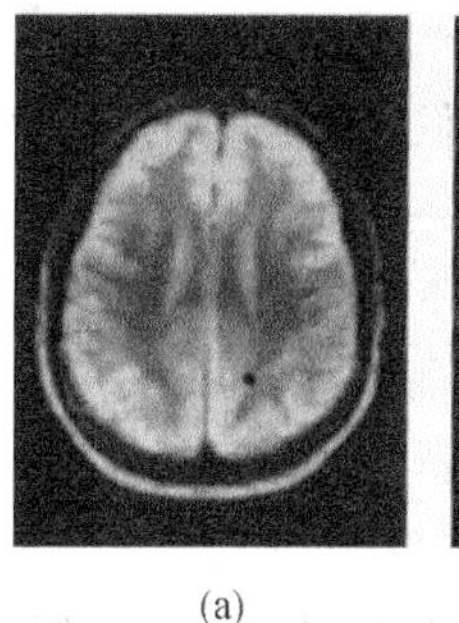
(a)

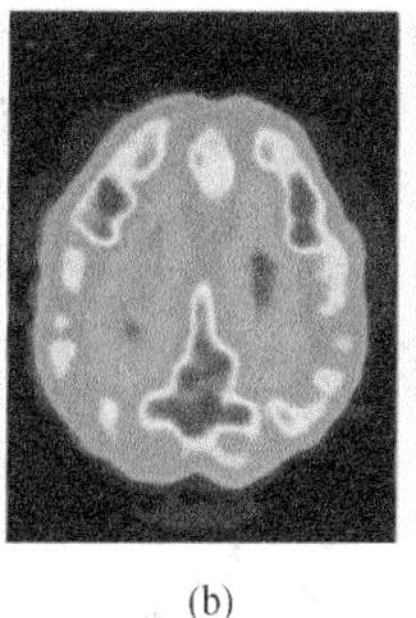
(b)

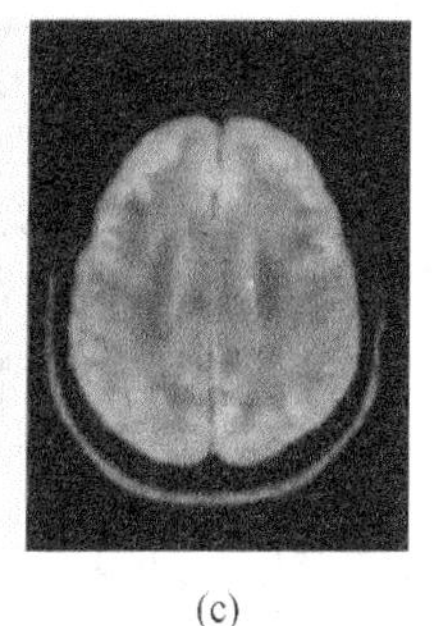
(c)

图 10.1　脑部 MRI 图像(a)与 PET 图像(b)的融合结果(c)

此外，改善成像质量有时也需要综合多种影像，例如 SPECT，PET 的衰减校正和散射校正需要 CT。多模式复合成像对于患者来说，一次检查即可获得以前许多项检查才可提供的信息；对于医生来说，可以在更短的时间内提供更多的数据资料，有利于进行快速准确的诊断、确定治疗方案并进行治疗监护。

10.2 SPECT/PET 兼容系统

PET 是最贵的医学影像设备（100～200 万美元/台），它还需要同样昂贵的回旋加速器（cyclotron）和一系列生化合成器与之配套，导致诊断费用昂贵（一次全身扫描约 1 万元），开发低造价的临床实用型系统是普及 PET 的需要。

有些双探头的 SPECT 系统，如 SIEMENS 公司的 ECAM⁺、PHILIPS 公司的 Forte、G. E. 公司的 Millennium VG 等，通过增加 NaI(Tl) 晶体的厚度以适合探测 511 keV 的 γ 光子，采用去堆积、动态分区（参见 12.2.2 节）等技术以获得高计数率，并在两个探头之间添加符合电路，成为 SPECT/PET 兼容系统，或称符合探测核医学照相设备（NM-CD），如图 10.2，价格只有几十万美元。

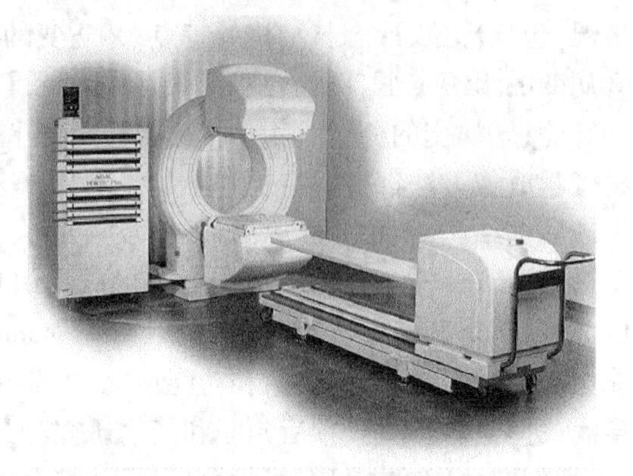

图 10.2 PHILIPS 公司的 Forte

符合探测在原理上不需要准直器，但为了减少随机和散射符合，在符合成像应用时一般使用由铅制平行隔片组成的准直器，铅片方向与旋转轴垂直，以屏蔽来自其他方向的 γ 光子。这种方式称为 2D 符合成像，它显著降低计数灵敏度。也可以不用准直器，进行 3D 符合成像，这时的计数灵敏度是 2D 符合成像的 3～7 倍。

探测不同能量的 γ 光子对闪烁晶体的材料和厚度有不同的要求。为了对 140 keV 的 γ 光子有较好的信噪比，探头通常采用光产额高的 NaI(Tl) 晶体，然而它对 511 keV 的湮灭光子的阻挡能力却不及 BGO 和 GSO、LSO，湮灭光子在 3/8′厚的 NaI(Tl) 晶体中作用概率只有 27%。加大 NaI(Tl) 晶体的厚度可以提高作用概率，5/8′厚可提高到 41%，1′厚可达 57%。γ 光子进入晶体后，有一部分会发生康普顿散射而逸出晶体，并没有把全部能量都沉积在晶体中，而落在能谱的光电峰中的事件才是对成像有用的，光电峰计数与能谱总计数之比，即光电分数（Photofraction）的理想值为 100%。但光电分数与 γ 光子的能量及晶体的种类、厚度有关，对 511 keV 的湮灭光子和 NaI(Tl) 晶体来说，3/8′厚的为 47%，5/8′厚的为 51%，1′厚的为 61%。探测效率等于作用概率与光电分数之积，所以 3/8′，5/8′，1′厚的 NaI(Tl) 晶体的探测效率分别为 13%，20%，35%。可见使用厚晶体对提高探测效率是有好处的，但厚晶体又将导致探头对 140 keVγ 光子的空间分辨率下降，所以只能适当增加晶体的厚度，PHILIPS、SIEMENS 和 G. E. 都有采用 5/8′晶体的系统，对 ^{99m}Tc 成像的空间分辨率仅比 3/8′晶体下降 0.7～1 mm。另有一些系统采用6/8′或1′厚的NaI(Tl)晶体,并对晶体加以切割,以限制闪烁光在厚晶体中扩散范围,提高其对140 keV光子的空间分辨率,如G. E.的CoDe II符合探测器(参见12.1.2节)。

CTI公司设计了一种双层复合晶体(Phoswich):前面的NaI(Tl)晶体厚3/8′,用来探测140 keV的γ光子,供SPECT显像;后面的LSO晶体厚10 mm,用来探测511 keV的γ光子,供PET显像。这种符合晶体模块的尺寸为52 mm×52 mm,切割成12×12的阵列。光导将此种晶体模块耦合到4只PMT上,进行位置估计。NaI(Tl)晶体和LSO晶体的闪光衰减时间不同,根据输出脉冲宽度可以区别高、低能的γ光子。7行10列共70个晶体模块拼接成360 mm×520 mm的探头,采用象限共享(Quadrant Sharing)的方式通过光导与8×11只PMT相耦合。两个探头相对放置在旋转机架上,构成双探头两用系统。除了NaI(Tl)+LSO以外,依靠脉冲波形来识别的晶体组合还有NaI(Tl)+BGO、YSO+LSO等。这类系统都可实现^{99m}Tc,^{18}F双核素同时成像。

厚晶体的空间分辨率毕竟较差,NaI(Tl)探测高能γ的效率也不如BGO、GSO和LSO,双探头只能截获部分γ光子,所以它的图像分辨率(FWHM=15 mm)、信噪比和灵敏度都比环形探头PET差。由于必须作180°的旋转扫描,数据获取时间比较长。

511 keV的γ光子在NaI(Tl)晶体中会发生康普顿散射,产生三个康普顿散射能峰,位置分别在147 keV,186 keV,268 keV处。可以选择的能峰符合有:

①光电峰和光电峰符合,即符合只在两个探头的511 keV光电峰能窗里进行;

②光电峰和康普顿峰符合,即一个探头的511 keV光电峰与另一个探头的三个康普顿峰之间的符合,共有3种;

③康普顿峰和康普顿峰符合,即在三个康普顿峰两两之间的符合,共有6种。

只选择光电峰和光电峰符合窗,可得到高分辨率图像,但是灵敏度很低,为保证图像质量需相当长的采集时间,患者无法忍受如此长的时间,故不适合于临床应用。如果选择所有的10种符合,灵敏度会大幅提高,但由于散射光子大量进入,图像的分辨率很差,不能满足临床诊断需求。兼顾灵敏度和分辨率,临床采集通常选择光电峰和光电峰符合,加上光电峰和三个康普顿峰符合,共4种符合组合。

即使选择上述的4种符合组合,为了保证所需的计数,符合成像通常要花20~30分钟采集时间,而环形探头PET只需2~8分钟。探头的NaI(Tl)晶体越薄,探测效率越低,所需数据采集时间就越长。为尽量减少采集时间,符合成像通常采用探头连续旋转的扫描方式。另外,由于采集时间较长,在符合成像时不能进行动态采集,也不能对^{11}C,^{15}O,^{13}N等超短半衰期核素成像,只能对半衰期较长的^{18}F标记的放射性示踪剂成像。SPECT/PET兼容系统在符合成像过程中,对死时间及散射符合不进行校正,图像不能直接进行定量分析。

10.3 SPECT/PET/CT 复合系统

1999 年 G. E. 公司在其 SPECT/PET 两用系统上增加了 CT 部件(见图 10.3 上与 ECT 探头垂直放置的 X 光管和探测器),命名为 Hawkeye。该系统可以同机进行透射扫描和发射扫描,CT 测量的衰减系数图(μmap)不但方便了病人定位和全能量衰减校正衰减校正,也可以实现两种图像的融合,为 ECT 图像补充解剖学信息,反映核素在体内尤其是在小的感兴趣区的定量分布,提高了其诊断价值。

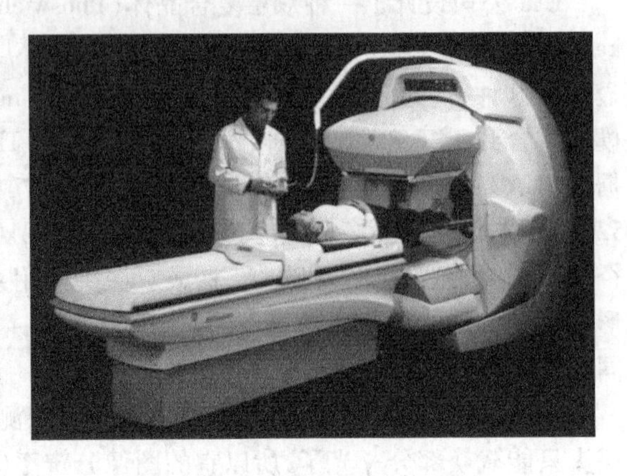

图 10.3 Hawkeye 上的 CT 部件

不过 Hawkeye 只安装了简单的单排 X 射线探测器,CT 成像的空间分辨率只有 2 mm,解剖图像质量较差,虽然可以满足病人定位和衰减校正的要求,但融合图像不能达到精确诊断的需要。

10.4 PET/CT 复合系统

G. E. 公司生产的 Discovery ST/LS、PHILIPS 公司生产的 GEMINI 和 SIEMENS 公司生产的 BIOGRAPH HS/HR 都是将多排螺旋 CT 和 PET 有机地结合在一起,构成 PET/CT 复合系统,见图 10.4。

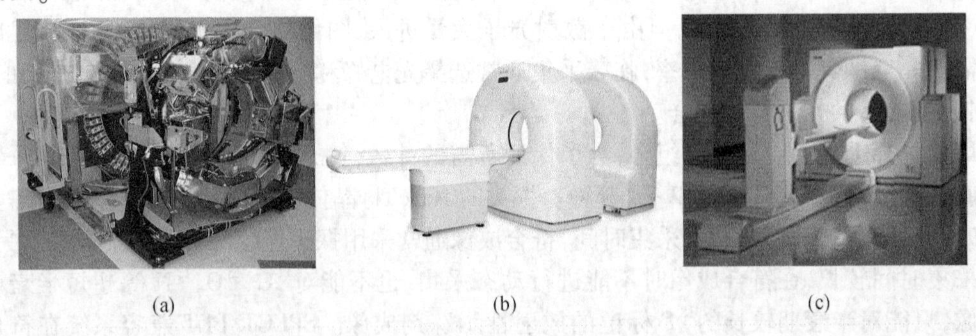

图 10.4 PET/CT 复合系统

(a) G. E. 的 Discovery LS;(b) PHILIPS 的 GEMINI;(c) SIEMENS 的 BIOGRAPH

在 PET/CT 中,CT 和 PET 探测器是一前一后排列的,见图 10.4(a),要通过移动检查床将成像部位分别置于 PET 和 CT 视野中。如果检查床的水平重复定位，及在 CT 和 PET 视野的垂直方向有偏差，会导致图像融合的错位。通常要求扫描床在 2 000 mm 行程范围内的水平定位偏差，及承重 180 kg 时的垂直偏差均小于 ±0.25 mm。临床应用前还要对设备质控模型进行扫描，测量 PET 和 CT 的定位差异，校正误差。

病人做 PET/CT 检查时，首先进行 CT 扫描，获取用于校正和融合的 512 × 512 的透射图像；接着扫描床根据解剖图像将病人自动移入 PET 位，进行 PET 数据采集；然后计算机完成衰减校正、散射校正、发射图像重建和图像融合；其过程如图 10.5 所示。有些系统首先用 CT 快速采集病人的图像，精确选择待检查的部位，确定扫描范围；然后检查床自动将待检查部位移入 PET 视野，进行 PET 发射扫描；接着对待检查部位进行 CT 透射扫描，最后完成衰减校正和图像融合。为尽量减少病人的辐射剂量，X 射线球管的电流需要根据 CT 扫描的目的选择：如果仅为了病人定位和衰减校正，管电流只需 0.5 mA；既要做衰减校正又要和 PET 图像融合，则管电流需要 30 mA，此时病人的辐射剂量增加数倍；倘若目的不仅是衰减校正和图像融合，还要获得诊断级的图像，则管电流需增加到 200 mA，此时的辐射剂量比只做衰减校正高数十倍。

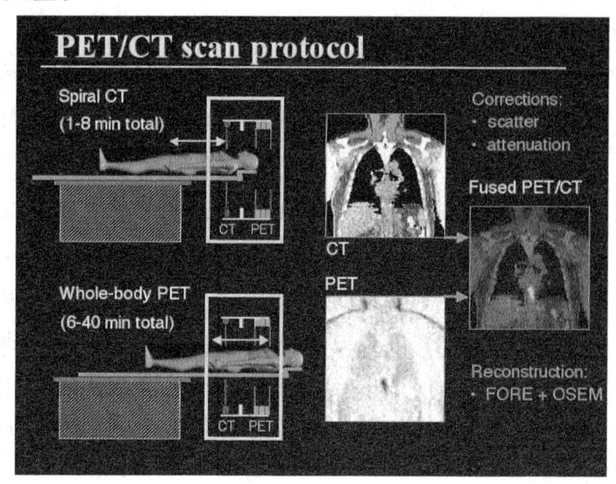

图 10.5　PET/CT 检查过程

（引自 G. E. Medical System）

装在同一机架上的 CT 为 PET 提供了衰减校正所需的 μmap 和基于模型的散射校正所需的解剖结构图，省去了常规 PET 的透射扫描放射源。由于 CT 图像的分辨率高、信息量大，校正的精度也得到提高。

受 ^{68}Ge 棒源活度的限制，常规的 PET 在采用 ^{68}Ge 进行透射扫描时，每个床位一般需要 5 分钟左右（与发射扫描花费的时间接近），从颅底到股骨中段的透射扫描则需要 20 ~ 25 分钟；而 CT 则可以在 10 ~ 20 秒内完成。所以，PET/CT 的检查时间要比常规的 PET 缩短 25% ~ 50%。采集时间缩短，可节省病人的检查时间，病人有更好的耐受性，也减少了可能出现的躯体运动伪影。

然而对于胸部成像，采用 CT 与采用 ^{68}Ge 进行透射扫描，衰减校正的结果往往是不同的。由于 CT 的扫描速度快，它得到的是某一呼吸时相的图像，而 PET 扫描时间长，得到的是呼吸运动的平均图像，两种图像时相的不匹配，会导致有显著呼吸运动的部位衰减校正结果有 30% 变化。可以采用呼吸门控技术解决这个问题，但这会延长 PET 和 CT 的数据采集时间。

CT 使用的 X 线能量与 PET 成像的 γ 射线能量不同，须将各种组织将对 X 线的衰减系数转换成对511 keV 的γ射线的衰减系数,才能对PET进行衰减校正。将X-CT图像上各点的衰减系数乘以刻度因子,就得到PET衰减校正所需的衰减系数分布图(参见9.5.3节2)。

与单独的PET和CT相比,PET/CT复合系统有更高的诊断准确性,能够发现遗漏病变,排除疑似病灶,明确病程分期。例如CT对肺部病变的诊断准确性在60%~70%范围,PET为90%左右,PET/CT则能达到95%~98%。Schieper等报道了169例检查结果,发现与单独用PET相比,应用PET/CT后定位准确性提高了9%,假阴性率降低了16%,对疾病分期的准确性提高了12%。PET/CT复合系统在CT引导的活检中提供了功能图像,在放疗计划中可描绘出肿瘤的代谢旺盛度,也为核素图像增加了精确定位信息,对乳房、子宫颈、卵巢、结肠、肺、食管、头颈部的肿瘤和黑素瘤、淋巴瘤的精确诊断有非常显著的效果,所以PET/CT正在成为剂量引导的放疗(Dosage Guided Radiation Therapy,DGRT)不可缺少的设备。

由于PET/CT能在融合图像上高质量地展现病人的生物学信息及解剖学信息,因此自2000年问世后,立即引起医学界的瞩目,装机量迅速增长,而购置单一功能PET的医院越来越少。据2007年统计,美国有1 700余台PET/CT在使用,年均检查150万病例。至2008年,我国已拥有80余台PET/CT,平均每台每年检查1 000病例。

10.5 PET/MR 复合系统

磁共振成像(Magnetic Resonance Imagining,MRI)是另一种高空间分辨率的显像设备,具有很高的软组织对比度分辨率(contrast resolution),擅长于神经、血管等成像。功能性磁共振成像(Functional Magnetic Resonance Imagining,FMRI)还能给出血流弥散、灌注、心脏运动等信息。磁共振波谱(Magnetic Resonance Spectroscopy,MRS)可以观测^{1}H,^{13}C,^{15}N,^{19}F,^{31}P等核素,获取化学位移变化的信息,是体内化合物结构分析的重要手段。由于磁共振成像可以提供比CT更丰富的解剖结构信息(尤其在软组织、血流和局部生物化学容量方面),对病人又没有辐射损伤(对儿科等尤为重要),因此人们试图把PET安放在MRI、fMRI或NMR扫描孔洞中,构成PET/MRI、PET/fMRI或PET/MRS复合系统。这样的结构设计可以保证PET和MR扫描同时进行,而不是象PET/CT那样先做CT扫描再做PET扫描,不但节省了扫描时间,而且能够在相同的生理条件下获取完全配准的两种图像。套装结构要求PET系统非常紧凑,能够放到大多数MRI相对较小的扫描孔洞内,而且易于取放,可在MR中精确定位。

此方案最大的挑战在于如何避免PET和MR之间相互干扰:一方面PET不能在MR图像上造成明显的变形或伪像,另一方面PET探测器应能工作在MR数特斯拉的强磁场和射频(RF)场中而性能没有明显的下降。其技术上的困难在于:PET最常用的光电倍增管含有铁磁性金属,会破坏MR主磁场的均匀性,并干扰磁共振信号;而且光电倍增管本身对磁场极其敏感,不能直接放置于磁场中;此外MR的接收/发射线圈对PET电子学电路有射频干扰。这就要求PET探测器尽量不使用导体或铁磁体。

早期的解决方案是采用光纤将闪烁光引出磁场外，再用光电倍增管读出。在这方面 Simon Cherry 领导的 UCLA 研究小组走在了前列，早在 20 世纪 90 年代，他们就采用这种方案研制了一套能与临床 MRI 及 MRS 相兼容的小动物 PET 扫描仪(见 11.5 节)。另一种解决方案是摈弃对磁场敏感的光电倍增管，改用雪崩光电二极管(APD)作光电转换器件(见 12.1.6 节)，或直接采用半导体探测器(见 12.1.7 节)。然而这些器件的输出信号幅度远小于光电倍增管，所以它们对电子学的要求很高，系统的制造成本也非常高。

SIEMENS 公司于 2005 年展示了用于人脑成像的第一台 PET/MR 复合系统，引起了轰动。他们在一台 3T 场强 MRI(MAGNETOM Tim Trio)的 Φ60 cm 孔洞内嵌入了 PET 成像装置，其内部孔径为 35cm，见图 10.6。PET 探测器环由 32×6 个探测器模块组成，每个探测器模块包含 12×12 块 2.5 mm×2.5 mm×20 mm 的 LSO 晶体，耦合至 3×3 的 APD 阵列进行光电读出，总共包含 192 个 LSO 模块和 1 728 个 APD。该系统其成像视野为径向 30 cm，轴向 19.25 cm，右图为人脑的 PET/MR 复合成像结果。在 2007 年美国 54 届核医学会年会上，SIEMENS 公司又展出了孔径达 72 cm 的 PET/MRI，可以对人体进行全身检查，PET 和 MRI 扫描同时进行，图像的空间分辨率在 3 mm 左右。

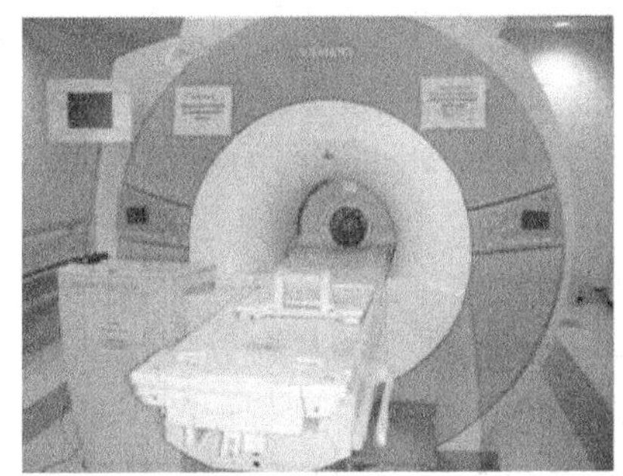
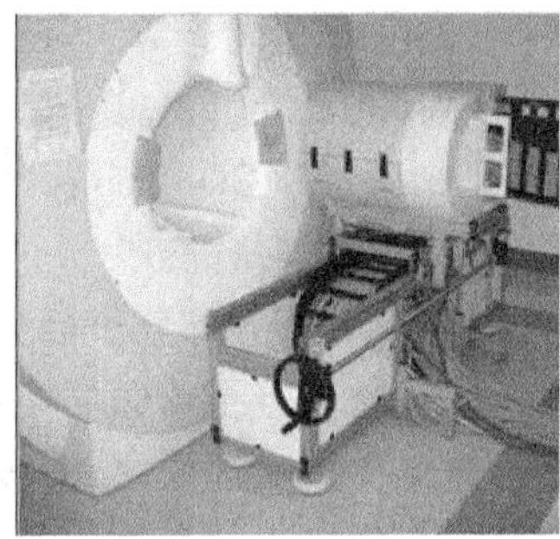
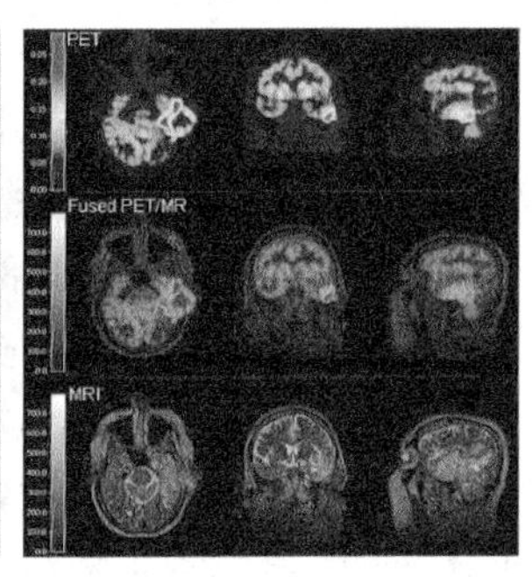

图 10.6　SIEMENS 公司的 PET/MR 复合成像系统及其人脑成像结果

近两年来，PET/MR 成为核医学界最热的研究课题之一，人们在研究基于其他对磁场不敏感的探测器的 PET/MR 成像系统，如 CZT 半导体探测器(见 12.1.7 节)或者 SSPM 光电器件(见 12.1.6 节)。在临床及预临床研究领域上，PET/MR 复合系统已经得到初步应用。与 PET/CT 相比，MR 能够提供更好的软组织分辨率乃至功能的信息，但其造价通常要高于 CT 系统，其成像扫描速度也不如 CT。PET/MR 同时成像还有一些技术困难需要解决，例如 MR 图像不能直接用于 PET 的衰减校正，尤其是无法区分胸腔肺部和骨骼成分，人们在研究基于 MR 图像的 PET 数据衰减校正和运动校正等问题。总之，PET/MR 系统目前还处于发展和应用的初步阶段，随着临床应用的进一步普及，它有可能促成医学影像领域的一场新革命。

第 11 章　分子核医学成像设备

当前,生命科学研究已经从机体、器官、组织的宏观水平进入细胞、染色体、DNA 的微观水平。随着人类基因组测序的完成和后基因组时代的到来,通过对核酸—蛋白质、蛋白质—蛋白质分子间的相互作用关系分析疾病的发病机理,为疾病发生的早期预警、诊断和疗效评估提供新的方法与手段,已经成为生命科学研究的当务之急。健康监测和疾病诊断将从传统的表征观察、常规的生化实验室检测,过渡到通过人体全身显像来分析基因、蛋白质表达水平。基因表达和治疗将为治愈某些“不治之症”提供可能。先进国家都十分重视分子生物学(Molecular Biology)和分子医学(Molecular Medicine)的研究,我国也力争在此领域有所突破,以推动对生命本质的探索、新诊疗技术的研究和新医药的开发。

分子生物学的理论和技术的不断进步,带动了核医学向分子水平迈进。1992 年美国能源部提出了分子核医学(Molecular Nuclear Medicine)的概念,并组织了有关的分子生物学、核医学专家进行了专题讨论。1993 年美国著名学者 Wagner 教授来华讲学,题目就是“分子核医学”。1995 年美国核医学杂志(JNM)出了专辑,讨论未来核医学的发展:分子核医学。其后,欧洲核医学杂志也提出“生物分子核医学”(Bio - molecular Nuclear Medicine)的概念。进入 21 世纪后,我国核医学界也开始了分子核医学研究。

核医学本质是分子的,它能无创地观察各种分子标记物在活体中的分布及运动,看到常态或病态情况下它们的去向和发生的变化。分子核医学是在传统核医学的基础上,不断注入新的分子技术而逐步形成和发展起来的。狭义地说,分子核医学是研究用核素标记的代谢物、营养成分、药物、毒物等生物活性分子在疾病中的表型生化改变与其相关的基因型的联系,精细探测代谢及基因的异常。广义来说,各种药物、细胞、受体、抗体、多肽、神经递质、基因片断等放射性标记物等都是分子核医学的重要研究对象。

分子核医学将核素插入特定生物分子后引入活体,通过记录分子探针发射的信号显示其分布,观察细胞代谢和基因表达过程,这种方法将在基因组学、蛋白组学、遗传工程、干细胞治疗技术、免疫学、脑科学等新兴学科的发展中发挥重要的作用。例如,用放射性同位素标记与目标基因互补的 DNA 片段或单链 DNA、RNA,让它们与样品中的互补序列发生特异的碱基配对结合,然后用放射性检测系统高敏感性地检测出来,这种核酸探针技术已广泛应用于基因的检测和定位。反过来,关于接受体地点、新陈代谢途径和分子结构的新知识可以产生新的放射性标记试剂,使得正常与非正常组织结构与功能在分子水平上实现可视化,这对认识疾病发生发展机制,研究疾病早期诊断与治疗方法,提高核医学在临床医学上的贡献具有潜在作用。

11.1　核医学分子显像

分子显像的含义是在细胞和分子的层面上，对动物或人体内的生物过程进行活体、无创、高分辨率成像。与侧重研究疾病的症状和后果的传统影像诊断技术相比，分子成像探测分子异常性和基因表达的变化，已经深入到疾病的基础和本源层次。作为探索、解释生命过程奥秘的有效新方法和新手段，分子影像学研究对了解生命的生理、病理过程，以及对疾病的早期诊断与治疗均具有重要的科学意义和应用价值。

分子显像技术在药物研发中也有十分重要的意义，美国和法国均成立了核素显像与药物开发学会(the Society of Nuclear Imaging in Drug Development；SNIDD/USA，Medicine/France)，并在学术会议上研讨了影像技术在小动物实验上的应用。功能显像在药物开发的主要应用有：①测定药物预期的药理作用(治疗作用)与非预期的药理作用(副作用)；②测定药物与靶之间的相互作用(受体、酶、神经运转系统等)；③传送药物至特异的靶；④核素标记药物的吸收、分布、代谢、活体药物动力学测定等。

图 11.1 比较了现有的各种分子成像技术的观测敏度及成像尺度。与磁共振波谱(MRS)、超极化试剂高场强磁共振成像(MRI)、生物发光(Bioluminescence)、荧光透视(Fluorescence)、对比剂增强超声(U/S)等成像方法相比，核医学方法的灵敏度是最高的，SPECT 和 PET 能够在 10^{-14} ~ 10^{-10} mol/l 的浓度水平上测量活体中的生物分子，而且成像尺度从毫米级到米级，可以覆盖从小鼠器官到整个人体。因此核医学在分子成像领域占有非常重要的地位。

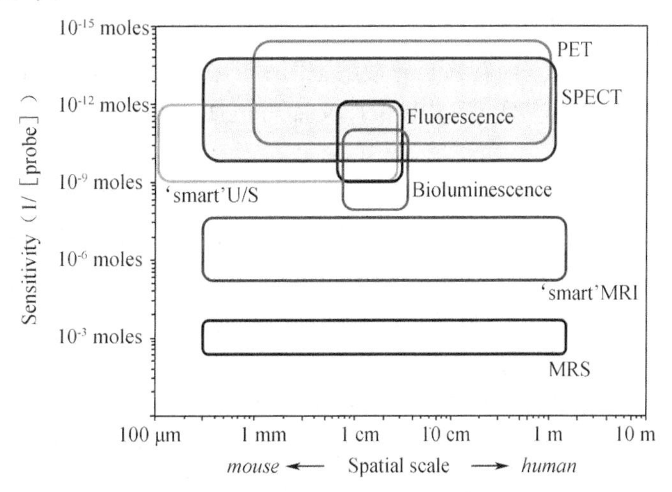

图 11.1　各种成像技术的比较

目前核医学分子成像在受体显像和受体介导的治疗技术、反义显像、基因显像和相关的治疗技术、放射免疫显像和治疗及代谢显像等方面已有许多成功的临床应用。

1. 受体显像

受体是细胞膜或细胞内的一类大分子，与受体特异结合的分子称配体。受体与配体的结合涉及细胞之间、细胞与其他分子之间的识别、信息传导及细胞生理或病理反应等基本的生命现象，目前已发展成为一门新兴的受体学。受体核分子显像是利用放射性核素标记的配体能与靶组织中高亲和力的特异性受体结合的原理,来显示受体的空间分布、密度和亲和力的大小。它是一种集配体受体高特异性和核素示踪技术高灵敏度于一身、无创伤的体内功能显像方法,是分子核医学发展的新领域。

受体显像已在各种肿瘤和其他疾病的诊断以及基础医学研究等方面有许多成功的报道。如利用知母甙元可促进脑受体形成、提高脑受体密度、改善老年人脑功能障碍的机制就是由此发现的。另外,放射性药物的开发也可以利用其能特异地与某种细胞受体结合的特性,达到定点探测的目的,这在肿瘤诊断治疗上有重要的应用前景。

2. 反义显像

根据核酸碱基互补原理,用放射性核素标记人工合成或生物体合成的特定反义寡核苷酸,与肿瘤的 mRNA 癌基因相结合,显示其过度表达的靶组织,称反义显像。结合后达到抑制、封闭或裂解靶基因,使其不能表达,从而治疗肿瘤或病毒性疾病的目的。反义和内照射治疗的双重目的称反义治疗。

目前,小鼠乳腺癌基因的反义显像的实验研究取得成功,与放射免疫显像相比有众多优点,诸如核苷酸不引起免疫反应,反义寡核苷酸探针分子量小,易进入瘤组织等。

3. 基因显像

将功能基因转移至异常细胞而赋予新的功能,再以核素标记来显示其基因表达称为基因表达显像。其实,反义显像广义而言也属于基因表达显像,在此基础上还可发展为基因表达治疗。

4. 放射免疫显像

放射免疫显像的原理与受体显像相似,只不过将受体和配体反应改为抗原抗体反应,利用放射性核素标记的识别特定抗原的抗体或其片段,对相应的组织或细胞进行定位。放射免疫显像也可以利用肿瘤特异的抗原成分,通过抗体标记进行诊断和定位,且可用于放射性治疗。

5. 代谢显像

代谢显像是利用病变或其他靶组织或细胞所特有的代谢特点,通过放射性核素标记的代谢前体对其进行定位。如肿瘤组织代谢活跃,体内注入^{18}F-FDG 后在肿瘤部位聚集,从而将肿瘤与其他代谢正常区域区分开。类似方法也可用于评价心肌组织的局部代谢情况如缺血或坏死。代谢显像对了解疾病或其他生理过程中的代谢变化有重要意义。

11.2 分子显像对核医学仪器的挑战

核素标记、仪器、计算机、防护、超微量分析、放射自显影、成像设备等是分子核医学所需要的技术手段和研究创新药物必不可少的工具,分子核医学给核素生产、标记、检测技术和仪器提出了新的要求和研究方向。

人类的许多疾病和损伤都可以在动物上建立模型,分子医学研究需要进行动物实验。小动物,尤其是老鼠,其饲养成本低,繁殖快,特别适合采用基因剔除和基因插入的方法来得到转基因动物,分子医学发展需要专门的核医学成像技术。由于小动物在体重和体积上要比人小 2 到 3 个数量级,脏器间距紧凑,这就对成像系统提出了严峻的挑战:它应具有很高的空间分辨率和很好的探测灵敏度,要对生物学图像进行解剖学定位。

小动物成像对系统的要求首先是空间分辨率。目前用于人体成像的临床 SPECT,系统空间分辨率极限为 10 mm(分辨率体积约 1 ml);最好的临床 PET 的空间分辨率可以达到 4 mm 左右。而小动物成像要求空间分辨率要有 1 mm(分辨率体积 1 μl),最好达到亚毫米水平,这基本上是核医学成像技术所能达到空间分辨的物理极限。

放射性衰变和核测量的随机性本质,决定了核素成像是一个统计过程。图像质量不仅与仪器的空间分辨率有关,也与收集到的有效光子计数有关,也就是说,与探测系统的灵敏度密切相关。单位像素体积内所收集到的计数决定了图像的信噪比,所以在提高空间分辨率的同时,系统的探测效率也需要有与之相当的提高。高性能的全身临床 PET 对湮灭光子的探测在 2D 模式下可以达到 0.3% ~0.6%,在 3D 模式下可以达到 2% ~10%;而临床 SPECT 的探测效率只有 PET 的 1/100 ~1/20;成像机理使得探测效率难以有与空间分辨率同样量级的提高。加大放射性药物的注入剂量能在一定程度上提高收集到的光子数量,但是小动物对辐射的耐受能力决定了放射性药物的施用有其上限。不过由于小动物体积小,小动物体本身对光子的衰减也会减少很多,到达探测器的光子因此会有所增加。

设备成本对小动物成像系统的推广应用来说十分重要,它不仅仅是商业问题,而且是实实在在的技术问题,即如何利用最少的资源实现所需要的高性能。目前临床 PET 的价格在一百万美元左右,而小动物 PET 的价格应该控制在几十万美元,这对现有的技术还比较困难。因为亚毫米分辨率的小动物 PET,探测单元数和临床 PET 在同一个水平;探测系统中最昂贵的部分不是闪烁体,而是光电器件(光电倍增管、光电二极管、半导体光电读出器件)和前端电子学,后两者的造价与探测单元数目成正比;成本的降低需要引入更新的探测技术。

世界著名大学和研究机构已经在核医学分子成像领域取得了许多重要的研究成果,micro PET、micro SPECT 在 20 世纪 90 年代应运而生。由于专门用于小动物的核素成像,它们也称为小动物 PET(Animal PET)、小动物 SPECT(Animal SPECT)。目前,不少厂商也推出了各种小动物专用的 PET、SPECT,及包含 X 光 CT 的多模式成像系统,孔径有 10 ~30 cm 多种规格,孔径小于 15 cm 的用于啮齿小动物(大鼠、小鼠等),孔径大于 20 cm 的可用于灵长类动物。

11.3　小动物正电子发射断层显像仪

1991 年 Ingvar 用人体临床 PET 得到了第一幅老鼠脑部的图像,同年 Rajeswaran 用一对 BGO 晶体测到了老鼠脑部图像和动态数据。此后随着研究的深入,到 20 世纪 90 年代中期,人们逐渐意识到在小动物的成像方面 PET 有着巨大的潜力。

小动物 PET 成像使用的正电子类放射性核素有：^{11}C(20 min)，^{13}N(10 min)，^{15}O(122 sec)，^{18}F(110 min)，^{64}Cu(12.8 h)，^{61}Cu(3.4 h)，^{60}Cu(23 min)，^{68}Ga(68 min)，^{82}Rb(76 sec)，^{94}Tc(52 min)，^{86}Y(15 h)，^{124}I(4.2 d)等。

图 11－2(a)是 Simon Cherry 领导的 UCLA 研究小组 1997 年研制的用于小鼠成像的 microPET 系统，它继承了临床 PET 的优点，加上使用高密度的快晶体、大直径光纤材料和三维重建算法，空间分辨率由临床 PET 的 6～8 mm 提高到 2 mm(体积分辨率 8 μl)左右，完成小鼠全身扫描需40～60 分钟。

microPET 用 30 个 LSO 闪烁探测器模块，见图 11－2(b)，构成探测器环。每个模块中有 64 块 2 mm×2 mm×10 mm 的 LSO 晶体组成 8×8 的阵列，其间用反射材料填充。因此探测器共有 8 环，每环有 240 块晶体。为了输出尽可能多的闪烁光，LSO 晶体表面被磨光，只有入射面保持粗糙。探测器模块的64 块晶体分别经光导纤维耦合至8×8 的多通道光电倍增管 Phillips XP1722(参见 12.1.4 节)，这种设计可以将小尺寸的晶体拼成紧凑的晶体环，但闪烁光经过光导传输时大约会损失 70%。每块晶体与各自的光电倍增管通道耦合，构成独立的探测单元，有利于采用并行电子学设计，同时处理多块晶体内发生的入射事件，从而提高了系统的计数率，也为判别及排除 γ 光子与模块中的晶体多次作用的事件创造了条件。该系统的符合时间窗宽为 12 ns。

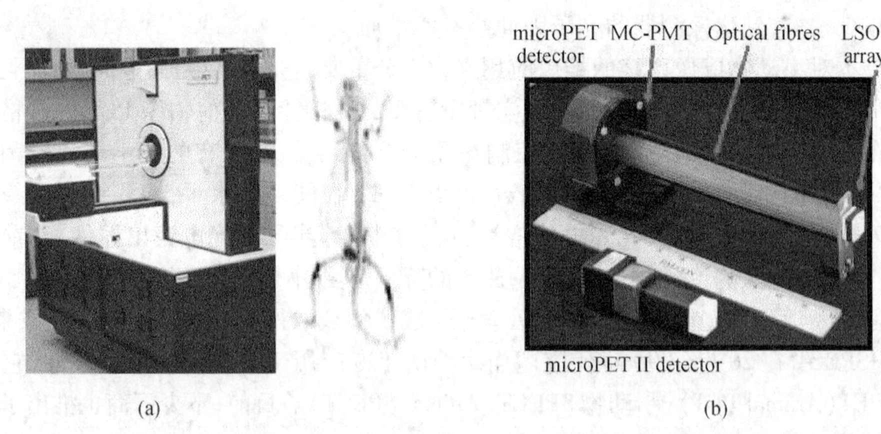

图 11－2 microPET 系统及其探测器模块

(a)microPET 样机及所成小鼠图像；(b)LSO 晶体与 MC-PMT 组成的探测器模块

microPET 的环形探测器的内径为 172 mm，动物孔径为 160 mm，横向有效视野为 112 mm，轴向有效视野为 18 mm，空间分辨率为 2 mm，体积分辨率可以达到 6～8 mm^3。电动控制扫描床可进行轴向移动，做多床位全身采集的精度好于 100 μm，而且在平面内可做半径小于 300 μm的摆动，精度好于 1°。

大多数小动物 PET 的晶体块的面积在 0.8 mm×0.8 mm～3 mm×3 mm 之间，面积越小系统的空间分辨率越高,但探测灵敏度会随填充分数下降而降低。晶体厚度大多在5 mm ~ 20 mm之间,厚度越大探测灵敏度越高,但散射计数也会增加。2002年UCLA研制的改进型microPET II进一步将LSO晶体块的尺寸从2 mm缩小到0.975 mm,见图11-2(b),使空间分辨率提高到1.2 mm(体积分辨率2.3 μl),探测效率达2.26%,噪声等效计数率峰值为235 kcps。

随着新型闪烁晶体的研制成功,硅酸镥(LSO)、硅酸镥钇(LYSO)、氟化钡(BaF2)、铝酸镥(LuAP)、硅酸钆镥(LGSO)、硅酸钆(GSO)等被用于小动物PET。小动物PET的探测器环直径小,视差效应更为明显,不少系统还采用了符合晶体(Phoswich),例如,NIH ATLAS PET采用LGSO/GSO两层晶体,eXplore Vista PET采用LYSO/GSO两层晶体。根据不同种类晶体的闪烁光衰减时间的差别,可识别入射γ光子在哪层晶体被吸收,从而给出作用深度(DOI)信息,这在一定程度上减小了光子斜穿晶体块引起的分辨率下降和定位误差,提高了系统的空间分辨率及灵敏度。

临床PET不要求太高的空间分辨率,从成本考虑,探测器采用模块化设计,只要很少的PMT和电子学可以实现数以万计的探测单元。用于小动物的PET探测系统为获得更高的空间分辨率,大都采用新型光电器件,如多通道光电倍增管(MC-PMT)、雪崩光电二极管(APD)和固态光电倍增器件(SSPM,见12.1.6节)等,对闪烁晶体单块读出,并采用各种方法实现对作用深度(DOI)的测量。碲锌镉(CZT,见12.1.7节)等新型半导体探测器对闪烁γ光子有更高的探测效率,适合于更加紧凑和灵活的探测器模块设计;然而它们对光电子的增益无法和PMT相比,需要低噪声的前端电子学。在比较小的体积内高密度集成上万个独立的探测器单元,如图11.3,不但成本高,甚至散热都是要特殊考虑的问题。

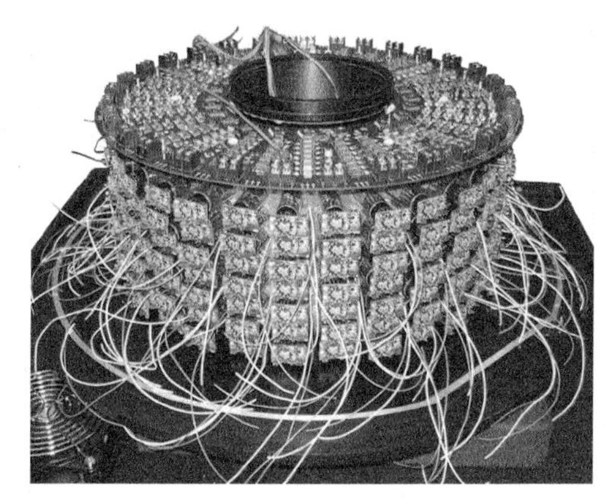

图11.3　小动物PET的探测器系统

图11.4是两种小动物PET产品。图11.4(a)图是UCLA与Concorde Microsystems Inc.合作于2000年推出的microPET P4和R4,2003年又推出了microPET Focus 120。它们可进行2D或3D的数据采集,采用MAP算法重建图像,10分钟内可完成小鼠全身扫描。

图11.4(b)图是加拿大Sherbrooke大学Rogers Lecomte组研发,Advanced Molecular Imaging Inc.(AMI)生产的LabPET™。它采用尺寸为$2\times2\times10\ mm^3$的LYSO/LGSO复合晶体对,以雪崩光电二极管为光电读出器件,配以并行的全数字化电子学系统,如图11.4(c)图。LabPET的系统空间分辩率为1.35 mm/2.4 μl,探测效率为1 000 cps/μCi,噪声等效计数率峰值大于2 500 kcps。该研究组2008年又提出了LabPET II设计方案,开始挑战亚毫米级的PET空间分辨率。目前小动物PET的平均能量分辨率(FWHM)为19%,不同探测单元波动范围在

15% ~25%。

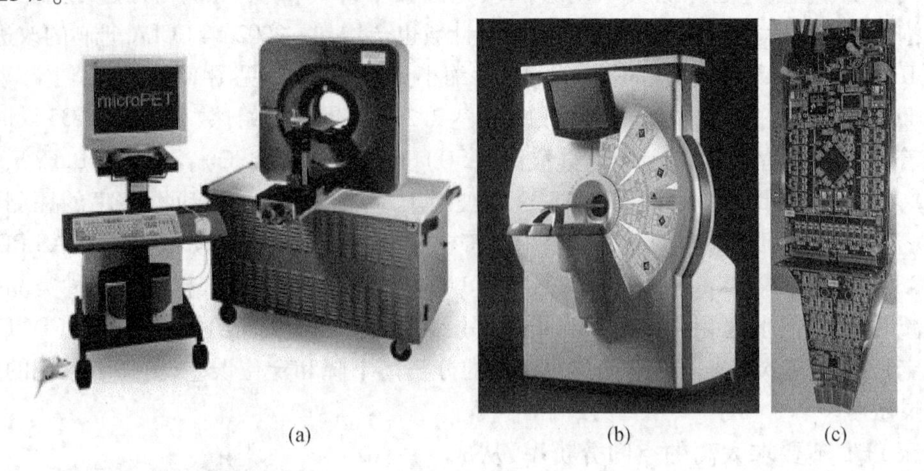

(a) (b) (c)

图 11.4 两种小动物 PET 产品

(a) microPET P4;(b) LabPET;(c) LabPET 的探测器模块及电子学系统

11.4 小动物单光子发射计算机断层显像仪

小动物 SPECT 可以对多种核素示踪药物成像,如^{125}I (30 keV),^{201}TI(75 keV),^{99m}Tc (140 keV),^{123}I(159 keV),^{111}In(171、250 keV),^{131}I(364 keV)等,能量范围从几十到几百 keV。小动物 SPECT 对活体动物的实验具有很广泛的用途,对分子生物学、分子化学、医药学,以及神经系统、心血管系统、肿瘤等疾病的诊断治疗研究具有重要意义。

单光子成像的空间分辨率不受正电子射程、湮灭光子非共线性等物理因素的制约,可以突破毫米限制。为了保证空间分辨率,小动物 SPECT 大多使用高分辨率的位置灵敏探测器,如切割晶体和位置灵敏光电倍增管构成的探测器(参见 12.1.5 节)或 CZT 探测器阵列;此外,还广泛采用针孔准直器成像。针孔准直器根据小孔成像的原理将放射性药物的分布投影到探测器上,如果针孔到探测器的距离大于针孔到被成像物体的距离,将得到放大的图像,系统的空间分辨率可以好于探测器的固有分辨率。系统的空间分辨率还受针孔的孔径影响,孔径越小,系统空间分辨率越高,然而能够穿过准直孔进入探测器的 γ 光子越少,几何效率越低,这就影响了图像的信噪比。用直径 0.5 mm 的针孔准直器,系统空间分辨率可达到 700 μm,但几何效率仅有 4×10^{-5},这样,形成一帧图像就需要很长的 γ 光子收集时间,限制了动态成像的时间分辨率。

采用平行孔准直器虽然可以提高系统探测效率,但是空间分辨率却不及针孔准直器。如果用多个针孔同时进行采集,就可以更加有效地检测 γ 光子,缩短图像采集时间,减少药物剂量。多针孔准直器正是基于这种思想来提高系统的综合性能，但是针孔密度过大会造成投影重叠，导致出现伪像。

小动物 SPECT 通过旋转探测器或动物承载支架来获得 360°的投影图像，针孔形成的是锥形束投影数据，一般采用改进的三维 OS-EM 算法重建体积图像，该方法和其他算法相比，具有重建速度快、性能稳定、图像质量高等优点。

德国 Central Laboratory of Electronics 研制的 TierSPECT，使用超高分辨率平行孔准直器，虽然能提高系统的探测效率，但是系统分辨率受到平行孔准直器的限制，只能达到 2.7 mm，见图 11.5(a)。

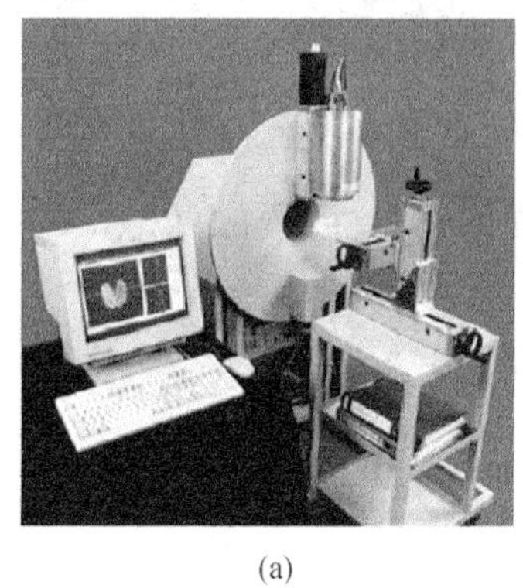

(a)

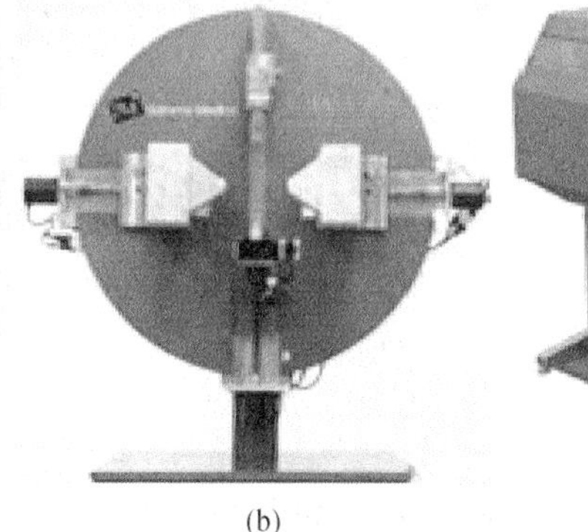

(b)

(c)

图 11.5　三种小动物 SPECT 产品

(a) TierSPECT；(b) A-SPECT™；(c) X-SPECT™

北卡罗来纳大学(UNC)与 Gamma Medica Inc.(γMI)合作生产的 A-SPECT™ 及其改进型 X-SPECT™ 见图 11.5(b)和(c)，它们采用切割成 2 mm × 2 mm × 6 mm 的 NaI 晶体阵列，小晶体块之间填充 0.2 mm 厚的反光材料，整个晶体阵列与位置灵敏光电倍增管耦合在一起。位置灵敏光电倍增管产生的电脉冲，经电子学电路进行放大和数字化，通过位置查找表确定 γ 光子在晶体上的入射位置，同时根据能量校正表产生准确的入射光子能量，用来确定图像采集时的能窗。针孔准直器焦距为 90 mm，有效视野(FOV)为 125 mm × 125 mm。方形孔径尺寸从 0.3 mm 到 3 mm，其中 0.5 mm 的针孔准直器在距离孔径 2.5 cm 处对 ^{99m}Tc 的空间分辨率 FWHM 可小于 1 mm。系统灵敏度为 0.001% ~ 0.01%。

BIOSCAN 研发的 Nano-SPECT™ 有两个相对放置的探头，也可扩展成四个，见图 11.6(a)，采用螺旋扫描成像。探测器由 230 mm × 215 mm 的 NaI 晶体和 33 个 PMT 组成，固有空间分辨率为 2 mm。为了提高探测效率，每个探头都安装了 9 针孔的准直器，投影图像有 15% 的重叠。系统灵敏度 1 000 cps/MBq，空间分辨率可达 0.8 mm。目前 BIOSCAN 已经和 PHILIPS 联合共同向市场销售 Nano-SPECT。

Molecular Imaging Laboratories(MILABs)研制的 U-SPECT，用三个平板探测器构成全环绕的探测系统，见图 11.6(b)，并设计了具有 75 个针孔模块的圆柱形准直器。每个针孔模块均用金制成，以减小孔壁穿透效应对分辨率的影响，见图 11.6(c)，所有针孔均指向视野中心约 20 mm 的区域内，在该区域上具有很高的几何效率，但需要将小鼠在视野内平移三次以获得一个完整的横断面图像。U-SPECT 以高昂的成本和较小的视野为代价换得了 0.35 ~ 0.5 mm 的系统空间分辨率。

G. E. 公司也有一种多空间分辨率的动态小动物 SPECT 成像系统，见图 11.7。它用 10 块 CZT 阵列(参见 12.1.7 节)构成环形探测器，准直器可选用针孔式的和缝 - 槽式的(参见 12.2.3节)，数目不等，以适应大、小鼠成像的不同需要。

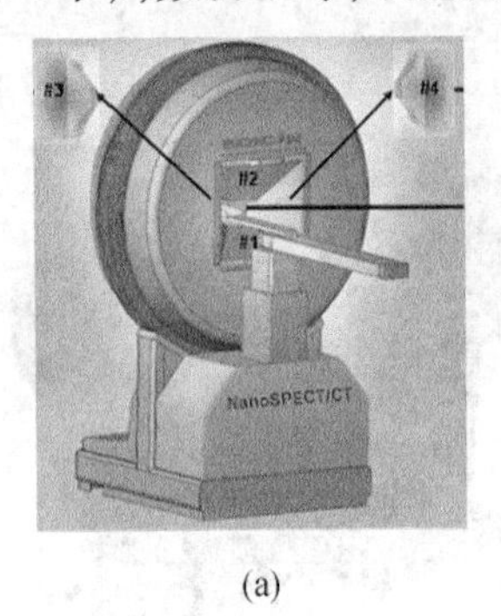

(a)

(b)

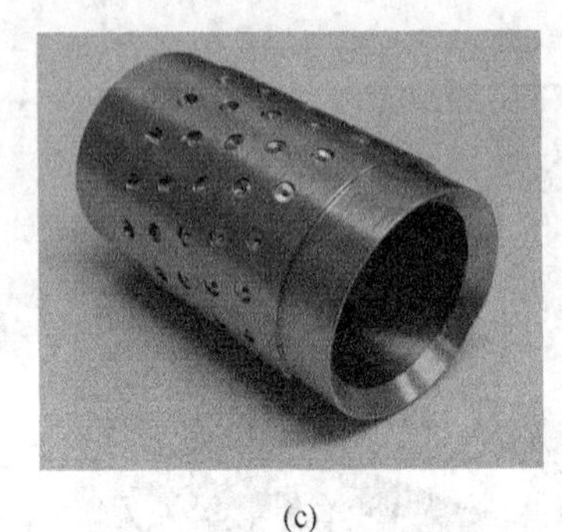

(c)

图 11.6 两种小动物 SPECT 产品

(a) Nano-SPECT™；(b) U-SPECT；(c) U-SPECT 的圆柱形多针孔准直器

- 10 stationary pixelated CZT detectors in a cylinder
- Energy Resolution: 7% at 140 keV

Collirnator Type	Slit-Slat Mouse	Slit-Slat Rat	Pinhole Mouse	Pinhole Rat	High Resolution
#of Slits/Pinholes	8	5	7	5	9
FOV,axial	80 mm	80 mm	32 mm	76 mm	19.5 mm
FOV,transaxial	32 mm	76 mm	25 mm	25 mm	25 mm
Cylinder Diarneter	64 mm	89 mm	54 mm	89 mm	50 mm
Resolution,axial	1.35 mm	3.1 mm	1.0 mm	1.5 mm	0.55 mm
Resolution,transaxial	3.1 mm	1.7 mm	1.0 mm	1.5 mm	0.6 mm
Sensitivity,cps/MBq	450	225	350	200	334

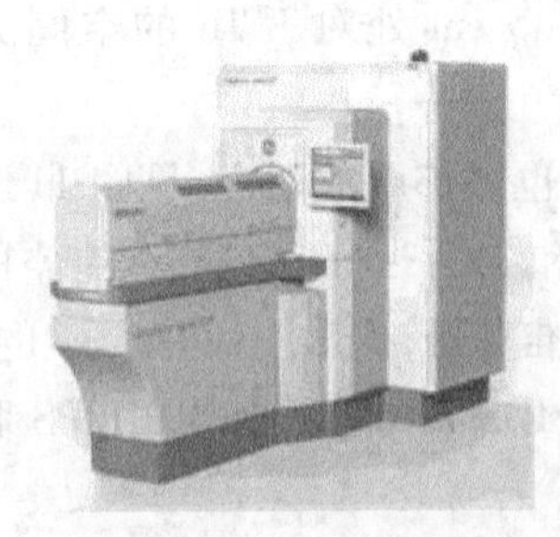

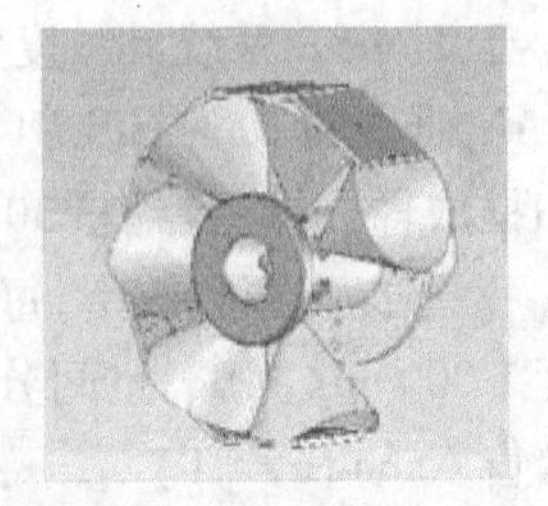

图 11.7 G. E. 公司的小动物 SPECT 系统

11.5　多模式小动物成像系统

和临床核医学成像设备的应用一样，分子核医学的研究除了需要进行功能显像外，也需要有相应的解剖图像。图 11.5(c) 所示的 X-SPECT™ 就是小动物 SPECT/CT 复合系统，图 11.6(a) 所示的 Nano-SPECT™ 背后也有一个 CT 舱，图 11.8 是 SIEMENS 生产的三模式复合系统 InveonμPET& μSPECT/μCT。这类复合系统中的 CT 尺寸应与小动物 PET 或 SPECT 一致，也必须具有极高的分辨率，一般为 22 lp/cm，1% contrast/10 cGy/5 mm。为了与小动物 PET 和 SPECT 的容积成像匹配，小动物 CT 通常是采用面阵探测器的容积 CT。

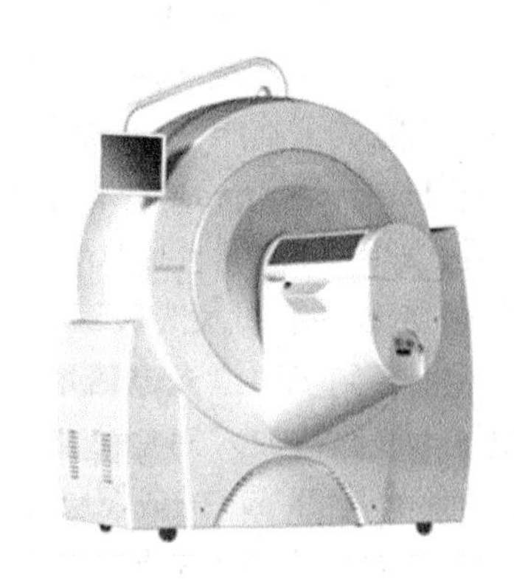

图 11.8　μPET&μSPECT/μCT

对于多模式复合系统来说，保证 PET 或 SPECT 与 CT 扫描位置一致，是图像准确融合的必要条件。大多数系统的 PET 或 SPECT 与 CT 是前后布置的，靠高精度扫描床来保证两种图像的配准。还有些复合系统干脆就让两种探测系统同轴，例如在双探头 SPECT 或 PET 的垂直方向上布置 CT，二者同轴旋转扫描，如图 11.9(a)。还有人让微焦点 X 光源在 PET 的探测器环内旋转扫描，探测器既测量 511keV 的 γ 光子，又对 X 光进行计数式测量，根据能量区分二者，从而实现 PET 和 CT 同时共轴成像，如图11.9(b)。

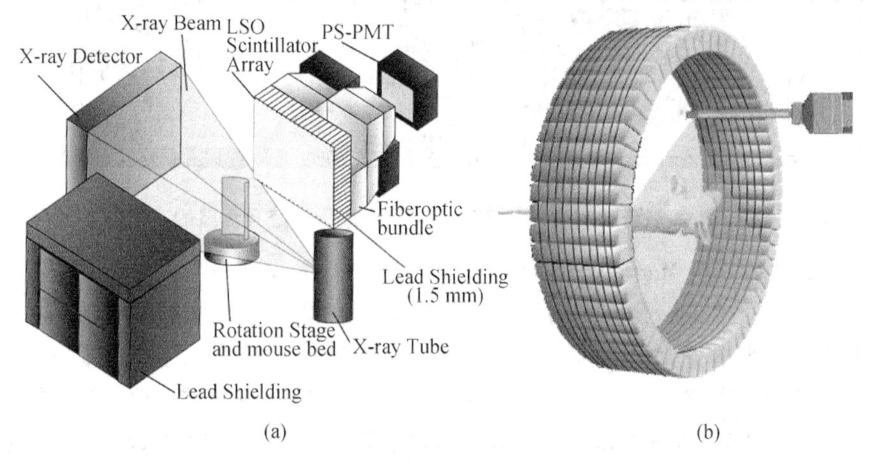

图 11.9　多模式复合系统的同轴设计

(a) SPECT 与 CT 垂直布置；(b) X 光源在 PET 探测器环内旋转扫描

小动物 PET/MR 复合成像系统能够获得非常丰富的解剖信息和生化信息，一直是人们关注的热点,甚至有人认为它将在分子成像领域中取代小动物 PET/CT 的地位。如何将对磁场敏感的 PET 探测器插入 MR 的强磁场中,是制造 PET/MR 符合系统的主要技术障碍。10.5 节介绍了两种解决方案:①用长光纤将晶体中的闪烁光导出 MR,再与光电倍增管耦合;②用对磁场不敏感的光电器件,如 APD、CZT 及 SSPM 取代光电倍增管,与闪烁晶体耦合。目前,一些实验系统完成了临床试验,商业化产品已经问世。

图 11.10 是 Yiping Shao 等在 UCLA 研制的与临床 MRI 及 MRS 兼容的小动物 PET 扫描仪(彩图见彩图5)。其直径56 mm 的单层环形探头是由 72 块2 mm ×2 mm ×25 mm 的 LSO 晶体组成的,封装在有机荧光玻璃中。每块晶体的尾端耦合着一根长4 米、直径2 mm 的光纤,光纤另一端耦合到多通道光电倍增管(MC-PMT) Philips XP1722 的一个单元上。MC-PMT 和相关的电子学线路被放入铝盒中,以屏蔽环境的光线和 RF 辐射。这个系统能给出一个厚为1 mm,横截面视野为 28 mm 的成像层,同时获取的 PET 和 MRI 的图像无明显的伪像和失真。由于使用长光纤,闪烁光有较大的传输损失,所以 PET 系统的能量和时间分辨率等性能有所下降。

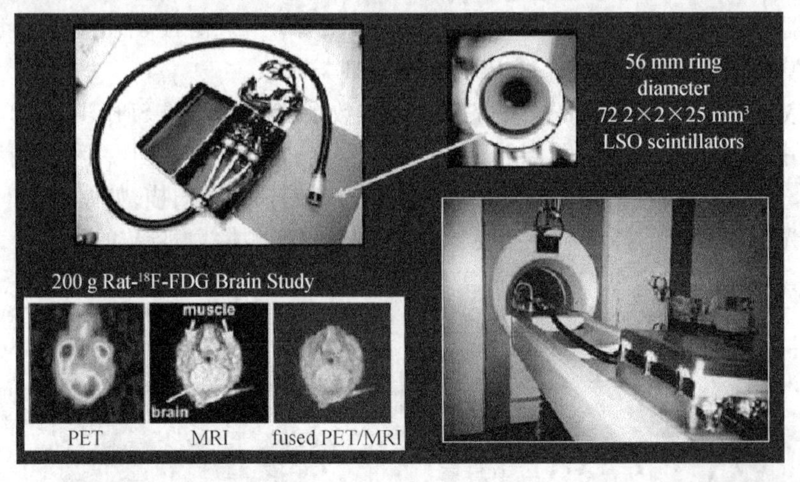

图 11.10 Yiping Shao **等研制的第一台** PET/MR **同时成像系统及大鼠的** PET/MR **融合图像**

英国伦敦大学的 Paul Marsden 等对这一技术方案进行了改进,通过增加 PET 探测环轴向上的层数,使轴向视野和空间分辨率的均匀性都有所提高,见图 11.11(彩图见彩图3)。

晶体中的闪烁光本身就很微弱,使用长光纤导出又有超过 70% 的传输损失,到达光电器件的光信号信噪比非常差。Stanford 大学的 Olcott 等人提出一种新的 PET 探测器模块设计方案:将 LSO 晶体阵列与不受磁场影响的固态光电倍增器件(SSPM,参见 12.1.6 节)直接耦合,输出的电信号驱动激光二极管;然后用光纤将激光信号传送到 MR 之外,通过光电二极管再转换成电信号,进一步处理,见图 11.12。由于 SSPM 有 $10^5 \sim 10^7$ 倍的放大增益,这种电子—光学耦合方案甚至可以经过 20 m 长的光纤传输还保持良好的信号质量。

德国的 Tuebingen 大学和美国的 UC Davis 则采用 APD 器件设计了与 MRI 兼容的 PET 探

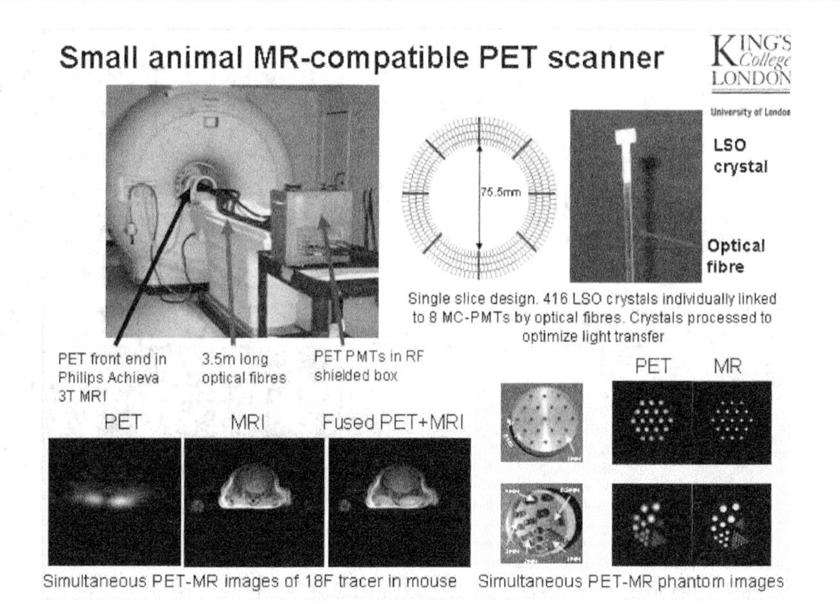

图 11.11　伦敦大学的 PET/MR 复合成像系统及所获取的老鼠和模型图像

测器。图 11.13 为德国 Tuebingen 大学的 PET/MRI 系统的结构及融合图像(彩图见彩图 4)。LSO 晶体与 APD 阵列直接耦合,与前端电子学电路一起构成探测器模块,如图 11.13(c);8 个探测器模块组成探测器环,如图 11.13(b);整体放置于 7T MRI 的主磁场中。MRI 的射频线圈在 PET 探测器环内部,梯度线圈在 PET 探测器环外面,同时进行 PET 和 MRI 图像采集,如图 11.13(a)。

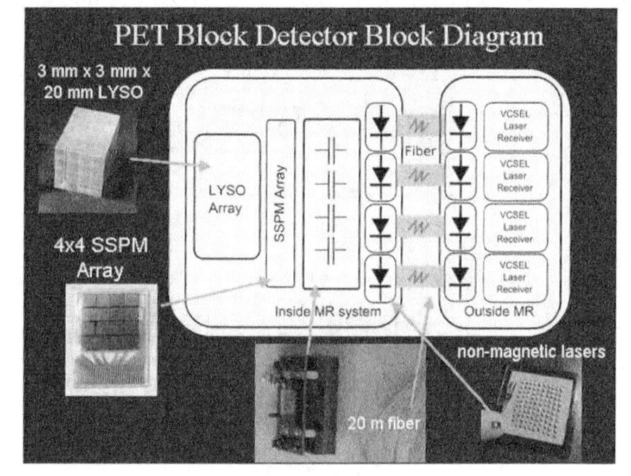

图 11.12　Stanford 大学电子—光学耦合 PET 探测器模块

由 UC Davis 的 Simon Cherry 主持研制的新一代 PET/MRI 系统的 PET 探测器模块构造如图 11.14(a)(彩图见彩图 2)。64 块尺寸为 1.43 mm×1.43 mm×6 mm 的 LSO 晶体组成 8×8 的矩阵,通过 6×6 的光纤束耦合到有效面积为 14 mm×14 mm 的位置灵敏雪崩光电二极管阵列上(PSAPD,见 12.1.6 节),再由前端电子学进行位置信号读出及处理。为减少传输损失,光纤束仅长10 cm,每根光纤的横截面积为 1.95 mm×1.95 mm。前端电子学电路采用非磁性元件制造,并用高频介质板与磁场相互隔绝,以避免射频干扰。16 个探测器模块分成两组,交叉拼接成探测器环,如图 11.14

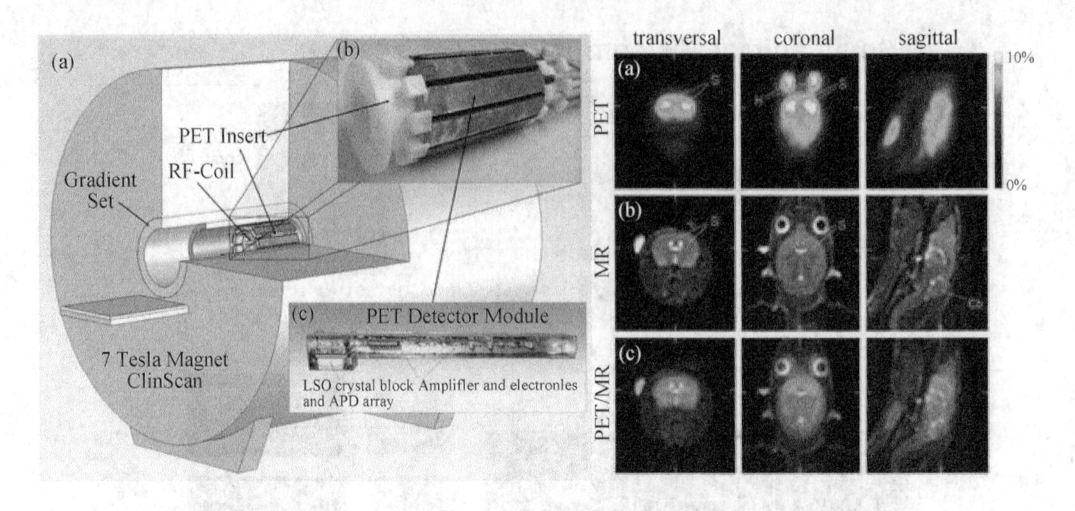

图 11.13 德国 Tuebingen 大学的 PET/MR 复合成像系统及融合图像

(b),为了使 LSO 晶体能构成 PET 探测环,光纤在晶体端弯折 90°。PET 探测器整体装入碳纤维管中,嵌入 MRI 系统,MRI 的射频线圈紧贴 PET 探测器环内壁,中间有Φ35 mm的小动物孔洞,PET 探测器环外面包裹着 MRI 的梯度线圈,如图 11.14(c)。

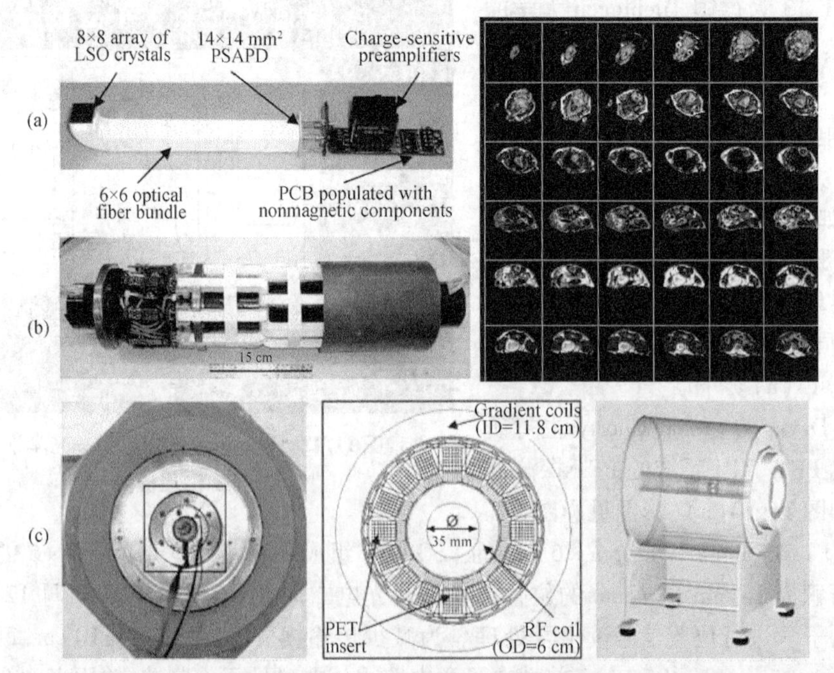

图 11.14 UC Davis 研制的 PET/MRI 复合成像系统及小鼠全身 PET/MRI 骨显像图

(a)PET 探测器模块;(B)PET 探测器环;(c)PET 与 MRI 的装配关系。

其他多模式小型动物成像设备，如小动物 PET/SPECT、小动物 PET or SPECT/MR（磁共振）、小动物 PET or SPECT/US（超声）、小动物 PET or SPECT or MRI/Optical（光学）的研究也有报道。

分子核医学这一具有跨时代意义学科的出现，为新型核医学设备的应用开辟了广阔的天地，这些设备的研究也必将更好地促进分子核医学的发展。

第12章　发展中的探测和成像技术

随着临床应用和放射性药物的发展,核医学对成像质量和速度提出了越来越多的要求,人们一直在努力提高影像设备的综合性能。核物理、高能物理、材料、电子学、计算机等学科中出现的新技术被迅速地应用到核医学成像领域中,新的探测器、电子器件、成像原理不断涌现。本章将对目前这方面的研究动态做一简单介绍。

12.1　新的探测器元件

探测器是核医学仪器的基础,探测技术的发展对于核医学仪器性能的提高功不可没。本节介绍的探测器元件和技术有些已经应用于核医学成像仪器,有些还在发展中。

12.1.1　新型闪烁晶体

正如前面介绍过的,闪烁晶体对探测器的很多性能指标都有影响。为了满足探测效率的要求,我们希望闪烁晶体的等效原子序数和密度尽可能大,以便更多地截获γ光子的能量,并可采用薄晶体使PMT的位置响应曲线变陡,从而提高定位精度。为了得到高的固有空间分辨率,我们希望闪烁晶体的光输出(Light Output)尽可能地大,它产生的可见光光谱与PMT光阴极的最大效率波长相符合,晶体的透明度好(可见光在其中的传播损失小),折射率(Index of Refraction)能保证晶体表面与PMT有适当的光耦合,以便提高γ光子—光学光子—光电子转换过程的效率,降低统计噪声。为了改善计数率特性,我们希望晶体的闪烁光衰减时间尽量短并且无余晖,以便减小脉冲堆积的几率,获得更高的最大计数率。当然,晶体还应在长期辐照下有稳定的光输出(不被辐射损伤),光输出不随温度变化,化学上要稳定,不易潮解,机械性能优良(容易加工成形,不易破碎)。近些年出现了很多性能优异新型晶体,表12.1列出了常用闪烁晶体的有关物理和光学参数。

铊激活的碘化钠NaI(Tl)发光效率最高,光谱特性与PMT配合非常好,对可见光无明显自吸收,价格低廉,非常适合于低能γ光子探测,是目前γ照相机和SPECT使用最多的闪烁晶体。铊激活的碘化铯CsI(Tl)密度比NaI(Tl)高,但光输出只有NaI(Tl)的45%,且衰减时间大,它溶于水但不潮解,能承受机械及热的冲击,易加工成形。锗酸铋BGO的原子序数和密度大,对γ的吸收能力强,光电峰/康普顿比好,适合中高能γ探测,在PET系统中广泛应用。它不吸湿,容易加工,但光输出低且随温度变化大,发光半衰期较长。铈激活的硅酸钆GSO和正硅酸镥LSO是“快速”晶体,适合能量低于1MeV的γ探测,空间分辨率可小于1 mm,温度稳定性好;与LSO比,GSO较脆,加工性能较差;LSO和GSO的价格分别是BGO的4.3倍和3倍。

硅酸镥钆 LGSO 和硅酸镥钇 LYSO 是 LSO 的类似物，因为没有专利保护，所以价格比 LSO 便宜，被广泛使用。近年来新型临床和动物 PET 系统多采用 GSO、LSO、LGSO 和 LYSO 晶体。

表 12.1　用于 γ 探测的闪烁晶体的物理和光学特性

材料		NaI:Tl	CsI:Tl	$LaCl_3$:Ce	$LaBr_3$:Ce	BGO	GSO:Ce	LSO:Ce
化学式		NaI:Tl	CsI:Tl	$LaCl_3$:Ce	$LaBr_3$:Ce	$Bi4Ge_3O_{12}$	$Gd_2(SiO_5)$:Ce	$Lu_2(SiO_4)O$:Ce
晶体结构		立方体	立方体	六边形		立方体	单斜晶	单斜晶
物理特性	密度/(g/cm^3)	3.67	4.51	3.86	5.3	7.13	6.71	7.40
	等效原子序数	51	52			75	59	65
	阻止能力/cm	0.34	0.43	0.37	0.38	0.92	0.67	0.87
	硬度/Moh	2	2			5	5.7	
	吸湿性	高	轻微			无	无	无
	热胀 PPM	47.5	50			7.0	4～12	
	熔点 Co	651	621	860		1 050		
光学特性	光输出/%	100	45	50	20	15～20	20～25	75
	峰值光波长/nm	415	550	330	358	480	440	420
	发光半衰期/ns	230	900	28	26	300	30～60	40
	余晖/6 ms 时%	0.3～5	0.5～5			<0.005	<0.05	
	平均自由程/cm	2.88	1.86	3.21	2.54	1.05	1.38	1.16
	折射率	1.85	1.84			2.15	2.20	1.82
	光产额/(ph/MeV)	38 K	25 K	49 K	63 K	2 K～9 K	8 K～10 K	30 K
	能量分辨率/%	<10		<10	5.8	<25	14～22	<24

（引自 Marketech International, Inc & published papers）

$LaCl_3$:Ce 和 $LaBr_3$:Ce 是最新出现的两种闪烁探测器材料。和传统材料相比，它具有高光输出、快速响应的优点，能量分辨率和时间分辨率都很高，具有很好的应用前景，许多研究组正致力于将 $LaBr_3$:Ce 应用于 SPECT 或 PET 实验系统中。不过它们目前成本仍较高，且对 γ 光子的阻止能力只与 NaI(Tl) 相当，这对 PET 成像有一定影响。BaF_2 是目前闪烁衰减时间最短的晶体，只有 0.8 ns，它对 γ 光子的阻止能力为 0.45 cm^{-1}，不过光产额低，只有 2 kph/MeV，早期有人将其应用于 TOF PET 系统中，但空间分辨率等综合性能差于 BGO PET。

选择闪烁晶体时首先要考虑被探测的 γ 光子能量和计数率，对于 500 keV 以上的 γ 光子，应选用平均原子序数和密度大的晶体；对于计数率高的应用，应选用闪烁衰减时间和余晖短的晶体。早期的 2D PET 系统由于探测效率较低，通常采用阻止能力最强的 BGO 作为探测器材料。近年来随着 3D PET 的广泛应用，系统计数率提高到原来的 5～7 倍，因而 LSO 等响应时间短,最大计数率高的快速晶体逐渐取代了 BGO。晶体的光输出对成像质量有最直接的影响,这个指标应尽量大。还应根据与晶体耦合的光电器件(PMT 或二极管)选择适合的发光波长和折射率(PMT 玻璃窗口的折射率为 1.5)。如果晶体需特殊加工,应该考虑它的物理和机械特性。当然,在商业化应用中价格也是选择晶体的一个重要因素。

12.1.2 晶体切割技术

有些 γ 照相机探头既要探测 140 keV 左右的中能 γ 光子,又要探测正负电子湮灭产生的 511 keV 高能光子。如果采用性能/价格比优越的 NaI(Tl) 晶体,为满足对高能光子的灵敏度要求必须使用厚度 >20 mm 的晶体,然而这样厚的晶体无法保证对中能光子的空间分辨率,因为闪烁光在厚晶体中的作用深度较浅,扩散得很广,使得 PMT 的位置响应曲线变平坦。

控制可见光在厚晶体中扩散的一种方法是在晶体的上表面沿纵、横两个方向切槽,如图 12.1。140 keV 的中能 γ 光子在晶体中所产生的可见光比较靠近入射面,它在向上传播时,在槽壁(晶体 - 空气界面上)被反射,从而限制了其扩散范围,CoDe II 切割晶体在 UFOV 的固有空间分辨率 FWHM 可达 4.4 mm。511 keV 的高能光子的作用点位于切割段内,靠近 PMT,其空间分辨率由晶体小块的尺寸决定,槽的间距≤6 mm。

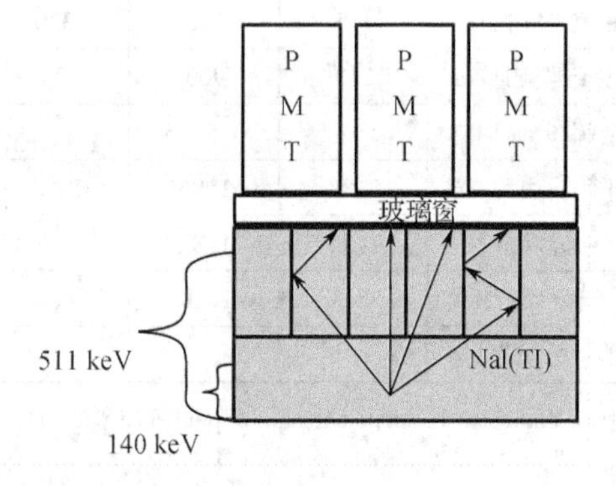

图 12.1 CoDe II 的切割晶体,及切槽对光的反射

(摘自 G. E. Medical System China)

切槽解决了用厚晶体探测中低能 γ 光子时空间分辨率下降的问题,但是槽内没有探测能力,切割晶体的填充系数 <100%,探测效率会损失,而且切槽越密填充系数越低。

12.1.3 多层复合晶体

10.2 节介绍过 CTI 公司用 NaI(Tl)/LSO 双层复合晶体分别探测 140 keV 和 511 keV 的 γ 光子,构成 SPECT/PET 兼容系统的探测器。加拿大魁北克 Sherbrooke 大学也曾经提出过用同一个探测系统来实现 PET、SPECT 和 X-CT 同时成像。它的探测器单元和电子学线路必须能够同时适合 PET 的高能 γ 光子符合测量,SPECT 的中等能量 γ 光子的高能量分辨率测量,和

CT 的低能 X 射线的快速采集。探测器由薄的 CsI(Tl) 层和厚的 GSO 及 LSO 层叠合成,并耦合到雪崩二极管 APD(参见 12.1.6 节)进行光－电转换,见图 12.2。LSO/GSO 对 511 keV 的湮灭光子有很好的探测效率,而 3 mm 厚的 CsI(Tl)则用来测量低能 X 射线(X-CT)和中等能量的 γ 光子(≤140 keV)。发生在不同晶体中的闪烁事件可以根据它们的光衰减时间,通过脉冲波形甄别器区分。

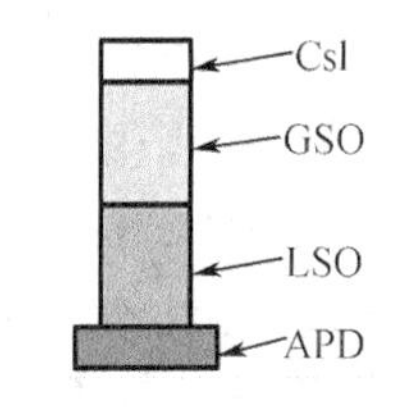

图 12.2　基于复合晶体和 APD 的闪烁探测器

γ 光子和 X 射线从顶端入射探测器,由于低能 X 射线和中能 γ 光子不能到达探测器的底层,而高能光子在 CsI(Tl) 中发生光电吸收的可能性很小(小于 3%),因此 LSO/GSO 专门用作探测 511 keV 的 γ 光子,并可根据脉冲衰减时间判断闪光是发生在 LSO 中还是在 GSO 中,从而给出作用深度 DOI 的信息。当使用的脉冲成形时间常数大于 250 ns 时,CsI(Tl) 在 140 keV 处的能量分辨率可以达到 11%。利用脉冲幅度分析器可以很轻易地将 60 keV 的 X 射线从电子学噪声和 140 keV 的 γ 事件中区别出来。

为了实现 DOI 探测,还有人将 2～8 层同种材料的晶体切割并叠合起来,使各层的纵向切缝互相交错或对切缝做不同的光学处理,然后与位置灵敏光电倍增管耦合,构成如图 12.3 的探测器模块。这种模块虽然只能输出二维的位置信号,但是由于各层晶体的光路互有偏移,γ 光子在不同层上产生的泛场直方图互不重叠,光斑的峰值位置不同。根据模块输出的 X、Y 信号,采用特殊的 DOI 解码算法,可以判断出作用点在哪一层。这种设计要求光电倍增管有很好的平面空间分辨率,以换取深度分辨能力。

图 12.3　四层切割晶体与 PS-PMT 构成的探测器模块

(摘自 Sophisticated 32×32×4-Layer DOI Detector for High Resolution PEM Scanner, H. Tonami, J. Ohi etl)

12.1.4　多通道光电倍增管

传统的 PET 探测器模块用少量 PMT 与晶体阵列耦合,采用重心计算求 γ 光子的入射位置。我们也可以让每个晶体块都经光导与一只 PMT 耦合,构成独立的探测单元。这种方案的优点是:入射 γ 光子的定位准确,没有统计误差;能够处理同时发生在不同探测单元的多个事件,获得更高的计数率;可以发现并剔除与探测器模块中两块以上晶体发生作用的散射事件;光导的使用解决了 PMT 与晶体阵列耦合存在死区的问题,也可令 PMT 远离闪烁晶体,避免探测区中磁场的影响,这对 PET/MR 复合系统有特殊的意义。但是这种设计需要大量的 PMT,占用很大的空间,很高的制造成本。

多通道光电倍增管(Multi-channel PMT, MC-PMT)相当于将多个独立的 PMT 封装在一个共同的真空腔体内,每一个 PMT 称为一个通道。10.5 节提到的 XP1722,见图 12.4(a),就是

Phillips 生产的 MC-PMT。图 12.4(b)是 Hamamatsu 的产品,由于管中有 4 ×4 或 8 ×8 个独立的阳极,每一个阳极都有自己独立的输出引线,所以又被称作多阳极光电倍增管(Multi-anode PMT,MA-PMT),其打拿极有的采用细网栅结构(如 R7620),有的采用图 12.4(c)所示的金属通道结构(如 H7546)。因为管壳中各个 PMT 的打拿极是并联在一起供电的,所以各个通道的信号之间有一定的串扰。

MA-PMT 的集成密度很高,例如 Hamamatsu 的 R5900-M64 在 26 mm ×26 mm ×20 mm 的外壳中,按 8 ×8 的矩阵布置了 64 只 PMT。在 MicroPET 的设计中,常将闪烁晶体阵列中的每个晶体块通过单独的光导与 MC - PMT 的一个通道耦合,如图 12.4(b),以便形成紧凑的探测器环。在 PET/MR 符合系统中,每块晶体都通过长光纤耦合到 MC-PMT 上,以避免 MR 系统和 PMT 互相干扰。

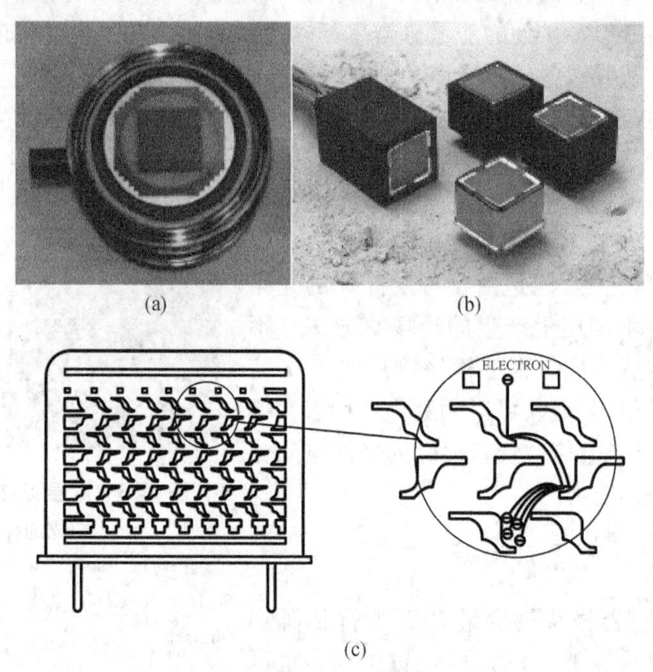

图 12.4 多通道光电倍增管

(a)Phillips XP 1722;(b)Hamamatsu H7546;(c)MA-PMT 内部的金属通道结构。

12.1.5 位置灵敏光电倍增管

普通的光电倍增管没有空间分辨能力,Anger 照相机以闪烁晶体和光电倍增管阵列构成探头,采用重心法计算 γ 光子的入射位置。在 5.3.4 节分析过,这种探测器的空间分辨率受光电倍增管尺寸的影响,不可能很高。近年来在高端成像系统中,位置灵敏光电倍增管(Position

– sensitive Photomultiplier Tube, PS-PMT)正在逐渐取代传统的光电倍增管阵列,构成具有高空间分辨率的位置灵敏探测器,如图 12.5。

图 12.5　高空间分辨率位置灵敏探测器模块中的四只 PS-PMT(H8500)

与普通光电倍增管不同,PS-PMT 本身就具有空间分辨能力。它的倍增极(即打拿极)做成栅网状,阳极有十字丝网型的和阵列型的两种。以 HAMAMATSU 生产的新一代平板型位置灵敏光电倍增管 H8500 为例,它有 12 层栅网状倍增极,64 个分立的阳极排列成 8×8 的阵列。闪烁光子入射光阴极时,所产生的光电子在加速电场作用下垂直向下运动,经过栅网型倍增级的倍增(总增益在 $10^5\sim10^6$)后,具有一定空间分布的二次电子群被相应阳极收集并输出信号。

不论十字丝网型的还是阵列型的 PS-PMT 都有很多阳极引线,若对每一路信号分别处理,电子学电路将非常复杂且密集。为了节省空间,降低成本,人们提出了多种解决方案,如相邻阳极多路合并输出、阳极阵列按行列组合输出等。核医学成像系统目前使用较多的是电阻网络方案,将众多阳极的输出组合成四路信号。例如十字丝网型阳极 PS-PMT,在各个相邻的阳极丝之间都并联着电荷分配电阻,如图 12.6(a)。末级倍增电子群打到 X,Y 两个方向的阳极丝上就向串联的电阻两端分流,输出电荷经放大后形成 $X1$,$X2$ 和 $Y1$,$Y2$ 脉冲,其幅度与电子群的位置有关,类似于 Anger 照相机的 X^+、X^-、Y^+ 和 Y^-。经过加法器及除法器做重心计算,就得到了闪烁光的位置信号 $X=X2/(X1+X2)$ 和 $Y=Y2/(Y1+Y2)$。分立阵列型阳极 PS-PMT 则采用二维电阻网络,图 12.6(b)就是一种称作离散定位电路(DPC)的电阻网络。该电阻网络也输出 A,B,C,D 四路信号,经过组合可形成光子的能量信号 $E=A+B+C+D$,以及入射位置信号 $X=(A+B)/(A+B+C+D)$ 和 $Y=(A+D)/(A+B+C+D)$。

PS-PMT 中的栅网状倍增级起到了聚焦电子群的作用,避免二次电子发生严重的空间扩散。对于入射光阴极的小光点,经过倍增过程,在阳极上二次电子群空间分布的半高宽约为 5~6 mm,X,Y 信号的峰值定位精度可以达到亚毫米水平。但是可见光光子在晶体中会发生严重的扩散,使得探测器的空间分辨率严重下降。为此,近年来多采用切割晶体代替单晶体,以限制可见光光子在晶体中的扩散,使其空间分辨率达到毫米水平。采用切割晶体还可降低单晶体边缘效应导致的,在视野周边区域的 γ 入射事件的 X,Y 向中心压缩的非线性现象。

由于技术原因,PS-PMT 的有效探测面积不能做的很大,所以它一般用作小型 γ 相机和 PET 的探测单元。

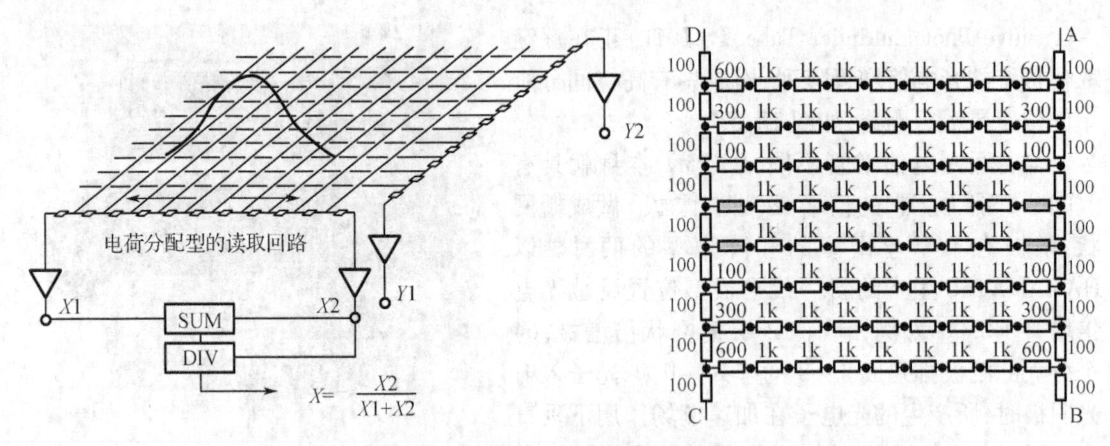

图 12.6 PSPMT 的位置读出电路

(a)十字丝网型阳极的电荷分配电阻行列;(b)阵列型阳极的 DPC 电阻网络。

12.1.6 半导体光电读出器件

光电倍增管是一种电真空器件,具有增益高($10^5 \sim 10^8$)、暗电流小等优良特性,广泛应用于核医学仪器中,但是它对磁场敏感,而且难于做出高集成度的器件。近年来成像系统的发展对光电读出器件提出了新的要求:希望它们有更小的体积、更高的量子效率(Quantum Efficiency)、更密集的读出单元(以便与切割更细的晶体阵列相配合),PET/MRI 或 SPECT/MRI 复合成像甚至要求光电器件可以在强磁场中正常工作。在这种背景下,可替代光电倍增管的新型光电读出器件不断出现。

雪崩光电二极管(Avalanche Photodiodes,APD)是一种半导体器件,通过在二级管两端施加足够高的偏压(200 ~2 000 V),形成足够大的电场强度,使得光电子在传播过程中形成雪崩效应,增益可达 $10^2 \sim 10^3$。APD 的量子效率可达 60% ~80%,其能量和时间响应特性大致与 PMT 相当。现有的 APD 器件包括独立探测单元式和阵列式两种,如图 12.7 所示,后者有时也称作位置灵敏 APD(Position - sensitive APD,PSAPD)。

APD 器件已经应用在一些实验和商业 PET 系统中。如 SIMENS 公司研发的第一台 PET/MRI 复合成像系统将基于 APD 的 PET 探测器放置于 MRI 的磁场中,实现了 PET/MRI 同时成像。加拿大魁北克省 Sherbrooke 大学 Rogers Lecomte 领导的研究组开发了基于 APD 的小动物 PET 系统 LabPET,其断层图像空间分辨率可达 1 mm 左右。美国 UC Davis 的学者也报道了将 APD 与 LSO 晶体阵列耦合,可分辨 0.5 ~0.7 mm 的切割晶体单元。但是,APD 的主要问题在于其性能指标对环境温度非常敏感,1 ~2 ℃的环境温度变化都会造成显著的增益漂移。

最近几年,另一种称为固态光电倍增器件(Solid State Photo Multiplier,SSPM)或称硅光电倍增器件(Silicon Photomultiplier,SIPM)的新型光电器件引起了人们的极大兴趣。SSPM 由一系列 APD 微单元(Micro Cell)组成,如图 12.8(a),每个单元都工作于盖革计数模式。当闪烁

(a)

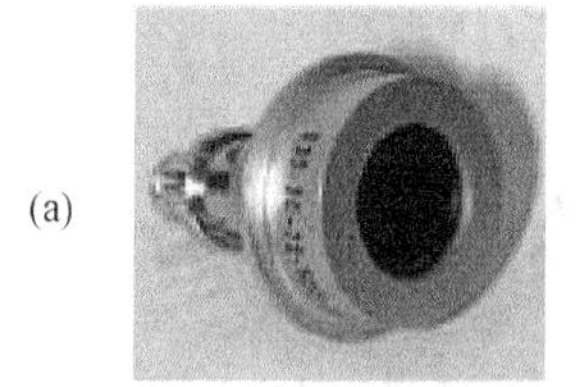

API 16 mm diameter APD (SD630-70-75-500)

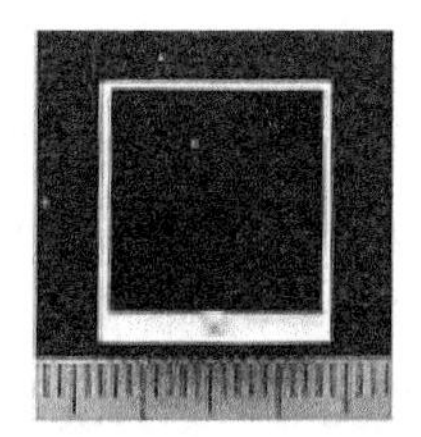

RMD 14×14 mm^2 APD

Hamamatsu S8664-1010

(b)

Hamamatsu S8550 4×8 array with 1.6 mm plxels

RMD 8×8 array

RMD position sensitive APD 14×14 mm

图 12.7　不同类型的 APD 器件

(a)单元式 APD;(b)阵列式 APD

(摘自 Recent developments in PET detector technology, Tom K Lewellen, Phys. Med. Biol. 2008)

光子与其中一个单元作用时,该单元迅速进入持续雪崩放大状态,并通过与之连接的淬熄电阻(Quenching Resistor)放电给出电流信号,直至二极管上的电压不足以维持雪崩放大状态为止。理想情况下,每个单元的输出电流脉冲均具有同样的幅值和宽度而与初始光电子的数目无关,因而每个微单元均可看作是给出“开”或“关”的数字化探测器件。所有微单元均并联至统一的输出端,如果将 SSPM 与闪烁晶体耦合,当成百上千个闪烁光子入射多个探测单元时,由输出端信号的叠加幅值可估计出有多少个微单元探测到了闪烁光子。由于微单元的尺寸非常小,可假设两个或两个以上的闪烁光子入射同一微单元的概率可以忽略,那么输出信号幅值与入射闪烁光子数目成正比。SSPM 的输出信号与 PMT 类似,其增益可达 10^5 ~ 10^7,但其偏压只需 30 ~ 150 V,远小于 PMT,其尺寸也比 PMT 小得多。与 APD 相比,SSPM 的时间和能量响应特性同样良好,且具有更好的稳定性和噪声性能,不需要复杂的 ASIC 读出电路。此外,SSPM 同样具有与磁场兼容的良好特性。近年来,Hamamatsu 等厂家开始提供阵列化程度越来越高的器件(已经有了 4 ×4 的 SSPM 阵列探测器),相关的 PET 应用研究迅猛发展,尽管目前价格仍然昂贵,但随着应用范围的扩大和成本的降低将有望成为下一代 PET 系统光电读出器件的主流选择。

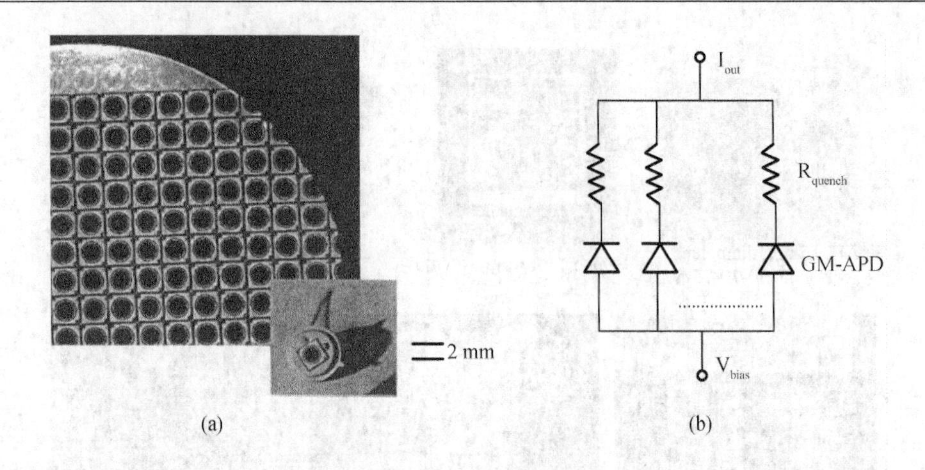

图 12.8 固态光线修增器件(SSPM)

(a)SSPM 的内部结构(摘自 Recent developments in PET detector technology, Tom K Lewellen, Phys. Med. Biol. 2008);(b)SSPM 的等效电路(摘自 Development of the first prototypes of Silicon PhotoMultiplier (SiPM) at ITC - irst, Nucl. Inst. Meth. A, N. Dinu et al, 2007)

12.1.7 新型半导体探测器阵列

半导体探测器的类似于固体电离室,通过外加高压,使晶体内部形成足够强的电场,当粒子入射时,在晶体中产生一定数目的电子 - 空穴对(每 3 ~ 10 eV 产生一对),这些电子 - 空穴对在电场中漂移、倍增、收集,然后输出正比于粒子能量的信号。

传统的半导体探测器需要制冷设备保证极低的工作温度,以减小噪声电流等因素的影响,并且由于耗尽层太薄,容易被穿透,不适用于探测能量较高的 γ 光子,所以在核医学成像设备上一直没有得到广泛应用。随着材料技术的发展,现已研制出了几种新型的工作在室温环境下的半导体材料,如碲化镉(CdTe),碲锌镉(CdZnTe,CZT)等,它们具有体积小,能量分辨率高,吸收截面高等优点。例如美国 eV products 公司生产的 CdZnTe 探测器阵列 eV - mosaic(见图 12.9),利用单阴极、多阳极的方法,做成许多 2 mm × 2 mm 的探测单元,直接将其空间分辨率提高到 2 mm,远优于使用 NaI 晶体和 PMT 阵列的探测器,随着技术的发展,其空间分辨率还能进一步提高。每个 mosaic 上含有 16 × 16 个探测单

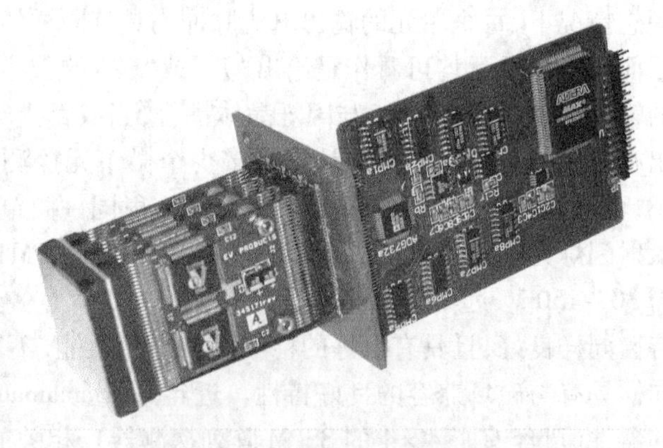

图 12.9 CZT 半导体探测器阵列

元，由于它们是互相独立的，定位不存在空间扭曲，而且得到的图像更便于校正处理。此外，半导体探测器的高探测效率使得511 keV光电峰的能量分辨率高达2.5%～4%，有利于摈弃小角度散射事件，提高成像质量，并有可能进行更为精确的散射校正。

已经有人将这种探测器用在手持式的小γ相机和小动物PET、SPECT中。例如美国Brookhaven国家实验室的P. Vaska等用具有DOI探测能力的CZT阵列研制的用于老鼠大脑扫描的PET探测器，其空间分辨率全视野优于800 μm，中心视野优于600 μm；G. E. 公司用CZT探测器研发的心脏专用SPECT系统，空间分辨率FWHM达到了5.7±1.6 mm，大大高于传统心脏专用SPECT系统的16.7±3.5 mm，灵敏度也提高了2～5倍。虽然由于价格因素CZT探测器尚未广泛应用，但以其各方面的高性能，相信随着技术的进步和制造成本的下降，在未来的核医学成像领域会有很好的前景。

12.2　新的成像技术

12.2.1　基于CCD的超高分辨率γ照相机

电荷耦合器件（charge coupled device，CCD）是一种像素化的半导体光电器件，其像素尺寸可以达到微米级，并且电信号读出非常简单。CCD的敏感层很薄，所以它只能探测可见光或低能X射线，常用来作数码相机的感光器件。CCD的工作方式是：各个探测单元接收一段时间的入射光，转换成与光通量成正比的电荷，然后在时钟的控制下顺序读出各个探测单元的电荷信号。因此，CCD测量的是光的流强，而且测量是非实时的。虽然CCD的空间分辨率比位置灵敏闪烁探测器高得多，但是其灵敏度却很低，不能进行单光子测量。有一种晶片上自带放大增益的特殊CCD—电子倍增电荷耦合器件（Electron Multiplying Charge Coupled Device，EMCCD）允许高帧率拍照，并且有很低的读出噪声（小于1个电子）。一种典型EMCCD晶片（E2V CCD87）的像素面积为16 μm×16 μm，256 K个像素构成512×512的矩形成像区；它的片上增益可以由软件控制在1到1 000倍，与光电倍增管比还是低很多。

要想利用EMCCD构成能对入射γ光子流成像的、既具有高探测效率又具有高空间分辨率的γ照相机，可以用微柱（Microcolumnar）CsI（Tl）薄晶体与EMCCD进行光耦合，组装成位置灵敏探测器。这种闪烁晶体是用气相淀积工艺制造的，形成在厚度方向上密集排列的大量CsI（Tl）细丝。闪烁光只能沿细丝轴向传播，而不横向扩散，保证了点扩展函数（PSF）非常窄。微柱CsI（Tl）晶体的参数要在空间分辨率和探测效率之间折中选择，2.6 mm厚的、微柱直径约30 μm的CsI（Tl）晶体，对140 keV的γ光子理论吸收效率可达70%。对可见光敏感的EMCCD将闪烁光转换成电荷信号后，以帧转移（Frame Transfer）方式输出电子图像。

CsI（Tl）晶体的面积一般与成像视野FOV相当，EMCCD晶片的尺寸只有数毫米，可以通过透镜将CsI（Tl）晶体上的闪烁图像成在EMCCD上。为了提高闪烁光的利用效率，还可以使用锥形光纤束集合成的光纤带(Fiber Taper)进行光耦合,其粗端与 CsI(Tl)晶体对接,细端与 EMCCD 对接,以得到缩小的图像。即便如此,EMCCD 输出的信号依然很小,为了进一步提高信噪比和探测灵敏度,在图 12.10 的设计中又增加了一级由影像增强管(DM tube)构成的光放大器。影像增强管是一个电真空器件,其输入端为带铍窗的闪烁晶体及紧贴的光电阴极,中间是电子加速及聚焦系统,下端是输出荧光屏。γ 射线在 CsI(Tl)晶体上形成闪烁图像,并在紧贴其后的光电阴极上激发出光电子,高压电场使光电子加速,并聚焦在较小的输出屏上,形成亮度高 50 ~ 100 倍而清晰的电子闪烁图像;再经直径比为 1∶1.5 的光纤带耦合到 EMCCD 上,最终输出电子图像。

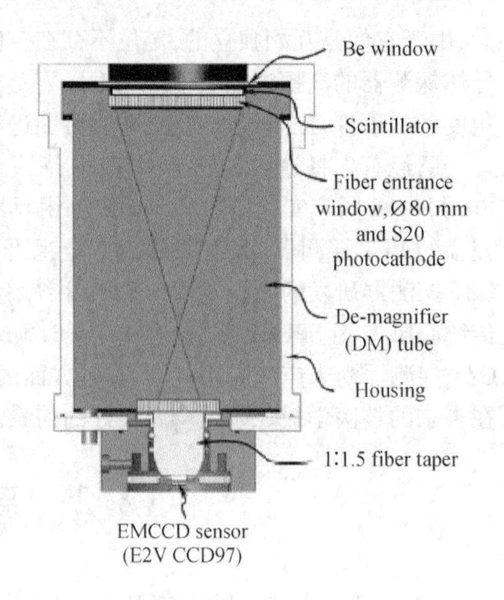

图 12.10 超高分辨率 γ 照相机的设计方案

(引自 LJ Meng et al, Preliminary imaging performance of an ultra-high resolution pinhole SPECT system using an intensified EMCCD camera)

将这种基于 CCD 的闪烁探测器配上平行孔或针孔准直器,就构成了超高空间分辨率的 γ 照相机,常用于小动物平面成像或 SPECT 成像。γ 照相机的系统空间分辨率不仅取决于闪烁晶体和 CCD 的固有分辨率,也取决于准直器的分辨率。微柱 CsI(Tl)薄晶体和 CCD 的固有空间分辨率可达几十微米,而毫米级分辨率平行孔准直器都很难制造,成为制约系统空间分辨率的瓶颈。细针孔准直器有很好的空间分辨率,但是几何效率却很低,成为制约探测灵敏度的瓶颈。一种采用透镜进行光耦合的探头,其固有分辨率为 625 μm,使用 0.5 mm 针孔准直器的系统空间分辨率为 1.2 mm。图 12.10 所示系统采用 100 μm 的针孔准直器,系统空间分辨率可达 450 μm。

12.2.2 局域触发/动态分区技术

在传统的 Anger 照相机中,入射 γ 光子的位置信号 X,Y 是由全部 PMT 的输出信号加权求和产生的。也就是说,探头在处理一个事件时,所有 PMT 及对应的电子学通道都在工作,不再理睬其他的闪烁事件,直到第一个事件处理完毕后,才能处理下一个事件。我们称这种技术为总体触发(Global Triggering)。

实际上,在 NaI(Tl)晶体中产生的闪烁光绝大部分进入临近的 PMT。远处的 PMT 对闪烁点所张的立体角很小,只接受到很少的光,它们的输出信噪比很差,不但对位置判断没有贡献,而且会降低 X,Y 信号的分辨率。我们在 5.3.4 节对 γ 照相机固有空间分辨率的分析中也知道,位置信息完全可以从最临近闪光点的第一圈 PMT 得到。这使我们可以在电路设计中采用局域触发(Local Triggering)技术,即当一个事件发生时,系统首先判断该事件所在的大概位置，然后只触发与之邻近的一圈 PMT 及其相关的电子学电路，进行局域重心（Local Centroiding）定位计算，其他 PMT 及电路则可以同时接收与处理新的闪烁事件。这种技术不但能够提高 γ 照相机的空间分辨率，而且可以防止传统的 Anger 照相机不可避免的，误将同时发生的两个 γ 入射事件当作一个事件的错定位。允许多个区域并行工作（如图 12.11）减少了计数损失，达到缩短整个系统的死时间，提高采集速度之目的。

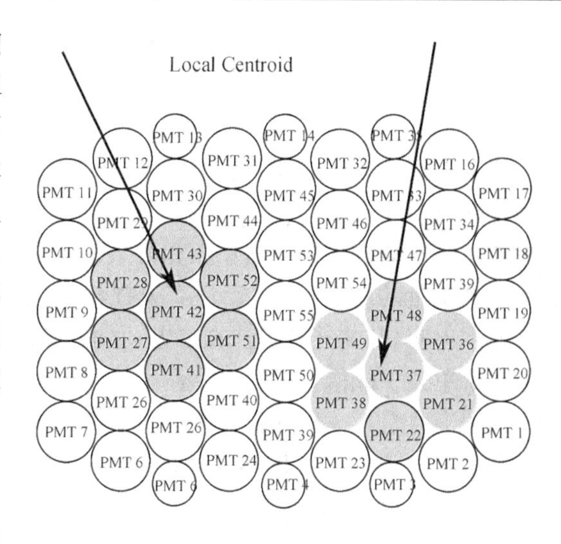

图 12.11　局部定位技术（摘自 PHILIPS）

12.2.3　缝－槽式准直器

除针孔准直器以外，近年来缝－槽式准直器（Slit-slat Collimator）在小动物 SPECT 系统设计中受到重视。这种准直器在断层平面内利用具有刀型或船底型截面的缝实现扇形束准直成像，在轴向上则将多片平行的隔片堆叠起来，由隔片间的空槽构成平行束准直几何。与针孔准直器相比，该准直器的突出优点是成像几何简单，不存在针孔准直器作单圆轨道扫描时采样完整度不足问题，且轴向成像性能更加均匀，轴向视野也更大。

图 12.12 所示为美国纽约州立布法罗大学与清华大学合作开发的小动物 SPECT 成像系统。该系统采用 8 块边缘切割成刀型（90°张角）的铅板构成宽度为 0.6 mm 的准直器缝，同时用 70 片厚度为 0.25 mm 的钨片堆叠起来，钨片间距为 0.83 mm。该准直器嵌入于小动物 PET 系统中，可以在小动物 PET 上实现 SPECT 成像。成像的视野为横断面直径 4 cm、轴向 7 cm，空间分辨率可达到 1 mm，采用螺旋扫描方式可实现小鼠的全身扫描 SPECT 成像。

图 12.12　基于缝－槽式准直器和 PET 探测器的小动物 SPECT 成像系统及小鼠全身 SPECT MDP 骨显像结果

G. E. 公司也有一种多分辨率小动物 SPECT 系统，可选用针孔和缝

-槽式准直器。

12.2.4 康普顿散射照相机

使用吸收准直器成像的最大缺点是 γ 光子的利用率只有 1‰左右,信息量少导致图像质量很差。既然准直器是限制 γ 照相机系统灵敏度和图像质量的主要因素,于是有人提出利用康普顿散射实现"电子准直"的构想,取消铅准直器对于单光子成像将是一次革命。

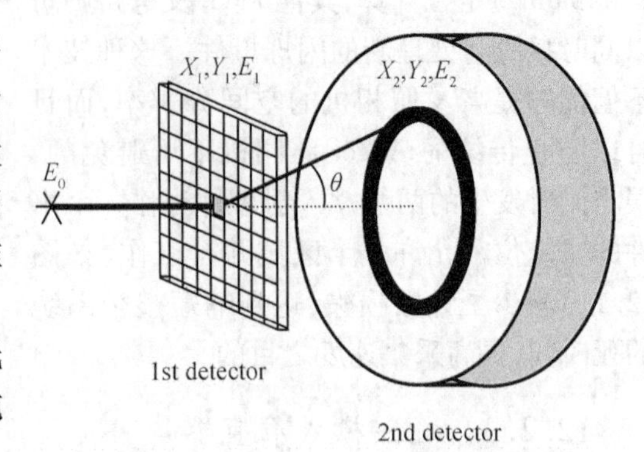

图 12.13 康普顿散射照相机的原理

电子准直是把 γ 照相机的铅准直器换成低 Z 值的位置和能量灵敏探测器,如阵列式高纯锗探测器或者硅微条(即图 12.13 中的 1st detector)。γ 光子在这个探测器上发生康普顿散射,改变方向后进入 γ 照相机(即图 12.13 中的 2nd detector)。γ 光子散射时损失的能量交给第一个探测器,它测量到的 E_1 就是损失的能量,(X_1,Y_1)则为散射位置。γ 照相机是高 Z 值的位置和能量灵敏探测器,给出散射后 γ 光子的位置(X_2,Y_2)和能量 E_2。我们可以采用符合测量(即两个探测器同时有信号输出)来确定散射事件。

康普顿散射是 γ 光子与壳层电子之间的弹性碰撞,γ 光子的初始能量 $E_0=E_1+E_2$,散射角 θ 由下式求出

$$\cos\theta = \frac{M_e c^2 E_1}{(E_0-E_1)E_0} \tag{12.1}$$

式中 $M_e c2$ 为电子的静止能量。

对于符合测量得到的每一次康普顿散射事件,我们都可以从(X_1,Y_1)和(X_2,Y_2)确定散射后 γ 光子的路径,由 E_1(即 ΔE)和(E_2)能求得散射角 θ。因此入射 γ 光子的径迹必然在以(X_1,Y_1)为顶点、直线(X_1,Y_1,X_2,Y_2)为轴、2θ 为顶角的圆锥面上,如图 12.14。每个符合事件决定一个圆锥形投影面,大量事件对应很多相交的圆锥形投影面,有可能从中确定放射源的空间分布,这就是"电子准直"的根据。

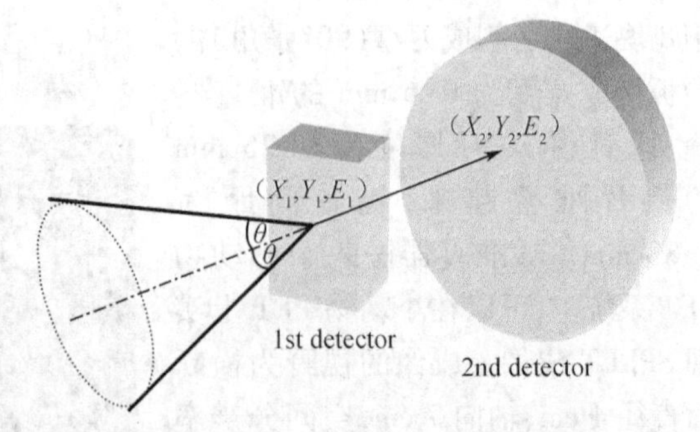

图 12.14 从(X_1,Y_1,E_1)和(X_2,Y_2,E_2)可以知道入射 γ 光子所在的圆锥面

康普顿散射成像的分辨率依赖于所确定圆锥投影面的精度,而圆锥的定位误差包括三个方面:顶点的误差 $\Delta\alpha$、轴线的误差 $\Delta\beta$ 和康顿

散射角的误差 $\Delta\theta$。$\Delta\alpha$ 仅取决于第一个探测器的位置分辨率。$\Delta\beta$ 取决于两个探测器的位置分辨和间距,可通过改进探测器的位置分辨率和增加它们的间距来降低。$\Delta\theta$ 取于第一个探测器的能量分辨率和由于探测器中电子初始动量分布而引起的多普勒展宽。

$\Delta\theta$ 和第一个探测器的能量分辨率 ΔE_1 的依赖关系由下面公式给出

$$\Delta\theta = \frac{m_0c^2}{\sin\theta(E_0 - E_1)}\Delta E_1 \tag{12.2}$$

所以由第一个探测器能量分辨率引起的 $\Delta\theta$ 随着 γ 射线能量的降低和康普顿散射角趋于 0°和 180°而增加。由多普勒展宽引起的 $\Delta\theta$ 计算比较复杂,文献[127]中有详细的描述,多普勒展宽引起的 $\Delta\theta$ 也随着 γ 射线能量降低而增大,所以康普顿成像装置尤其适用于高能 γ 光子。$\Delta\alpha, s\Delta\theta, s\Delta\beta$ 三者的结合给出康普顿准直装置的空间分辨率,s 为 γ 光子发射点到(X_1, Y_1)的距离。所以,为了得到好的空间分率,源必须尽可能地靠近康普顿照相机的第一个探测器。

电子准直可以利用从所有方向入射第一探测器的 γ 光子,它的探测效率应该比机械准直器高得多。然而,实际上可以利用的 γ 光子是那些只在第一探测器发生一次散射,并且散射后能够达到第二探测器的。这些光子不应该被第一探测器吸收掉,也不应该在其中发生二次散射,它必须很薄,这又使在其中发生散射的概率下降,因此在实验中康普顿散射照相机的探测效率并不比使用铅准直器的照相机高多少。当然,电子准直只能知道入射线所在的圆锥面,无法直接形成投影图像,必须研究图像重建的算法。

12.2.5　自适应成像技术

自适应成像(Adaptive Imaging)是指通过监测被成像物体或成像条件的变化,对成像系统的参数进行实时调整,优化成像指标或校正成像中的扰动,从而达到最佳的成像效果。人的视觉系统就是最典型的自适应成像系统:在大脑的指挥下,人可以自由地调节自己的眼睛,在感兴趣的区域上获得最佳的视觉效果。自适应成像技术在天文学等领域有广泛的应用。

美国 Arizona 大学 H. Barrett 领导的研究组在 2006 年率先提出了自适应 SPECT 的概念。自适应 SPECT 一般先进行快速"预扫描"(Scout Scan),获得粗略的初始图像,在图像上找到需要观察的感兴趣区,然后调节扫描轨道、扫描时间、准直器参数,优化成像规程,在感兴趣区上获得最佳的成像效果。在图 12.15 中,(a)上方的三角形区域为感兴趣区,如果采用常规 SPECT 成像方法,对无噪声的理想投影数据和有噪声的投影数据进行重建可分别得到图像(b)和图像(d);而采用自适应成像方法,可得到无噪声时的图像(c)和有噪声时的图像(e)。尽管自适应成像在全视野内图像质量变差,但是在感兴趣的区域获得了最佳的空间分辨率。

自适应成像的关键问题之一是系统成像参数的自适应优化准则。H. Barrett 等提出一种基于线性观测器(Linear Observer)理论进行系统参数优化的方法,其基本思路是根据对肿瘤检测的准确程度定义成像性能的评估标准,从统计理论出发,以线性检测器近似估计真人观测者(Human Observer)对肿瘤图像的检测结果(阴性或阳性),并计算真阳性比例来衡量成像系统的病灶鉴别率(Lesion Detectability),以此作为成像性能的优化准则。

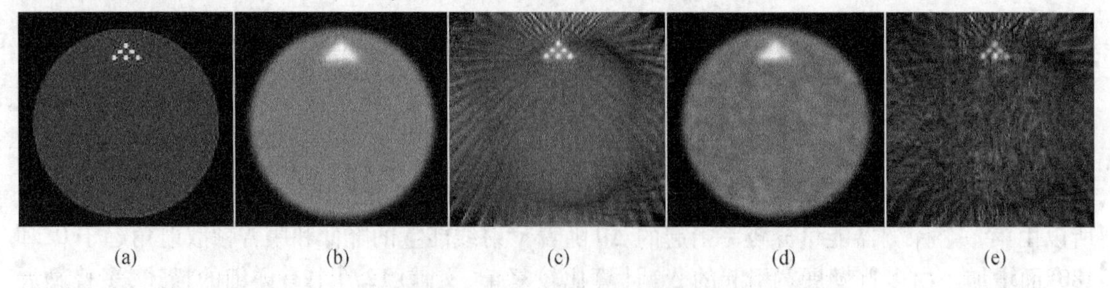

图 12.15 自适应 SPECT 对局部感兴趣区域的成像优化效果

(a)局部感兴趣区;(b)常规成像方法无噪声时的图像;(c)自适应成像方法无噪声时的图像;
(d)常规成像方法有噪声时的图像;(e)自适应成像方法有噪声时的图像

12.3 医学图像获取、处理、管理和传输技术

当前,γ照相机主流产品是全数字化的,SPECT 和 PET 本身就是数字成像设备,计算机在现代核医学仪器中处于核心位置,它控制所有的硬件和设备,完成数据采集和组织、各种误差校正、断层图像重建、图像处理和分析、图像及相关信息显示及输出。

12.3.1 计算机和网络

核医学仪器需要计算机实时地处理每秒钟上百万个事件,操作和管理数 GB 的数据,并迅速给出处理结果。早期的计算机运算能力有限,图像重建需由专用的阵列处理机(Array Processor)来完成。计算机技术日新月异,近年来出现了采用流水线(Pipeline)和超标量(Super Scalar)结构的精简指令集计算机(Reduced Instruction Set Computer,RISC)、单指令多数据技术(SIMD)、加速图形接口(AGP)、超线程(Hypertread)等新技术,大大提高了数据处理和图像显示速度。SPECT 和 PET 系统越来越多地使用工作站或小规模高性能并行集群,为实时性要求很高的数据采集、复杂的图像处理和定量分析提供了强大的硬件平台。随着核素显像向精细化和定量化发展,在大学和研究所已经开始采用集群计算(Cluster Computing),进行复杂的 Monte Calo 模拟、系统建模和迭代重建计算。相信不久的将来,内含几十个、上百个 CPU 的集群计算机会进入医院的核医学科。

除了数据采集和图像重建以外,核医学影像设备的核心软件还包括图像显示(黑白/伪彩色编码及调整、图像放大/缩小、电影显示、3D 显示)、图像处理和分析(图像的平滑、滤波、增强、算术和逻辑运算、感兴趣区产生、计数统计、曲线生成、医学参数计算、功能图产生)、数据库管理及操作(查询、排序、添加、删除、编辑等)、图像硬拷贝及文件存档(打印、拍片、存贮在磁介质或光盘上)、文件格式转换及网络传输。计算机通常运行于多任务操作系统之下,以调度和同时运行多个进程，协调前后台任务的执行，并且提供友好的人机界面，帮助医生掌握和运用上述庞大、复杂的软件。

核医学成像系统大多采用分布式信息处理方式，负责数据采集的控制台计算机、供医生进行图像分析的辅诊台计算机、管理和维护信息的数据库服务器、控制回旋加速器、药物标记设备和放射剂量监控仪器的计算机都连接在一起，组成局域网(Local Area Network，LAN)。支持分布式结构的多用户网络操作系统，如 Unix 和 Windows NT，对整个系统进行管理。

联网络也为医院得到及时的维修和服务创造了条件。身处公司的技术人员可远程登录进用户的机器，对设备实施质量控制，监测和查找它的故障，修复故障部件，恢复系统文件，更新临床软件，如同亲临现场一样。据报导，GE 公司到 2006 年底已在中国实现了 10 000 次医疗设备的远程诊断和远程维修。

12.3.2 图像存档和传输系统

大型医院的放射科一般都积累了数以十万计的影像胶片，临床上判读 X 射线照片大约 80% 需与以前的相对照，用人工进行大量胶片的制作、存档、传递、判读，不但耗资巨大，而且效率极差。随着计算机和网络技术的迅速发展，上世纪 60 年代出现了为放射诊断和治疗服务的放射学信息系统(Radiology Information System，RIS)，其基本功能有病人登记、检查预约、病人跟踪、数据分析、文字处理、报告生成、账单计费、胶片管理、档案管理等。随着应用的不断深入，RIS 的内涵越来越丰富，甚至包括模板和报告自动生成功能、口述报告功能、统计功能、影像分析功能、与其他系统的接口等等。

近二十多年来计算机断层成像技术的发展非常快，XCT 和 MRI 在不断地革新，核医学 CT、超声 CT、微波 CT、光学 CT 等也相继出现。这些三维成像设备各有特点，功能互相补充，形成了医学影像诊断百花齐放的局面，成为现代化医院中不可缺少的工具。它们与数字化 X 光成像、数字减影血管造影等二维成像技术一起为医学影像的电子化奠定了基础，也为病人临床信息的全面整合准备了条件。

20 世纪 80 年代末，随着计算机和网络技术的迅速发展，图像存档与传输系统(Picture Archiving and Communication System，PACS)问世了。PACS 是影像设备、诊断工作台、读片台、大型存储系统以及计算机网络的集成，如图 12.16。它对各种医学影像数据进行数字化采集、存储、分类、归纳，并通过网络或通信线路将该数字影像传送到异地终端的监视器屏幕上，无失真的重现出来，供医师审阅、会诊。PACS 使医院能够更有效地获取、管理、传递和使用医学图像和疾病信息，实现无胶片化(Filmless)、无失真复制、多模式图像融合、诊断报告处理与管理自动化、异地访问及远程诊断。

放射科作为医院最大的影像部门(在美国，核磁、核医学、超声等都属于放射科)，面向病人信息管理的 RIS 与专注图像存档与传输的 PACS 都十分重要，缺一不可。将 RIS 中的病人信息与 PACS 中的图像信息进行关联与整合，形成一体化的 RIS/PACS 系统是当前的发展趋

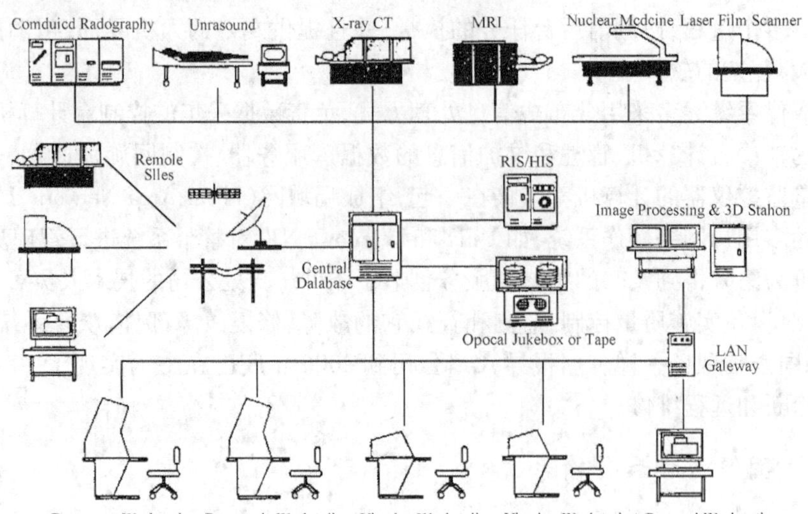

图 12.16 PACS 系统示意图

数字图像数据流从各种医学影像设备送入中心数据库,它与图像存档、阅片工作站、RIS,HIS 系统接口,也可以将图像传送到或接收自远地,提供远程放射学服务。

势。将核医学科、放射科、肿瘤科的影像设备连接起来,医生能更有效地获取和使用各种医学信息,为多影像手段的综合创造了条件。

此外,目前国内外正在大力推进医院信息化,我国的大中型医疗单位纷纷建立医院信息系统(Hospital Information System,HIS)。HIS 是覆盖医院各部门的计算机网络系统,它包括病人临床信息系统(Patient Care Information System,PCIS)、医院经济核算系统、医院决策支持系统、院务管理系统等。图像存档和传输系统是病人临床信息系统 PCIS 的重要组成部分。PACS 起初只在数科室实现联网,以后逐渐扩大到其他影像科室,其发展目标是综合所有影像设备的、跨科室遍全院的 Scalable PACS。虽然 PACS 可以是独立运行的系统,但是医生在使用 PACS 管理图像的同时,也需要 HIS 系统管理的其他信息,所以 PACS 应当具有与 HIS 的互操作性或整体集成性。

各种医学影像设备联网是必然发展趋势。医学图像的信息量十分巨大,在美国,一个标准的 600 张床位医院,仅普通 X 光平片的年数据量就达 1 573 GB,所以 PACS 对网络的要求是 HIS 中最高的。实现 PACS 的关键技术有:数字成像设备,基于高速光纤和异步传输模式(ATM)的客户机/服务器网络体系,作为主服务器的高速大容量计算机工作站,快速、大容量的存储介质,高分辨率(2 048 × 2 048 以上)的大屏幕显示系统,不损失图像的质量的干式激光相机和激光胶片数字化仪等光电设备,图像的无损压缩算法,简明形象的人—机界面,能迅速传送和调度庞大数据的高效软件,统一的数字图像管理和通讯标准。

PACS的应用前景十分诱人。随着综合国力不断增强，医学影像技术和网络技术迅速发展，我国对PACS的需求越来越紧迫，目前中级以上医院都逐渐配有各种档次的数字影像设备，并开始建立医院管理信息系统。我国很多医院正在建立以放射科为主的小型PACS(或RIS)，比如北京协和医院、宣武医院、301医院、上海瑞金等三级甲等医院已有了院级PACS。"非典"期间在小汤山医院建立的PACS系统还让我们看到了其独特的价值——通过网络快速传输影像，能保证在第一时间对可疑病人进行诊断，并避免医务人员与病人的不必要接触。

我国PACS的研究开发尚处于起步阶段，尽快自主开发适合我国国情的PACS是当务之急。为了落实《卫生部卫生信息化发展规划纲要2003~2010》，卫生部已着手各项卫生信息化标准的研究和制定，中国医学影像传输系统(C-PACS)标准是其中重要内容之一。这项标准的出台，不仅将引导和规范我国PACS的正确发展，也为研究机构和开发商明确了发展方向，为医院提供了PACS功能的评价依据。

12.3.3　DICOM标准

数字化医学影像设备是个巨大的市场，很多厂商都生产了含有计算机的产品，也制定了各自不同的图像格式和传输协议。随着RIS、PACS、HIS的迅速发展，在不同厂商生产的设备间交换图像和相关的信息的需求日趋迫切，而缺乏统一的图像信息格式和数据传输标准成为图像交换的主要障碍。为此，美国放射学院(American College of Radiology, ACR)和国际电气制造业协会(National Electrical Manufacturers Association, NEMA)在1983组成一个联合委员会，发起制定一个公共的标准，它的目标是：

(1)促进数字图像的网络化，而不论设备的生产商是谁；

(2)帮助开发和推广图像存档和传输系统(PACS)，并能够与其他医学信息系统联系；

(3)建立有价值的诊断信息数据库，处理地理上分散的不同设备间的请求。

1985年该委员会发表了ACR-NEMA 1.0标准(No. 300-1985)。1986年10月和1988年1月又公布了该标准的两个修订版。1988年公布ACR-NEMA 2.0标准(No. 300-1988)。然而因为技术上的不成熟，这些规范并没有被广泛采用。经过ACR-NEMA委员会和著名的医疗影像设备制造商的共同努力，终于在1996年发表了一套新的规范，正式命名为DICOM 3.0，此规范一经公布立即被众多的厂商及机构采用。此后，DICOM标准不断吸纳各方反馈的信息，从不同专业角度增加规范的范畴和深度，目前仍然在不断的发展中。例如2007年5月7日，美国NEMA下属的医学影像和技术联盟(MITA)发表了DICOM 2007标准，这个标准共16章，为数字图像的交换及病人姓名、手术原因和使用的器械等关联信息建立了一种单一的语言。

DICOM是Digital Imaging and Communications in Medicine的缩写，它包括医学数字图像和相关信息的构成、存贮方式和文件格式、信息交换和服务等方面的标准。DICOM 3.0已经得到了世界上主要厂商的支持，包括SPECT, PET, X-CT, MRI, DR, CR在内的新一代医学影像设备将以支持该标准作为基本特征。

DICOM 标准包括以下内容：

PS 3.1：Introduction and Overview（引言和概述）

PS 3.2：Conformance（一致性）

PS 3.3：Information Object Definitions（信息对象定义）

PS 3.4：Service Class Specifications（服务类规范）

PS 3.5：Data Structure and Encoding：（数据结构和编码规定）

PS 3.6：Data Dictionary（数据字典）

PS 3.7：Message Exchange（信息交换）

PS 3.8：Network Communication Support for Message Exchange（信息交换的网络通讯支持）

PS 3.9：Point－to－Point Communication Support for Message Exchange（信息交换的点对点通讯支持）

PS 3.10：Media Storage and File Format for Data Interchange（便于数据交换的介质存储方式和文件格式）

PS 3.11：Media Storage Application Profiles（介质存储应用框架）

PS 3.12：Storage Functions and Media Formats for Data Interchange（便于数据交换的存储方案和介质格式）

PS 3.13：Print Management Point－to－Point Communication Support（打印管理的点对点通讯支持）

这几部分文档是既相关又相互独立的。其中规定了 Patient、Study、Series、Image 四个层次的医学图像信息结构，以及由它们组成的信息对象（Information Object）；采用服务类客户/提供者（Service Class User/Service Class Provider）概念组成的服务－对象对（Service－Object Pair）；支持点对点（PPP）和 TCP/IP 网络通讯协议。

很多网站都提供有关 DICOM 的资料，下面列出一些重要的网址。

◇ NEMA 关于 DICOM 标准的 WWW 站点和 FTP 站点：

http://www.nema.org/nema/medical/ 和 ftp://ftp.nema.org/medical/dicom

在该站点上，可以获取 DICOM 标准以及最新更新情况。

◇ 关于医学图像格式常见问题可以参阅下面的网站：

http://www.rahul.net/dclunie/medical-image-faq/html/

◇ 获取 DICOM 最新补充和更新可以访问网站：

http://www.rahul.net/dclunie/dicom－status/status.html

◇ DICOM 资源目录：

http://www.merge.com/DICOM/

◇ Philips 公司提供的关于如何开发 DICOM 的资料：

ftp://ftp. philips. com/pub/ms/dicom/DICOM_Information/CookBook. pdf

◇ OFFIS 提供的关于 DICOM 的网站：

http://www. offis. uni – oldenburg. de/projekte/dicom/dicom_main_e. html

◇ CEN/TC251/WG4 提供的关于 DICOM 标准的网站：

http://www. ehto. be/cen251w4/

◇ 在下列网址，可以获得一些免费的 DICOM 图像浏览器：

http://www. expasy. ch/UIN

ftp://ftp. u. washington. edu/public/razz/

http://rsb. info. nih. gov/nih-image/

http://wwwusers. imaginet. fr/ ~ sderhy/dicJava. html#downloadPC

DICOM 涵盖的内容极其庞大繁杂，目前每一种设备都是只针对自己最需要的部分提供支持。广大用户极其重视影像信息的交换，不支持 DICOM 的厂商将被淘汰出局。

12.3.4　远程医学

随着 Internet 的进步，远程医学（Telemedicine）也迅速发展起来了。美国远程医学协会（ATA）对此提出了一个广义界定：利用网络通信技术，在异地之间交流医学信息，为患者的健康和教育服务，为医疗保健的提供者服务，为改善患者的保健服务。远程医学按照功能大致可以分为远程医学教育（Teleeducation）、远程会诊（Teleconsultation）和远程诊断（Telediagnosis）三种类型，使医学专家能够利用计算机网络及多媒体技术实现远距离医学检测、监护、诊断、咨询、急救、保健、治疗、管理和教育。

远程医学是一种全新的医疗服务模式，在为农村、边远地区和战地提供高质量医疗服务和大范围疫病控制方面有独特的优势。美国在海湾战争期间就建立了远程医学系统，为战场伤病员提供远程会诊服务。“非典”也让我国意识到远程医疗的巨大价值。为了有效地帮助医护人员抗击“非典”，做好全国，特别是广大农村及偏远地区的疫情宣传及预防工作，中国疾病预防控制中心将在中国卫星通信集团公司的帮助下，搭建起覆盖全国的“卫星远程医疗系统”和“卫星应急通信系统”。卫星远程医疗系统可实现先进的双向视频、数据传输、现场图像传输、双向会议电视等功能，具有无缝覆盖的优势，适用于全国范围的疫情发布、疾病防治知识的培训和教育等。

在我国的信息化建设中，医疗卫生信息化已提到议事日程。国家科技部、信息产业部、卫生部十分关注我国医院信息化的建设，十五计划期间，70% ~80% 的医院实现了信息化管理，远程医学教育、远程会诊、远程诊断都在创办中。卫生部正在进行的“金卫工程”，即国家医疗卫生信息系统，是专为医疗卫生部门服务的广域网。这个覆盖中国两千多个县市的医疗卫生信息骨干网将采用宽带多媒体卫星传输技术，承担各级卫生行政机构政务管理、国家医疗卫生信息大型中心数据库等多项任务。它将通过卫星、有线、无线通信将不同地区、省份的卫生行政机关、医院、医学院校、科研机构等各类网络用户连接起来,进行文字、语言、影像等资料的传输、交流、分析和处理。1996 年 3 月 15 日作为"金卫工程"之一的中国医学信息网(CMINET)正式开通,包括协和医科大学、中国医科大学等 11 所院校的局域网,通过 CHINAPAC 连接成广域网,并通过中国公共数字网 CHINADDN 和中国教育和科研网 CERNET 与 Internet 相连。作为"金卫工程" 的一部分,军队医药卫生信息网络和远程医疗会诊系统已在"九五"期间完成,南京等大军区已建成了远程医疗会诊网络,所联系的医院已超过 100 家,遍及全国各地。1997 年 6 月在上海成立了中国远程医学和远程教育研究会筹委会,已建成了上海医科大学网络中心、中山医院远程医学和远程教育中心、华山医院卫星远程会诊中心,以上海医科大学八家附属医院为中心向全国辐射,为全国开放的会诊通信接口有帧中继、DDN、ATM、X. 25、ISDN 或普通电话线。最近,北京大学医学部远程医疗中心宣布成立,旨在建立一个以北大医学部为核心、各附属医院为后盾的覆盖全国的医疗服务平台。通过现代化通信手段来实现异地会诊和提供就医咨询、健康管理、电话/网络挂号、预约住院、专家外出会诊、在线培训等相关服务;使北京大学医学部及附属医院更多的获得基层医院递交的疑难杂症病例信息和资料,加强与全国各地基层医院之间的交流,向基层医院提供技术支持和教育培训;充分利用现有的社会医疗资源,使分散于各地各医院的专家、设备、技术通过远程医疗系统得以综合利用。远程医学是一个大有可为的领域,市场总量将达到 200 多亿元,它等待着我们去开发。

因为许多危重疑难病例的会诊都离不开包括 XRCT、MRI、SPECT、PET 在内的放射图像,所以远程放射学(Teleradiology)是最先发展起来的,成为了远程医学的主角。PACS 是一种真正可服务于远程医学的多媒体信息管理与通信系统,它在 HIS 的支持下,可以实时传递各种数字化的医学图像和诊疗信息,进行多点信息交换。远程医疗系统一般由用户终端设备、医疗中心终端设备和联系医疗中心与用户的通信信息网络三部分构成,多媒体远程医疗系统还应具有获取、传输、处理和显示图像、图形、语音、文字和生理信息的功能。

PACS 和 Internet 的应用必将使核医学发生革命性的变化。在 Internet 上有丰富的核医学信息资源(教材、医学文献、专科数据库、分析软件、研究计划、医学机构和专家名录等)可供我们使用,以下是一些与核医学有关的组织、大学、厂商的 WWW 站点。

◇ 中国国家原子能机构:http://www. caea. gov. cn
◇ 中华核医学专业网:http://www. csnm. com. cn
◇ 中华放射医学网:http://www. med618. com. cn/zkw/fs/
◇ 国际原子能机构(IAEA):http://www. snm. org,其核科学和应用部(Department of Nuclear Sciences and Application)下设人类健康分部(Division of human Health),其中的核医学项目网址是:http://www. iaea. or. at/programmes/nahunet/e1/index. html
◇ 亚洲地区核医学协作理事会(The Asian Regional Cooperative Council for Nuclear Medicine, ARCCNM):http://www. arccnm. org
◇ 美国核医学协会:http://www. snm. org

◇ 核医学文件服务器的 IP 地址:129. 100. 2. 13
◇ 美国核医学杂志:http://jnm. snmjournals. org/current. shtml
◇ 北美放射学会(RSNA):http://www. rsna. org
◇ 加拿大协会:http://www. csnm. medical. org
◇ 欧洲核医学联合会:http://www. eanm. org
◇ 英国核医学会:http://www. bnms. org. uk/bnms. htm
◇ 劳伦兹伯克利国家实验室核医学和功能成像部:http://www. lbl. gov/lifesciences/departments/nmfi. html
◇ 哈佛大学医学院核医学:http://radiology. bidmc. harvard. edu//kinds_of_exams/nuclear/nucmed. html
◇ 约翰霍普金斯大学放射学系:http://www. rad. jhmi. edu/
◇ 北卡罗莱那大学生物医学工程系:http://www. bme. unc. edu
◇ 宾夕法尼亚大学放射学系:http://www. med. upenn. edu/radiology. html
◇ 亚利桑那大学放射学系:http://www. radiology. arizona. edu
◇ 芝加哥大学放射学系:http://www. radiology. uchicago. edu
◇ 匹兹堡大学放射学系:http://www. radiology. upmc. edu/
◇ 通用电气公司医疗系统:http://www. gems. com. cn/
◇ 飞利浦医学系统:http://www. medical. philips. com/
◇ 西门子医学: http://www. medical. siemens. com/

12.4　机遇与挑战

核医学是一门交叉性学科,在发达国家医院拥有许多具 Ph. D. 学位的物理学家和工程师,与医师的比例达到 1:4 ~ 1:3。我国医院中物理和工程人员极其缺乏,在相当程度上影响了核医学设备的正常使用和诊断质量,培养高水平的物理师和工程师已是我国医学发展的当务之急。

我国有 13 亿人口,随着综合国力的增强和“以人为本”指导思想的落实,民众对医疗保健的要求越来越高。2008 年我国的医疗电子设备的销售额为 33 亿美元(其中影像诊断设备约为 8. 61 亿美元),2009 年将增长到 39 亿美元,2013 年上升到 86 亿美元,年增长率将达 21%。目前中国是仅次于美国和日本的全球第三大医疗设备市场,预计在 6 ~ 8 年内将超过日本。

然而目前核医学在我国的基层医院还不普及,核医学的整体水平还不高,常用的放射性药物几乎都是仿制的,主要的核医学仪器,如 SPECT、PET 全部依靠进口,特别是我国核医学的基础研究远远地落后于国际先进水平。中国在向现代化迈进,核医学事业方兴未艾,13 亿人口的健康对核医学仪器有巨大的需求,开发具有自主知识产权的的核医学设备,满足国内需求,并争取进入国际市场,是我们不可推卸的责任。

第13章　图像质量评估方法

包括核医学在内的大量成像技术和图像处理都是以获得高质量的图像为目标。因此，对所得图像质量进行评估是衡量不同成像技术优劣的重要手段。图像质量评估的一个基本问题是：在已知目标图像的情况下，如何比较不同成像技术获得的图像与目标图像的相似程度。图像质量的评估方法包括定性方法和定量方法两大类。前一类中常用的方法有减影图和剖面曲线等，后者中采用广泛地有均方误差、峰值信噪比和相关系数。当前通用的图像质量评估方法仍然在发展中，一个重要的趋势便是通过构建特定的度量函数（Metric），模拟人眼对图像的响应，量化两幅图视觉误差。除此以外，针对不同图像处理领域中出现的不同问题，还有出现了许多针对性的图像评估方法，这些方法由于与问题本身密切关联，旨在衡量图像质量在某一方面的指标，缺乏通用性，因此不在本章的讨论范围之类。

13.1　图像的描述

13.1.1　图像的信号建模

在数字化医学图像中，每个像素的灰度值是图像的最基本组成单元。属于相同组织器官的像素，其灰度值基本相近，不同组织之间，以及病灶与正常组织之间的灰度值会有较大的差别。因此，在医学图像中人们最关心的信息是图像的对比度以及图像中局部的细节。为了能简洁而高效地表现这两类信息，一种可行的描述方法便是将图像看成是一个像素灰度值随着平面空间坐标(x,y)而变化的三维信号，如图13.1（b）。这一信号在空间中总体上是平缓变化的，然而在某些局部会包含非常强烈的信号跳变，形成信号中的奇异点（Singularity）。而平时所看到的二维图像便是这一信号在$X-Y$平面上的投影，如图13.1（a）。

在信号区域内，平缓变化的部分构成了图像的主要内容。在医学图像中其具体的表现形式是，同类组织分布的像素范围内灰度值的变化相对平缓。例如，脑部核磁共振图像图13.1（a）中颅外脂肪分布的范围内，像素灰度值基本呈现亮白色；在白质分布范围中，像素大多为灰白色。不同区域之间像素值的差别，为区别不同组织以及区别健康组织和病灶提供了依据。不同区域之间的，及其与背景之间的差别构成了图像的对比度。

而信号中的奇异点则构成了图像的边缘和细节信息。在医学图像中其具体的表现形式是：在不同组织的交界面处，图像的灰度值存在着强烈的跳变，形成了图像的边缘，比如脂肪和颅内组织的交界面以及灰、白质的交界面。图13.2（b）是图13.2（a）的梯度分布图，它反映了图13.2（a）中信号奇异点的位置。可以看出信号的奇异点主要发生灰度值变化剧烈的地方，

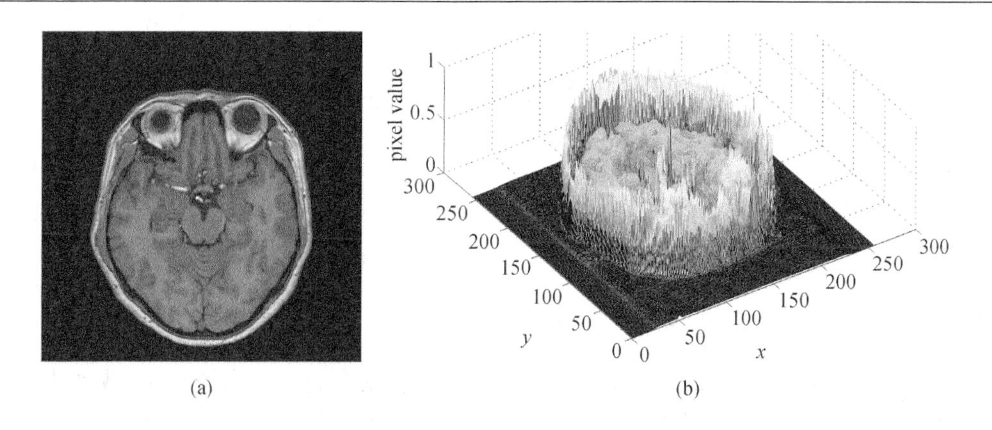

图 13.1　图像作为一个三维信号的立体表达

(a)原图;(b)灰度的空间分布图

比如边缘。相对于信号中平缓变化的部分,人们视觉上对于信号中的奇异点更为敏感。在实际观察中,也往往对于这部分信号更感兴趣。因此,这部分信号的完整性是影响图像质量的重要因素。

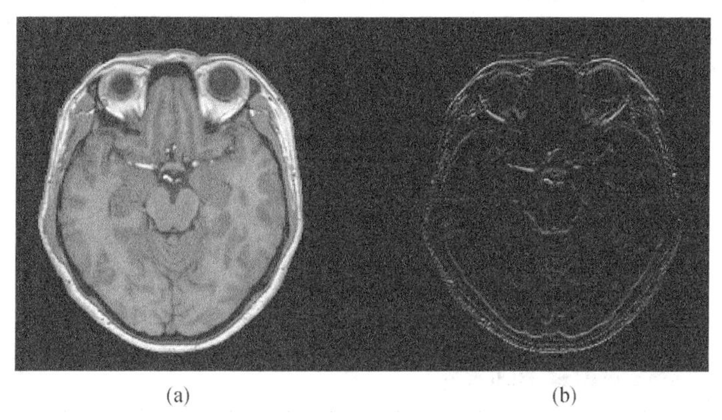

(a)　(b)

图 13.2　脑部医学图像及其梯度分布图

(a)原图;(b)梯度分布图

13.1.2　医学图像信号的特点

从像素灰度值的分布来看,医学图像本身灰度值分布并不单一,如图 13.2(a),而且在像素灰度值的空间分布中,也存在着大量的剧烈变化,如图 13.2(b)的梯度分布。然而,这些灰度值的分布在空间上具有高度的连续性和相关性。对比图 13.2(a)和图 13.2(b)可以看到,平缓变化的信号部分所构成几何形状,与灰度值强烈变化的信号奇异点所构成的几何形状十分类似。因此,整体上,医学图像信号的分布是具有高度的连续性和相关性,孤立的信号奇异点和孤立的灰度值存在较少。

13.2　导致医学图像质量下降的因素

图像质量下降本质上来源于图像中信息的破坏。信息的破坏在大多数情况下可以归结为像素灰度值分布的连续性和相关性受到了破坏。对于医学图像而言,图像信息的破坏因素主要包括噪声(Noise)、伪影(Artifact)和图像降质(Degradation)或模糊(Blurring)三类。

13.2.1　噪声

噪声是所有信号系统所需要面对的一个共同问题。噪声的典型来源包括:成像本身的物理机制,成像时进行数据采集的电子学设备,图像重建过程中的数值计算。而实际上,从最开始的信号产生环节,到最后图像的显示环节,都有可能引入噪声。前面环节引入的噪声不仅会在成像过程中不断传递,而且有可能被后续环节放大。

噪声由于起源的不同,会有不同的统计分布。然而,图像中的噪声大多具有各个像素独立不相关的特点。因此,尽管在统计上噪声分布会一定的规律,但是与图像中原有的结构信息相比,噪声不具有像素分布上的连续性和相关性,见图13.3(b)。从图13.3(c)中可以看出,噪声明显地破坏了像素灰度分布的连续性。图13.3(d)则说明了噪声对于信号奇异点的影响,噪声的灰度值由于分布上存在无序的跳变,给图像增加了许多杂乱而没有意义奇异点,这些奇

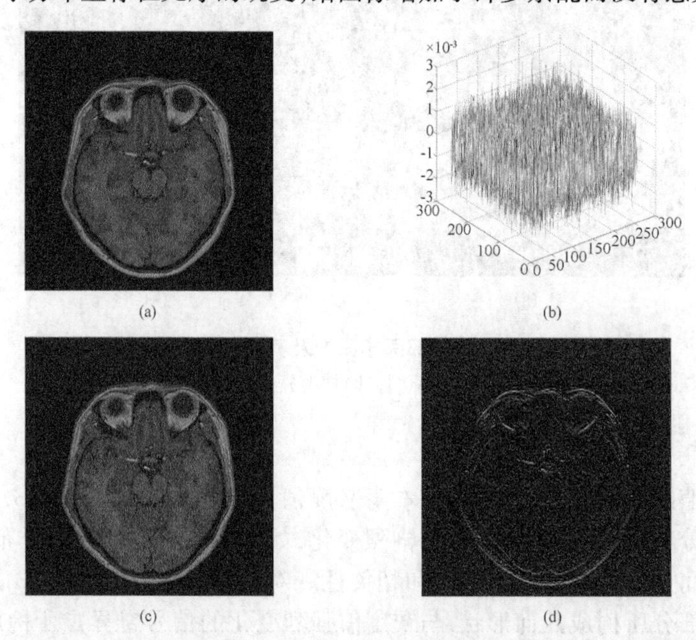

图13.3　噪声对医学图像的影响

(a)原图;(b)噪声的空间分布图;(c)被噪声破坏的图像;(d)被噪声破坏的梯度图

异点破坏了原有图像信号奇异点的分布。因此,噪声淹没了图像中原有的结构和信息,造成了信息缺失。

13.2.2　伪影

伪影是成像系统产生的本身不存在于成像对象中的信号,属于图像中的虚假性信息。这部分信号可能的来源包括:成像物理机制的限制、数据采样率偏低、病人在成像期间的运动和图像的重建过程等。典型的伪影便是由于成像过程中数据采样率低于 Nyquist 频率而造成的混迭。例如视角采样步长为 10°的 FBP 重建结果图 13.4(d),图中有强烈的条纹状伪影,其频率域数据分布图图 13.4(e)呈稀疏的放射状分布。

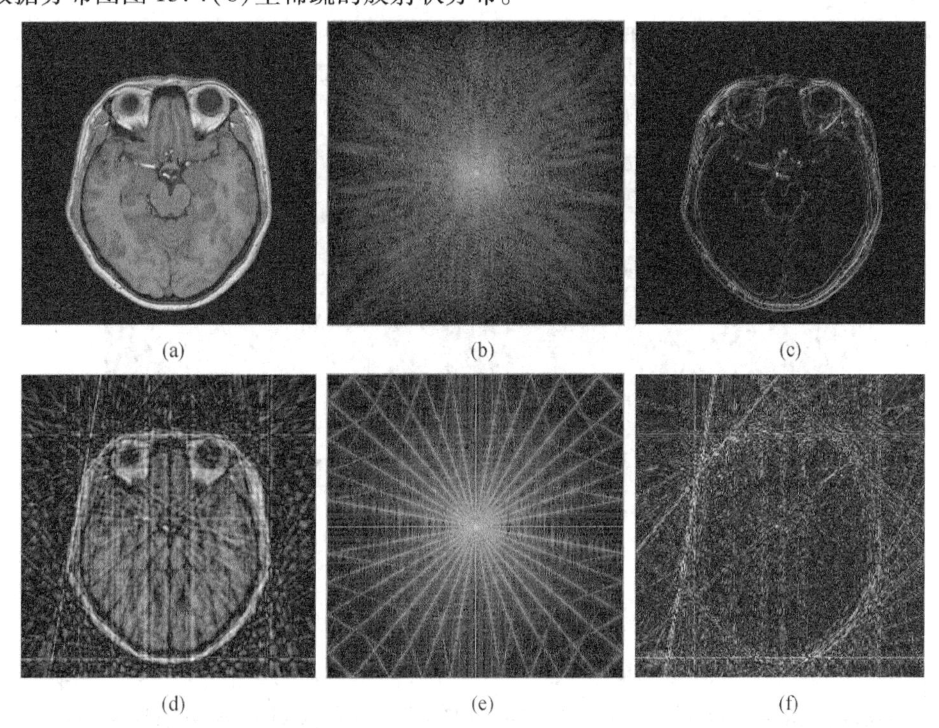

图 13.4　混迭伪影对图像的影响以及对应的频域数据分布

(a)原图;(b)原图的频率域数据分布;(c)原图的梯度图;
(d)视角步长为 10°的 FBP 重建断层;(e)频率域数据分布;(f)梯度图

不同的数据欠采集方式会产生不同的混迭伪影,但从频率域来看,混迭伪影都来源于频率域数据缺失。尽管不同混迭伪影在图像域的表现形式可能差别很大,但是混迭伪影自身总是有着很强的相关性和连续性,这是混迭伪影与噪声的最大区别。以图 13.4(e)为例,混迭伪影全部呈现为条纹状,通过图像某个局部的混迭伪影分布,可以预知到周围混迭伪影的分布情况。

与噪声类似,伪影的存在同样严重破坏了图像灰度值分布的连续性,而且会给原图像添加虚假的结构和信号,破坏原有的信息分布。这一现象可以从图像的梯度分布图中更清楚地看出,图13.4(f)中的混迭伪影在整个图像域空间交叠出现,不仅增加了虚假的信号奇异点,而且抹杀了图像中心部分原有的信号奇异点。

各类图像伪影都会在不同程度上产生虚假信号,这些信号可能被误诊为病灶,也可能掩盖真正的病灶信号,从而增大了误诊的风险。

13.2.3 模糊

模糊是核医学图像经常遇到的一个问题。病人的运动和成像重建算法都有可能造成图像的模糊,如图13.5。病人运动造成的模糊往往会破坏图像质量,而重建算法造成的模糊效应却有着降低分辨率和抑制噪声的双重效果。

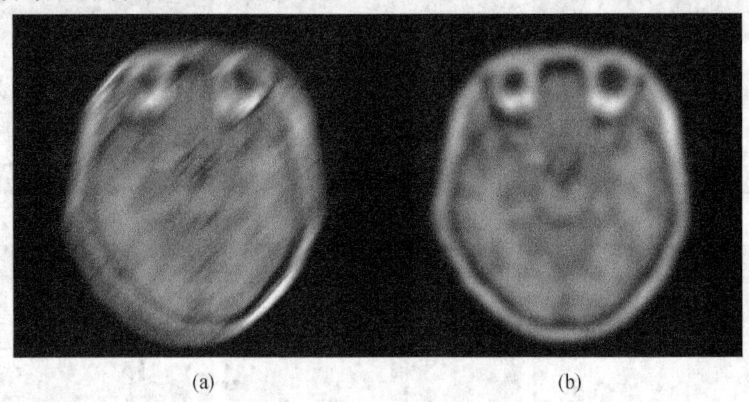

(a) (b)

图13.5 图像的模糊

(a)病人运动造成的模糊;(b)重建算法造成的模糊

尽管不同重建算法所造成模糊的机理不尽相同,但总体而言,这类图像模糊基本上可以归结为重建算法对频域中高频部分数据的丢弃。图13.5(b)所对应的频率域数据的分布如图13.6(b)所示,将其与原图频率域数据图13.6(a)比较可知,图13.5(b)中的模糊来自于对频域高频数据的截断。截断造成的直接结果是高频部分数据的丢失,从而使得图像的分辨率降低,削弱了图像中的细节信息和信号奇异点,见图13.6(c)和(d)。

然而,在另一方面,由于高频噪声对于图像质量的破坏更加明显,对高频数据的截断可以大幅度减小高频的噪声,提高图像的信噪比。典型的情况便是滤波反投影重建算法中对于滤波窗函数的选取。高的截止频率有助于提高图像分辨率,减轻模糊,却会引入噪声;低的截止频率有助于去除噪声,却会造成图像模糊。因此,截断频率的选择需要权衡两方面因素。

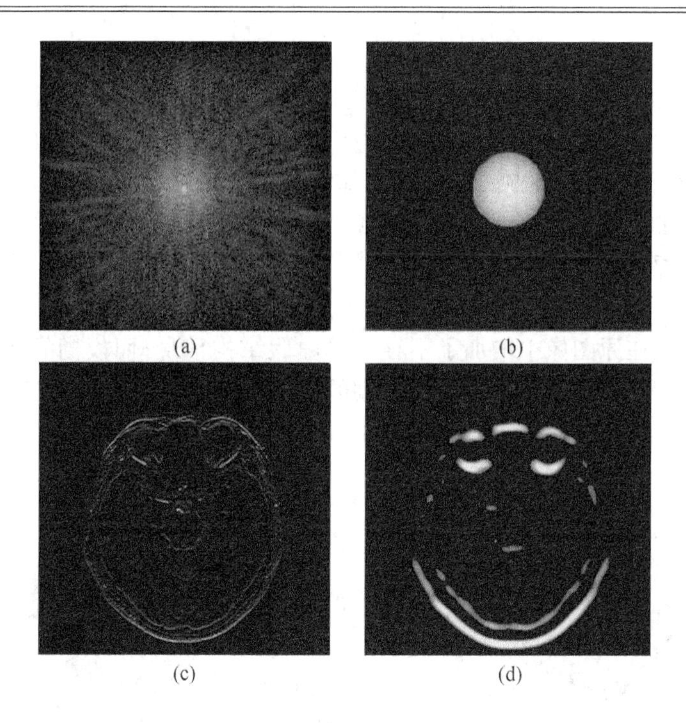

图13.6 截断所引起模糊的频率域数据分布和截断对于图像信号奇异点的影响

(a)原图的频率域数据分布;(b)模糊图像的频率域数据分布;(c)原图的梯度分布图;(d)模糊图像的梯度分布图

13.3 图像质量的定性评估方法

图像质量评估,旨在通过衡量成像系统所获得的某一幅图的表现,来判该断成像系统性能的优劣。定性评估方法基于人眼对于图像的视觉感受,通过比较图像或者图像经变换后的视觉结果来鉴定图像的质量。在10.1.1节医学图像的信号建模中谈到,完美的图像信号被默认为是一种各像素点灰度值在空间缓慢变化,而且在某些局部具有灰度值跳变的信号,其总体特点为像素灰度值分布具有很强的连续性和相关性。通过比较这种连续性的完好程度,可以对图像的质量做出评估。

13.3.1 直接观察

定性评估方法中,最简单的便是直接将不同成像系统获得的图像与标准的目标图像放在一起观察比较。根据将医学图像的二维信号模型,这一方法实际上是逐点(Point-wise)比较两个信号的近似程度。由于该方法相当于遍历每个像素去比较两个图像信号的相似性,因此其分辨率是十分精细的。然而由于图像的细节信息丰富,而人眼的分辨能力有限,很多图像中的噪声和伪影难于通过此方法发现。

直接比较图像的另一种方法是比较图像像素值的三维分布,这一比较方法在图像重建算法和图像去噪的理论研究中使用较多。但是由于一般图像的像素值空间分布复杂,这类方法多用于对结构比较简单的模型图像进行分析(如 Shepp-Logan 模型)。

三维比较方法的优势在于可以直接看出各类图像质量破坏因素对于图像的影响。图13.7通过三维像素分布显示了噪声,混迭伪影和模糊三种破坏图像的因素对于图像的影响。与原图13.7(a)比较可以看出:噪声的影响图 13.7(b)体现在原来的图像信号被污染;混迭伪影的影响图 13.7(c)体现在原图像中增加了不存在的虚假结构信息;而模糊的影响图 13.7(d)体现在图像变光滑,大量结构信息丢失,然而模糊的另外一个效果是去除了图像中的大量噪声。

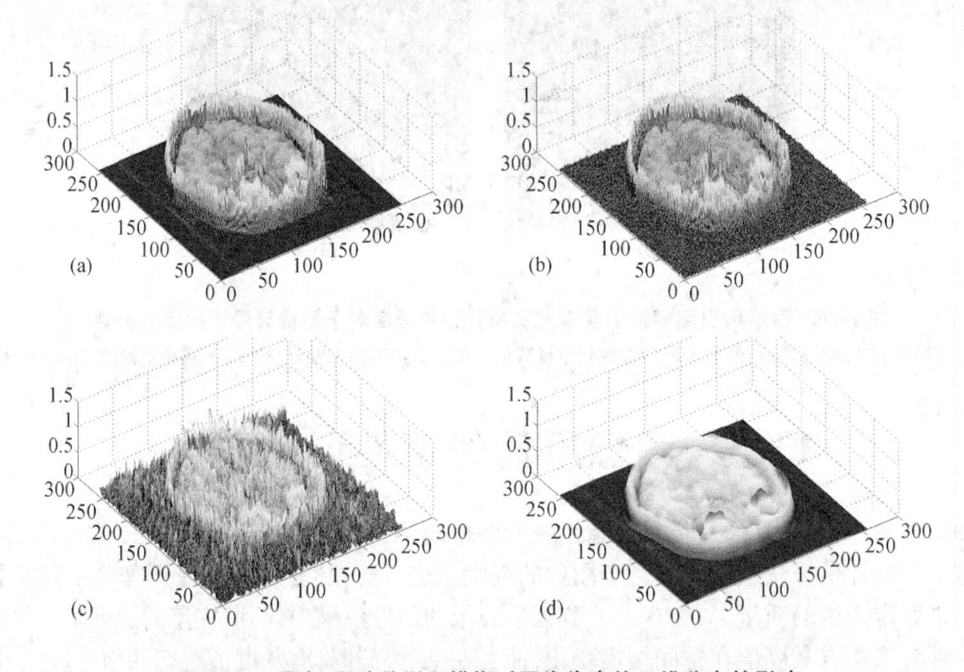

图 13.7 噪声、混迭伪影和模糊对图像像素值三维分布的影响

(a)原图;(b)被噪声污染的图像;(c)视角采样率低造成的混迭伪影;(d)模糊的图像

13.3.2 减影图

减影图(Difference Map)表现的是不同成像系统所获得的图像与目标图像相减后的视觉结果。与直接观察图像的方法相比,减影图同样是逐点衡量两个信号的相似程度,具有精细的分辨率。然而减影图通过相减操作去除了两图像之间的相同部分,直接比较两图像之间的差别,这使得比较对象的复杂度大大降低。与直接比较方法相比,减影图直接反映不同图像相对于某一个标准图像的偏差,更有利地表现了图像质量的优劣。

减影图中的灰度值的整体强弱体现了两幅图之间偏差的大小,而减影图中灰度值在整个图像域中的分布则体现了各种图像质量破坏因素的存在特点。由此可以掌握各种因素的影响结果,从而针对性地改进成像系统。

以采用 Buttworth 滤波器的滤波反投影算法为例,一般而言,图像模糊所所引起的偏差在减影图像上表现为大量的灰度值的沉积在图像边缘,形成类似图像轮廓的结构性分布,如图 13.8;这一分布意味着与标准图像相比,结果图像存在严重的结构性信息损失。当滤波器的截止频率过低时,这一现象会出现,如图 13.8(d),此时图像虽然噪声很小,但存在严重的模糊和吉布斯振铃现象,破坏了大量原图的结构信息,不是理想的结果。而由于噪声分布上没有相关性,因此在减影图像上的噪声表现为在图像空间均匀分布而强度不等的灰度值。当滤波器的截止频率很高时,反投影结果会出现这一情况,如图 13.8(f),此时图像的分辨率增高,但是却会存留大量的噪声,也不是可以接受的结果。

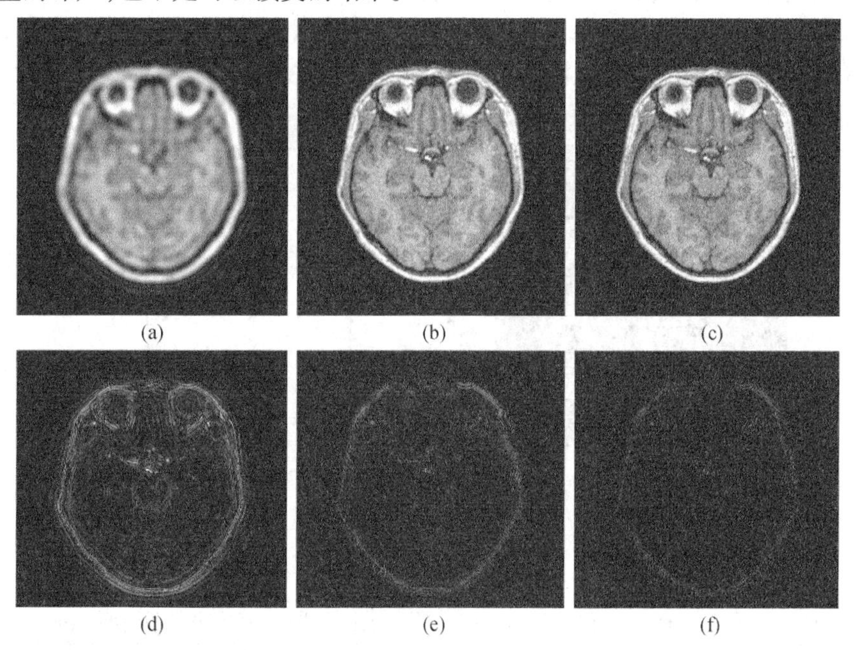

图 13.8　不同 Buttworth 滤波器参数的 FBP 重建效果及对应的减影图

(a) Butt(4,0.2);(b) Butt(2,0.6);(c) Butt(1,0.8);(d),(e)和(f)是对应的重建结果的减影图

通过对图 13.8(a)和图 13.8(c)重建结果的直接比较,可以看出这两种极端情况下差别所在,这两种结果都不令人满意。实际上在滤波反投影重建结果中,大多同时存在着不同程度的噪声和模糊。通过选择滤波器的参数,可以使图像偏差在这两种因素之间进行着分配与权衡,使模糊和噪声都减小到相对可以接受的水平,如图 13.8(b)。此时,通过直接比较图 13.8(b)与(c)很难得出结论,但是比较减影图 13.8(e)和图 13.8(f)我们可以看出,因

图 13.8(b)模糊所引起的结构信息的缺失与图 13.8(c)基本处于同一个水平,然而图13.8(b)的噪声大大降低,因此是更令人满意的结果。

总体而言,图像的结构性信息偏差(如模糊和伪影)和非结构性信息偏差(如噪声)相互制约。减影图同时反应了两种偏差的强弱和分布,是比较全面的定性图像质量评估方法,因此获得了广泛的应用和认可。

13.3.3 剖面曲线

剖面曲线(Profile)比较是图像像素值三维比较的简化。剖面曲线选取图像中具有代表性的一条直线,观察这一条线上的灰度值的涨落,如图 13.9。实际上剖面曲线是像素值三维分布中的一个截面,反映了特定位置下某个方向的灰度值分布情况,因此剖面曲线本身不能直接反映图像结构信息。然而在已知目标图像的情况下,剖面曲线可以精确地反映出在这一条线上偏差分布的位置和幅度,从而可以半定量的进行图像质量的评估。对照图 13.9(a)和图 13.9(b)可以看出,剖面曲线中灰度值涨落变化剧烈的部分对应于图像中的边缘,而变化平缓的部分对应于图 13.9(a)图中灰度值比较均一的部分。

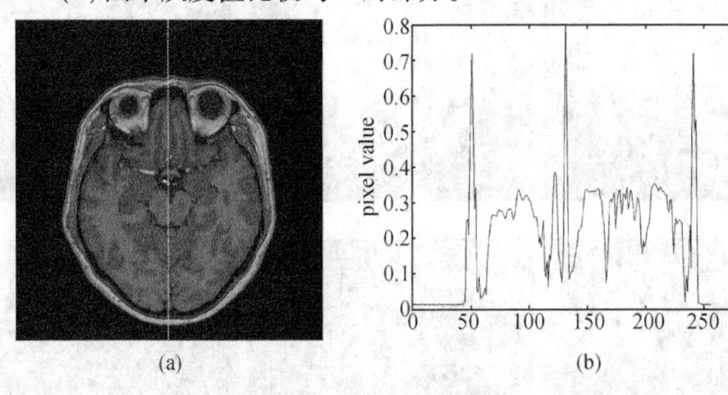

图 13.9 剖面曲线

(a)剖面曲线在图像上的位置;(b)在图像中心线上的剖面曲线

图 13.10(a),图 13.10(b),图 13.10(c)分别给出了噪声、混迭伪影和模糊三种破坏图像的因素在剖面曲线上的变现形式。总体而言,这些表现形式与像素值三维的分布类似(见图 13.7)。然而,由于剖面曲线可以更方便地进行定位和像素值大小差别的比较,还是提供了更多的信息。噪声不会改变像素值的总体分布,但是会淹没细节信息;混迭伪影则会在幅度和位置两方面改变灰度值的分布;模糊平滑了灰度值在分布上的涨落。

图 13.10(d)比较了图 13.8(b),图 13.8(c)与原图的中心剖面曲线。可以看出,在边缘信号上(尖峰区域)两种滤波器的效果相当,虽然相对于原图的剖面曲线,峰值都有所降低,但在位置和幅度上都和原图的剖面曲线十分接近。在剖面曲线中变化平缓的部分,Butterworth 滤波器参数为(1,0.8)的重建结果含有大量噪声造成的涨落,而参数为(2,0.6)的重建结果则

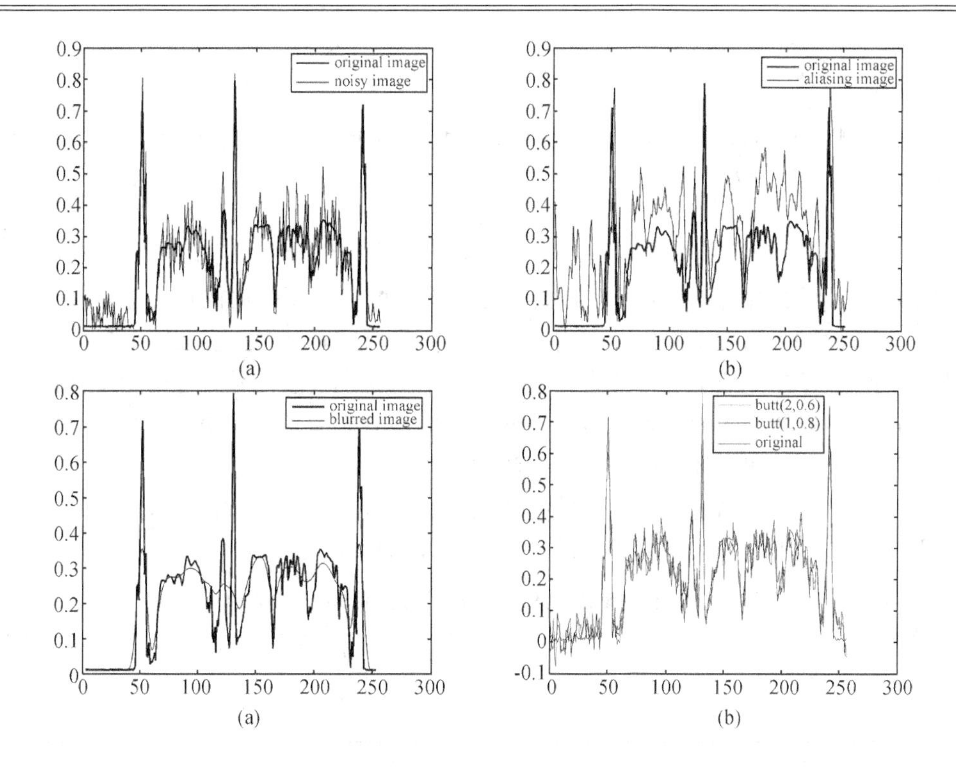

图 13.10　不同图像破坏因素存在时的剖面曲线和原图剖面曲线的对比

(a)含噪声图像；(b)视角采样率低造成的混迭伪影；(c)被模糊的图像；

(d)采用 Butt(2,0.6)和 Butt(1,0.8)的 FBP 重建图像的剖面曲线比较

相对平滑，和原图轮廓更加接近，因此是更优的重建结果。

总之，定性评估方法的是逐点(逐像素)比较两幅图像之间的偏差，其优势在于能够观察到偏差的分布，从而判断偏差对图像中信息的影响大小。然而定性评估方法依赖人眼的视觉判断，不同人观察评价的结果之间没有很好的可比性，当图像数量很多时，定性评估方法需要的工作量是令人难以接受的。

13.4　图像质量的定量评估方法

定量的图像评估方法通过以图像为自变量的某个函数来衡量图像的偏差，用量化的结果来评判图像的质量。它所提供的指标是图像中各个像素点像素值的贡献总和，因此不能反映图像中结构信息的变化，与人眼观察的结果可能存在偏差。

传统定量评估方法中应用最为广泛的有三种：均方误差、峰值信噪比和相关系数。

13.4.1 均方误差

均方误差(Mean Square Error,MSE)是两幅图相应像素灰度值之差的平方和的平均值,可以由下面的表达式来定义

$$\mathrm{MSE} = \frac{1}{N}\sum_{i=1}^{N}(x_i - y_i) \tag{13.1}$$

其中 x 是待评估的图像,y 是作为金标准的参考图像,i 是图像中的像素序号,N 是图像的总像素数。在数学上,均方误差把图像看成是一个向量,把两幅图像之间的差别看成是两个向量之间的差别,通过二范数下的数值来衡量这一差别的大小。从信号处理的角度来说,均方误差是平方项,代表着两幅图像差别的能量高低。因此均方误差具有着明确的数学和物理意义,并且易于计算,故而在图像评估中获得了广泛的应用。

对图 13.8 中三个不同滤波参数下的重建结果计算均方误差,其结果如表 13.1 所示。可以看出,均方误差给出的结果与减影图的比较结果基本相同。

表 13.1 不同参数下滤波反投影重建结果及其均方误差

图 13.8	(a)/(b)	(b)/(e)	(c)/(f)
参数	Butt(4,0.2)	Butt(2,0.6)	Butt(1,0.8)
均方误差	0.002 8	0.001 9	0.002 3

均方误差反映的是两个向量在数值分布上的差异,不能反映出数值分布所形成的结构性差异,因此均方误差不能体现人眼对于不同图像的响应,均方误差小的图像不一定具有视觉上最佳的响应效果。一个典型的现象是,质量差别很大的两幅图像完全有可能具有相同的均方误差。

13.4.2 峰值信噪比

信噪比是一个广泛用于图像质量评估的参量。在不同的问题中,信噪比有不同的获取方法。从图像处理的角度,一个被广泛接受的统一计算方法便是峰值信噪比(Peak Signal-to-noise Ratio,PSNR)

$$\mathrm{PSNR} = 20 \times \log\left(\frac{\max(I)}{\mathrm{MSE}}\right) \tag{13.2}$$

其中,$\max(I)$ 表示待评估图像 I 中最大的灰度值,MSE 是图像 I 相对于目标图像的均方误差。从该定义式可以看出,峰值信噪比默认为图像中的偏差(MSE)都来自于噪声,因此,该指标同样存在不能反映出图像中结构信息上的偏差大小。

13.4.3 相关系数

相关系数(Cross-correlation)衡量两个图像的相似程度,以此作为图像质量的评判标准。

相关系数的定义如下

$$\mathrm{Corr} = \frac{\sum_i x_i \times y_i}{\sqrt{\sum_i x_i^2 \times \sum_i y_i^2}} \tag{13.3}$$

其中 x 是待评估的图像，y 是作为金标准的参考图像，而 i 代表图像中的像素序号。

尽管从定义看上，相关系数充分考虑了两幅图像各自灰度分布在结构性上的相近程度。但实际过程中，伪影、噪声等因素一般不会剧烈改变像素灰度值的分布，因此相关系数对不同图像的区分度并不是特别理想。有研究指出：相关系数对于图像质量变化的敏感度要低于均方误差和峰值信噪比[132]。

13.4.4　小结

以上介绍的三种传统定量评估方法是当前被广泛采用的标准。它们都存在与人眼视觉响应有偏差的问题。其中均方误差和峰值信噪比由于物理意义清晰，易于计算，获得了大量的应用。在实际对图像评估中，一般总会同时采用多种方法，从不同角度来衡量图像质量，以期获得更客观的评价。

13.5　视觉效应的量化评估方法

针对传统图像定量评估方法的不足，学者们提出了许多不同的改进方法和目标函数，来衡量图像中像素分布的结构性信息，进而更好地评价图像的质量。众多基于视觉效应的图像质量评估方法（Perceptual Image Quality Assessment）仍然在发展中，还没有能够取代传统定量评估方法在图像质量评估中的位置，目前主要应用在照片和视频的质量的评价上。

13.5.1　模拟人眼响应的量化评估方法

该类方法认为，传统的图像质量定量评价结果与人眼观测结果不符合的原因在于：人眼对于图像的观察和响应机制与当前图像的编码显示方法有差别。例如通常的 RGB 图像色彩编码方式是面向硬件的显示方法，和人眼对于色彩的感应有相当的差别。以这种编码方式求得的均方误差或信噪比，自然与人眼对图像的响应有差别。解决这一问题的直接办法便是用近似人眼响应的编码系统重新表示图像，再进行误差的计算[133][134]。

这一类方法典型的模式是：模拟人眼对于图像的响应，对目标图像和待评估图像进行一系列的处理，之后通过构造不同的函数来衡量图像的质量，其评估流程如图 13.11 所示。

该流程模拟人眼对于外界图像的响应和处理，可以具体分为如下步骤[135]：

（1）预处理（Preprossing）　这一步骤首先通过一些列操作，消除图像之间的扭曲、像素值分布范围不同和配准等问题。之后对图像重新编码，使之更接近人眼视觉系统。再把图像的

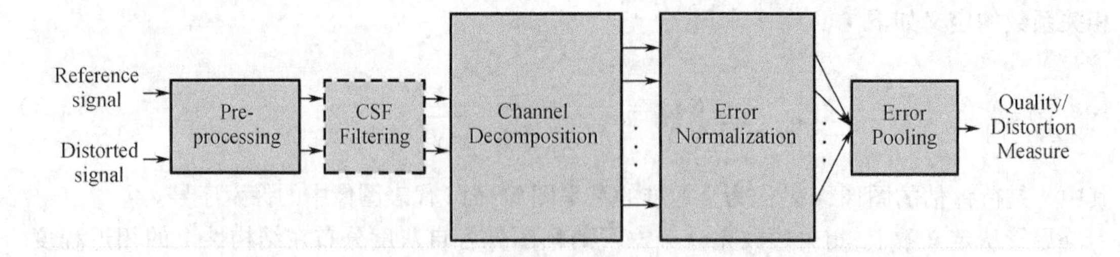

图 13.11 模拟人眼响应的量化评估方法流程(引自[4])

像素值转换为体现光强度的亮度值(Luminance Values),以模仿实际图像的存在形式。最后再对图像进行低通滤波,模拟人眼对于图像的响应。

(2) 对比度函数滤波(Contrast Sensitivity Function Filtering,CSF Filtering) 对比度函数(Contrast Sensitivity Function,CSF)描述人眼对于不同空间频率和时间频率的响应。对比度函数滤波是通过 CSF 模拟人眼对于图像中不同频段信号的响应。

(3) 通道分解(Channel Decomoposition) 由于人眼对于不同频段的图像信号的响应不同。图像评估中往往将图像分解为一系列的子带(Channel)信号,再分别进行量化和评估。

(4) 误差均一化(Error Normalization) 对每一个通道而言,人眼能够可见的阈值并不相同,因此每一个通道内的误差传递到人眼中的比例也不相同。误差均一化步骤对不同通道的误差分配不同的权重,以模拟人眼的观察阈值。

(5) 误差累加(Error Pooling) 将各个通道内的误差累加起来,得到一个量化指标,用于之后的比较评估。

这一类方法基于人眼视觉系统对于图像的响应,将图像误差细化处理,以得到接近人眼视觉的量化结果。在视觉效应量化评估方法中,该类方法的研究开始的较早,有着比较深刻的影响。

近年出现的视觉信噪比(Visual SNR,VSNR)便是这类方法的代表。VSNR 计算主要分为以下步骤:

(1)计算待评估图像与目标图像之差;

(2)通过小波变换,将(1)的计算结果分解成一系列的子带信号;

(3)对每个子带信号计算人眼能够观察到的对比度变化阈值和几何扭曲阈值;

(4)对于对比度(几何扭曲)低于人眼可见阈值的,认为 $VSNR = \infty$;

(5)对于对比度(几何扭曲)高于人眼可见阈值的,计算扭曲度,得出 VSNR;

(6)综合各个子带,得出总体 VSNR 评判结果。

13.5.2 基于结构的量化评估方法

最近出现的另一类视觉效应评估的思路则和前面描述的方法完全不同。这类方法认为,传统图像量化评价方法之所以不能反映人眼的观察效果,关键在于这些量化方法没有体现图像中的结构信息,因此该类方法通过改进目标函数的方程,以图像结构信息为变量来衡量图像质量。目前这类方法中比较成功的指标是结构相似性系数(Structural Similarity Index,SSIM)。

结构相似性系数同样是在已知目标图像的情况下进行图像评估。结构相似性指标认为,图像中最为人眼所敏感的是其中的结构信息。然而,这些结构信息受到亮度(Luminance)和图像的对比度(Contrast)的影响,这两个因素会改变图像对于人眼的响应,但是却不会更改图像中的根本信息—图像结构。因此,结构性系数从图像中分离结构信息,亮度和对比度,对三者分别进行比较,在将比较的结果综合起来,其评估流程如图 13.12。

具体而言,对于影响图像质量的三个因素,该方法定义了如下三个参量,并由它们共同组成了 SSIM 参数,用于评估图像。

(1) 亮度参数

$$l(I,J) = \frac{2\mu_I\mu_J + C_1}{\mu_1^2 + \mu_J^2 + C_1} \tag{13.4}$$

其中 μ_I 和 μ_J 是图像 I 和 J 的局部均值(local mean value), C_1 是与图像像素值分布范围的平方成正比的常数。

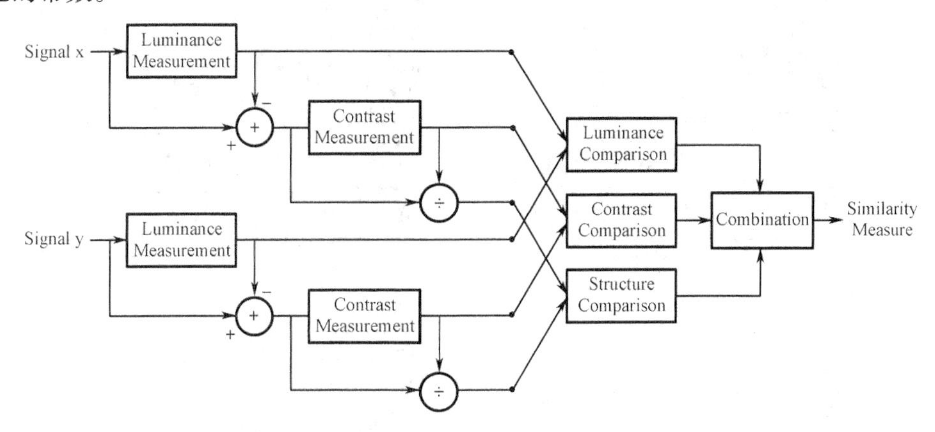

图 13.12　构相似性系数对图像的评估流程

(2)对比度参数

$$c(I,J) = \frac{2\sigma_I\sigma_J + C_2}{\sigma_I^2 + \sigma_J^2 + C_2} \tag{13.5}$$

其中 σ_I 和 σ_J 是图像 I 和 J 的局部方差(local deviation), C_2 同样是与图像像素值分布范围的平方成正比的常数。

(3)结构性参数

$$c(I,J) = \frac{r_{IJ} + C_3}{\sigma_I + \sigma_J + C_3} \tag{13.6}$$

其中 r_{IJ} 是图像 I 和 J 的局部方差(Local Deviation),C_3 是一个固定常数。

(4)SSIM 参数

基于上面三个参数,SSIM 参数可以表示成三者指数之积为

$$\mathrm{SIMM}(I,J) = [l(I,J)]^a \cdot [c(I,J)]^b \cdot [s(I,J)]^c \tag{13.7}$$

文献中给出的一种简化的表达式为

$$\begin{aligned}\mathrm{SIMM}(I,J) &= [l(I,J)] \cdot [c(I,J)] \cdot [s(I,J)] \\ &= \frac{(2\mu_I\mu_J + C_1)\cdot(2r_{IJ} + C_2)}{(\mu_I{}^2 + \mu_J{}^2 + C_1)\cdot(\sigma_I{}^2 + \sigma_J{}^2 + C_2)}\end{aligned} \tag{13.8}$$

从 SIMM 表达式可以看出,SIMM 是相关系数、图像方差和图像均值共同作用的结果。目前,SIMM 在图像和视频评价方面的应用获得了很大的成功。最近,也有研究者在弥散核磁共振成像中尝试用 SIMM 来比较图像的质量。从图 13.13 可以看出,相比于均方误差 MSE,结构相似性系数 SIMM 能提供更接近视觉的评价结果。

图 13.13 两组具有相近均方误差的图像之对比(引自 www. cns. nyu. edu/ ~ zwang/)

(a)原图像 MSE = 0,SIMM = 1;(b)模糊的图像 MSE = 0,SIMM = 0.694;

(c)亮度增加的图像 MSE = 144,SIMM = 0.998 3;(d)含 JPEG 伪影的图像 MSE = 142,SIMM = 0.662

13.6　PET 成像质量的物理评价指标

核医学成像的一大特点是信号的产生物理过程具有随机性，服从一定的统计规律。这一物理过程决定了所能获得图像的最高质量。以 PET 为例，图像质量取决于发生真符合事件的数量，以及散射符合、随机符合等可能破坏图像质量的事件数量。因此，通过对这两类事件数量的衡量，可以间接评价成像质量。

噪声等效计数 NEC(参见 9.7.5 节)便是通过计算这两类事件发生的数量来评价 PET 系统在每次成像过程中的性能，从而评价所得图像的质量[138]。数学推导可以发现，NEC 和图像的信噪比 SNR 之间存在正相关关系。下面，让我们从 PET 图像的信噪比的定义出发，通过分析其中的与符合事件数量相关的变量，推导出 NEC 的定义。

根据 PET 成像的物理过程，图像的信噪比可以表示为

$$\mathrm{SNR} = \frac{c \times f_i}{\sqrt{VAR_i}} \tag{13.9}$$

其中 c 是常数校正因子，f_i 是图像的第 i 个像元中发生真符合事件的数量，VAR_i 是各个 LOR 采样值对像元 i 中计数方差贡献的加权累加。VAR_i 取决于投影数据记录的总事件数 N_{total}，它包括真符合事件数 N_{true}、散射符合事件数 N_{scatter} 和随机符合事件数 N_{random}。因此，VAR_i 可以表示为

$$\begin{aligned}\mathrm{VAR}_i &= \sum_m w_m N_{\mathrm{total}} = \sum_m w_m (N_{\mathrm{true}} + N_{\mathrm{random}} + N_{\mathrm{scatter}}) \\ &= \sum_m w_m N_{\mathrm{true}} (1 + \alpha_{rp} + \alpha_{sp})\end{aligned} \tag{13.10}$$

其中 w_m 是第 m 个投影视角下的权重；$\alpha_{\mathrm{rp}} = N_{\mathrm{random}}/N_{\mathrm{true}}$ 和 $\alpha_{\mathrm{sp}} = N_{\mathrm{scatter}}/N_{\mathrm{true}}$ 是某一个投影数据采样中，随机符合事件数和散射符合事件数与真实的符合事件数的比例分数。

首先考虑重建一个放射性均匀分布的圆柱体模型的图像时的 SNR，该模型直径为 D，图像像元尺寸为 $\tau \times \tau$。由于图像是中心对称的，对于每条投影线而言，真符合事件数可以表示成

$$N_{\mathrm{true}} = \frac{f_i \times D}{m \times \tau} \times a_c \tag{13.11}$$

其中，a_c 是投影数据的死时间和衰减校正系数。经过 a_c 校正后，各视角下权重 w_m 可看成是一致的：$w_m = w$。将式(13.11)带入式(13.10)，可得

$$\mathrm{VAR}_i = w \frac{f_i \times D \times a_c}{\tau} (1 + \alpha_{rp} + \alpha_{sp}) \tag{13.12}$$

既然 N_{true} 为 PET 采集到的全部真符合事件数，它们被分配到图像的各个像元中以后，第 i 个像元中发生的真符合事件数为

$$f_i = \frac{N_{\text{true}} \times \{avg\}(a_c)}{\pi D^2/4\tau^2} \tag{13.13}$$

其中 avg(a_c)表示各个投影校正系数 a_c 的均值。将式(13.12)和式(13.3)代入式(13.9),并且将权重划归到常数 c 中,可以得到

$$\text{SNR} = c\sqrt{4/\pi} \times \left(\frac{\tau}{D}\right)^{\frac{3}{2}} \times \left[\frac{\{avg\}\ (a_c)}{a_c}\right]^{\frac{1}{2}} \times \left[\frac{N_{\text{true}}}{1+\alpha_{\text{rp}}+\alpha_{\text{sp}}}\right]^{\frac{1}{2}} \tag{13.14}$$

可以看出,图像的信噪比 SNR 除了与成像对象的几何尺寸、图像像元的大小、系统死时间和衰减校正系数有关外,还取决于真符合、随机符合和散射符合事件的发生情况。根据 α_{rp},α_{sp}的定义,式 13.14 中最后一项就是 NEC(参见 9.7.5 节)

$$\frac{N_{\text{true}}}{1+\alpha_{\text{rp}}+\alpha_{\text{sp}}} = N_{\text{true}} \times \frac{N_{\text{true}}}{N_{\text{true}}+N_{\text{random}}+N_{\text{scatte}}} = N_{\text{true}} \times \frac{N_{\text{true}}}{N_{\text{total}}} \triangleq NEC \tag{13.15}$$

式(13.14)表明,SNR 与 NEC 存在正相关关系,如果其他影响因素确定不变,SNR 正比于 NEC 的二次方根。因此,通过测量 NEC 可以获得 PET 图像质量的相关信息。NEC 描述了对于成像有真正贡献的符合事件数,它在物理上决定了图像质量的上限。

实际的人体与圆柱模型有差距,可以通过引入线性响应系数 k 来校正人体边界内的随机符合,获得符合人体的 NEC 值

$$\text{NEC} = \frac{N_{\text{true}}}{1+2k\cdot\alpha_{\text{rp}}+\alpha_{\text{sp}}} \tag{13.16}$$

NEC 由于紧密地与 PET 成像的物理机制联系在一起,已经成为评价 PET 系统图像质量的一个普遍认可的标准。然而,与其他量化的图像质量评估方法一样,NEC 也被质疑是否能够真正和人眼感觉的图像质量相符合。近年来,大量的研究围绕此问题展开[135][139-141]。一些研究表明,NEC 与医生对于图像质量的打分结果(Average IQ Rating,最高分为 9)具有较大的相关性(见表 13.2),并具有一定的线性度(见图 13.14)。

表 13.2 医生对 PET 图像质量的评估结果和 NEC 值的比较[141]

	Sverage PET IQ Ratings									
	Artifacts		SNR		Lesion D etect.		Overall		NEC	
weight (lb)	2D	3D	2D	3D	2D	3D	2D	3D	2D	3D
112	6.0	536	6.4	6.1	6.8	6.6	6.5	6.5	4.51E+06	6.48E+06
112	6.4	4.6	5.9	5.8	6.4	5.9	6.8	5.3	6.13E+06	3.81E+06
121	5.1	4.4	4.9	4.3	5.5	4.6	5.1	4.6	4.84E+06	3.84E+06
138	5.9	4.1	6.5	5.5	7.0	6.6	7.1	5.8	8.24E+06	6.82E+06
141	5.3	3.9	6.0	4.1	6.4	4.6	6.6	4.4	5.04E+06	3.84E+06
156	5.6	4.1	5.8	3.5	6.6	4.6	6.5	4.1	7.37E+06	2.66E+06

表 13.2(续)

	Sverage PET IQ Ratings								NEC	
	Artifacts		SNR		Lesion D etect.		Overall		NEC	
weight (lb)	2D	3D	2D	3D	2D	3D	2D	3D	2D	3D
165	4.9	4.6	5.6	4.1	6.1	4.9	5.6	4.8	3.68E +06	3.26E +06
172	4.6	4.4	5.3	3.1	4.9	3.8	5.0	3.6	4.34E +06	2.04E +06
189	5.6	3.6	5.0	3.9	6.0	4.5	5.6	4.3	3.79E +06	3.13E +06
247	4.1	5.0	3.6	3.8	4.4	5.1	4.4	4.9	3.71E +06	4.29E +06
260	4.3	3.6	4.1	2.1	4.8	2.0	4.4	2.1	2.78E +06	1.68E +06
320	4.1	2.9	3.9	2.4	4.0	2.9	4.0	2.6	1.80E +06	3.68E +06
Avg 178	5.2	4.2	5.2	4.1	5.7	4.7	5.6	4.4	4.7E +06	3.8E +06
Std 66	0.8	0.7	1.0	1.2	1.0	1.4	1.1	1.2	1.8E +06	1.5E +06

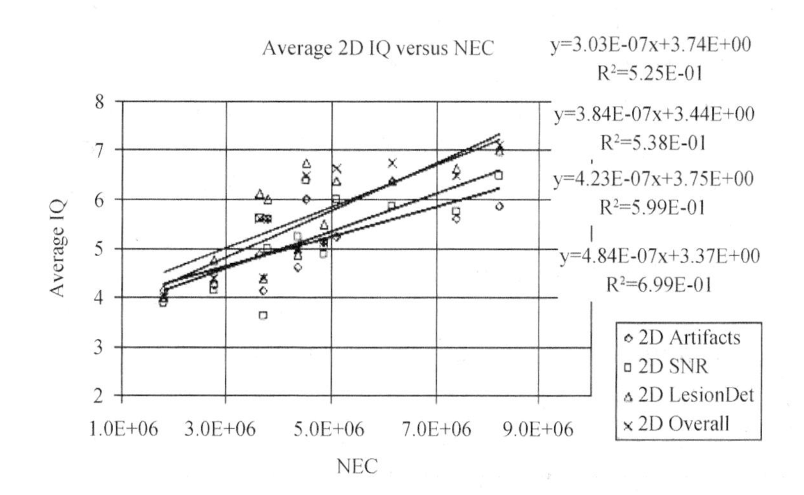

图 13.14　医生评估结果与 NEC 的线性关系

习　　题

对 128 × 128 的 Shepp-Logan 模型,进行直线 128 点、视角步长 6°的 180°平行束采样,采用矩形窗函数的滤波反投影算法重建图像,画出它的梯度图,比较它与模型的剖面曲线,并计算均方误差。

参考文献

[1] 我国核医学的成长[J]. 核技术,1979,vol. 3,P7.

[2] 潘中允,林景辉. 放射性核素诊断学[M]. 北京:原子能出版社,1981.

[3] 潘中允等. 临床核医学[M]. 北京:原子能出版社,1994.

[4] 刘长征,王浩丹,胡雅儿等. 实用核医学与核药学[M]. 北京:人民卫生出版社,1999.

[5] 马寄晓,刘秀杰等. 实用临床核医学[M]. 北京:原子能出版社,2002.

[6] 王世真等. 分子核医学[M]. 北京:中国协和医科大学出版社,2004.

[7] 张一帆,朱承谟. 从第八届亚大核医学与生物学联盟大会看放射性核素治疗进展[J]. 世界医疗器械,2005,vol. 11,No. 1,P26.

[8] N A 戴桑. 医学和生物学中应用的核物理学概论[M]. 北京:原子能出版社,1988.

[9] 华英圣. 同位素在临床应用[M]. 哈尔滨:黑龙江科学技术出版社,1984.

[10] 山东医学院. 核医学[M]. 济南:人民卫生出版社,1979.

[11] 潘中允等. 临床核医学[M]. 北京:原子能出版社,1994.

[12] 马寄晓,刘秀杰等. 实用临床核医学[M]. 北京:原子能出版社,2002.

[13] 黄宗祺,陆文栋,王国林. 核医学仪器及其应用[M]. 北京:人民卫生出版社,1989.

[14] 王经瑾,范天民,钱永庚等. 核电子学[M]. 北京:原子能出版社,1983.

[15] 黄宗祺,陆文栋,王国林. 核医学仪器及其应用[M]. 北京:人民卫生出版社,1989.

[16] 马寄晓,刘秀杰等. 实用临床核医学[M]. 北京:原子能出版社,2002.

[17] 郑君里,杨为理,应启珩. 信号与系统[M]. 北京:人民教育出版社,1982.

[18] SIMON R, CHERRY, JAMES A. SORENSON, MICHAEL E PHELPS . Physics in Nuclear Medicine[J]. Saunders Company,2003.

[19] Computerized Multicrystal Scanning Gamma Camera System and Procedure Manual, BAIRD – ATOMIC[J]. SYSTEM SEVENTY – SEVEN.

[20] HARRISON H. BARRETT & WILLIAM SWINDELL . Radiological Imag – The Theory of Image Formation, Detection and Processing[M]. Academic Press, Inc. ,1981.

[21] H O ANGER. Scintillation camera. Rev Sci Instrum. 1958, 29:27 – 33.

[22] INTERNATIONAL STANDARD, IEC60789.

[23] 放射性核素成像设备性能和试验规则 第三部分:伽玛照相机装置. 中华人民共和国国家标准 GB/T 18988. 3 – 2003.

[24] JAMES A ,SORENSON & MICHAEL E PHELPS. Physics in Nuclear Medicine[J]. Saunders Company.

[25] HARRISON H, BARRETT & WILLIAM SWINDELL. Radiological Imaging – The Theory of

Image Formation, Detection and Processing. Academic Press, Inc., 1981.

[26] The Technical Edge Gamma Camera System. Siemens Gammasonics, Inc.

[27] 郑君里,杨为利,应启珩.信号与系统[M].北说:人民教育出版,1982.

[28] R C GONZALEZ & P WINTZ.数字图像处理[M].李叔粱等译.北京:科学出版社,1982.

[29] W L REGERS, ET AL. Experimental evaluation of a modular Scintillation Camera for SPECT, IEEE Trans. Nucl. Sci. 1989, 36:1122 - 1126.

[30] J JOUNG ET AL. Implementation of ML based positioning algorithms for scintillation cameras. IEEE Trans[J]. Nucl. Sci., 2000, 47(3):1104 - 1111.

[31] YONG HYUN CHUN, ET AL. Evaluation of maximum likelihood position estimate with Poison and Gaussian noise models in a small gamma camera [J]. IEEE Trans. Nucl. Sci., 2004, 51(1):101 - 104.

[32] N POULIOT, ET AL. Maximum likelihood positioning in the scintillation camera using depth of interaction. IEEE Trans. Nucl[J]. Sci., 2001, 48(3):715 - 719.

[33] ROCKMORE A AND MACOVSKI A. A maximum likelihood approach to emission image reconstruction from projections IEEE Trans[J]. Nucl. Sci. 23 1428 - 32, 1976.

[34] DEMPSTER A P, LAIRD N M, AND RUBIN D B. Maximum likelihood from incomplete data via the EM algorithm[J]. J. Roy. Stat. Soc., Series B, 39:1 - 38, 1977.

[35] SHEPP L A AND VARDI Y. Maximum likelihood reconstruction for emission tomography[J]. IEEE Trans. Med. Imag., MI - 1:113 - 122, 1982.

[36] LANGE K CARSON R. EM reconstruction algorithms for emission and transmission tomography[J]. J Comput Assist Tomogr, 8:306 - 316, 1984.

[37] HUDSON H M AND LARKIN R S. Accelerated image reconstruction using ordered subsets of projection data[J]. IEEE Trans. Med. Imag., 12:601 - 609, 1994.

[38] BROWNE J AND DE PIERRO A R. A Row-Action alternative to the EM algorithm for maximi - zing likelihoods in emission tomography[J]. IEEE Trans. Med. Imag., 15:687 - 699, 1996.

[39] LEVITAN E AND HERMAN G T. A Maximum A Posteriori probability expectation maximization algorithm for image reconstruction in emission tomography. IEEE Trans. Med. Imag., MI - 6:185 - 192, 1987.

[40] PHILIPPE P BRUYANT. Analytic and Iterative Reconstruction Algorithms in SPECT, J Nucl Med., 43:1343 - 1358, 2002.

[41] GENE H GOLUB, CHARLES F. Van Loan, Matrix Computations[M]. Johns Hopkins University Press, 3rd edition, 1996.

[42] 蔡大用,白峰杉. 现代科学计算[M],北京:科学出版社,2000.

[43] KAUFMAN L. Maximum likelihood, least squares, and penalized least squares for PET. IEEE Trans[J]. Med. Imag., 12:200 – 214, 1993.

[44] CLINTHORNE N H, PAN T S, CHIAO P C, ET AL. Preconditioning methods for improved convergence rates in iterative reconstructions[J]. IEEE Trans. Med. Imag., 12(1):78 – 83, 1993.

[45] CHINN G AND SUNG C H. A general class of preconditioners for statistical iterative reconstruction of emission computed tomography[J]. IEEE Trans. Med. Imag., 16:1 – 10, 1997.

[46] ANDERSON J M M, MAIR B A, RAO M, ET AL. Weighted least – squares reconstruction methods for positron emission tomography[J]. IEEE Trans. Med. Imag., 16(2):159 – 165, April 1997.

[47] BENJAMIN M W TSUI, XIDE ZHAO, ERIC C FREY, AND GRANT T. Gullberg, Comparison Between ML – EM and WLS – CG Algorithms for SPECT Image Reconstruction[J]. IEEE Trans. Nucl. Sci., 38:1766:1772, 1991.

[48] LEAHY R AND BYRNE C. Recent Developments in Iterative Image Reconstruction for PET and SPECT[J]. Editorial, IEEE Trans. Med. Imag., 19:257 – 260, 2000.

[49] QI J AND LEAHY R M. Iterative reconstruction techniques in emission computed tomography [J]. Phys. Med. Biol., 51:541 – 578, 2006.

[50] GABOR T. Herman, Image reconstruction from projections : the fundamentals of computerized tomography[J]. Academic Press, 1980.

[51] AVINASH C, KAK, MALCOLM SLANEY. Computerized Tomographic Imaging[J]. SIAM Society for Industrial & Applied Mathematics. 2001.

[52] KATSEVICH A. Theoretically exact FBP – type inversion algorithm for spiral CT. SIAM J[J]. Appl. Math., 62:2012 – 2026, 2002.

[53] COLSHER J G. Fully three-dimensional positron emission tomography[J]. Phys. Med. Bio., 25 103 – 115, 1980.

[54] KINAHAN P E AND ROGERS J G. Analytic 3D image reconstruction using all detected events[J]. IEEE Trans. Nucl. Sci., 36:964 – 968, 1989.

[55] DAUBE – WITHERSPOON M E AND MUEHLLEHNER G. Treatment of axial data in three – dimensional PET[J]. J. Nucl. Med., 28:1717 – 1724, 1987.

[56] DERENZO S E. Mathematical removal of positron range blurring in high resolution tomography [J]. IEEE Trans. Nucl. Sci., 33:565 – 569, 1986.

[57] HUESMAN R, SALMERON E AND BAKER J. Compensation for crystal penetration in high resolution positron tomography[J]. IEEE Trans. Nucl. Sci., 36:1100 – 1107, 1989.

[58] LIANG Z. Detector response restoration in image reconstruction of high resolution positron

emission tomography[J]. IEEE Trans. Med. Imag., 10:314 - 321, 1994.

[59] LIANG Z, YE J AND HARRINGTON D P. An analytical approach to quantitative reconstruction of non - uniform attenuated brain SPECT[J]. Phys. Med. Biol., 39:2023 - 2041, 1994.

[60] HUANG Q, ZENG G L, YOU J AND GULLBERG G T. An FDK-like cone-beam SPECT reconstruction algorithm for non-uniform attenuated projections acquired using a circular trajectory[J]. Phys. Med. Biol., 50:2329 - 2339, 2005.

[61] FLOYD C S AND JASZCZAK R J. Inverse Monte Carlo: A unified reconstruction algorithm for SPECT[J]. IEEE Trans. Nucl. Sci., 32:779 - 785, 1985.

[62] VEKLEROV E AND LLACER J. MLE reconstruction of a brain phantom using a Monte Carlo transition matrix and a statistical stopping rule[J]. IEEE Trans. Nucl. Sci., 35:603 - 607, 1988.

[63] QI J, LEAHY R M, HSU C, Farquhar T H and Cherry S R. Fully 3D Bayesian image reconstruction for ECAT EXACT HR + IEEE[J]. Trans. Nucl. Sci., 45:1096 - 1103, 1998.

[64] PARRA L, BARRETT H. H, LIST-MODE . Likelihood: EM Algorithm and Image Quality Estimation Demonstrated on 2 - D PET[J]. IEEE Trans. Med. Imaging., 17:228 - 235, 1998.

[65] LAURETTE I, ZENG G L, WELCH A, CHRISTIAN P E AND GULLBERG G T. three-dimensional ray - driven attenuation, scatter and geometric response correction technique for SPECT in inhomogeneous media[J]. Phys . Med. Biol., 45:3459 - 3480, 2000.

[66] BEEKMAN F J, DE JONG H W A M AND VAN GELOVEN S. Efficient fully 3 - D iterative SPECT reconstruction with Monte Carlo - based scatter compensation[J]. IEEE Trans. Med. Imaging., 21:867 - 877, 2002.

[67] FORMICONI A R, PUPI A AND PASSERI A. Compensation of spatial system response in SPECT with conjugate gradient reconstruction technique[J]. Phys. Med. Biol., 34:69 - 84, 1989.

[68] PANIN V Y, KEHREN F, ROTHFUSS H, HU D, MICHEL C AND CASEY M E. PET reconstruction with measured system matrix[J]. Proc. IEEE NSS - MIC pp:2483 - 2487, 2004.

[69] CHEN Y, FURENLID L R, WILSON D W AND BARRETT H H. Measurement and interpolation of the system matrix for pinhole SPECT: comparison between MLEM and ART reconstructions[J]. Proc. IEEE NSS - MIC M5 - 306, 2004.

[70] PAXMAN R G, BARRETT H H, SMITH W E AND MILSTER T D. Image reconstruction from coded data: II. Code design J[J]. Opt. Soc. Am. A., 2:501 - 509, 1985.

[71] KORAL K F AND ROGERS W L. Application of ART to time - coded emission tomography.

Phys[J]. Med. Biol., 24 :879 - 894, 1979.

[72] HEBERT T, LEAHY R AND SINGH M. 3D ML reconstruction for a prototype SPECT system [J]. J. Opt. Soc. Am. A. ,7:1305 - 1313, 1990.

[73] GORDON R, BENDER R AND HERMAN G T. Algebraic reconstruction techniques for three-dimensional electron microscopy and X-ray photography[J]. J. Theor. Biol., 29:471 - 481, 1970.

[74] ANDERS H ANDERSEN. Algebraic Reconstruction in CT from Limited Views[J], IEEE Trans. Med. Imag., 8:50 - 55, 1989.

[75] GABOR T HERMAN, LORRAINE B MEYER. Algebraic Reconstruction Techniques Can Be Made Computationally Efficient[J], IEEE Trans. Med. Imag., 12:600 - 609, 1993.

[76] MING JIANG, GE WANG. Convergence of the Simultaneous Algebraic Reconstruction Technique (SART)[J], IEEE Trans. Imag. Proc., 12:957 - 962, 2003.

[77] CENSOR Y. Finite series - expansion reconstruction methods[J]. IEEE Proc., 71:409 - 418, 1983.

[78] DE PIERRO A R. Multiplicative iterative methods in computed tomography Mathematical Methods in Tomography[J]. ed G. T. Herman, A. K. Louis and F. Natterer (Berlin: Springer) pp 167 - 186, 1990.

[79] CENSOR Y AND ZENIOS S A. Parallel Optimization: Theory, Algorithms, and Applications [M]. Oxford: Oxford University Press, 1997.

[80] AHN S AND FESSLER J A. Globally convergent image reconstruction for emission tomography using relaxed ordered subsets algorithms[J]. IEEE Trans. Med. Imag, 22:613 - 26, 2003.

[81] HSIAO I - T, RANGARAJAN A, KHURD P AND GINDI G. An accelerated convergent ordered subsets algorithm for emission tomography[J]. Phys. Med. Biol., 49:2145 - 2156, 2004.

[82] KAUFMAN L. Implementing and accelerating the EM algorithm for positron emission tomography IEEE Trans[J]. Med. Imag, 6:37 - 51, 1987.

[83] MUMCUOGLU E, LEAHY R AND CHERRY S. Bayesian reconstruction of PET images: methodology and performance analysis[J]. Phys. Med. Biol., 41:1777 - 1807, 1996.

[84] BOUMAN C, SAUER K. A unified approach to statistical tomography using coordinate descent optimization[J]. IEEE Trans. Image Process., 5:480 - 492, 1996.

[85] FESSLER J A, FICARO E P, CLINTHORNE N H AND LANGE K. Grouped - coordinate ascent algorithms for penalized likelihood transmission image reconstruction IEEE Trans[J]. Med. Imag,16:166 - 175, 1997.

[86] VEKLEROV E AND LLACER J. Stopping rule for the MLE algorithm based on statistical hypothesis testing IEEE Trans[J]. Med. Imag, 6:313 -319, 1987.

[87] COAKLEY K J. A cross - validation procedure for stopping the EM algorithm and deconvolution of neutron depth profiling spectra. IEEE Trans[J]. Nucl. Sci., 38:9 -15, 1991.

[88] JOHNSON V. A note on stopping rules in EM - ML reconstructions of ECT images[J]. IEEE Trans. Med. Imag, 13:569 -571, 1994.

[89] LLACER J, VEKLEROV E, COAKLEY K. Hoffman E and Nunez J Statistical analysis of maximum likelihood estimator images of human brain FDG studies IEEE Trans[J]. Med. Imag 12 215 -31, 1993.

[90] SILVERMAN B W, JONES M C, WILSON J D AND NYCHKA D W . A smoothed EM approach to indirect estimation problems, with particular reference to stereology and emission tomography J. R. Stat[J]. Soc. Ser. B 52 271 -324, 1990.

[91] GRENANDER U. Abstract Inference[M]. New York: Wiley, 1981.

[92] SNYDER D L AND MILLER M. The use of sieves to stabilize images produced with the EM algorithm for emission tomography[J]. IEEE Trans. Nucl. Sci., 32:3864 -3872, 1985.

[93] FESSLER J A AND ROGERS W L. Spatial resolution properties of penalized - likelihood image reconstruction: spatialinvariant tomographs[J]. IEEE Trans. Image Process, 9:1346 -1358, 1996.

[94] GEMAN S AND MCCLURE D E. Bayesian image analysis: an application to single photon emission tomography[J]. Proc. Statistical Ckomputing Section of the American Statistical Association pp 12 -18, 1985.

[95] JAMES A SORENSON & MICHAEL E PHELPS, W. B, Physics in Nuclear Medicine[J]. Saunders Company.

[96] 放射性核素成像设备性能和试验规则 第二部分:单光子发射计算机断层装置. 中华人民共和国国家标准 GB/T 18988.2 -2003.

[97] INTERNATIONAL STANDARD. IEC61675 -2

[98] CHANG LT. A method for attenuation correction in radio nuclide computed tomography[J]. IEEE Trans Nuc Sci, 1978; 25:638 -643.

[99] SORENSON JA. Method for quantitative measurement of radioactivity in vivo by whole - body counting[M]. In Instrumentation in nuclear medicine, Vol. 2. Hine GJ, Sorenson JA (eds.), New York, Academic Press, 1974: 311 -348.

[100] BELLINI S, PIACENTINI M, CAFFORIO C, ROCCA F. Compensation of tissue absorption in emission tomography[J]. IEEE Trans Acoust Speech Signal Process 1979; 27: 213 -218.

[101] LIANG Z. Compensation for attenuation, scatter and detector response in SPECT reconstruction via iterative FBP methods[J]. Med Phys 1993; 20: 1097 - 1106

[102] SOARES ED, ET AL. Implementation and evaluation of an analytical solution to the photon attenuation and nonstationary resolution reconstruction problem in SPECT[J]. IEEE Trans Nucl Sci, 1993, 40:1231 - 1237.

[103] N A 戴桑. 医学和生物学中应用的核物理学概论[M]. 北京:原子能出版社,1988.

[104] Krzysztof Kacperski, Nicholas M. Spyrou, and F Alan Smith. Three-Gamma Annihilation Imaging in Positron Emission Tomography, IEEE Trans[J]. Med. Imag, 4:525 ~ 529, 2004

[105] 王经瑾,范天民,钱永更等. 核电子学[M]. 北京:原子能出版社,1983.

[106] JAMES A SORENSON & MICHAEL E PHELPS, W B. Physics in Nuclear Medicine[J]. Saunders Company.

[107] 放射性核素成像设备性能和试验规则 第一部分:正电子发射断层成像装置. 中华人民共和国国家标准 GB/T 18988.1 ~ 2003.

[108] INTERNATIONAL STANDARD. IEC61675 - 1.

[109] PERFORMANCE MEASUREMENTS OF POSITRONEMISSION. TOMOGRAPHS. NEMA NU 2 - 2007.

[110] EUGENEC LIN & ABASS ALAVI, THIEME . PET and PET/CT: A Clinical Guide, 2005.

[111] EUGENE C, LIN & ABASS ALAVI, THIEME . PET and PET/CT: A Clinical Guide. 2005.

[112] 王世真等. 分子核医学[M]. 北京:中国协和医科大学出版社,2004.

[113] S R CHERRY, Y SHAO ET AL. MicroPET: A High Resolution PET Scanner For Imaging Small Animals[J]. IEEE transactions on nuclear science, 1997, 44(3): 1161 - 1166.

[114] ARION F, CHATZIIOANNOU. PET Scanners Dedicated to Molecular Imaging of Small Animal Models[J]. Molecular Imaging and Biology, 4(1):47 - 63, 2002.

[115] DAVID P, MCELROY, LAWRENCE R MACDONALD, FREEK J BEEKMAN ET AL. Performance Evaluation of A - SPECT: A High Resolution Desktop Pinhole SPECT System for Imaging Small Animals[J]. IEEE Trans. Nucl. Sci., 49(5):pp. 2139 - 2147, 2002.

[116] D W WILSON, H H BARRETT, E W CLARKSON. Reconstruction of Two and Three Dimensional Images from Synthetic - Collimator Data[J]. IEEE Trans. Med. Imag., 19(5): 412 - 422, 2000.

[117] S R MEIKLE, R R FULTON, S EBERL ET AL. An investigation of coded aperture imaging for small SPECT[J]. IEEE Trans. Nucl. Sci., 48(3):816 - 821, 2001.

[118] S R MEIKLE, PETER KENCH, ANDREW G., WEISENBERGER ET AL. A prototype coded aperture detector for small animal SPECT[J]. IEEE Trans. Nucl. Sci., 49(5):2167 - 2171, 2002.

[119] R J JASZCZAK, Y Y LI, H L WANG ET AL. Pinhole collimator for ultra – high – resolution, small – field – of – view SPECT[J]. Phys. Med. Biol., 39:25 – 437, 1994.

[120] E HELL, W KNUPFER, D MATTERN. The evolution of scintillating medical detectors[J]. Nucl. Instrum. methods. Phys. Res., vol A454:40 – 28, 2000.

[121] S BERRIM, A LANSIART, J L MORETTI. Implementing of maximum likelihood in tomographical coded aperture[J]. Proceedings of International Conference on Image Processing, vol. 2:745 – 748, 1996.

[122] http://www.gehealthcare.com/cnzh/rad/nm_pet/products/millenium/vg5.html.

[123] http://www.gehealthcare.com/rad/nm_pet/products/millenium/hawkeye.html.

[124] http://www.gehealthcare.com/cnzh/rad/nm_pet/products/pet_sys/petct1.html.

[125] http://www.gammamedica.com/products/products.html.

[126] http://www.fz – juelich.de/zel/heinespect.pdf

[127] LEBLANC JW ET AL. C-SPRINT: A Prototype Compton Camera System for Low Energy GammaRay Imaging[J]. IEEE Trans on Nucl Sci, 1998, 45(3):943 – 949.

[128] acr – nema. Digital Imaging and Communication in Medicine(DICOM).

[129] BIDGOOD W D, HORII S. Introduction to the ACR – NEMA DICOM Standard[J]. Radio Graphics 12(2):345 – 355;1992.

[130] DAVIS, ANDREW W. DICOM: a standard for medical image communication? Advanced Imaging 12(2): 36 – 38; 1997.

[131] CAR 97 DICOM Demonstration CD.

[132] KINAPE RM, AMORIM MF. A study of the most important image quality measures. vol. 1, 2003.

[133] MANNOS J, SAKRISON D. The effects of a visual fidelity criterion of the encoding of images [J]. Information Theory, IEEE Transactions on, vol. 20, pp. 525 – 536, 1974.

[134] ECKERT MP, BRADLEY AP. Perceptual quality metrics applied to still image compression [J]. Signal Processing, vol. 70, pp. 177 – 200, 1998.

[135] WANG Z, BOVIK AC, SHEIKH HR, SIMONCELLI EP. Image quality assessment: From error measurement to structural similarity[J]. IEEE Transactions on Image Processing, vol. 13, pp. 600 – 612, 2004.

[136] CHANDLER DM, HEMAMI SS. VSNR: A Wavelet – Based Visual Signal – to – Noise Ratio for Natural Images[J]. IEEE TRANSACTIONS ON IMAGE PROCESSING, vol. 16, pp. 2284, 2007.

[137] AJA – FERNANDEZ S, ALBEROLA-LOPEZ C, WESTIN C. Signal LMMSE Estimation from Multiple Samples in MRI and DT – MRI[J]. LECTURE NOTES IN COMPUTER SCIENCE,

vol. 4792, pp. 368, 2007.

[138] STROTHER SC, CASEY ME, HOFFMAN EJ. Measuring PET scanner sensitivity: relating countrates to imagesignal-to-noise ratios using noise equivalents counts[J]. Nuclear Science, IEEE Transactions on, vol. 37, pp. 783 – 788, 1990.

[139] SURTI S, KARP JS, POPESCU LM, DAUBE-WITHERSPOON ME, WERNER M. Investigation of image quality and NEC in a TOF-capable PET scanner[J]. vol. 7, 2004.

[140] WILSON JW, TURKINGTON TG, WILSON JM, COLSHER JG, ROSS SG. Image quality vs[J]. NEC in 2D and 3D PET. vol. 4, 2005.

[141] WOLLENWEBER SD, KOHLMYER SG, STEARNS CW, SYST GEM, MILWAUKEE WI [J]. Comparison of NEC and subjective image quality measures in 2D and 3D whole-body PET imaging. vol. 3, 2002.

部分彩图

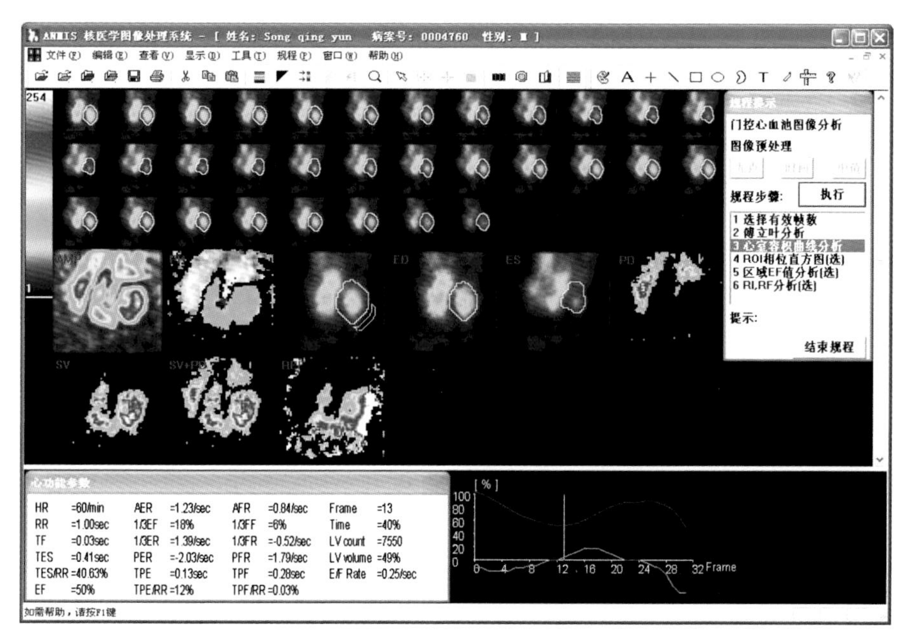

彩图 1　左心室边界识别、心室容积曲线分析及功能图

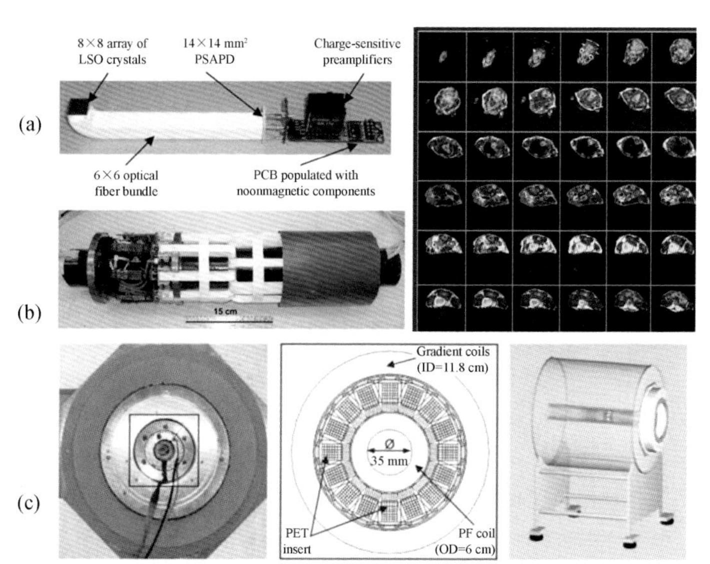

彩图 2　UC Davis 研制的 PET/MRI 复合成像系统及小鼠全身 PET/MRI 骨显像图

(a)PET 探测器模块;(b)PET 探测器环;(c)PET 与 MRI 的装配关系

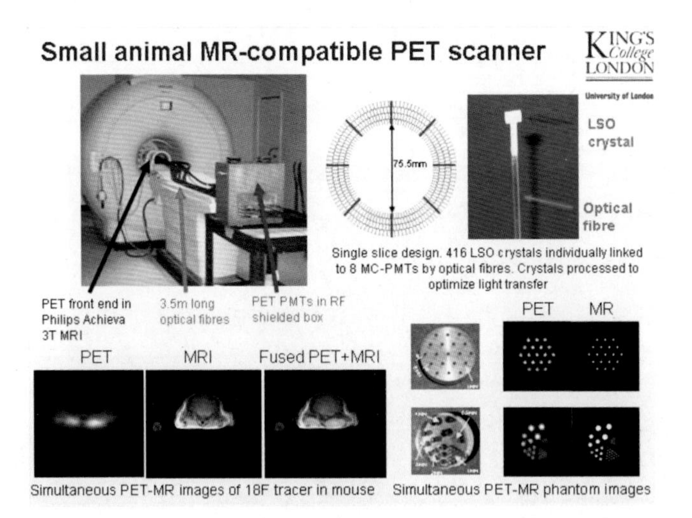

彩图 3　伦敦大学的 PET/MR 复合成像系统及所获取的老鼠和模型图像

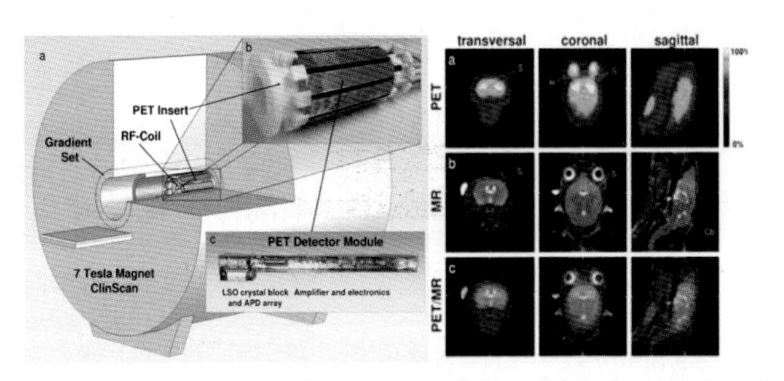

彩图 4　德国 Tuebingen 大学的 PET/MR 复合成像系统及融合图像

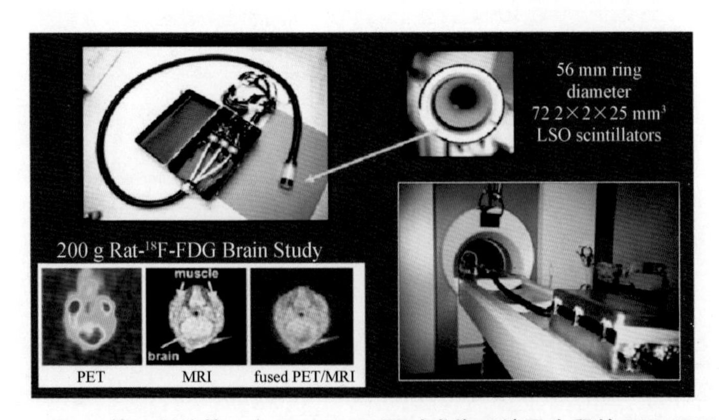

彩图 5　Yiping Shao 等研制的第一台 PET/MR 同时成像系统及大鼠的 PET/MR 融合图像